计算机网络

赵丽花　樊俊青　**主编**

刘新强　王　邠　周　平　**主审**

中 国 铁 道 出 版 社

２０１７年·北京

内 容 简 介

本书结合作者多年从事计算机网络教学和网络管理与维护的经验,按照"知识、能力、素质"协调发展的目标,系统全面地介绍了计算机网络的基础理论和应用技术。全书共分为 8 章,主要介绍计算机网络的基本概念、数据通信的基础知识、计算机网络体系结构、局域网技术、广域网相关技术、网络互联技术、Internet 应用技术及网络维护与网络安全相关技术等内容。在内容组织上,将计算机网络基础知识与实际应用相结合,使读者能够对网络原理和网络协议有比较直观的认识,具有较强的实用性。全书图文并茂,并结合教材内容,为每个章节编写了配套的习题,方便学生课后总结和复习。

本书强调基础理论知识与实验实训相结合,使学生在了解计算机网络基本理论、基本知识的同时,掌握网络的组建、网络设备的管理与配置、互联网服务的使用和配置、网络基本维护等网络操作技能。

本书不仅适合作为高职高专院校相关专业的教材,而且可以供广大的网络爱好者参考。

图书在版编目(CIP)数据

计算机网络/赵丽花,樊俊青主编. —北京:中国铁道出版社,2009.8(2017.8 重印)
ISBN 978-7-113-09999-2

Ⅰ. 计… Ⅱ.①赵…②樊… Ⅲ. 计算机网络-高等学校:技术学校-教材 Ⅳ. TP393

中国版本图书馆 CIP 数据核字(2009)第 119523 号

书 名	计算机网络
作 者	赵丽花 樊俊青 主编

责任编辑:朱雪玲　　　　　电话:010-51873147　　　　**电子信箱:**dianwu@vip. sina. com
封面设计:崔丽芳
责任印制:郭向伟

出版发行:中国铁道出版社(100054,北京市西城区右安门西街 8 号)
网　址:http://www. tdpress. com
印　刷:虎彩印艺股份有限公司
版　次:2009 年 8 月第 1 版　　2017 年 8 月第 3 次印刷
开　本:787 mm×1 092 mm　1/16　印张:19.25　字数:490 千
书　号:ISBN 978-7-113-09999-2
定　价:45.00 元

前　言

计算机网络技术作为当前最为活跃的技术领域之一,已被广泛应用于各个学科。政府、企事业学校等各个部门和单位的计算机网络化已经成为计算机发展的必然趋势,特别是 IPv6 技术的发展,使其应用领域更为广泛。因此,计算机网络课程,不但是计算机网络及其相关专业学生应当重点学习和掌握的专业课程,也是目前许多非计算机专业学生的必修课程之一。熟悉和掌握计算机网络技术已经成为大中专学生所必需的素质。

本书根据高职高专学生的特点,在内容组织上将计算机网络基础知识和实际应用相结合,突出应用性、实践性和可操作性,理论知识以必需、够用为原则,力求使教材全面、实用,易于被学生接受和理解,能够学以致用。在讲解基本知识的同时,介绍相应知识在网络组网、网络操作系统中的具体应用,使学生能够对网络的基本原理、网络协议有一个直观认识,并能应用到实际中去。同时本书设计了与教材配套的习题和实践操作内容,以便于自学和增强实际操作能力。

本书共分为 8 章,根据学生的基础和接受能力,教师可以适当调整教学学时。全书由南京铁道职业技术学院赵丽花、中国地质大学樊俊青主编。其中第 1、2、4 章由赵丽花编写,第 3 章由樊俊青编写,第 5 章由邓建芳编写,第 6 章由赵丽花、冯国良编写,第 7 章由樊俊青、施艳荣编写,第 8 章由康瑞锋编写。全书由西安铁路职业技术学院刘新强、南京铁道职业技术学院王邲、周平审定。

西安铁路职业技术学院、武汉铁路职业技术学院对本书的编写和出版提出了许多宝贵意见,并给予了大力支持和帮助,在此向他们表示衷心的感谢。

由于网络技术发展迅速,加之作者水平有限,时间仓促,书中难免存在一些不足与疏漏之处。恳请广大读者批评指正,提出宝贵意见和建议。

作　者
2009 年 8 月

目 录

第1章 计算机网络概论

作为本教程的开始,首先介绍"计算机网络"的基本概念,也就是要让大家明白,什么是"计算机网络"。然后在此基础上,宏观介绍计算机网络的分类、组成,使大家对计算机网络有个基本认识。

学完本章应掌握:

➢ 计算机网络的基本概念;

➢ 计算机网络的分类;

➢ 常见计算机网络的拓扑结构;

➢ 计算机网络的组成。

1.1 计算机网络的基本概念

随着计算机应用的深入,特别是家用计算机越来越普及,一方面希望众多用户能共享信息资源,另一方面也希望各计算机之间能互相通信。个人计算机的硬件和软件配置一般都比较低,其功能也有限,因此,要求大型或巨型计算机的硬件和软件资源,以及它们所管理的信息资源能够为众多的微型计算机所共享,以便充分利用这些资源。基于这些原因,促使计算机向网络化发展,将分散的计算机连接成网,组成计算机网络。计算机网络是现代通信技术与计算机技术相结合的产物。

1.1.1 什么是计算机网络

计算机网络并没有一个严格的和权威的定义,并且随着计算机网络的发展。关于计算机网络的定义也在不断发展和完善。目前,比较认同的计算机网络的定义为:计算机网络是将分布在不同地理位置上的具有独立和自主功能的计算机、终端及其附属设备,利用通信设备和通信线路连接起来,并配置网络软件(如网络协议、网络操作系统、网络应用软件等),以实现信息交换和资源共享的一个复合系统。图1-1为计算机网络简单的示意图。

从以上的定义可以看出,计算机网络是建立在通信网络的基础之上,是以资源共享和在线通信为基本目的。利用计算机网络,我们就不必花费大量的资金为每一位职员配置打印机,因为网络使共享打印机成为可能;利用计算机网络,不但可以利用多台计算机处理数据、文档、图像等各种信息,而且可以和其他人分享这些信息。如今,从政府机关、企事业单位,到一个家庭,随处都可以看到网络的存在,随处都可以享受到网络给生活带来的便利。

1.1.2 计算机网络的发展历史

计算机网络是计算机技术和通信技术相结合而形成的,它们之间相互渗透,相互促进。通

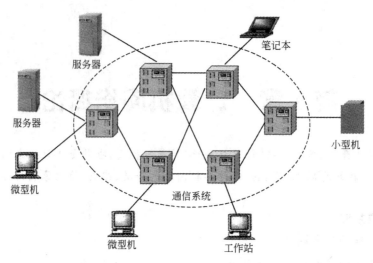

图 1-1　计算机网络示意图

信网络为计算机网络提供了信息传输的信道,而计算机和计算机网络促进了通信技术的发展。近几年来,计算机网络发展非常迅速。20 年前,很少有人接触过网络,但现在,计算机网络已经成为社会结构的一个重要组成部分。纵观整个计算机网络的发展,到目前为止可以分为四个时期。目前的计算机网络通常被称为第四代计算机网络,不过第五代,也就是通常所说的"下一代网络(Next Generation Network,NGN)"标准正在制定和部分实施中,其中重要的一点就是新一代的 IP 通信协议——IPv6。

1. 第一代计算机网络

早期的计算机系统都是高度集中的,即使是多终端系统,都主要是用于科学计算的,由于没有与通信技术结合,用户必须在计算中心或终端室使用,很不方便。

20 世纪 50 年代,美国半自动地面防空系统(Semi-Automatic Ground Environment,SAGE)开始实现了计算机技术与通信技术的结合,将远距离雷达和其他测控设备与计算机系统连接起来,将数据信息传至计算机系统,由计算机进行处理和控制。之后,许多系统都将不同地理位置的多个终端通过通信线路连接到一台中心计算机,以实现远程集中处理和控制。这就产生了早期的计算机网络,即具有通信功能的单计算机系统,有时也称它为第一代计算机网络。图 1-2 为具有多重线路控制器的远程终端联机系统示意图。

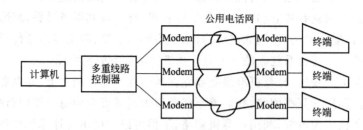

图 1-2　具有多重线路控制器的计算机网络

随着远程终端的增多,为了减轻主机的负担,在其前端采用了前端处理机(FEP),分工完成通信控制任务,而主机主要完成数据处理工作。在前端处理机与终端之间采用高速线路、集线器和低速线路进行连接,如图 1-3 所示。

2. 第二代计算机网络

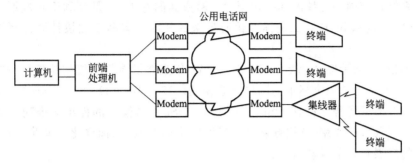

图 1-3　采用 FEP 和集线器的远程终端联机系统

　　远程联机系统发展到一定阶段时,计算机用户就会希望使用其他计算机系统上的资源,同时拥有多台计算机的组织机构和大企业也希望各计算机之间可以进行信息的传输与交换。于是在 20 世纪 60 年代中后期出现了"以资源共享"为目的的多台主机互联的形态,开始了计算机与计算机之间的通信,这是真正意义上的计算机网络。通过在计算机和线路之间设置通信控制处理机(Communication Control Processor,CCP)的方式来提高系统的可靠性,如图 1-4 所示。

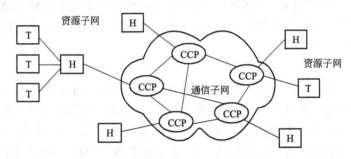

图 1-4　具有通信子网的计算机网络

H—Host(主机);T—Terminal(终端);CCP—通信控制处理机。

　　这一阶段结构上的主要特点是:以通信子网为中心,多主机多终端。1969 年美国建成的 ARPANET(Advanced Research Projects Agency Network)是这一阶段的典型代表。在这种网络中,主机之间不是直接用线路相连,而是由接口报文处理器(IMP)转接后互联,IMP 和它们之间互联的线路一起负责主机间的通信任务,构成通信子网;互联通信子网的主机负责运行程序,提供资源共享,组成资源子网。ARPANET 开始只有 4 台主机相连,20 世纪 70 年代中后期已扩展到 100 多台主机,从欧洲到夏威夷,跨越几乎半个地球。随着越来越多的计算机与计算机网络加入到 ARPANET,形成了当前全球最大的网络 Internet 的雏形。

　　3. 第三代计算机网络

　　ARPANET 的成功运用极大地刺激了各大计算机公司对网络的热衷程度。自 20 世纪 70 年代中期开始,各大公司在宣布各自网络产品的同时,也认识到了制定计算机网络体系结构和协议标准的重要性,并纷纷推出了各自专用的网络体系结构标准,提出了成套设计网络产品的概念。例如,IBM 公司于 1974 年率先提出了"系统网络体系结构(SNA)",DEC 公司于 1975 年公布了"分布式网络体系结构(DNA)"。这个时期,不断出现的各种网络产品极大地推动了计算机网络的应用。但是,这些基于不同厂商专用网络体系结构的网络产品给不同网络间的互联带来了很大的不便,并严重制约了计算机网络的进一步发展与应用。解决这个问题的唯一出路就是走标准化的道路。

网络体系结构和网络协议的标准化至少有两方面的好处：一是有利于实现不同网络产品之间的兼容性（compatibility）；二是标准化所带来的开放性有利于加快计算机网络的开发与应用。

鉴于这种情况，国际标准化组织（ISO）于 1977 年成立了专门的机构从事"开放系统互联"问题的研究，目的是设计一个标准的网络体系模型。1984 年，ISO 颁布了"开放系统互联基本参考模型"，这个模型通常被称作 OSI 参考模型。OSI 参考模型的提出对推动网络体系结构理论的发展起了很大的作用，并引导着计算机网络走向开放的、标准化的道路，同时也标志着计算机网络的发展步入了成熟阶段。

在 OSI 参考模型的制定过程中，伴随着 Internet 的兴起，越来越多的研究人员加入到与 Internet 相关的 TCP/IP 协议的研究与开发中。TCP/IP 协议日趋成熟及成功推广，促进了 Internet 的惊人发展，而 Internet 的发展又反过来扩大 TCP/IP 协议的应用范围。在此大背景下，IBM、DEC 等业界大公司纷纷宣布支持 TCP/IP 协议，其生产的产品均提供了对 TCP/IP 协议的支持，TCP/IP 协议及其体系结构逐渐成为了业界公认的事实标准。

4. 第四代计算机网络

从 20 世纪 80 年代末开始，局域网技术发展成熟，出现了光纤及高速网络技术，整个网络就像一个对用户透明的、大的计算机系统，发展为以 Internet 为代表的因特网，这就是直到现在的第四代计算机网络时期。

5. NGN

下一代网络 NGN，普遍认为是因特网、移动通信网、固定电话通信网的融合，是 IP 网络和光网络的融合；是可以提供包括话音、数据和多媒体等各种业务的综合开放的网络构架；是业务驱动、业务与呼叫控制分离、呼叫与承载分离的网络；是基于统一协议的、基于分组的网络。NGN 技术包含了电信网络各个层面的新技术，主要涉及如软交换、MPLS 等技术。

软交换是 NGN 的核心，软交换体系按功能可分为 4 层：媒体接入层（边缘层）、传送层、控制层、业务及应用层。其主要设计思想是业务/控制与传送/接入分离，各实体之间通过标准的协议进行连接和通信，以便更加灵活地提供业务。

多协议标签交换技术（Multi-Protocol Label Switching, MPLS）是一种新兴的路由交换技术，是面向连接的转发技术和 IP 路由协议的结合，它采用了 ATM 中的信元交换思想和高速分组转发技术。

1.1.3　计算机网络的功能

计算机网络的功能因应用者的目的不同，可以从不同侧面理解。它的主要功能体现在以下几个方面：

1. 实现网络资源的共享

资源共享是计算机网络最基本的功能之一。用户所在的单机系统，无论硬件资源还是软件资源总是有限的。单机用户一旦连入网络，在网络操作系统的控制下，该用户可以使用网络中其他计算机的资源来处理自己的问题，可以使用网络中的打印机打印报表、文档，可以使用网络中的大容量存储器存放自己的数据信息。对于软件资源，用户则可以共享使用各种程序、各种数据库系统等。

2. 实现数据信息的快速传递

计算机网络是现代通信技术与计算机技术结合的产物，分布在不同地域的计算机系统可以及时、快速地传递各种信息,极大地缩短不同地点的计算机之间数据传输的时间。这对于股票和期货交易、电子函件、网上购物、电子贸易是必不可少的传输平台。

3. 提高可靠性

在一个计算机系统内,单个部件或计算机的暂时失效是可能发生的,因此希望能够通过改换资源的办法来维持系统的继续运行。建立计算机网络后,重要资源可以通过网络在多个地点互做备份,并使用户可以通过几条路由来访问网内的某种资源,从而有效避免单个部件、单台计算机或通信链路的故障对系统正常运行造成的影响。

4. 提供负载均衡与分布式处理能力

负载均衡是计算机网络的一大特长。举个典型的例子:一个大型 ICP(Internet 内容提供商)为了支持更多的用户访问他的网站,在全世界多个地方放置了相同内容的 WWW 服务器,通过一定技巧使不同地域的用户看到放置在离他最近的服务器上的相同页面,这样可以实现各服务器的负荷均衡,同时也方便了用户。

分布式处理是把任务分散到网络中不同的计算机上并行处理,而不是集中在一台大型计算机上,从而使整个计算机网络具有解决复杂问题的能力,大大提高了处理能力,并降低了成本。

5. 集中管理

对于那些地理位置上分散的组织和部门的事务,可以通过计算机网络来实现集中管理。如飞机与火车订票系统、银行通存通兑业务系统、证券交易系统、数据库远程检索系统、军事指挥决策系统等。由于业务或数据分散于不同的地区,且又需要对数据信息进行集中处理,单个计算机系统是无法解决的,此时就必须借助于网络来完成集中管理和信息处理。

6. 综合信息服务

网络的一大发展趋势是多维化,即在一套系统上提供集成的信息服务,包括来自政治、经济、文化、生活等各方面的信息资源,同时还提供如图像、语音、动画等多媒体信息。

1.2　计算机网络的分类

计算机网络的类型多种多样,从不同角度,按不同方法,可以将计算机网络分成各不相同的网络类型。常见的分类方法有以下几种。

1.2.1　按通信所使用的传输介质分类

1. 有线网络

有线网络是指采用如铜缆、光纤等有形的传输介质组建的网络。

2. 无线网络

无线网络是指采用微波、红外线等无线传输介质作为通信线路的网络。

1.2.2　按网络所覆盖的地理范围分类

按地理覆盖范围对网络进行划分,是目前最为常用的一种计算机网络分类方法。之所以如此,是因为地理覆盖范围的不同直接影响网络技术的实现与选择,即具有明显不同的网络特性,并在技术实现和选择上存在明显差异。

1. 局域网

局域网(Local Area Network,LAN)用于将有限范围内的一组计算机互联组成网络,也是最常见并且应用最广泛的一种网络。如学校、中小型机关、公司、工厂的网络通常都属于局域网。局域网具有三个明显的特点：一是覆盖范围非常有限，一般在几十米到几千米之间；二是所采用的技术具有数据传输率高（10 Mbit/s～10 Gbit/s）、传输延迟低（几十 ms）及误码率低等特点；三是局域网通常为使用单位所有，建立、维护与扩展都较为方便。

2. 城域网

城域网（Metropolitan Area Network，MAN）的覆盖范围约为几千米到几十千米，是介于局域网和广域网之间的一种网络形式。城域网主要满足城市、郊区的联网需求，被广泛用于城市范围内的企业、组织机构内部或相互之间的局域网互联。它能够实现大量用户之间的数据、语音、图形与视频等多种信息的传输。例如，将一个城市中所有中小学的校园网互联起来的网络可以被称为教育城域网。

3. 广域网

广域网（Wide Area Network，WAN）也称为远程网，它所覆盖的范围比城域网更广，一般用于不同城市之间的 LAN 或者 MAN 网络互联，地理范围可从几百千米到几千千米。人们所熟悉的因特网就是广域网中最典型的例子，它将全球成千上万的 LAN 和 MAN 互联成一个庞大的网络。因为所连接的距离较远，信息衰减比较严重，所以广域网一般要租用专线，构成网状结构，解决循径问题。

广域网与局域网的一个主要区别，就是需要向外界的广域网服务商申请广域网服务。广域网使用通信设备的数据链路联入广域网，如 ISDN（综合业务数字网）、DDN（数字数据网）和帧中继（Frame Relay，FR）等。

近年来，城域网与局域网及广域网之间的界限正在变得相对模糊。一方面是由于光纤通信技术在局域网基础设施中的广泛应用，提高了局域网的地理覆盖范围，使得 LAN 的适用范围向 MAN 领域扩展。另一方面，对于那些地理覆盖范围达到了数十千米甚至上百千米的较大型城域网，可以直接运用以裸光纤、SDH 技术为代表的基于光纤通信的 WAN 技术。

1.2.3　按网络传输技术分类

1. 广播式网络

广播式网络（broadcast network）是指网络中的计算机或设备共享一条通信信道。广播式网络在通信时具备两个特点：一是任何一台计算机发出的信息都能够被其他计算机收到，接收到信息的计算机根据信息报文中的目的地址来判断是进一步处理该收到的报文还是丢弃该报文；二是任何时间内只允许一个节点使用信道，从而在广播式网络中需要为信道争用提供相应解决机制。

广播网络中的传输方式目前有三种。

（1）单播（unicast）：发送的信息中包含明确的目的地址，所有节点都检查该地址。如果与自己的地址相同，则处理该信息；如果不同，则忽略。

（2）组播（multicast）：将信息传送给网络中部分节点。

（3）广播（broadcast）：在发送的信息中使用一个指定的代码标识目的地址，将信息发送给所有的目标节点。当使用这个指定代码传输信息时，所有节点都接收并处理该信息。

2. 点到点式网络

点到点式网络（point-to-point network）中的计算机或设备以点对点的方式进行数据传输。由于连接这两个节点之间的网络结构可能很复杂，任何两个节点间都可能有多条单独的链路,从源节点到目的节点可能存在多条可达的路径,因此需要提供关于最佳路径的选择机制。

局域网属于广播式网络,而 ATM 和帧中继网则属于点对点式网络。

1.2.4 按网络管理模式分类

多部计算机形成网络后就存在一个网络管理的问题。而要讲到"管理",就必然涉及网络中各计算机之间的地位问题。但要注意的是这里的"管理模式"是从软件角度考虑的,在硬件上各种管理模式没有太多明显区别。在现存的计算机网络中,主要存在两种不同的网络管理模式。

1. 对等网模式

对等网就是一种"Peer-to-Peer(简称 P2P,点对点)"结构的计算机网络,网络中各计算机的地位是平等的。各计算机既作为其他计算机的服务/资源的提供者,担当"服务器"角色,同时又接受其他计算机所提供的服务/资源,担当"客户机"的角色。这种网络管理模式具有以下几方面的特点:

(1)各计算机地位平等

在对等网中,各计算机的地位相互平等,既可以作为服务器也可以作为客户机,所有计算机都没有独立地管理和被管理。

(2)网络配置简单

这种网络的配置非常简单,只需各计算机建立好网络连接和文件共享即可,非常适合家庭和非专业用户选择。网络拓扑结构可灵活选择,可以是典型的双绞线星状网络,还可以是通过串/并行电缆或交叉网线连接的双机连接。

在软件配置上,这种网络也不要求安装专门的网络操作系统,只需工作站或个人操作系统即可,如 Windows 95/98/Me/2000/XP 等。

(3)网络构建费用低廉

由于整个网络中没有专门的服务器,所以对各台计算机的配置要求都不是很高,整个网络的构建费用比较低廉,从这个意义上来说,也比较适合家庭和小型企业用户选择。

(4)网络的可管理性差。

2. 客户/服务器模式

客户/服务器(Client/Server,简称 C/S)模式是一种最常见的网络管理模式,几乎所有的企业网络都采用这一网络管理模式。在这种网络管理模式中,网络中的各计算机地位不再平等,而是由一台或者多台计算机担当整个网络的管理角色,称为"服务器",它为整个网络中的计算机提供服务和管理;而其他计算机是受这些服务器管理的,这些计算机被称为"工作站"或"客户机"。

这种 C/S 模式的网络与上面所介绍的对等网模式相比,主要有以下几方面的特点:

(1)网络中计算机地位不平等

网络中各计算机的地位不再平等,而是由"服务器"计算机担当管理角色,"工作站"计算机被服务器管理。

(2)网络管理集中,便于网络管理

在这种网络中,整个网络的管理工作交由少数服务器担当,所以整个网络的管理非常集中有序,便于网络管理员进行有效的管理,这一点在大规模网络中更能体会其优势。

（3）网络配置复杂

与对等网相比，这种网络配置较为复杂，主要是由于在这种网络中的服务器中所安装的是专门的网络操作系统，如 Windows 2000 Server/Advanced Server、Windows Server 2003 等。这些系统中集成了许多专门的网络服务和网络管理工具，这些服务必须正确地配置才能发挥作用，而这些网络工具必须依靠相应的服务才能发挥作用。

（4）网络构建费用较贵

由于这种 C/S 模式网络中存在专门的服务器，负责整个网络的管理，并对整个网络提供各种特殊的服务，所以这些作为服务器的计算机需要较高的配置，这就决定了它的价格相对要贵许多。通常一台入门级的服务器的价格相当于 2 台高性能 PC 机价格的总和。而一台中高档服务器的价格通常为几万元，甚至几十万、上百万元。

1.2.5 按网络拓扑结构分类

在计算机网络中，为了便于对计算机网络结构进行研究或设计，通常把计算机、终端、通信处理机等设备抽象为点，把连接这些设备的通信线路抽象成线，并将由这些点和线所构成的拓扑称为计算机网络拓扑结构。计算机网络拓扑结构反映了计算机网络中各设备节点之间的内在结构，对于计算机网络的性能、建设与运行成本等都有着重要的影响。因此，无论对于计算机网络的技术实现（如网络通信协议的设计、传输介质的选择），还是在实际组网时，网络拓扑结构都是首要考虑的因素之一。常见的网络拓扑结构有总线型、星型、环型、树型和网状型。

1. 总线型拓扑结构

如图 1-5(a)所示，总线型拓扑中采用一条公共传输信道传输信息，所有节点均通过专门的连接器连到这个公共信道上，这个公共的信道称为总线。任何一个节点发送的数据都能通过总线进行传播，同时能被总线上的所有其他节点接收到。可见，总线型结构的网络是一种广播网络。总线型拓扑结构形式简单，节点易于扩充。

2. 星型拓扑结构

如图 1-5(b)所示，星型拓扑中有一个中心节点，其他各节点通过点对点线路与中心节点相连，形成辐射型结构。各节点间的通信必须通过中心节点，如图中的节点 A 到节点 B 或节点 A 到节点 C 都要经过中心节点 D。星型拓扑的网络具有结构简单、易于实现和管理等特

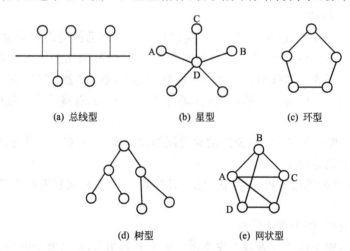

(a) 总线型   (b) 星型   (c) 环型

(d) 树型   (e) 网状型

图 1-5 常见计算机网络拓扑结构

点。但这种结构对中心节点的依赖性大,一旦中心节点出现故障,就会直接造成整个网络的瘫痪。星型拓扑是目前局域网主要的拓扑形式。

3. 环型拓扑结构

如图 1-5(c)所示,在环型拓扑中,各节点和通信线路连接形成的一个闭合的环。环中的数据按照一个方向沿环逐个节点传输:发送端发出的数据,经环绕行一周后,回到发送端,并由发送端将该数据从环上删除。任何一个结点发出的数据都可以被环上的其他节点所接收。

环型拓扑具有结构简单、易于实现、传输时延确定和路径选择简单等优点。但是,环型拓扑中任何一个节点及连接节点的通信线路都有可能导致网络瘫痪。并且在这种拓扑结构中,节点的加入和删除过程也比较复杂,需要复杂的维护机制。

4. 树型拓扑结构

树型拓扑结构是一种分层结构,如图 1-5(d)所示,可以看做是星型拓扑的一种扩展,适用于分级管理和控制的网络系统。与简单的星型拓扑相比,在节点规模相当的情况下,树型拓扑中通信线路的总长度较短,从而成本低,易于推广。

5. 网状拓扑结构

在网状拓扑结构中,节点之间的连接是任意的。每个节点都可以有多条线路与其他节点相连,这样使得节点之间存在多条可选的路径。例如,在图 1-5(e)中,从节点 A 到节点 C 可以沿着 A—B—C 路径也可以通过 A—D—B—C 路径。在网状拓扑的网络中,传输数据时可以灵活地选用空闲路径或者避开故障线。因此,这种网状拓扑可以充分、合理地使用网络资源,并且具有很高的可靠性。目前,实际存在和使用的广域网结构,基本上都采用了网状拓扑结构以提高服务的可靠性。但是,这种可靠性是以高投资和高复杂度的管理为代价的。

1.3　计算机网络的组成

1.3.1　计算机网络的系统组成

计算机网络要完成数据处理与数据通信两大基本功能。那么,它在结构上必然也可以分成两个部分:负责数据处理的计算机与终端;负责数据通信的通信控制处理机(CCP)与通信线路。因此从计算机网络结构和系统功能来看,计算机网络可以分为资源子网和通信子网两部分,其结构如图 1-4 所示。

1. 资源子网

资源子网负责全网的数据处理业务,并向网络用户提供各种网络资源和网络服务。资源子网由主计算机、终端以及相应的 I/O 设备、各种软件资源和数据资源构成,如图 1-6 所示。

主计算机简称主机(host),它可以是大型机、中型机、小型机、工作站或微型机。主机是资源子网的主要组成单元,它们除了为本地用户访问网络中的其他主机与资源提供服务外,还要为网络中的远程用户共享本地资源提供服务。主机通过高速通信线路与通信子网中的通信控制处理器相连。

终端(terminal)是用户进行网络操作时所使用的末端设备,它是用户访问网络的接口。终端可以是简单的输入/输出设备,如显示器、键盘、打印机、传真机,也可以是带有微处理器的智能终端,如可视电话、手机、数字摄像机等。智能终端除了基本的输入/输出功能外,本身还具有信息存储与处理能力。终端设备可以通过主机联入网内,也可以通过终端控制器或通信控制处理机联入网内。

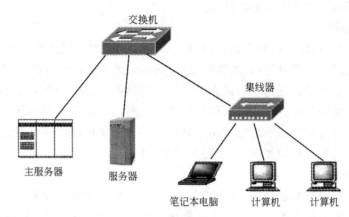

图 1-6　资源子网局部

2. 通信子网

通信子网负责为资源子网提供数据传输和转发等通信处理能力,主要由通信控制处理机、通信链路及其他通信设备(如调制解调器等)组成,如图 1-7 所示。

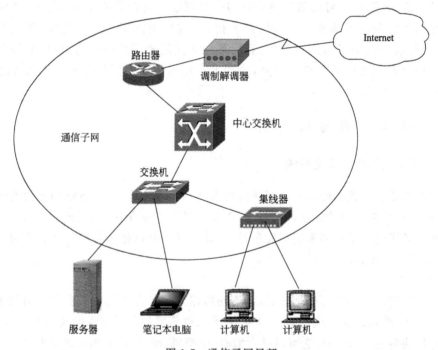

图 1-7　通信子网局部

通信控制处理机(CCP)是一种处理通信控制功能的计算机,按照其功能和用途,可以分为存储转发处理机、网络协议变换器和报文分组组装/拆卸设备等。通信控制处理机的主要功能包括:

(1)网络接口功能:实现资源子网和通信子网的接口功能。

(2)存储/转发功能:对进入网络传输的数据信息提供转发功能。

(3)网络控制功能:为数据提供路径选择、流量控制等功能。

通信链路为通信控制处理机之间、通信控制处理机与主机之间提供通信信道。一般来说，通信子网中的链路属于高速线路，所用的信道类型可以是有线信道或无线信道。

通信设备主要指数据通信和传输设备，包括调制解调器、集中器、多路复用器、中继器、交换机和路由器等设备。

随着计算机网络的发展，特别是微型计算机和路由设备的广泛使用，现代网络中的通信子网与资源子网内部已经发生了显著的变化。在资源子网中，大量的微型计算机通过局域网（包括校园网、企业网或 ISP 提供的接入网）联入广域网；在通信子网中，用于实现广域网与广域网之间互联的通信控制处理机普遍采用了被称为核心路由器的路由设备，在资源子网和通信子网的边界，局域网与广域网之间的互联也采用了路由设备，并将这些路由设备称为接入路由器或边界路由器。现代计算机网络结构的简单示意图如图 1-8 所示。

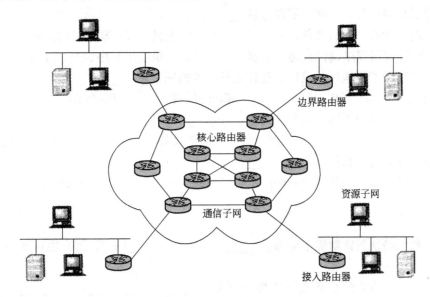

图 1-8 现代计算机网络结构示意图

1.3.2 计算机网络的软件组成

从系统组成的角度来看，计算机网络由计算机网络硬件和计算机网络软件两部分构成。因为在网络上，每一个用户都可以共享系统中的各种资源，系统该如何控制和分配资源，网络中各种设备以何种规则实现彼此间的通信，网络中的各种设备该如何被管理等等，都离不开网络的软件系统。因此，网络软件是实现网络功能必不可少的软环境。通常，网络软件包括以下几种：

（1）网络协议软件：实现网络协议功能，比如 TCP/IP、IPX/SPX 等。

（2）网络通信软件：用于实现网络中各种设备之间进行通信的软件。

（3）网络操作系统：实现系统资源共享，管理用户的应用程序对不同资源的访问，常见的网络操作系统有 UNIX、Linux、Windows 98、Windows 2000、Windows 2003、Windows XP、Netware 等。

（4）网络管理软件和网络应用软件：网络管理软件是用来对网络资源进行管理以及对网络进行维护的软件；而网络应用软件是为网络用户提供服务的，是网络用户在网络上解决实际问题的软件。

═══ 习　题 ═══

一、单项选择题

1. 计算机互联的主要目的是_____。
   A. 制定网络协议　　　　　　　　B. 将计算机技术与通信技术相结合
   C. 集中计算　　　　　　　　　　D. 资源共享
2. 资源子网是用来_____。
   A. 提供用户共享的软件和硬件　　B. 传输用户数据
   C. 提供传输线路　　　　　　　　D. 路径选择
3. 计算机网络中可以共享的资源包括_____。
   A. 硬件、软件、数据、通信信道　　B. 主机、外设、软件、通信信道
   C. 硬件、应用程序、数据、通信信道　D. 主机应用程序、数据、通信信道
4. 以下不属于按地理覆盖范围和规模进行分类的网络是_____。
   A. LAN　　　B. MAN　　　C. 公用网　　　D. WAN
5. 下面不属于通信子网组成部件的是_____。
   A. 主机　　　B. 通信线路　　　C. 通信设备　　　D. 通信控制处理机
6. 最早出现的计算机网络是_____。
   A. ARPANET　　B. Ethernet　　C. Internet　　D. Windows NT

二、填空题

1. 计算机网络从逻辑功能上分为_____子网和_____子网,用户主机属于_____子网。
2. 计算机网络按其地理覆盖范围可分三类:_____、_____和_____。按网络传输技术分为_____和点到点式网络。

三、问答题

1. 什么是计算机网络?举例说明其功能。
2. 计算机网络如何分类?试分别举出一个局域网、城域网和广域网的实例,并说明它们之间的区别。
3. 计算机网络从逻辑功能角度可分为哪两个子网?试说明它们的功能和组成。
4. 常用的计算机网络的拓扑结构有哪几种,各自有何特点?试画出它们的拓扑结构图。

第2章　数据通信的基础知识

在计算机网络中,通信的目的是两台计算机之间的数据交换,其本质上是数据通信的问题。在介绍计算机网络时,有关数据通信的基本问题,或多或少都必须涉及。为了使大家更好地理解网络的原理,在这里将先介绍一些数据通信方面的基础知识。

学完本章应掌握:

➢ 数据通信的基本概念;

➢ 数据传输方式;

➢ 数据交换技术;

➢ 差错控制技术;

➢ 通信接口。

2.1　基本概念

1. 信息、数据和信号

通信的目的是为了交换信息。信息的载体可以是语音、音乐、图形图像、文字和数据等。计算机终端产生的信息一般是字母、数字和符号的组合。为了传送这些信息,首先要将每一个字母、数字或符号用二进制代码表示。目前常用的二进制代码有国际 5 号码、EBCDIC 码和 ASCII 码等。

ASCII 码是美国信息交换标准代码,用 7 位二进制数来表示一个字母、数字或符号。任何文字,比如一段新闻信息,都可以用一串二进制 ASCII 码来表示。对于数据通信过程,只需要保证被传输的二进制码在传输过程中不出现错误,而不需要理解传输的二进制代码所表示的信息内容。被传输的二进制代码称为数据(data)。

信号是数据在传输过程中的表示形式。在通信系统中,数据以模拟信号或数字信号的形式由一端传输到另一端。模拟信号和数字信号如图 2-1 所示。模拟信号是一种波形连续变化的电信号,它的取值可以是无限个,比如话音信号;而数字信号是一种离散信号,它的取值是有

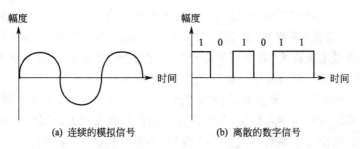

图 2-1　模拟信号和数字信号

限的,在实际应用中通常以数字"1"和"0"表示两个离散的状态。计算机、数字电话和数字电视等处理的都是数字信号。

2. 信道

信道是数据信号传输的必经之路,它一般由传输线路和传输设备组成。

按照信号所使用的传输介质的类型,信道可以分为有线信道和无线信道;按照信道中传输的数据信号类型的不同来分,信道又可以分为模拟信道和数字信道。

3. 数据通信过程中涉及的主要技术问题

在计算机网络的数据通信系统中,必须解决以下几个基本的问题。

(1)数据传输方式

数据在计算机中是以二进制方式的数字信号表示的,但在数据通信过程中,是以数字信号表示还是以模拟信号表示? 是采用串行传输方式还是并行传输方式? 是采用单工传输方式还是采用半双工传输方式? 是采用同步传输方式还是异步传输方式?

(2)数据交换技术

数据通过通信子网的交换方式是计算机网络通信过程要解决的另一个问题。当我们设计一个网络系统时,是采用线路交换方式还是选择存储转发技术? 是采用报文交换还是分组交换? 是数据报方式还是虚电路方式?

(3)差错控制技术

我们都知道,实际的通信信道是有差错的,为了达到网络规定的可靠性要求,必须采用差错控制。差错控制中的主要内容包括差错的自动检测和差错纠正两个方面,通过这两方面的技术达到数据准确、可靠传输的通信目的。

以上问题我们将在下面逐一介绍。

2.2　数据传输方式

数据传输方式是指数据在信道上传送所采用的方式。按被传输的数据信号特点可分为基带传输、频带传输和宽带传输;按数据代码传输的顺序可分为并行传输和串行传输;按数据传输的同步方式可分为同步传输和异步传输;按数据传输的方向和时间关系可分为单工、半双工和全双工传输。

2.2.1　基带传输、频带传输和宽带传输

1. 基带传输和数字数据编码

在数据通信中,由计算机、终端等直接发出的信号是二进制数字信号。这些二进制信号是典型的矩形电脉冲信号,由"0"和"1"组成。其频谱包含直流、低频和高频等多种成分,我们把数字信号频谱中,从直流(零频)开始到能量集中的一段频率范围称为基本频带,简称为"基带"。因此,数字信号也被称为"数字基带信号",简称为"基带信号"。如果在线路上直接传输基带信号,我们称为"数字信号基带传输",简称为"基带传输"。

基带传输是一种最简单、最基本的传输方式。比如近距离的局域网中都采用基带传输。在基带传输中需要解决的基本问题是:基带信号的编码和收发双方的同步问题。

基带传输中数据信号的编码方式主要有四种:不归零码、曼彻斯特编码、差分曼彻斯特编码和 $m\text{B}/n\text{B}$ 编码。图 2-2 显示了前 3 种编码的波形。

(1)不归零编码(Non-Return to Zero,NRZ)

NRZ 编码分别采用两种高低不同的电平来表示二进制的"0"和"1"。通常,用高电平表示
"1",低电平表示"0",如图 2-2(a)所示。

NRZ 编码实现简单,但其抗干扰能力较差。另外,由于接收方不能准确地判断位的开始与
结束,从而收发双方不能保持同步,需要采取另外的措施来保证发送时钟与接收时钟的同步。

(2)曼彻斯特编码(manchester)

曼彻斯特编码是目前应用最广泛的编码方法之一,它将每比特的信号周期 T 分为前 $T/2$
和后 $T/2$。用前 $T/2$ 传比特的反(原)码,用后 $T/2$ 传送该比特的原(反)码。因此,在这种编
码方式中,每一位波形信号的中点(即 $T/2$ 处)都存在一个电平跳变,如图 2-2(b)所示。

由于任何两次电平跳变的时间间隔是 $T/2$ 或 T,因此提取电平跳变信号就可作为收发双
方的同步信号,而不需要另外的同步信号,故曼彻斯特编码又被称为自含时钟编码。

(3)差分曼彻斯特编码(difference manchester)

差分曼彻斯特编码是对曼彻斯特编码的改进。其特点是每一位二进制信号的跳变依然提
供收发端之间的同步,但每位二进制数据的取值要根据其开始边界是否发生跳变来决定。若
一个比特开始处存在跳变则表示"0",无跳变则表示"1"。如图 2-2(c)所示。之所以采用位边
界的跳变方式来决定二进制的取值是因为跳变更易于检测。

两种曼彻斯特编码都是将时钟和数据包含在数据流中,在传输代码信息的同时,也将时钟
同步信号一起传输到对方,因此具有自同步能力和良好的抗干扰性能。但每一个码元都被调
成两个电平,所以数据传输速率只有调制速率的 1/2。

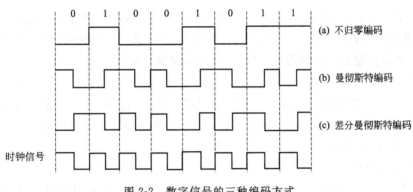

图 2-2 数字信号的三种编码方式

(4)mB/nB 编码

为了提高编码效率,在高速局域网络中常采用 4B/5B、6B/8B、10B/8B 及 64B/66B 等编码
方式。如 4B/5B 编码是对 4 位二进制代码组进行编码,转换成 5 位二进制代码组,在 5 位代
码组合中有 32 种组合,有 16 种组合用于数据,多余的组合可用于开销。这个冗余使差错检测
更可靠,可以提供独立的数据和控制字,并且能够对抗较差的信道特性。

2. 频带传输与模拟数据编码

在实现远距离通信时,经常要借助于电话线路,此时需利用频带传输方式。所谓频带传输
是指将数字信号调制成音频信号后再进行发送和传输,到达接收端时再把音频信号解调成原
来的数字信号。可见,在采用频带传输方式时,要求发送端和接收端都要安装调制器和解调
器。利用频带传输,不仅解决了利用电话系统传输数字信号的问题,而且可以实现多路复用,
以提高传输信道的利用率。

模拟信号传输的基础是载波,载波具有三大要素:幅度、频率和相位,数字信号可以针对载波的不同要素或它们的组合进行调制。

将数字信号调制成电话线上可以传输的信号有三种基本方式:振幅键控(Amplitude Shift Keying,ASK)、频移键控(Frequency Shift Keying,FSK)和相移键控(Phase Shift Keying,PSK)。如图 2-3 所示。

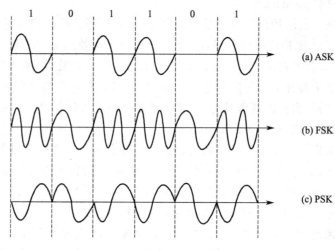

图 2-3 数字数据的三种调制方法

(1)振幅键控(ASK)

在 ASK 方式下,用载波的两种不同幅度来表示二进制的两种状态,如载波存在时,表示二进制"1";载波不存在时,表示二进制"0",如图 2-3(a)所示。采用 ASK 技术比较简单,但抗干扰能力差,容易受增益变化的影响,是一种低效的调制技术。

(2)频移键控(FSK)

在 FSK 方式下,用载波频率附近的两种不同频率来表示二进制的两种状态,如载波频率为高频时,表示二进制"1";载波频率为低频时,表示二进制"0",如图 2-3(b)所示。FSK 技术的抗干扰能力优于 ASK 技术,但所占的频带较宽。

(3)相移键控(PSK)

在 PSK 方式下,用载波信号的相位移动来表示数据,如载波不产生相移时,表示二进制"0";载波有 180°相移时,表示二进制"1",如图 2-3(c)所示。对于只有 0°或 180°相位变化的方式称为二相调制,而在实际应用中还有四相调制、八相调制、十六相调制等。PSK 方式的抗干扰性能好,数据传输速率高于 ASK 和 FSK。

另外,还可以将 PSK 和 ASK 技术相结合,成为相位幅度调制法(Pulse Amplitude Modulation,PAM)。采用这种调制方法可以大大提高数据的传输速率。

3. 宽带传输

宽带传输常采用 75 Ω 的电视同轴电缆(CATV)或光纤作为传输媒体,带宽为 300 MHz。使用时通常将整个带宽划分为若干个子频带,分别用这些子频带来传送音频信号、视频信号以及数字信号。宽带同轴电缆原是用来传输电视信号的,当用它来传输数字信号时,需要利用电缆调制解调器(cable modem)把数字信号变换成频率为几十 MHz 到几百 MHz 的模拟信号。

因此,可利用宽带传输系统来实现声音、文字和图像的一体化传输,这也就是通常所说的

"三网合一"，即语音网、数据网和电视网合一。另外，使用电缆调制解调器上网就是基于宽带传输系统实现的。

宽带传输的优点是传输距离远，可达几十千米，且同时提供了多个信道。但它的技术较复杂，其传输系统的成本也相对较高。

2.2.2　并行传输和串行传输

1．并行传输

并行传输可以一次同时传输若干比特的数据，从发送端到接收端的信道需要用相应的若干根传输线。常用的并行方式是将构成一个字符的代码的若干位分别通过同样多的并行信道同时传输。例如，计算机的并行口常用于连接打印机，一个字符分为 8 位，因此每次并行传输 8 bit 信号，如图 2-4 所示。由于在并行传输时，一次只传输一个字符，因此收发双方没有字符同步问题。

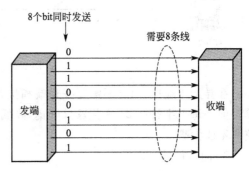

图 2-4　并行传输

2．串行传输

串行传输是指构成字符的二进制代码序列在一条数据线上以位为单位，按时间顺序逐位传输的方式。该方式易于实现，但需要解决收发双方同步的问题，否则接收端不能正确区分所传的字符。串行传输速度慢，但只需一条信道，可以节省设备，因而是当前计算机网络中普遍采用的传输方式，如图 2-5 所示。

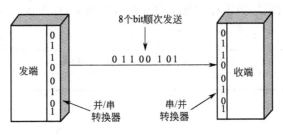

图 2-5　串行传输

应当指出，由于计算机内部操作多采用并行传输方式，因此，在实际中采用串行传输时，发送端需要使用并/串转换装置，将计算机输出的二进制并行数据流变为串行数据流，然后，送到信道上传输。在接收端，则需要通过串/并转换装置，还原成并行数据流。

2.2.3　异步传输和同步传输

在数据通信中，为了保证传输数据的正确性，收发两端必须保持同步。所谓同步就是接收端要按发送端所发送的每个码元的重复率和起止时间接收数据。使数据传输的同步方式有两种：异步传输和同步传输。

1．异步传输

异步传输又称起止方式。每次只传输一个字符。每个字符用一位起始位引导、一位或两位停止位结束，如图 2-6 所示。在没有数据发送时，发送端可发送连续的停止位。接收端根据"1"到"0"的跳变来判断一个新字符的开始，然后接收字符中的所有位。

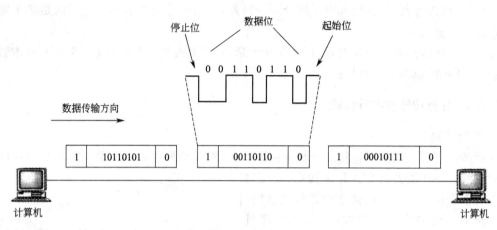

图 2-6　异步传输方式

在异步传输中,由于不需要发送端和接收端之间另外传输定时信号,因而实现起来比较简单。但是每个字符有 2～3 位额外开销,降低了传输效率;同时由于收发双方时钟的差异,传输速率不能太高。

2. 同步传输

通常,同步传输方式的信息格式是一组字符或一个二进制位组成的数据块(帧)。对这些数据,不需要附加起始位和停止位,而是在发送一组字符或数据块之前先发送一个同步字符SYN(以 01101000 表示)或一个同步字节(01111110),用于接收方进行同步检测,从而使收发双方进入同步状态。在同步字符或字节之后,可以连续发送任意多个字符或数据块,发送数据完毕后,再使用同步字符或字节来标识整个发送过程的结束,如图 2-7 所示。

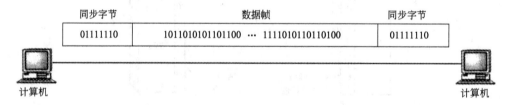

图 2-7　同步传输方式

在同步传送时,由于发送方和接收方将整个字符组作为一个单位传送,且附加位又非常少,从而提高了数据传输的效率。所以这种方法一般用在高速数据传输的系统中,比如,计算机之间的数据通信。

另外,在同步通信中,要求收发双方之间的时钟严格同步。而使用同步字符或同步字节,只是用于同步接收数据帧。只有保证了接收端接收的每一个比特都与发送端保持一致,接收方才能正确的接收数据,这就要使用位同步的方法。对于位同步,可以使用一个额外的专用信道发送同步时钟来保持双方同步,也可以使用编码技术将时钟编码到数据中,在接收端接收数据的同时就获取到同步时钟,两种方法相比,后者的效率最高,使用得最为广泛。

2.2.4　单工、半双工和全双工

数据传输通常需要双向通信,能否实现双向传输是信道的一个重要特征。按照信号传送方向与时间的关系,数据传输可以分为三种:单工、半双工和全双工,如图 2-8 所示。

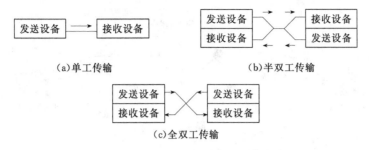

图 2-8　单工、半双工和全双工通信方式

1. 单工传输

单工传输指通信信道是单向信道，数据信号仅沿一个方向传输，发送方只能发送不能接收，而接收方只能接收不能发送，任何时候都不能改变信号传送方向，如图 2-8(a)所示。例如，无线电广播和电视都属于单工传输。

2. 半双工传输

半双工传输是指信号可以沿两个方向传送，但同一时刻一个信道只允许单方向传送，即两个方向的传输只能交替进行，而不能同时进行。当改变传输方向时，要通过开关装置进行切换，如图 2-8(b)所示。半双工信道适合于会话式通信。例如，公安系统使用的"对讲机"和军队使用的"步话机"。半双工方式在计算机网络系统中适用于终端与终端之间的会话式通信。

3. 全双工传输

全双工传输是指数据可以同时沿相反的两个方向进行双向传输，如图 2-8(c)所示。例如，电话机通信。

2.3　数据交换技术

数据交换技术在实现数据传输的过程中是必不可少的。数据通过通信子网的交换方式可以分为电路交换和存储转发交换两大类。常用的交换技术有电路交换、报文交换和分组交换（包交换）三种。

2.3.1　电路交换

电路交换（circuit switching），也称为线路交换，是一种直接的交换方式，为一对需要进行通信的节点之间提供一条临时的专用通道，即提供一条专用的传输通道。这条通道是由节点内部电路对节点间传输路径经过适当选择、连接而完成的，是一条由多个节点和多条节点间传输路径组成的链路。

目前，电话交换网广泛使用的交换方式是电路交换。经由电路交换的通信包括电路建立、数据传输、电路拆除三个阶段，如图 2-9 所示。

1. 电路建立

通过源节点请求完成交换网中相应节点的连接过程，这个过程建立起一条由源节点到目的节点的传输通道。首先，源节点 A 发出呼叫请求信号，与源节点连接的交换节点 1 收到这个呼叫，就根据呼叫信号中的相关信息寻找通向目的节点 B 的下一个交换节点 2；然后按照同样的方式，交换节点 2 再寻找下一个节点，最终达到节点 6；节点 6 将呼叫请求信息发给目的

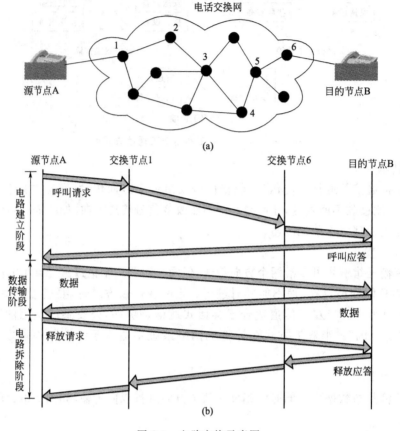

图 2-9　电路交换示意图

节点 B,若目的节点 B 接受呼叫,则通过已建立的物理线路,并向源节点发回呼叫应答信号。这样,从源节点到目的节点之间就建立了一条电路。

2. 数据传输

电路建立完成后,就可以在这条临时的专用电路上传输数据,通常为全双工传输。

3. 电路拆除

在完成数据传输后,源节点发出释放请求信号,请求终止通信。若目的节点接受释放请求,则发回释放应答信号。在电路拆除阶段,各节点相应的拆除该电路的对应连接,释放由该电路占用的节点和信道资源。

电路交换的实时性好、传输可靠性高、通信效率高,但线路的利用率低。电路交换适用于即时性信息的交互和远程成批数据的传输。

2.3.2　报文交换

报文交换又称消息交换。在报文交换中,数据是以报文为单位,报文可以是一份电报、一个文件、一份电子邮件等。报文的长度不定,它可以有不同的格式,但每个报文除传输的数据外,还必须附加报头信息,报头中包含有源地址和目标地址。

报文交换采用存储转发技术。报文在传输过程中,每个节点都要对报文暂存,一旦线路空闲,接收方不忙,就向目的地址方向传送,直至到达目的站。节点根据报头中的目标地址为报文进行路径选择,并且对收发的报文进行相应的处理,例如,差错检查和纠错、流量控制,甚至可以进行编码方式的转换等。所以,报文交换是在两个节点间的链路上逐段传输的,不需要在两个主机间建立多个节点组成的电路通道。

与电路交换方式相比,报文交换方式不要求交换网为通信双方预先建立一条专用的数据通路,因此就不存在建立电路和拆除电路的过程。同时由于报文交换系统能对报文进行缓存,可以使许多报文分时共享一条通信介质,也可以将一个报文同时发送至多个目的站,提高了线路的利用率。

但是由于采用了对完整报文的存储/转发,为了存储待发的报文,该系统要有一个容量足够大的存储缓冲区,而且节点存储/转发的时延较大,不适用于交互式通信,如电话通信。由于每个节点都要把报文完整地接收、存储、检错、纠错、转发,产生了节点延迟,并且报文交换对报文长度没有限制,报文可以很长,这样就有可能使报文长时间占用某两节点之间的链路,不利于实时交互通信。分组交换正是针对报文交换的缺点而提出的一种改进方式。

2.3.3　分组交换

分组交换(packet switching)属于"存储/转发"交换方式,但它不像报文交换那样以报文为单位进行交换、传输,而是以更短的、标准的"报文分组"(packet)为单位进行交换传输。分组是一组包含数据和呼叫控制信号的二进制数据,把它作为一个整体加以转接,这些数据、呼叫控制信号以及可能附加的差错控制信息都是按规定的格式排列的。假如 A 站有一份比较长的报文要发送给 C 站,则它首先将报文按规定长度划分成若干分组,每个分组附加上地址及纠错等其他信息,然后将这些分组通过交换网发送到 C 站。

分组交换分为两种:数据报交换和虚电路交换。

1. 数据报交换

交换网把进网的任一分组都当作单独的"小报文"来处理,而不管它是属于哪个报文的分组,就像报文交换中把一份报文进行单独处理一样。这种分组交换方式简称为数据报传输方式,作为基本传输单位的"小报文"被称为数据报(datagram)。数据报的工作方式如图 2-10

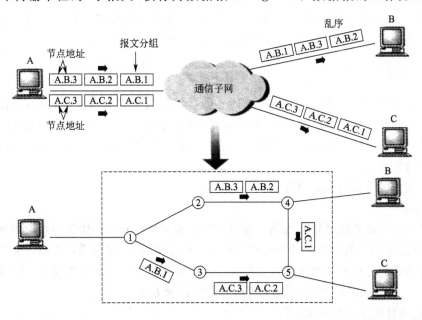

图 2-10　数据报的工作方式

所示。

数据报的特点如下：

(1)同一报文的不同分组可以经由不同的传输路径通过通信子网。

(2)同一报文的不同分组到达目的节点时可能出现乱序、重复或丢失现象。

(3)每一个报文在传输过程中都必须带有源节点地址和目的节点地址。

由于数据报限制了报文长度，降低了传输时延，从而提高了通信的并发度和传输效率。这种方式适用于短消息突发性通信。

2. 虚电路交换

虚电路就是两个用户终端设备在开始发送和接收数据之前通过通信网络建立逻辑上的连接。"虚"是因为这种逻辑连接通路不是专用的，每个节点到其他节点之间可以并发连接多条虚电路，也可以与多个节点连接虚电路，实现资源共享。

所有分组都必须沿着事先建立的虚电路传输，每个分组不再需要目的地址，分组经过的中间节点不再进行路径选择，一系列分组到达目的节点不会出现乱序、重复与丢失。虚电路适用于大容量、交互式通信。

随着网络应用技术的迅速发展，大量的高速数据、声音、图像、影像等多媒体数据需要在网络上传输。因此，对网络的带宽和传输的实时性的要求越来越高。传统的线路交换与分组交换方式已经不能适应新型的宽带综合业务的需要。因此，一些新的交换技术应运而生。如ATM技术(异步传输模式)，它是电路交换和分组交换的结合，具有从实时的话音到高清晰度电视图像等各种综合业务的传送能力。ATM技术，从本质上看，也是一种高速的分组交换技术。除此之外，还有下一代网络中的软交换技术、MPLS技术等。

2.4 差错控制技术

数据在信道上传输的过程中，由于线路热噪声的影响、信号的衰减、相邻线路间的串扰和外界的干扰等，会造成发送的数据与接收的数据不一致而出现差错。差错控制是检测和纠正数据通信中可能出现差错的方法，保证数据传输的正确性。

2.4.1 差错控制方法

最常用的差错控制方法是差错控制编码。数据信息位在向信道发送之前，先按照某种关系附加上一定的冗余位，构成一个码字后再发送，这个过程称为差错控制编码过程。接收端收到该码字后，检查信息位和附加的冗余位之间的关系，以检查传输过程中是否有差错发生，这个过程称为检验过程。

差错控制编码可分为检错码和纠错码。

1. 检错码

检错码是能自动发现差错的编码。接收端能够根据接收到的检错码对接收到的数据进行检查，进而判断传送的数据单元是否有错。当发现传输错误时，通常采用差错控制机制进行纠正。常用的差错控制机制通过反馈重发的方法实现纠错目的。自动反馈重发(Automatic Request for Repeater,ARQ)有两种：停止等待方式和连续方式。

(1)停止等待的 ARQ 协议方式

在停止等待方式中，发送方在发送完一个数据帧后，要等待接收方的应答帧的到来。正确的应答帧表示上一帧数据已经被正确接收,发送方在接收到正确的应答帧(ACK)信号之后,就可以发送下一帧数据。如果收到的是表示出错的应答帧信号(NAK),则重发出错的数据帧。

(2)连续的 ARQ 协议方式

实现连续 ARQ 协议的方式有两种:拉回方式与选择重发方式。

a. 拉回方式

在拉回方式中,发送方可以连续向接收方发送数据帧,接收方对接收的数据帧进行校验,然后向发送方发回应答帧,如果发送方连续发送了 1~5 号数据帧,从应答帧中得知 2 号帧的数据传输错误。那么,发送方将停止当前数据帧的发送,重发 2、3、4、5 号数据帧。拉回状态结束后,再接着发送 6 号数据帧。

b. 选择重发方式

选择重发方式与拉回方式不同之处在于:如果在发送完编号为 5 的数据帧时,接收到编号 2 的数据帧传输出错的应答帧,那么,发送方在发完 5 号数据帧后,只重发 2 号数据帧。选择重发完成之后,再接着发送编号为 6 的数据帧。显然,选择重发方式的效率将高于拉回方式。

检错码在反馈重发的方法中使用。它的生成简单,容易实现,编码和解码的速度较快,目前被广泛应用于有线通信中。常用的检错码有:奇偶校验码、CRC 循环冗余校验码等。

2. 纠错码

纠错码是不仅能发现差错而且能自动纠正差错的编码。在纠错码编码方式中,接收端不但能发现差错,而且能够确定二进制码元发生错误的位置,从而加以纠正。在使用纠错码纠错时,要在发送数据中含有大量的"附加位"(又称"非信息位"),因此,传输效率较低,实现起来复杂,编码和解码的速度慢,造价高。因此,一般应用于无线通信场合。如汉明码就是一种纠错码。

2.4.2　常用的检错控制编码

1. 奇偶校验码

奇偶校验码是一种最简单的检错码,其编码规则是:首先将所要传送的信息分组,然后在一个码组内诸信息元后面附加有关校验码元,使得该码组中码元"1"的个数为奇数或偶数,前者称为奇校验,后者称为偶校验。

这种码是最简单的检错码,实现起来容易,因而被广泛采用。

在实际的数据传输中,奇偶校验又分为垂直奇偶校验、水平奇偶校验和垂直水平奇偶校验。

(1)垂直奇偶校验

实际运用中,对数据信息的分组通常是按字符进行的,即一个字符构成一组,又称字符奇偶校验。以 7 单位代码为例,其编码规则是在每个字符的 7 位信息码后附加一个校验位 0 或 1,使整个字符中二进制位 1 的个数为奇数。例如,设待传送字符的比特序列为 1100001,则采用奇校验码后的比特序列形式为 11000010。接收方在收到所传送的比特序列后,通过检查序列中的 1 的个数是否仍为奇数来判断传输是否发生了错误。若比特序列在传送过程中发生错误,就可能会出现 1 的个数不为奇数的情况。发送序列 1100001 采用垂直奇校验后可能会出现的三种典型情况,如图 2-11(a)所示。显然,垂直奇校验只能发现字符传输中的奇数位错,而不能发现偶数位错。

发送方		接收方	
11000010	传输信道 →	11000010	接收的编码无差错
11000010		11001010	接收的编码中 1 的个数为偶数，因此出现差错
11000010		11011010	接收的编码中 1 的个数为奇数，因此判断为无差错，但实际上出现了差错，因此不能检测出偶数个差错

(a)垂直奇校验示例

字母	前 7 行为对应字母的 ASCII 码，最后一行是水平奇校验编码（黑体）
a	1 1 0 0 0 0 1
b	1 1 0 0 0 1 0
c	1 1 0 0 0 1 1
d	1 1 0 0 1 0 0
e	1 1 0 0 1 0 1
f	1 1 0 0 1 1 0
g	1 1 0 0 1 1 1
校验位	**0 0 1 1 1 1 1**

(b)水平奇校验示例

字母	最后一行是水平奇校验编码，最后一列是垂直奇校验编码（均为黑体）
a	1 1 0 0 0 0 1 **0**
b	1 1 0 0 0 1 0 **0**
c	1 1 0 0 0 1 1 **1**
d	1 1 0 0 1 0 0 **0**
e	1 1 0 0 1 0 1 **1**
f	1 1 0 0 1 1 0 **1**
g	1 1 0 0 1 1 1 **0**
校验位	**0 0 1 1 1 1 1 0**

(c)垂直水平奇校验示例

图 2-11　奇偶校验码示例

（2）水平奇偶校验

水平奇偶校验也称为组校验，是将所发送的若干个字符组成字符组或字符块，形式上看相当于一个矩阵，每行为一个字符，每列为所有字符对应的相同位，如图 2-11（b）所示。在这一组字符的末尾即最后一行附加上一个校验字符，该校验字符中的第 i 位分别是对应组中所有字符第 i 位的校验位。显然，采用水平奇偶校验，也只能检验出字符块中某一列中的 1 位或奇数位出错。

（3）垂直水平奇偶校验

垂直水平奇偶校验又称方块校验，既对每个字符做垂直校验，同时也对整个字符块做水平校验，则奇偶校验码的检错能力可以明显提高。图 2-11（c）所示为一个垂直水平奇校验的例子。采用这种校验方法,如果有两位传输出错,则不仅从每个字符中的垂直校验位中反映出来,同时,也在水平校验位中得到反映。因此,这种方法有较强的检错能力,基本能发现所有一位、两位或三位的错误,从而使误码率降低 2～4 个数量级。被广泛地用在计算机通信和某些计算机外设的数据传输中。

但是从总体上讲,虽然奇偶校验方法实现起来较简单,但检错能力仍然较差。故这种校验一般只用于通信质量要求较低的环境。

2. 循环冗余校验码

循环冗余校验码(Cycle Redundancy Check,CRC)是一种被广泛采用的多项式编码。CRC 码由两部分组成,前一部分是 $k+1$ 个比特的待发送信息,后一部分是 r 个比特的冗余码。由于前一部分是实际要传送的内容,因此是固定不变的,CRC 码的产生关键在于后一部分冗余码的计算。冗余码的计算中要用到两个多项式:$f(x)$ 和 $G(x)$。其中,$f(x)$ 是一个 k 阶多项式,其系数是待发送的 $k+1$ 个比特序列;$G(x)$ 是一个 r 阶的生成多项式,由发收双方预先约定。

CRC 校验的基本工作原理如图 2-12 所示。例如,假设实际要发送的信息序列是1010001101,收发双方预先约定了一个 5 阶($r=5$)的生成多项式 $G(x)=x^5+x^4+x^2+1$,那么可参照下面的步骤来计算相应的 CRC 码。

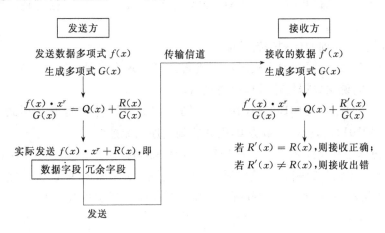

图 2-12 CRC 校验的基本原理

(1)以发送的信息序列 1010001101(10 个比特)作为 $f(x)$ 的系数,得到对应的 $f(x)$ 为 9 阶多项式:

$$f(x)=1 \cdot x^9+0 \cdot x^8+1 \cdot x^7+0 \cdot x^6+0 \cdot x^5+0 \cdot x^4+1 \cdot x^3+1 \cdot x^2+0 \cdot x+1$$

(2)获得 $x^r f(x)$ 的表达式 $x^5 f(x)=x^{14}+x^{12}+x^8+x^7+x^5$,该表达式对应的二进制序列为 101000110100000,相当于信息序列向左移动 $r(=5)$ 位,低位补 0。

(3)计算 $x^5 f(x)/G(x)$,得到 r 个比特的冗余序列

$x^5 f(x)/G(x)=(101000110100000)/(110101)$,得余数为 01110,即冗余序列。该冗余序列对应的余式 $R(x)=0 \cdot x^4+x^3+x^2+x+0$[注意:若 $G(x)$ 为 r 阶,则 $R(x)$ 对应的比特序列长度为 r]。

另外,由于模 2 除法在做减法时不借位,故相当于在进行异或运算。上述多项式的除法过程如下:

```
                    1101010110
        110101 / 101000110100000
                 110101
                 0111011
                  110101
                  00111010
                    110101
                    00111110
                     110101
                     00101100
                      110101
                      0110010
                       110101
```

01110　余数，即校验序列$[r=5, r$ 也是 $G(x)$ 的阶]

（4）得到带 CRC 校验的发送序列

即将 $f(x) \cdot x^r + R(x)$ 作为带 CRC 校验的发送序列。此例中发送序列为 101000110101110。实际运算时，也可用模 2 减法进行。从形式上看，也就是简单地在原信息序列后面附加上冗余码。

（5）在接收端，对收到的序列进行校验

对接收数据多项式用同样的生成多项式进行同样的求余运算，若 $R'(x) = R(x)$，则表示数据传输无误，否则说明数据传输过程出现差错。

例如，若收到的序列是 101000110101110，则用它除以同样的生成多项式 $G(x) = x^5 + x^4 + x^2 + 1$（即 110101）后，所得余数为 0，因此收到的序列无差错。

CRC 校验方法是由多个数学公式、定理和推论得出的。CRC 中的生成多项式对于 CRC 的检错能力会产生很大的影响。生成多项式 $G(x)$ 的结构及检错效果是在经过严格的数学分析和实验后才确定的，有着相应的国际标准。常见的标准生成多项式如下：

CRC-12：$G(x) = x^{12} + x^{11} + x^3 + x^2 + 1$

CRC-16：$G(x) = x^{16} + x^{15} + x^2 + 1$

CRC-32：$G(x) = x^{32} + x^{26} + x^{23} + x^{22} + x^{16} + x^{12} + x^{11} + x^{10} + x^8 + x^7 + x^5 + x^4 + x^2 + x + 1$

CRC 校验具有很强的检错能力，理论证明，CRC 能够检验出下列差错：

（1）全部的奇数个错。

（2）全部的两位错。

（3）全部长度小于或等于 r 位的突发错。其中，r 是冗余码的长度。

可以看出，只要选择足够的冗余位，就可以使漏检率减少到任意小的程度。由于 CRC 码的检错能力强，且容易实现，因此是目前应用最广泛的检错码编码方法之一。CRC 码的生成和校验过程可以用软件或硬件方法来实现，如可以用移位寄存器和半加法器方便地实现。

2.5　通信接口

在实际的数据通信中，通信设备之间使用相应的接口进行连接。为了实现正确的连接，每个接口都要遵守相同的标准,而被广泛使用的通信设备接口标准有 EIA RS-232C、EIA RS-499 以及 ITU-T 建议的 V.24、V.35 等标准。EIA 是美国电子工业协会(Electronic Industries Association)的英文缩写,RS(Recommended Standard)表示是推荐标准,232、499 等为标识号码,而后缀(如 RS-232C 中的 C)表示该推荐标准被修改过的次数。

下面将介绍几种典型的广域网接口标准。

2.5.1 EIA RS-232C 接口

在串行通信中,EIA RS-232C(又称为串口)是应用最为广泛的标准,其后为了改变 RS-232C 的局限性,提供更高的传输距离和数据速率,在 1977 年颁布了 RS-499。

RS-232C 标准提供了一个利用公用电话网络作为传输媒体,并通过调制解调器将远程设备连接起来的技术规定。图 2-13 显示了使用 RS-232C 接口通过电话网实现数据通信的示意图,其中,用来发送和接收数据的计算机或终端系统称为数据终端设备(DTE),如计算机;用来实现信息的收集、处理和变换的设备称为数据通信设备(DCE),如调制解调器。

图 2-13 使用 RS-232C 接口的数据通信

RS-232C 使用 9 针或 25 针的 D 型连接器 DB-9 或 DB-25,如图 2-14 所示。目前,绝大多数计算机使用的是 9 针的 D 型连接器。RS-232C 采用的信号电平—5～—15 V 代表逻辑"1",+5～+15 V 代表逻辑"0"。在传输距离不大于 15 m 时,最大速率为 19.2 kbit/s。

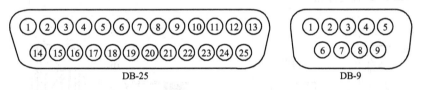

图 2-14 DB-25 和 DB-9 的 RS-232C 接口

RS-232C 接口中几乎每个针脚都有明确的功能定义,但在实际应用中,并不是所有的针脚都使用,表 2-1 列出了 25 针接口的功能定义。

表 2-1 RS-232C 接口的功能定义

针脚号	信号名称	说　明
1	保护地(SHG)	屏蔽地线
7	信号地(SIG)	公共地线
2	发送数据(TxD)	DTE 将数据传送给 DCE
3	接收数据(RxD)	DTE 从 DCE 接收数据
4	请求发送(RTS)	DTE 向 DCE 表示发送数据准备就绪
5	允许发送(CTS)	DCE 向 DTE 表示准备接收要发送的数据

续上表

针脚号	信号名称	说　明
6	数据传输设备就绪(DSR)	通知 DTE,DCE 已连接到线路上准备发送
20	数据终端就绪(DTR)	DTE 就绪,通知 DCE 连接到传输线路
22	振铃指示(RI)	DCE 收到呼叫信号,向 DTE 发 RI 信号
8	接收线载波检测(DCD)	DTE 向 DCE 表示收到远端来的载波信号
21	信号质量检测	DCE 向 DTE 报告误码率的高低
23	数据信号速率选择器	DTE 与 DCE 间选择数据速率
24	发送器码元信号定时(TC)	DTE 提供给 DCE 的定时信号
15	发送器码元信号定时(TC)	DCE 发出,作为发送数据时钟
17	接收器码元信号定时(RC)	DCE 提供的接收时钟

2.5.2　V.24 标准

V.24 是 ITU-T 制定的 DTE 和 DCE 间物理层的接口标准。这里以华为 3COM 公司的 Quidway 系列路由器的常用接口为例,从机械特性、传输速率、传输距离和接口电缆等方面来介绍 V.24 的接口和线缆。

机械特性包括对接口的物理管脚数目、排列以及标准尺寸等方面的定义。Quidway 系列路由器使用 V.24 接口电缆,路由器端为 DB50 专用插头,外接端是标准 DB25 接头,符合 EIA RS-232 接口标准,V.24 电缆接口分 DCE 和 DTE 两侧,分别对应数据终接设备(网络侧)和数据终端设备(用户侧)。对应的 DCE 侧为插座(25 孔),DTE 侧为插头(25 针)。通常路由器属于 DTE 设备,各种 Modem、ISDN 终端适配器等属于 DCE 设备。图 2-15 所示为 Quidway 系列路由器 V.24 DCE 广域网电缆,外接网络端为 25 孔插头。V.24 所规定的接口的电气特性需符合 EIA RS-232 电气标准。

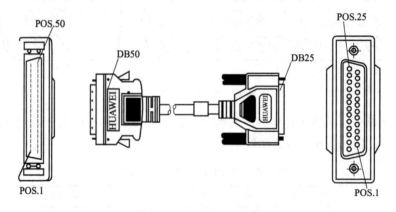

图 2-15　V.24 DCE 电缆

V.24 电缆可以工作在同步和异步两种方式下。同步是指信号的发送端和接收端采用同一个时钟系统;异步则是指收发端有各自的时钟系统。通常计算机和 Modern 之间通信是采用异步方式。在同步方式下,其最高传输速率为 64 000 bit/s,而在异步工作方式下,最高传输速率可达 115 200 bit/s。

表 2-2 列出了 IEEE(电气与电子工程师协会)提供的 V.24 电缆异步方式下以各种速率

传输数据的标准传输距离。符合 V.24 标准的接口及电缆在通信、计算机系统中使用得非常广泛,计算机串口、路由器的广域网接口都满足 V.24 标准。

表 2-2 V.24 最大电缆传输距离

传输速率(bit/s)	最大传输距离(m)	传输速率(bit/s)	最大传输距离(m)
2 400	60	38 400	20
4 800	60	64 000	20
9 600	30	115 200	10
19 200	30		

2.5.3 V.35 标准

V.35 同 V.24 相似,V.35 电缆的接口特性严格按照 EIA/TIA-V.35 标准。路由器端为 DB50 接头,外接网络端为 34 针接头。它也分 DCE 和 DTE 两种,对应的 DCE 侧为插座(34 孔),DTE 侧为插头(34 针)。

V.35 电缆一般只用于同步方式传输数据,通常用于路由器与基带 Modem 的连接之中。此方式下,与使用 V.24 电缆相同,路由器总是处在 DTE 侧。

V.35 电缆传输(同步方式下)的最高速率是 2 Mbit/s。与 V.24 标准不同,V.35 电缆速率从理论上可以超过 2M 到 4M 或者更高,但就目前来说,没有网络营运商在 V.35 接口上提供这种带宽的服务。表 2-3 为 IEEE 提供的 V.35 电缆在同步工作方式下以各种速率传输数据的标准传输距离。

表 2-3 V.35 最大电缆传输距离

传输速率(bit/s)	最大传输距离(m)	传输速率(bit/s)	最大传输距离(m)
2 400	1 250	19 200	156
4 800	625	38 400	78
9 600	312		

习 题

一、单项选择题

1. 两台计算机通过传统电话网络传输数据信号,需要提供_____。
   A. 调制解调器　　　B. RJ-45 连接器　　　C. 中继器　　　　　　D. 集线器
2. 目前,计算机网络的远程通信通常采用_____。
   A. 频带传输　　　　B. 基带传输　　　　　C. 宽带传输　　　　　D. 数字传输
3. 下面属于不含时钟编码的编码方式是_____。
   A. NRZ　　　　　　B. 曼彻斯特编码　　　C. 差分曼彻斯特编码　D. RZ
4. 下列交换方式中,_____的传输延迟最大。
   A. 电路交换　　　　B. 报文交换　　　　　C. 分组交换　　　　　D. 数据报交换

二、问 答 题

1. 什么是基带传输和频带传输?它们分别要解决什么样的关键问题?

2. 何谓单工、半双工和全双工传输,请举例说明它们的应用场合?

3. 数据交换的方式有哪几种? 各有什么优缺点?

4. ARQ 有哪几种方式?

5. 在基带传输中采用哪几种编码方法,试用这几种方法对数据"01001001"进行编码(画出编码图)?

6. 试通过计算求出下面问题的正确答案。

① 条件

- CRC 校验的生成多项式为:$G(x)=x^5+x^4+x^2+1$;

- 要发送的数据比特序列为:100011010101(12 比特)。

② 要求

- 经计算求出 CRC 校验码的比特序列;

- 写出含有 CRC 校验码的实际发送的比特序列。

7. DTE 和 DCE 是什么设备,它们分别对应于网络中的哪些设备?

第3章 计算机网络体系结构

计算机网络体系结构是人们为更有效地研究、开发和学习计算机网络所抽象出来的结构模型。本章首先为读者建立起关于计算机网络体系结构的概念，然后介绍两个重要的计算机网络体系结构模型：OSI 参考模型、TCP/IP 模型。网络模型是以后学习和进行计算机网络管理的基础，大家一定要好好理解。

学完本章应掌握：

➢ OSI 参考模型的层次结构和各层功能；

➢ OSI 参考模型中数据的封装和传递；

➢ TCP/IP 体系结构的各层功能和协议。

3.1 计算机网络体系结构的基本概念

计算机网络的发展，特别是 Internet 在全球取得的巨大成功，使得计算机网络已经成为一个海量的、多样化的复杂系统。计算机网络的实现需要解决很多复杂的技术问题，如支持多厂商和异种机互联；支持多种业务；支持多种通信介质等。现代计算机网络的设计正是按高度结构化方式分层处理以满足上述种种需求，其中网络体系结构是关键。

3.1.1 协议的基本概念

协议（protocol）是通信双方为了实现通信而设计的约定或规则。实际上，为了实现人与人之间的交互，通信规约无处不在。例如，在使用邮政系统发送信件时，信封必须按照一定的格式书写，否则信件可能不能到达目的地；同时，信件的内容也必须遵守一定的规则（如使用中文书写），否则收信人可能不能理解信件的内容。在计算机网络中，信息的传输与交换也必须遵守一定的协议，而且协议的优劣直接影响网络的性能，因此，协议的制定和实现是计算机网络的重要组成部分。

网络协议的三个要素：

（1）语义（semantics），涉及用于协调与差错处理的控制信息。

（2）语法（syntax），涉及数据及控制信息的格式、编码及信号电平等。

（3）定时（timing），涉及速度匹配和排序等。

计算机网络是一个庞大、复杂的系统。网络的通信规约也不是一个网络协议可以描述清楚的。因此，在计算机网络中存在多种协议。每一种协议都有其设计目标和需要解决的问题，同时，每一种协议也有其优点和使用限制。这样做的主要目的是使协议的设计、分析、实现和测试简单化。

3.1.2 网络的层次结构

化繁为简，各个击破是人们解决复杂问题常用的方法。对网络进行层次划分就是将计算机网络这个庞大的、复杂的问题划分成若干较小的、简单的问题。通过"分而治之",解决这些较小的、简单的问题,从而解决计算机网络这个大问题。

为了更好地理解分层模型及协议等概念,下面以如图 3-1 所示的邮政系统作为类比来说明这个问题。假设处于 A 地的用户 A 要给处于 B 地的用户 B 发送信件,为了实现这么一个信件传递过程,需要涉及用户、邮局和运输部门 3 个层次:用户 A 写好信的内容后,将其装在信封里并投入到邮筒里交由邮局 A 寄发,邮局收到信后,首先进行信件的分拣和整理,然后装入一个统一的邮包交付 A 地运输部门进行运输,如航空信交民航部门,平信交铁路或公路运输部门等;B 地相应的运输部门得到装有该信件的货物箱后,将邮包从其中取出,并交给 B 地的邮局,B 地的邮局将信件从邮包中取出投到用户的信箱中,从而用户 B 收到了来自用户 A 的信件。

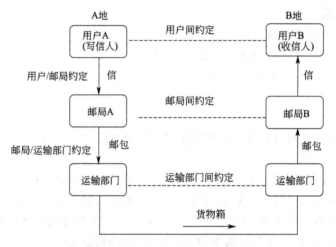

图 3-1　网络分层模型的类比——邮政系统模型

在此过程中,写信人和收信人都是最终用户,处于整个邮政系统的最高层。而邮局处于用户的下一层,是为用户服务的。对于用户来说,只需知道如何按邮局的规定将信件内容装入标准信封并投入邮局设置的邮筒即可,而无须知道邮局是如何实现寄信过程的,这个过程对用户来说是透明的。处于整个邮政系统最底层的运输部门是为邮局服务的,并且负责实际的邮件运送。邮局只需将装有信件的邮包送到运输部门的货物运输接收窗口,而无须关心邮包作为货物是如何到达异地的。

此外,在邮政系统的例子中,写信人与收信人、本地邮局与远地邮局、本地运输部门与远地运输部门之间分别构成了邮政系统分层模型中不同层上的对等实体。为了能将信件准确地由发信人送达收信人。这些对等实体之间必须有一些约定或惯例。例如,写信人写信时必须采用双方都懂的语言文字和文体,开头是对方称谓,最后是落款等。这样,收信人在收到信后才可以读懂信的内容,知道是谁写的,什么时候写的等。同样,邮局之间要就邮戳的加盖、邮包大小、颜色等制定统一的规则,而运输部门之间也会就货物运输制定有关的运输规定。这些对等实体之间的规则或约定就相当于网络分层模型中的协议。

从这个类比中可以看出:协议是"水平的",是控制对等实体间通信的规则;服务是"垂直的",是通过层间接口由下层向上层提供的。

从上述关于邮政系统的类比中还可以发现,尽管对收信人来说,信是似乎直接来自于写信人,但实际上这封信在 A 地历经了由用户→邮局→运输部门的过程,在 B 地则历经了由运输部门→邮局→用户的过程。

同样,网络分层结构模型中的数据传输,也不是直接从发送方的最高层到接收方的最高层。在发送方,每一层都把含有本层控制信息的数据交给它的下一层。而到接收方,在数据自下而上的过程中,每一层都要卸下在发送方的对等层所加上的那些控制信息,然后传给与自己相邻的上层。这个过程就如同信件到了本地邮局要在盖上邮戳后装入邮包中、邮包到了本地运输部门要加上货运标签后装入货运箱中,而一旦到达远端的运输部门,则要将邮包重新从货运箱中取出交给远端邮局,而远端邮局要将信件重新从邮包中取出交给用户;在计算机网络中,通常分别将发送方和接收方所历经的这种过程称为数据封装和数据拆封。

计算机网络采用层次化结构的优越性包括:

(1)各层之间相互独立。高层并不需要知道低层是如何实现的,而仅需要知道该层通过层间的接口所提供的服务。

(2)灵活性好。当任何一层发生变化时,只要接口保持不变,则在这层以上或以下各层均不受影响。另外,当某层提供的服务不再需要时,甚至可将这层取消。

(3)各层都可以采用最合适的技术来实现,各层实现技术的改变不影响其他层。

(4)易于实现和维护。整个系统已被分解为若干个易于处理的部分,这种结构使得一个庞大而又复杂系统的实现和维护变得容易控制。

(5)有利于网络标准化。因为每一层的功能和所提供的服务都已有了精确的说明,所以标准化变得较为容易。

下面介绍分层模型中涉及的一些重要术语。

1. 实体与对等实体

每一层中,用于实现该层功能的活动元素被称为实体(entity),包括该层上实际存在的所有硬件与软件,如输入输出的芯片、电子邮件系统、应用程序、进程等。

不同节点上位于同一层次、完成相同功能的实体被称为对等(peer to peer)实体。对等实体间按照该层协议进行通信。

2. 服务与接口

在网络分层结构模型中,每一层为相邻的上一层所提供的功能称为服务。如 N 层使用 $N-1$ 层所提供的服务,同时向 $N+1$ 层提供服务。N 层使用 $N-1$ 层所提供的服务时并不需要知道 $N-1$ 层所提供的服务是如何实现的,而只需知道下一层可以为自己提供什么样的服务以及通过什么方式来提供,即下层服务的实现对上层是透明的。

下层对上层的服务提供是通过层间接口即服务访问点(SAP)实现,每个 SAP 都有一个唯一的地址标识。同一节点内相邻实体间按照服务进行通信。这种下层为相邻上层提供的服务有两种形式:面向连接的服务和无连接的服务。

(1)面向连接的服务

在使用面向连接的服务时,用户首先要建立连接(相当于电话的拨号阶段),然后使用连接(相当于通话阶段),再释放连接(相当于挂断电话阶段)。面向连接的服务类似于电话系统的工作模式。

(2)无连接的服务

在使用无连接的服务时,通信实体发送的信息报文都带有完整的目的地址和源地址,经由系统选定路线传递,最后送抵目的地。无连接的服务类似于邮政系统的工作模式。

3.1.3　网络体系结构

引入分层模型以后,通常将计算机网络系统中的层、各层中的协议以及层次之间的接口的集合称为计算机网络体系结构。

自 IBM 在 20 世纪 70 年代推出 SNA 系统网络体系结构以来,很多公司也纷纷建立自己的网络体系结构,这些体系结构的出现大大加快了计算机网络的发展。但由于这些体系结构的着眼点往往是各自公司内部的网络连接,没有统一的标准,因而它们之间很难互联起来。在这种情况下,国际标准化组织(International Standard Organization,ISO)制定开发了开放系统互联参考模型(Open System Interconnection Reference Mode,OSI 参考模型)。OSI 模型的目的是为了使两个不同的系统能够较容易地通信,而不需要改变底层的硬件或软件的逻辑。

3.2　OSI 参考模型

OSI 模型是设计网络系统的分层次的框架,保证了各种类型网络技术的兼容性、互操作性。有了这个开放的模型,各网络设备厂商就可以遵照共同的标准来开发网络产品,最终实现彼此的兼容。

3.2.1　OSI 七层网络结构

OSI 参考模型只是定义了一种抽象的结构,而并非具体实现的描述。即在 OSI 模型中的每一层,都只涉及层的功能定义,而不提供关于协议与服务的具体实现方法。OSI 参考模型描述了信息或数据通过网络,是如何从一台计算机的一个应用程序到达网络中另一台计算机的另一个应用程序。当信息在一个 OSI 模型中逐层传送的时候,它越来越不像人类的语言,变为只有计算机才能明白的数字(0 和 1)。

OSI 参考模型如图 3-2 所示,由下而上共有七层,分别为物理层、数据链路层、网络层、传输层、会话层、表示层、应用层,也依次称为 OSI 第一层、第二层、……、第七层。

图 3-2　OSI 参考模型

OSI 参考模型的核心包含三大层次。高三层由应用层、表示层和会话层组成,面向信息处理和网络应用;低三层由网络层、数据链路层和物理层组成,面向通信处理和网络通信;中间层为传输层,为高三层的网络信息处理应用提供可靠的端到端通信服务。

在实际中,当两个通信实体通过一个通信子网进行通信时,必然会经过一些中间节点,一般来说,通信子网中的节点只涉及低三层,图 3-3 表示设备 A 将一个报文发送到设备 B 时所涉及的一些层。

3.2.2　OSI 各层的功能概述

1. 物理层

物理层(physical layer)位于 OSI 参考模型的最低层,协调在物理媒体中传送比特流所需的各种功能。物理层涉及接口和传输媒体的机械和电气的规约,定义了这些物理设备和接口

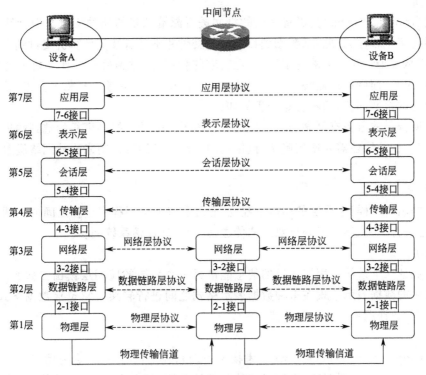

图 3-3　两个通信实体间的层次结构

为所发生的传输所必须完成的过程和功能,以便于不同的制造厂家既能够根据公认的标准各自独立地制造设备,从而使各个厂家的产品能够互相兼容。

2. 数据链路层

在物理层发送和接收数据的过程中,会出现一些自己不能解决的问题。例如,当两个节点同时试图在一条共享线路上同时发送数据时该如何处理,节点如何知道它所接收的数据是否正确,如果噪声改变了一个报文的目标地址,节点如何察觉它丢失了本应收到的报文,这些都是数据链路层(data link layer)所必须负责的工作。

数据链路层涉及相邻节点之间的可靠数据传输,它将物理层的比特流组织成数据链路层协议数据单元(帧)进行传输,帧中包含地址、控制、数据及校验码等信息,通过校验、确认和反馈重传等手段,将不可靠的物理链路改造成对网络层表现为一条无差错的数据传输链路。数据链路层还要协调收发双方的数据传输速率,即进行流量控制。

3. 网络层

网络层(network layer)负责将分组从源端交付到目的端,中间可能要经过许多中间节点甚至不同的通信子网。网络层的任务就是在通信子网中选择一条合适的路径,使源计算机发送的数据能够通过所选择的路径到达目的计算机。

为了实现路径选择,网络层必须使用寻址方案来确定存在哪些网络以及设备在这些网络中所处的位置,不同网络层协议所采用的寻址方案是不同的。在确定了目标节点的位置后,网络层还要负责引导数据包正确地通过网络,找到通过网络的最优路径,即路由选择。如果子网中同时出现过多的分组,它们将相互阻塞通路并可能形成网络瓶颈,因此网络层还要提供拥塞控制机制以避免此类现象的出现。另外,网络层还要解决异构网络互联问题。

4. 传输层

传输层(transport layer)负责将完整的报文进行源端到目的端的交付。但计算机往往在同一时间运行多个程序,因此,从源端到目的端的交付并不是从某个计算机交付到下一个计算机,同时还指从某个计算机上的特定进程(运行着的程序)交付到另一个计算机上的特定进程(运行着的程序)。而网络层监督单个分组的端到端的交付,独立地处理每个分组,就好像每个分组属于独立的报文那样,而不管是否真的如此。

传输层所提供的服务有可靠与不可靠之分。为了向会话层提供可靠的端到端进程之间的数据传输服务,传输层还需要使用确认、差错控制和流量控制等机制来弥补网络层服务质量的不足。

5. 会话层

就像它的名字一样,会话层的功能是建立、管理和终止应用程序进程之间的会话和数据交换,允许数据进行单工、半双工和全双工的传送,并使这些通信系统同步。

6. 表示层

表示层保证一个系统应用层发出的信息能被另一个系统的应用层读出。如有必要,表示层用一种通用的数据表示格式在多种数据表示格式之间进行转换。它包括数据格式变换、数据加密与解密、数据压缩与恢复等功能。

7. 应用层

应用层(application layer)是 OSI 参考模型中最靠近用户的一层,它为用户的应用程序提供网络服务,将用户接入到网络,提供对多种服务的支持,如电子邮件、文件传输、共享的数据库管理,以及其他种类的分布式信息服务。

3.2.3　OSI 模型中的数据封装与传递

在 OSI 模型中,对等实体间所传输的数据被称为协议数据单元(Protocol Data Unit, PDU)。如图 3-4 所示,假设计算机 A 上的某个应用程序要发送数据给计算机 B,则该应用程序把数据交给应用层,应用层在数据前面加上应用层的报头 H_7,形成一个应用层的数据包。报头(header)及报尾(tailer)是对等层之间为了实现有效的相互通信所需加上的控制信息,增加报头、报尾的过程称为封装。封装后得到的应用层数据包被称为应用层协议数据单元(APDU)。封装完成后应用层将该 APDU 交给下面的表示层。

表示层接到应用层传下来的 APDU 后,并不关心 APDU 中哪部分是用户数据,哪一部分是报头,它只在收到的 APDU 前面加上包含表示层控制信息的报头 H_6,构成表示层的协议数据单元(PPDU),再交给会话层。

会话层接到表示层传下来的 PPDU 后,也不关心 PPDU 中哪一部分是用户数据,哪一部分是报头,它只在收到的 PPDU 前面加上包含会话层控制信息的报头 H_5,构成会话层的协议数据单元(SPDU),再交给传输层。依此类推,这一过程重复进行直到数据抵达物理层。

数据在传输层封装后得到的协议数据单元称为分段(segment),在网络层被封装后得到的协议数据单元被称为分组(packet),在数据链路层被封装后得到的协议数据单元被称为帧(frame)。而物理层在收到数据链路层传下来的帧以后,并不像其他层那样再加上本层的控制信息,而是直接将其转换为电或光信号通过传输介质送到接收端,因此在物理层没有专用的协议数据单元名称,但习惯上将这些在传输介质中传送的信号称为原始比特流(bit stream)。

在接收端,当数据逐层向上传递时,各种报头及报尾将被一层一层地剥去。例如,数据链

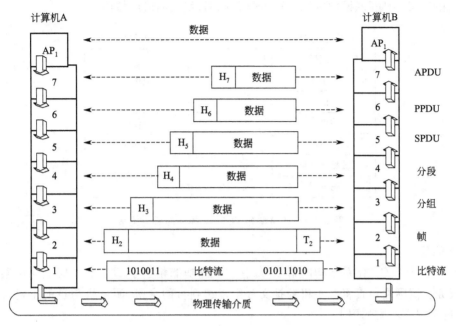

图 3-4　OSI 的数据传输

路层在将数据交给网络层之前要去掉相应的帧头与帧尾,网络层则在将数据交给传输层之前
要去掉分组报头,依此类推,最后数据以 APDU 形式到达接收方的应用层。

3.3　TCP/IP 体系结构

3.3.1　TCP/IP 体系结构的层次划分

　　网络互联是目前网络技术研究的热点之一,在诸多网络互联协议中,TCP/IP 协议是一个
使用非常普遍的网络互联标准协议。TCP/IP 协议是美国国防部高级计划研究局(DARPA)
为实现 ARPANET(后来发展为 Internet)而开发的,也是很多大学和研究所多年的研究及商
业化的结果。目前,众多网络厂家的产品都支持 TCP/IP 协议,TCP/IP 协议已成为一个事实
上的工业标准。

　　其实 TCP/IP 是一组协议的代名词,它还包括许多别的协议,组成了 TCP/IP 协议簇。一
般来说,TCP 提供传输层服务,而 IP 提供网络层服务。

　　与 OSI 参考模型不同,TCP/IP 体系结构将网络划分为应用层(application layer)、传输层
(transport layer)、网际层(internet layer)和网络访问层(network interface layer)4 层,与 OSI
参考模型有一定的对应关系,如图 3-5 所示。

3.3.2　TCP/IP 体系结构中各层的功能

1. 网络访问层

　　在 TCP/IP 分层体系结构中,网络访问层是其最底层,负责接收从网际层交下来的 IP 数
据报并将其通过底层物理网络发送出去,或者从底层物理网络上接收物理帧,抽出 IP 数据报,
交给网际层。在网络访问层,TCP/IP 并没有定义任何特定的协议,它支持所有标准的和专用

的协议。在 TCP/IP 互联网中的网络可以是局域网、城域网或广域网。

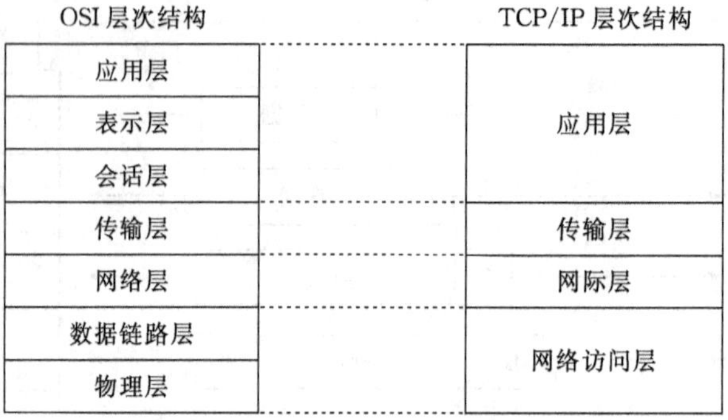

```
      OSI 层次结构                    TCP/IP 层次结构

  ┌──────────────┐                  ┌──────────────┐
  │    应用层    │                  │              │
  ├──────────────┤                  │    应用层    │
  │    表示层    │                  │              │
  ├──────────────┤                  │              │
  │    会话层    │                  │              │
  ├──────────────┤                  ├──────────────┤
  │    传输层    │                  │    传输层    │
  ├──────────────┤                  ├──────────────┤
  │    网络层    │                  │    网际层    │
  ├──────────────┤                  ├──────────────┤
  │  数据链路层  │                  │              │
  ├──────────────┤                  │  网络访问层  │
  │    物理层    │                  │              │
  └──────────────┘                  └──────────────┘
```

图 3-5　OSI 模型和 TCP/IP 模型的对应关系

2. 网际层

网际层是 TCP/IP 体系结构的第二层,它实现的功能相当于 OSI 参考模型网络层的无连接网络服务。网际层负责将源主机的报文分组发送到目的主机,源主机与目的主机可以在一个网上,也可以在不同的网上。

网际层的主要功能包括:

(1)处理来自传输层的分组发送请求。在收到分组发送请求之后,将分组装入 IP 数据报,填充报头,选择发送路径,然后将数据报发送到相应的网络输出。

(2)处理接收的数据报。在接收到其他主机发送的数据报之后,检查目的地址,如需要转发,则选择发送路径,转发出去;如目的地址为本节点地址,则除去报头,将分组送交传输层处理。

(3)处理互联的路径、流量控制与拥塞问题。

3. 传输层

传输层位于网际层之上,它的主要功能是负责应用进程之间的端到端通信。为了标识参与通信的传输层对等实体,传输层提供了关于不同进程的标识。为了适应不同的网络应用,传输层提供了面向连接的可靠传输与无连接的不可靠传输两类服务。

4. 应用层

在 TCP/IP 体系结构中,传输层之上是应用层,应用层为用户提供网络服务,并为这些应用提供网络支撑服务,它包括了所有的高层协议。

3.3.3　TCP/IP 模型中各层的主要协议

TCP/IP 是伴随 Internet 发展起来的网络模型,因此在这个模型中包括了一系列行之有效的网络协议,目前有 100 多个。这些协议被用来将各种计算机和数据通信设备组成实际的 TCP/IP 计算机网络。TCP/IP 模型中的一些重要协议如图 3-6 所示。

1. 网络访问层

在网络访问层中,TCP/IP 体系结构并未对网络接口层使用的协议做出强硬的规定,它允许主机联入网络时使用多种现成的和流行的协议,包括各种现有的主流物理网络协议与技术,例如局域网中的以太网(Ethernet)、令牌环网(Token Ring)、FDDI、无线局域网和广域网中的帧中继(Frame Relay)、ISDN、ATM、X.25 和 SDH 等。

2. 网际层

网际层包括多个重要的协议,其中互联网络协议(Internet Protocol,IP)是最核心的协议,该协议规定网际层数据分组的格式;因特网控制消息协议(Internet Control Message Protocol,ICMP)用于实现网络控制和消息传递功能;地址解释协议(Address Resolution Protocol,ARP)用于提供 IP 地址到 MAC 地址的映射;反向地址解释协议(Reverse Address Resolution Protocol,RARP)则提供了 MAC 地址到 IP 地址的映射。

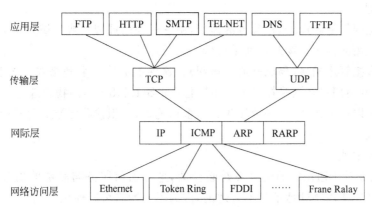

图 3-6   TCP/IP 模型中各层使用的协议

3. 传输层

传输层提供了两个协议,分别是传输控制协议(Transport Control Protocol,TCP)和用户数据报协议(User Datagram Protocol,UDP)。TCP 提供面向连接的可靠传输,通过确认、差错控制和流量控制等机制来保证数据传输的可靠性,经常用于有大量数据需要传送的网络应用。UDP 提供无连接的不可靠传输服务,主要用于不要求数据顺序和可靠到达的网络应用。

4. 应用层

应用层包括了众多的应用协议与应用支撑协议。常见的应用协议有文件传输协议(FTP)、超文本传输协议(HTTP)、简单邮件传输协议(SMTP)、虚拟终端协议(Telnet);常见的应用支撑协议包括域名服务(DNS)和简单网络管理协议(SNMP)。

(1)HTTP:用来在浏览器和 WWW 服务器之间传送超文本协议。

(2)SMTP:用于实现电子邮件传输的应用协议。

(3)FTP:用于实现文件传输服务的协议。通过 FTP 用户可以方便地连接到远程服务器上,可以进行查看、删除、移动、复制、更改远程服务器上的文件内容,并能进行上传文件和下载文件等操作。

(4)TFTP:用于提供小而简单的文件传输服务。从某个意义上来说,TFTP 是对 FTP 的一种补充,特别是在文件较小并且只有传输需求时该协议显得更加有效率。

(5)Telnet:实现虚拟或仿真终端的服务,允许用户把自己的计算机当作远程主机上的一个终端连接到远程计算机,并使用基于文本界面的命令控制和管理远程主机上的文件及其他资源。

(6)DNS:用于实现域名和 IP 地址之间的相互转换。

(7)SNMP:由于 Internet 结构复杂,拥有众多的操作者,因此需要好的工具进行网络管理,以确保网络运行的可靠性和可管理性。而 SNMP 提供了一种监控和管理计算机网络的有效方法,已成为计算机网络管理的事实标准。

3.3.4　编　　址

使用 TCP/IP 协议的互联网有三个等级的地址:物理地址、互联网(IP)地址以及端口地址。每一种地址属于 TCP/IP 体系结构中的特定层。

1. 物理地址

物理地址也叫做链路地址,是节点的地址,由它所在的局域网或广域网定义。物理地址含在数据链路层使用的帧中。物理地址是最低一级的地址。

物理地址直接管理网络(局域网或广域网)。这种地址的长度和格式是可变的,取决于网络。例如,以太网使用写在网络接口卡(NIC)上的 6 Byte(48 bit)的物理地址。

物理地址可以是单播地址(一个接收者)、多播地址(一组接收者)或广播地址(由网络中的所有系统接收)。

2. Internet 地址

Internet 地址对于通用的通信服务是必需的,这种通信服务与底层的物理网络无关。在互联网的环境中仅使用物理地址是不合适的,因为不同网络可以使用不同的地址格式。因此,需要一种通用的编址系统,用来唯一地标识每一个主机,而不管底层是使用什么样的物理网络。

Internet 地址就是为此目的而设计的。目前 Internet 的地址是 32 位地址,可以用来标志连接在 Internet 上的每一个主机。在 Internet 上没有两个主机具有同样的 IP 地址。

Internet 地址也可以是单播地址(一个接收者)、多播地址(一组接收者)或广播地址(由网络中的所有系统接收)。

3. 端口地址

对于从源主机将许多数据传送到目的主机来说,IP 地址和物理地址是必须使用的。但是到达目的主机并非在 Internet 上进行数据通信的最终目的。一个系统若只能从一台计算机向另一台计算机发送数据,则是很不够的。今天的计算机是多进程设备,即可以在同一时间运行多个进程。Internet 通信的最终目的是使一个进程能够和另一个进程通信。例如,计算机 A和计算机 C 使用 Telnet 进行通信。与此同时,计算机 A 还和计算机 B 使用 FTP 通信。为了能够同时发生这些事情,我们需要有一种方法对不同的进程打上标号。换言之,这些进程需要有地址。在 TCP/IP 体系结构中,给一个进程指派的标号叫做端口地址。TCP/IP 中的端口地址是 16 bit 长。

=====　习　　题　=====

一、单项选择题

1. 下面关于 OSI 分层网络模型原因的描述中,正确的是_____。
   A. 分层模型增加了复杂性
   B. 分层模型使得接口不能标准化
   C. 分层模型使专业的开发成为不可能
   D. 分层模型能防止一个层上的技术变化影响到另一个层

2. OSI 参考模型中的_____提供诸如电子邮件、文件传输和 Web 浏览等服务。

 A. 传输层   B. 表示层   C. 会话层   D. 应用层

3. 下面属于 TCP/IP 传输层协议的是_____。

 A. IP   B. UDP   C. ARP   D. ICMP

4. 网络协议的三大要素为_____。

 A. 数据格式、编码、信号电平   B. 数据格式、控制信息、速度匹配

 C. 语法、语义、同步   D. 编码、控制信息、同步

5. 数据的加密和解密属于 OSI 模型_____的功能。

 A. 网络层   B. 表示层   C. 物理层   D. 数据链路层

6. 下面关于 TCP/IP 模型的描述错误的是_____。

 A. 它是计算机网络互联的事实标准 B. 它是 Internet 发展过程中的产物

 C. 它是 OSI 模型的前身   D. 它具有与 OSI 模型相当的网络层

二、问 答 题

1. 简要说明 OSI 七层模型中每一层的主要功能。

2. 画出 TCP/IP 的网络模型，并指出各层的主要协议。

3. 下列功能分别属于 OSI 模型的哪个层次？

(1) 可靠的端到端数据传输。

(2) 决定使用哪些路径将数据传送到目的端。

(3) 定义帧。

(4) 在物理媒体上传送位流。

(5) 给用户提供服务，如电子邮件和文件传输。

(6) 格式和数据的加密与解密。

(7) 建立、维护和终止会话。

4. 试描述在 OSI 参考模型中数据传输的基本过程，并给出在物理层、数据链路层、网络层和传输层的协议数据单元名称。

第4章 局域网技术

在计算机网络发展过程中,局域网技术一直是最为活跃的领域之一。它既具有一般计算机网络的特点,又有自己的特征。局域网是在一个较小的范围,比如一个办公室、一幢楼或一个校园,利用通信线路将众多计算机及外设连接起来,以达到数据通信和资源共享的目的。局域网的研究始于 20 世纪 70 年代,以太网(Ethernet)是其典型代表。目前局域网技术已经在企业、机关、学校乃至家庭中得到了广泛的应用,因此,学习和掌握局域网的技术,对人们的学习和工作显得十分重要。

本章将围绕局域网这个主题,介绍局域网拓扑结构、局域网标准、局域网中的介质访问控制机制、主流的各种局域网技术。

学完本章应掌握:

➢ 局域网的主要拓扑结构;

➢ 局域网的层次结构及标准;

➢ 局域网的介质访问控制机制;

➢ 以太网和 FDDI 的工作原理;

➢ 交换式以太网的工作原理;

➢ 虚拟局域网技术;

➢ 无线局域网技术。

4.1 局域网概述

4.1.1 局域网的特点

(1)局域网覆盖有限的地理范围,可以满足机关、公司、学校、部队、工厂等有限范围内的计算机、终端及各类信息处理设备的联网需求。

(2)局域网具有传输速率高(通常在 10～10 000 Mbit/s 之间)、误码率低(通常低于 10^{-8})的特点,因此,利用局域网进行的数据传输快速可靠。

(3)局域网通常由一个单位或组织建设和拥有,易于维护和管理。

4.1.2 常见的局域网拓扑结构

局域网与广域网的一个重要区别在于它们的地理覆盖范围,并由此两者采用了明显不同的技术。"有限的地理范围"使得局域网在基本通信机制上选择了"共享介质"方式和"交换"方式,并相应的在传输介质的物理连接方式、介质访问控制方法上形成了自己的特点。一般来说,决定局域网特性的主要技术要素是网络拓扑结构、传输介质与介质访问控制方法。

在网络拓扑上,局域网所采用的基本拓扑结构包括总线型、环型与星型。

1. 总线型拓扑结构

总线型拓扑结构如图 4-1 所示,所有的站点都直接连接到一条作为公共传输介质的总线上。总线通常采用同轴电缆作为传输介质,所有节点都可以通过总线发送或接收数据,但一段时间内只允许一个节点利用总线发送数据。当一个节点利用总线以"广播"方式发送信号时,其他节点都可以"收听"到所发送的信号。

由于总线作为公共传输介质为多个节点所共享,因此就有可能出现同一时刻有两个或两个以上节点利用总线发送数据的情况,从而导致冲突(collision)。冲突会使接收节点无法从所接收的信号中还原出有效的数据从而造成数据传输的失效,因此需要提供一种机制用于解决冲突问题。

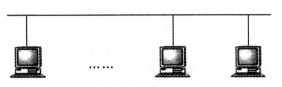

图 4-1　典型的总线型局域网

总线型拓扑结构的优点是:结构简单,实现容易,易于安装和维护,可靠性较好,价格低廉。

总线型拓扑结构的缺点是:传输介质故障难以排除,并且由于所有节点都直接连接在总线上,因此主干线上的任何一处故障都会导致整个网络的瘫痪。

2. 环型拓扑结构

在环型拓扑结构中,所有的节点通过相应的网卡,使用点对点线路连接,并构成一个闭合的环,如图 4-2(a)所示。环型拓扑也是一种共享介质环境,多个节点共享一条环通路,数据在环中沿着一个方向绕环逐站传输。为了确定环中每个节点在什么时候都可以传送数据帧,这种结构同样要提供介质访问控制以解决冲突问题。

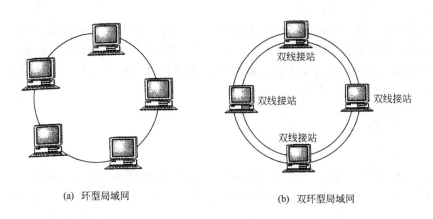

(a) 环型局域网　　　　　　　　　　　(b) 双环型局域网

图 4-2　环型、双环型局域网示意图

由于信息包在封闭环中必须沿每个节点单向传输,因此环中任何一段的故障都会使各站之间的通信受阻。为了增加环型拓扑的可靠性,还引入了双环拓扑,如图 4-2(b)所示。双环拓扑在单环拓扑的基础上,在各站点之间再连接了一个备用环。这样,当主环发生故障时,可利用备用环继续工作。

环型拓扑结构的优点是能够较有效地避免冲突,其缺点是环型结构中的网卡等通信部件比较昂贵,而且环的管理相对复杂。

3. 星型拓扑结构

星型拓扑结构由一个中央节点和一系列通过点到点链路接到中央节点的末端节点组成。

图 4-3 所示为星型拓扑结构的示例,各节点以中央节点为中心相连接,各节点与中央节点以点对点的方式连接。任何两节点之间的数据通信都要通过中央节点,中央节点集中执行通信控制策略,完成各节点间通信连接的建立、维护和拆除。

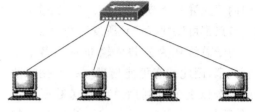

　　星型拓扑结构的优点是:结构简单,管理方便,可扩充性强,组网容易。利用中央节点可方便地提供和重新配置网络连接,且单个连接点的故障只影响一个设备,不会影响全网,容易检测和隔离故障,便于维护。

　　星型拓扑的缺点是:每个站点直接与中央

图 4-3　星型局域网

节点相连,需要大量电缆;另一方面如果中央节点产生故障,则全网不能工作,因此对中央节点的可靠性和冗余度要求很高。

　　应该指出,不同的局域网拓扑结构各有优劣。在实际组网时,应根据具体情况,选择一种合适的拓扑结构或采用混合拓扑结构。顾名思义,混合拓扑结构由几种基本的局域网拓扑结构共同组成。

4.2　局域网的传输介质

　　传输介质泛指计算机网络中用于连接各个计算机和通信设备的物理介质。传输介质是构成物理信道的重要组成部分,是通信中实际传送信息的载体。计算机网络中可使用多种不同的传输介质来组成物理信道。

　　传输介质分为有线传输介质和无线传输介质两大类。双绞线、同轴电缆和光纤等都属于有线传输介质。无线电波、红外线、激光等都属于无线传输介质。在衡量传输介质的性能时,主要考虑容量、抗干扰性、衰减或传输距离、安装难易程度和价格等因素,下面将介绍一些典型的有线传输介质和无线传输介质。

4.2.1　双绞线

1. 双绞线概述

　　双绞线(Twisted Pair,TP)是目前使用最广泛、价格最低廉的一种有线传输介质。双绞线在内部由若干对(通常是 1 对、2 对或 4 对)两两绞在一起的相互绝缘的铜导线组成,导线的典型直径为 1 mm 左右(通常在 0.4～1.4 mm 之间)。之所以采用这种两两相绞的绞线技术,是为了抵消相邻线对之间所产生的电磁干扰,并减少线缆端接点处的近端串扰。

　　双绞线既可以传输模拟信号,也可以传输数字信号。用双绞线传输数字信号时,它的数据传输速率与电缆的长度有关。距离短时,数据传输速率可以高一些。典型的数据传输率为 10 Mbit/s、100 Mbit/s 和 1 000 Mbit/s。

　　双绞线按照是否有屏蔽层又可以分为屏蔽双绞线(Shielded Twisted Pair,STP)和非屏蔽双绞线(Unshielded Twisted Pair,UTP),如图 4-4 所示。与 UTP 相比,STP 由于采用了良好的屏蔽层,抗干扰性较好。

　　关于双绞线的工业标准主要来自 EIA(电子工业协会)的 TIA(远程通信工业分会),即通常所说的 EIA/TIA。到目前为止,EIA/TIA 已颁布了 6 类(category,简写为 cat)线缆的标准。其中:

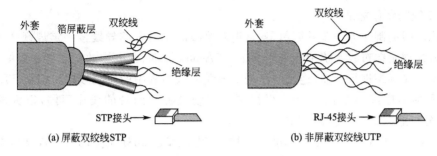

图 4-4 UTP 和 STP 的示意图

(1)cat1:适用于电话和低速数据通信。

(2)cat2:适用于话音 ISDN 及 T1/El,支持的数据传输速率为 4 Mbit/s。

(3)cat3:适用于 10 Base-T 或 100 Mbit/s 的 100 Base-T4,支持的数据传输速率为 10 Mbit/s。

(4)cat5(e):适用于 100 Mbit/s 的 100 Base-TX 和 100 Base-T4,支持的数据传输速率为 100 Mbit/s;cat5(e)在近端串扰、串扰总和、衰减和信噪比四个指标上有较大改进。

(5)cat6(e):适用于 1 000 Mbit/s 的 1 000 Base-T 以太网中,支持的数据传输速率高达 1 000 Mbit/s。cat6(e)在串扰、衰减和信噪比等方面有较大的改善。

目前一类、二类双绞线在以太网中已没人用了,三类、四类线在市场上也几乎没有了。目前建局域网时应用最多的是五类线、超五类线和六类线,超六类线在一些大型网络中可见到,七类线因正式的标准还未颁布,所以基本还没得到应用。五类线和六类线(包括超五类线和超六类线)的单段网线长度都不得超过 100 m,这在实际组网中要特别注意,否则网络很可能因距离过长,信号衰减太大而不通。为了使用方便,UTP 的 8 芯导线采用了不同颜色标志。其中橙和橙白形成一对,绿和绿白形成一对,蓝和蓝白、棕和棕白也分别形成一对。双绞线大部分只用了其中的两对(橙和绿),即 4 根芯线。但它与电话线的 4 根插针分布不一样,因此不能用电话线水晶头代替 RJ-45 水晶头。

双绞线的品牌主要有:安普(AMP),这一品牌是我们见得最多,也是最常用的一种,质量好,价格便宜;另一种是西蒙(Siemon),在综合布线系统中经常见到,它与安普相比,档次要高许多,当然,价格也高许多;其次还有朗讯(Lucent)、丽特(NORDX/CDT)、IBM 等品牌。

使用双绞线作为传输介质的优越性在于其技术和标准非常成熟,价格低廉,而且安装也相对简单。缺点是双绞线对电磁干扰比较敏感,并且容易被窃听。双绞线目前主要在室内环境中使用。

2. RJ-45 接头

RJ-45 接头俗称水晶头,双绞线的两端必须都安装 RJ-45 插头,以便插在以太网卡、集线器(Hub)或交换机(Switch)的 RJ-45 接口上。

水晶头也可分为几种档次,一般如 AMP 这样的名牌大厂的质量好些,价格也很便宜。不过在选购时最好别贪图便宜,否则质量得不到保证。质量差主要体现为接触探针是镀铜的,容易生锈,造成接触不良,网络不通。质量差的另一点明显表现为塑扣位扣不紧(通常是变形所致),也很容易造成接触不良,网络中断。

水晶头虽小,但在网络中却很重要,在许多网络故障中就有相当一部分是因为水晶头质量不好而造成的。

3. 双绞线的制作标准

双绞线网线的制作方法非常简单,就是把双绞线的 4 对 8 芯导线按一定规则插入到水晶头中。插入的规则在布线系统中是采用 EIA/TIA 568 标准,在电缆的一端将 8 根线与 RJ-45 水晶头根据连线顺序进行相连,连线顺序是指电缆在水晶头中的排列顺序。EIA/TIA 568 标准提供了两种顺序:568A 和 568B。根据制作网线过程中两端的线序不同,以太网使用的 UTP 电缆分直通 UTP 和交叉 UTP。

直通 UTP 即电缆两端的线序标准是一样的,两端都是 568B 或都是 568A 的标准。而交叉 UTP 两端的线序标准不一样,一端为 568A 标准,另一端为 568B 标准,如图 4-5(a)所示。10 BASE-T 以太网的连接规范如图 4-5(b)所示。

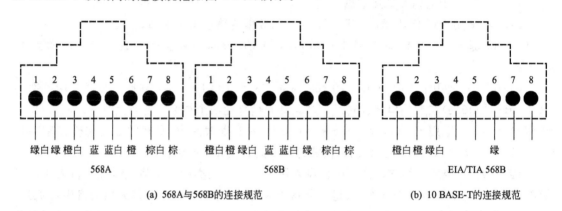

(a) 568A与568B的连接规范　　　　　　　　(b) 10 BASE-T的连接规范

图 4-5　EIA/TIA 568 标准示意图

4. MDI 接口与 MDI-X 接口

媒体相关接口(Medium Dependent Interface,MDI),也称为“上行接口”,是集线器或交换机上用来连接到其他网络设备而不需要交叉线缆的接口。MDI 接口不交叉传送和接收线路,交叉由连接到终端工作站的常规接口(MDI-X 接口)来完成。MDI 接口连接其他设备上的 MDI-X 接口。

交叉媒体相关接口(Medium Dependent Interface Crossed ,MDI-X)是网络集线器或交换机上将进来的传送线路和出去的接收线路交叉的接口,是在网络设备或接口转接器上实施内部交叉功能的 MDI 端口。它意味着由于端口内部实现了信号交叉,某站点的 MDI 接口和该端口间可使用直通电缆。

由以上的分析可以看出,MDI 与 MDI 接口互联或 MDI-X 与 MDI-X 接口互联时必须使用交叉线缆才能使发送的管脚与对端接收的管脚对应,而 MDI 与 MDI-X 互联时则必须使用直通线缆才能使发送的管脚与对端接收的管脚对应。如图 4-6 和图 4-7 所示。

通常集线器和交换机的端口为 MDI 接口,而集线器和交换机的级联端口、路由器的以太口和网卡的 RJ-45 接口都是 MDI-X 接口。

在目前的交换机设备端口实现技术中,大多数厂商都实现了 MDI 及 MDI-X 接口的自动切换,即对于普通用户来讲,使用交换机连接不同设备时,如果交换机的端口类型是 MDI——MDI-X 自动协商的,连接所使用的双绞线类型即可无需考虑,交换机会按照在端口的哪个管脚接收数据而自动进行 MDI 及 MDI-X 的切换。

5. 双绞线的适用场合

在实际的网络环境中,一根双绞线的两端分别连接不同设备时,必须根据标准确定两端的

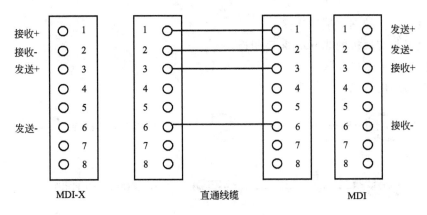

图 4-6　MDI-X 与 MDI 的连接

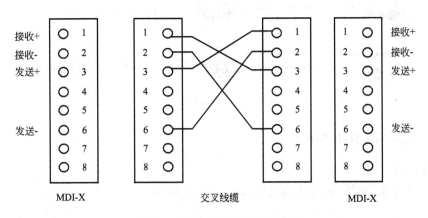

图 4-7　MDI-X 与 MDI-X 的连接

线序,否则将无法连通。通常,在下列情况下,双绞线的两端线序必须一致才可连通。如图 4-8 所示。

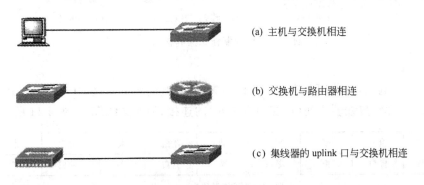

(a) 主机与交换机相连

(b) 交换机与路由器相连

(c) 集线器的 uplink 口与交换机相连

图 4-8　采用直通线缆的场合

（1）主机与交换机的普通端口连接。

（2）交换机与路由器的以太口相连。

（3）集线器的 uplink 口与交换机的普通端口相连。

在下列情况下,双绞线的两端线序必须将一端中的 1 与 3 对调,2 与 6 对调才可连通,如

图 4-9 所示。

(1)主机与主机的网卡端口连接。

(2)交换机与交换机的非 uplink 口相连。

(3)路由器的以太口互联。

(4)主机与路由器以太口相连。

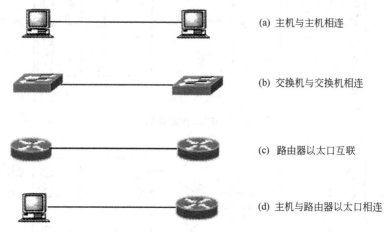

(a) 主机与主机相连

(b) 交换机与交换机相连

(c) 路由器以太口互联

(d) 主机与路由器以太口相连

图 4-9 采用交叉缆的场合

4.2.2 实践:网线制作与测试

1. 必备工具

双绞线、水晶头、剥线/夹线钳、测试仪,如图 4-10 所示。

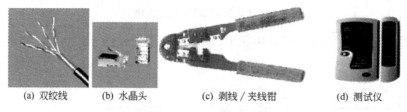

(a) 双绞线　　(b) 水晶头　　　(c) 剥线／夹线钳　　(d) 测试仪

图 4-10 网线制作工具和材料

2. 连线规则

制作两种网线电缆,一种用于连接计算机与集线器(或交换机),这类电缆为直通线缆。另一种用于计算机之间、集线器之间(或交换机之间)的连接,为交叉线缆,如图 4-11 所示。

A 端线序	橙白	橙	绿白	蓝	蓝白	绿	棕白	棕
B 端线序	橙白	橙	绿白	蓝	蓝白	绿	棕白	棕

(a)直通线缆线序

A 端线序	橙白	橙	绿白	蓝	蓝白	绿	棕白	棕
B 端线序	绿白	绿	橙白	蓝	蓝白	橙	棕白	棕

(b)交叉线缆线序

图 4-11 直通线缆和交叉线缆的线序

3. 认识水晶头

水晶头如图 4-12 所示,侧面图中我们看到了一个翘起的压片,这个压片的作用是:当线缆插入设备或网卡端口中时,压片可以锁住线缆,起到固定连接的作用;当准备将线缆从设备或网卡端口中拔出时,用手轻压此压片,线缆与端口的连接才可松动,能够轻松拔出线缆。

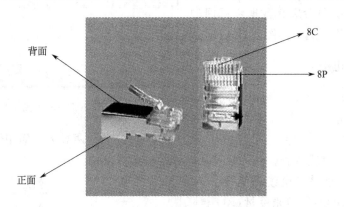

图 4-12　水晶头结构

在本课程中,我们将水晶头有压片的一面称为背面,没有压片的一面称为正面。

制作双绞线的两端时,将线缆线序按标准线序排列好之后,应面向水晶头的正面将线缆慢慢送入水晶头中,并进一步观察线序是否保持送入前的顺序。

4. 制作步骤

(1)用剥线/夹线钳将电缆两端的外皮剥去,露出大约 3 cm 长的 8 根绞线。

(2)将绞线拆对,拉直,并按照图 4-11 的线序将线缆平行排列整齐。

(3)将平行排列整齐的 8 根线用剪线刀口将前端修齐,此步骤很重要。线缆经剪平后,裸露在外的部分不应超过 1.5 cm,这样可以保证送入水晶头之后裸露的双绞线能够受到水晶头外壳的保护,露在外面的部分又可以受到双绞线外套的保护,从而最大限度地保证双绞线与水晶头的连接部位不至于太过脆弱。

(4)将已经修剪好的 8 根平行排列的双绞线头送入水晶头中,此步骤具体如下:

一只手捏住水晶头,将水晶头背面向下,另一只手捏平双绞线,稍稍用力将排好的 8 根线平行插入水晶头内的 8 个线槽中,8 根导线顶端应插入线槽顶端。

可从水晶头顶部用眼睛观察是否 8 根线的金属线芯已经全部顶住水晶头顶部。

(5)确认所有导线都到位后,用一只手固定水晶头与刚刚送入的线缆位置,将水晶头放入夹线槽中,用力捏几下夹线钳,压紧线头即可。

(6)重复上述操作,完成另一端制作。

5. 测线

(1)测试仪测线

使用通断测线器测试电缆,查看是否该电缆的 8 根线全部直通。连通的线对,指示灯呈现稳定的闪亮状态,未连通的线对则指示灯不亮。若经过测试发现电缆不通,且线缆的连接顺序没错时,可以再使用压线钳重新压线一次,再进行测试;若还是不通,则剪断该电缆的一端,重新做线,直到测试通过为止。

(2)使用 PC 机测线

可用 ping 命令来检查网络的通顺情况(ping 命令是网络测试中最普遍使用的工具,凡是使用 TCP/IP 协议的计算机都可用 ping 命令来测试网络的通顺）。要想使用 ping 命令，可直接在 MS-DOS 方式下或就在"开始→运行"栏中输入该命令并回车打开它。ping 命令的使用格式为"ping 目的地址"，例如 ping 192.168.1.1。ping 通后应有数据包返回的时间，否则表明网络不通。如图 4-13 所示。

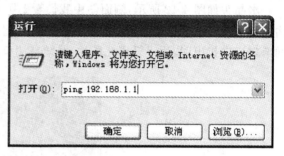

图 4-13　ping 测试网线

4.2.3　同轴电缆

同轴电缆（coaxial cable）是由绕同一轴线的两个导体所组成的，即内导体（铜芯导线）和外导体（屏蔽层），外导体的作用是屏蔽电磁干扰和辐射，两导体之间用绝缘材料隔离，如图 4-14 所示。同轴电缆具有较高的带宽和极好的抗干扰特性。

同轴电缆的规格是指电缆粗细程度的度量，按射频级测量单位（RG）来度量，RG 越高，铜芯导线越细；而 RG 越低，铜芯导线越粗。常用的同轴电缆的型号和应用如下：

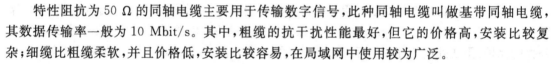

图 4-14　同轴电缆结构

（1）阻抗为 50 Ω 的粗缆 RG-8 或 RG-11，用于粗缆以太网。

（2）阻抗为 50 Ω 的细缆 RG-58A/U 或 C/U，用于细缆以太网。

（3）阻抗为 75 Ω 的电缆 RG-59，用于有线电视 CATV。

特性阻抗为 50 Ω 的同轴电缆主要用于传输数字信号，此种同轴电缆叫做基带同轴电缆，其数据传输率一般为 10 Mbit/s。其中，粗缆的抗干扰性能最好，但它的价格高，安装比较复杂；细缆比粗缆柔软，并且价格低，安装比较容易，在局域网中使用较为广泛。

阻抗为 75 Ω 的 CATV 同轴电缆主要用于传输模拟信号，此种同轴电缆又称为宽带同轴电缆。在局域网中可通过电缆 Modem 将数字信号变换成模拟信号在 CATV 电缆中传输。对于带宽为 400 MHz 的 CATV 电缆，典型的数据传输率为 100～150 Mbit/s。在宽带同轴电缆中使用频分多路复用技术（FDM）可以实现数字、声音和视频信号的多媒体传输业务。

为了确保导线传输信号良好的电气特性，电缆必须接地，以构成一个必要的电气回路。另外，使用同轴电缆时还要对电缆的末端进行必要的处理，通常要在端头连接终端匹配负载以削弱反射信号的作用。

同轴电缆抗电磁干扰能力比双绞线强，但其安装较复杂。近年来，当双绞线与光纤作为两大类主流的有线传输介质被广泛使用时，最新的布线标准中已不再推荐使用同轴电缆。

4.2.4　光　　纤

1. 光纤概述

光纤是光导纤维的简称，是一种由石英玻璃纤维或塑料制成、直径很细、能传导光信号的媒体。光纤的结构如图 4-15 所示。从横截面看，每根光纤都由纤芯和反射包层构成，纤芯的折射率较反射包层略高。因此，基于光的全反射原理，光波在纤芯与包层的界面形成全反射，从而使光信号被限制在光纤中向前传输。

光纤常用的 3 个频段的中心波长分别为 0.85 μm、1.3 μm 和 1.55 μm。

根据使用的光源和传输模式,光纤可分为多模光纤和单模光纤两种。多模光纤(MMF)采用发光二极管作为光源,其定向性较差。当纤芯的直径比光波波长大很多时,由于光束进入芯线中的角度不同,而传播路径也不同,这时,光束是以多种模式在芯线内不断反射而向前传播,如图 4-16(a)所示。多模光纤的传输距离一般在 2 km 以内。

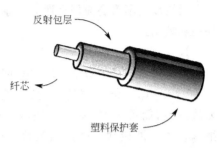

图 4-15　光纤的基本结构

单模光纤(SMF)采用注入式激光二极管作为光源,激光的定向性较强。单模光纤的纤芯直径一般为几个光波的波长,当激光束进入纤芯中的角度差别很小时,能以单一的模式无反射地沿轴向传播,如图 4-16(b)所示。

光纤的规格通常用纤芯与反射包层的直径比值来表示,如 62.5/125 μm、50/125 μm、8.3/125 μm。其中 8.3/125 μm 的光纤只用于单模传输。单模光纤的传输速率较高,但比多模光纤更难制造,价格也更高。光纤的优点是信号的损耗小,频带宽,且不受外界电磁干扰。另外,由于它本身没有电磁辐射,所以它传输的信号不易被窃听,保密性能好。但是它的成本高并且连接技术比较复杂。光纤光缆主要用于长距离的数据传输和网络的主干线。

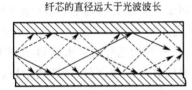

(a) 多模光纤　　　　　　　　　　　(b) 单模光纤

图 4-16　光纤的传输原理

2. 光纤插头

在光纤施工中,将光纤的两端安装在配线架上,配线架的光纤端口与网络设备(交换机等)之间再用光纤跳线连接。光纤跳线两端的插接件称为光纤插头,常用的光纤插头主要有两种规格:SC 插头和 ST 插头。

一般网络设备端配的是 SC 插头,而配线架端配的是 ST 插头,如图 4-17 所示。最直观的区别是 SC 是方形的,而 ST 是圆形的。

(a) SC接头外形图　　　　　　　　　　(b) ST接头外形图

图 4-17　常用的光纤插头

4.2.5 无线传输介质

无线传输不需要使用有形的传输介质。目前,用于数据通信的主要有无线电波、微波、红外线和激光。

1. 无线电波

频率范围在 30 kHz~30 000 MHz 之间的电磁波被称为无线电波,它所对应的波长为 10 km~0.1 mm。根据电波的波长,无线电波又被分为长无线电波、中无线电波和短无线电波,简称长波、中波或短波。长波通信主要用于远距离通信,如航海导航、气象预报等。中波波段常用做广播波段,同时也可用于空中导航。短波主要用于电报通信、广播等。

目前,在 802.11 系列无线局域网中所使用的传输介质即为无线电波,主要使用 2.4 GHz 的电波频段。802.11b 工作在 2.4 GHz 频段,最大通道传输带宽为 11 Mbit/s。802.11a 工作在 5.8 GHz 频段,最大通道传输带宽为 54 Mbit/s。使用无线上网的蓝牙(bluetooth)技术,目前也使用无线电波中的 2.4 GHz 频段,但其传输距离在 10 m 以内,传输速率为 1~2 Mbit/s,但随着技术的发展其传输性能还会得到进一步的提高。

2. 微波

微波通信系统有两种形式:地面系统和卫星系统。使用微波传输要经过有关管理部门的批准,而且相关设备也需要有关部门允许才能使用。

微波在空间的传输是直线传播的,由于地球表面是一个曲面,因此微波在地面传播时其传播距离受到限制,一般只有 50 km 左右。为了实现远距离通信,必须在一条无线通信信道的两个终端之间增加若干个中继站。中继站把前一站送来的信息经过放大后再送到下一站。通过这种"接力"通信可以传输电话、电报、图像、数据等信息。目前,利用微波通信所建立的计算机局域网络正在日益增多。

此外,在基于微波的长途通信中,人们经常借助于通信卫星来实现微波信号的中继,这种方式被称为卫星通信,此时需要使用太空中的多个卫星作为微波中继站。

微波通信的主要特点是带宽高(1~11 GHz),容量大,通信双方不受环境位置的影响,并且不需事先铺设电缆。

3. 红外线

红外线通信是最广为人知的无线传输方式,它不受电磁干扰和射频干扰的影响。红外无线传输建立在红外线光的基础上,采用光发射二极管、激光二极管或光电二极管来进行站点与站点之间的数据交换。红外无线传输既可以进行点到点通信,也可以进行广播式通信。但是,红外传输技术要求通信节点之间必须在直线视距之内,数据传输速率相对较低。

4. 激光

激光通信的优点是带宽更高、方向性好、保密性能好,多用于短距离的传输。激光通信的缺点是其传输效率受天气影响较大。

4.3　局域网的模型、标准

4.3.1　IEEE 802 局域网参考模型和层次结构

20 世纪 80 年代初,局域网的标准化工作迅速发展起来,IEEE 802 委员会(美国电气和电子工程师协会委员会)是局域网标准的主要制定者。

局域网的参考模型与 OSI 参考模型既有一定的对应关系,又存在很大的区别。局域网标准涉及了 OSI 的物理层和数据链路层,并将数据链路层分成链路控制与介质访问控制两个子层,如图 4-18 所示。

局域网标准不提供 OSI 网络层及网络层以上的有关层,对不同局域网技术来说,它们的区别主要在物理层和数据链路层。当这些不同的 LAN 需要在网络层实现互联时,可以借助现有的网络层协议,如 IP 协议。

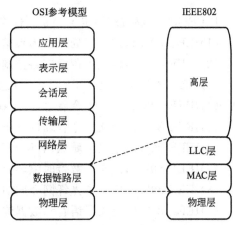

图 4-18　IEEE 802 的 LAN 参考模型
与 OSI 参考模型的对应关系

1. LAN 的物理层

IEEE 802 局域网参考模型中的物理层的功能与 OSI 参考模型中的物理层的功能相同:实现比特流的传输与接收以及数据的同步控制等。IEEE 802 还规定了局域网物理层所使用的信号与编码、传输介质、拓扑结构和传输速率等,具体如下:

(1)采用基带信号传输。

(2)数据的编码一般采用曼彻斯特编码、4B5B、8B10B、64B66B 等。

(3)传输介质可以是双绞线、同轴电缆和光缆等。

(4)拓扑结构可以是总线型、树型、星型和环型。

(5)传输速率有 10 Mbit/s、100 Mbit/s、1 000 Mbit/s、10 Gbit/s。

2. LAN 的数据链路层

LAN 的数据链路层分为两个功能子层,即逻辑链路控制子层(LLC)和介质访问控制子层(MAC)。LLC 和 MAC 共同完成类似 OSI 数据链路层的功能。但在共享介质的局域网网络环境中,如果共享介质环境中的多个节点同时发送数据就会产生冲突(collision),冲突是指由于共享信道上同时有两个或两个以上的节点发送数据而导致信道上的信号波形不等于任何发送节点原始信号的情形。冲突会导致数据传输失效,因而需要提供解决冲突的介质访问控制机制。

但是,介质访问控制机制与物理介质、物理设备和物理拓扑等涉及物理实现的内容直接相关。即不同的局域网技术在介质访问控制上会有明显的差异。而这种差异是与计算机网络分层模型所要求的下层为上层提供服务,但必须屏蔽掉服务实现细节(即服务的透明性)相违背的。为此,IEEE 802 标准考虑将局域网的数据链路层一分为二,即分成 MAC 子层和 LLC 子层。

MAC 子层负责介质访问控制机制的实现,即处理局域网中各站点对共享通信介质的争用问题,不同类型的局域网通常使用不同的介质访问控制协议,同时 MAC 子层还负责局域网中的物理寻址。LLC 子层负责屏蔽掉 MAC 子层的不同实现机制,将其变成统一的 LLC 界面,从而向网络层提供一致的服务。LLC 子层向网络层提供的服务通过它与网络层之间的逻辑接口实现,这些逻辑接口又被称为服务访问点(Service Access Point,SAP)。

采用上述这种局域网参考模型,至少具有两方面的优越性:一是使得 IEEE 802 标准具有很高的可扩展性,能够非常方便地接纳将来新出现的介质访问控制方法和局域网技术;二是局域网技术的任何发展与变革都不会影响到网络层。

4.3.2　IEEE 802 标准

IEEE 802 为局域网制定了一系列标准,主要有以下 14 种:

(1)IEEE 802.1,定义了局域网体系结构以及寻址、网络管理和网络互联。

(2)IEEE 802.2,定义了逻辑链路控制子层(LLC)的功能与服务。

(3)IEEE 802.3,定义了 CSMA/CD 总线式介质访问控制协议及相应物理层规范。

(4)IEEE 802.4,定义了令牌总线(token bus)式介质访问控制协议及相应物理层规范。

(5)IEEE 802.5,定义了令牌环(token ring)式介质访问控制协议及相应物理层规范。

(6)IEEE 802.6,定义了城域网(MAN)介质访问控制协议及相应物理层规范。

(7)IEEE 802.7,定义了宽带时隙环介质访问控制方法及物理层技术规范。

(8)IEEE 802.8,定义了光纤网介质访问控制方法及物理层技术规范。

(9)IEEE 802.9,定义了语音和数据综合局域网技术。

(10)IEEE 802.10,定义了局域网安全与解密问题。

(11)IEEE 802.11,定义了无线局域网技术。

(12)IEEE 802.12,定义了用于高速局域网的介质访问方法及相应的物理层规范。

(13)IEEE 802.15,定义了近距离个人无线网络标准。

(14)IEEE 802.16,定义了宽带无线局域网标准。

IEEE 802 系列标准的关系与作用如图 4-19 所示。从图中可以看出,IEEE 802 标准是一个由一系列协议共同组成的标准体系。随着局域网技术的发展,该体系还在不断地增加新的标准与协议。例如,随着以太网技术的发展,802.3 家族出现了许多新的成员,如 802.3u、802.3z 、802.3ab、802.3ae 等。

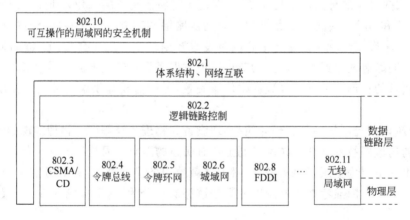

图 4-19　IEEE 802 标准体系

4.4　局域网的介质访问控制

传统的局域网是"共享"式局域网。在共享式局域网中,局域网中的传输介质是共享的。所有节点都可以通过共享介质发送和接收数据,但不允许两个或多个节点在同一时刻同时发送数据,也就是说数据传输应该是以"半双工"方式进行的。但是,需要注意,利用共享介质进行数据信息传输时,也有可能出现两个或多个节点同时发送、相互干扰的情况,这时,接收节点收到的信息就有可能出现错误,即所谓的“冲突”问题。“冲突”问题的产生就如一个有多人参加的讨论会议,一个人发言不会产生问题,如果两个或多个人同时发言,会场就会出现混乱,听众就会被干扰。

在共享式局域网的实现过程中,可以采用不同的方式对其共享介质进行控制。所谓介质访问控制就是解决当“局域网中共用信道的使用产生竞争时,如何分配信道使用权问题”。局域网中目前广泛采用的两种介质访问控制方法是:

(1)争用型介质访问控制协议,又称随机型的介质访问控制协议,如 CSMA/CD 方式。

(2)确定型介质访问控制协议,又称有序的访问控制协议,如令牌方式。

下面分别就这两类介质访问控制的工作原理和特点进行介绍。

4.4.1　CSMA/CD

CSMA/CD 是带冲突检测的载波侦听多址访问(Carrier Sense Multiple Access/Collision Detection)的英文缩写。其中,载波侦听 CS 是指网络中的各个站点都具备一种对总线上所传输的信号或载波进行监测的功能;多址 MA 是指当总线上的一个站点占用总线发送信号时,所有连接到同一总线上的其他站点都可以通过各自的接收器收听,只不过目标站点会对所接收的信号进行进一步的处理,而非目标站点则忽略所收到的信号;冲突检测 CD 是指一种检测或识别冲突的机制,当碰撞发生时使每个设备都能知道。在总线环境中,冲突的发生有两种可能的原因:一是总线上两个或两个以上的站点同时发送信息;另一种可能就是一个较远的站点已经发送了数据,但由于信号在传输介质上的延时,使得信号在未到达目的地时,另一个站点刚好发送了信息。CSMA/CD 通常用于总线型拓扑结构和星型拓扑结构的局域网中。

CSMA/CD 的工作原理可概括成 4 句话,即:先听后发,边发边听,冲突停止,随机延时后重发。其具体工作过程如图 4-20 所示。

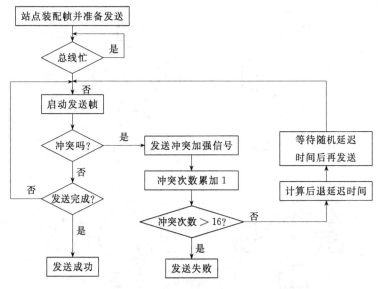

图 4-20　CSMA/CD 的工作流程

(1)当一个站点想要发送数据时,需检测网络,查看是否有其他站点正在传输,即侦听信道是否空闲。

（2）如果信道忙，则等待，直到信道空闲。

（3）如果信道空闲，站点就传输数据。

（4）在发送数据的同时，站点继续侦听网络是否有冲突发生。因为有可能有两个或多个站点都同时检测到网络空闲，然后几乎在同一时刻开始传输数据。如果两个或多个站点同时发送数据，就会产生冲突。

（5）当一个传输节点识别出一个冲突时，就发送一个拥塞信号，这个信号使得冲突的时间足够长，让其他的站点都能够发现。

（6）其他站点收到拥塞信号后，都停止传输，等待一个随机产生的时间间隙后重发，该时间间隙被称为回退时间（back off time）。

总之，CSMA/CD 采用的是一种"有空就发"的竞争型访问策略，因而不可避免地会出现信道空闲时多个站点同时争发的现象。只要网络上有一台主机在发送帧，网络上所有其他的主机都只能处于接收状态，无法发送数据。也就是说，在任何一时刻，所有的带宽只分配给正在传送数据的那台主机。举例来说，虽然一台 100 Mbit/s 的集线器连接了 20 台主机，表面上看起来这 20 台主机平均分配 5 Mbit/s 带宽。但实际上在任一时刻只能有一台主机在发送数据，所以带宽都分配给它，其他主机只能处于等待状态。之所以说每台主机平均分配有 5 Mbit/s 带宽，是指较长一段时间内的各主机获得的平均带宽，而不是任一时刻主机都有 5 Mbit/s 带宽。CSMA/CD 无法完全消除冲突，它只能减少冲突，并对所产生的冲突进行处理。另外，网络竞争的不确定性，也使得网络延时变得难以确定，因此采用 CSMA/CD 协议的局域网通常不适合于那些实时性很高的网络应用。

4.4.2　令牌访问控制

令牌环（token ring）是令牌传送环的简写，它只有一条环路，信息沿环单向流动，不存在路径选择问题。令牌环的技术基础是使用一个称为令牌的特殊帧在环中沿固定方向逐站传送。

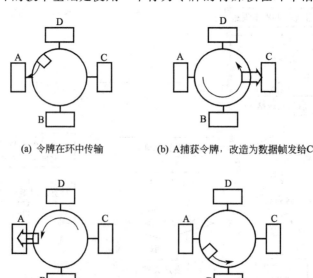

(a) 令牌在环中传输　　　　　　(b) A捕获令牌，改造为数据帧发给C

(c) 发送帧回到A，A清除该帧　　(d) A发送完成，释放令牌

图 4-21　令牌访问控制示意图

当网上所有的站点都处于空闲时,令牌就沿环绕行。当某一个站点要求发送数据时,必须等待,直到捕获到经过该站的令牌为止。这时,该站点可以用改变令牌中一个特殊字段的方法把令牌标记成已被使用,并把令牌改造为数据帧发送到环上。与此同时,环上不再有令牌,因此有发送要求的站点必须等待。环上的每个站点检测并转发环上的数据帧,比较目的地址是否与自身站点地址相符,从而决定是否拷贝该数据帧。数据帧在环上绕行一周后,由发送站点将其删除。发送站点在发完其所有信息帧(或者允许发送的时间间隔到达)后,释放令牌,并将令牌发送到环上。如果该站点下游的某一个站点有数据要发送,它就能捕获这个令牌,并利用该令牌发送数据,如图 4-21 所示。

4.5　局域网的组网设备

不论采用哪种局域网技术来组建局域网,都要涉及局域网组件的选择,包括硬件和软件。其中,软件组件主要是指以网络操作系统为核心的软件系统,硬件组件则主要指计算机及各种设备,包括服务器和工作站、网卡、网络传输介质、网络连接部件与设备等。

4.5.1　服务器和工作站

组建局域网的主要目的是为了在不同的计算机之间实现资源共享。局域网中的计算机根据其功能和作用的不同被分为两大类:一类是为其他计算机提供服务,称为服务器(server);而另一类则使用服务器所提供的服务,称为工作站(work station)或客户机(client)。服务器是网络的服务中心。为满足众多用户的大量服务请求,服务器通常由高档计算机承担,且要满足以下性能和配置要求。

(1)响应多用户的请求:网络服务器必须同时为多个用户提供服务,当多个用户的客户程序同时发出服务请求时,服务器要能及时响应每个客户程序的请求,且能够对它们分别进行互不干扰的处理。

(2)处理速度快:为了及时响应多个用户的服务请求,服务器要有很强的数据处理和计算能力,从而对服务器的 CPU 性能提出了较高的要求,在服务器中采用多 CPU 来提高其处理能力和速度。

(3)存储容量大:网络服务器应能提供尽可能多的共享资源,为满足多用户同时请求的需要,服务器要配置足够的内存和外存。在许多服务器上,采用硬盘阵列来增加服务器的硬盘容量。

(4)安全性好:服务器要能够对用户身份的合法性进行验证,并能根据用户权限为用户提供授权的服务。此外,还要应用一些必要的硬件和软件手段,保证服务器上资源的完整性和一致性。

(5)可靠性好:作为网络服务的中心,要求提供一定的冗余措施和容错性。

通常,一台网络服务器只提供一种或几种指定的服务。在局域网中配置服务器的数量应视网络环境和应用规模而定。对于用户数量较少、功能较为单一的小型网络,可能只需要用一台服务器来同时提供资源服务和管理功能,而对于用户数量大、功能较复杂的网络,则可能要求配置多个服务器,由不同服务器来提供不同的网络服务,以保证服务的质量。

根据所提供服务的不同,网络服务器可分为以下几种:

(1)用户管理或身份验证服务器:提供包括用户添加、删除、用户权限设置等在内的用户管理功能,并在用户登录网络时完成对其身份合法性的验证。

(2)文件服务器:为网络用户提供各种文件操作和管理功能,类似于操作系统中的文件系统,用户可以利用服务器的外存创建、存储、删除文件。服务器还提供了一种文件保护机制,保证只有被授权的用户才可访问指定的文件。

(3)数据库服务器:服务器上装有数据库管理系统和共享数据库,提供数据查询、数据处理服务并且进行数据的管理。用户提出数据服务请求后,数据库服务器会进行数据的查询或处理。然后把结果返回给用户。

(4)打印服务器:高速、高质量打印设备的成本往往比较高,为降低成本,在局域网环境中可以只配备少量高档打印机由所有用户所共享,这些打印机通过打印服务器连接在网络上,打印服务器负责对打印机进行管理,协调多个用户的打印请求,管理打印队列。

另外,当在局域网环境中提供 TCP/IP 应用时,还可能会有 E-mail 服务器、DNS 服务器、FTP 服务器和 Web 服务器等。

对于工作站或客户机而言,在性能和配置上的要求通常没有服务器那么高。根据个人实际需要的不同,可以用配置较为简单的无盘工作站,也可以用配置很高的智能工作站或个人PC。随着 PC 硬件水平的提高和成本的下降,PC 机在客户机市场中所占的份额越来越大。用户通过客户机使用服务器提供的网络服务和网络资源,客户机向网络服务器发出请求,并且把从网络服务器返回的处理结果用于本地计算之中,或显示在显示器上供用户浏览。

4.5.2 网 卡

1. 网卡的结构和功能

网卡是局域网中各种网络设备与网络通信介质相连的接口,全名是网络接口卡(Network Interface Card,NIC),也叫网络适配器。网卡的质量直接影响局域网的运行性能。

网卡作为一种 I/O 接口卡插在主机板的扩展槽上,其基本结构包括数据缓存、帧的装配与拆卸、MAC 层协议控制电路、编码与解码器、收发电路、介质接口装置等六大部分,如图4-22 所示。

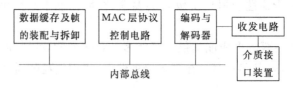

图 4-22　网卡的基本结构

网卡主要实现数据的发送与接收、帧的封装与拆封、编码与解码、数据缓存和介质访问控制等功能。因为网卡的功能涵盖了 OSI 模型的物理层与数据链路层,因此通常将其归于数据链路层的组件。

2. 网卡的地址

每一网卡在出厂时都被分配了一个全球唯一的地址标识,这个标识被称为网卡地址或MAC 地址。由于该地址是固化在网卡上的,不能被修改,因此又被称为物理地址或硬件地址。网卡地址长度为 48 bit,由两部分组成:

(1)24 bit 的厂商标识符或机构标识符(Organizationally Unique Identifier,OUI)。

(2)24 bit 的产品序列号,由生产厂商分配。

为方便起见,48 bit 的网卡地址通常用 12 位的十六进制数表示,前 6 位十六进制数表示厂商号,后 6 位十六进制数表示由厂商分配的产品序列号。如网卡地址 00-60-2F-3A-07-BC 表示该网卡是由 Cisco System 公司生产的。

网卡地址主要用于设备的物理寻址,与后面将要介绍的 IP 地址所具有的逻辑寻址作用有着截然不同的区别。

3. 网卡的分类

网卡的分类方法有多种,可以按照传输速率、总线类型、所支持的传输介质、用途或网络技术等来进行分类。

按照网络技术的不同可分为以太网卡、令牌环网卡、FDDI 网卡等。据统计,目前约有 80% 的局域网采用以太网技术,因此以太网网卡最常见。本书以后所提到的网卡主要是指以太网网卡。

按照传输速率,单以太网卡就提供了 10 Mbit/s、100 Mbit/s、1000 Mbit/s 和 10 Gbit/s 等多种速率。数据传输速率是网卡的一个重要性能指标。

按照总线类型,网卡可分为 ISA 总线网卡、EISA 总线网卡、PCI 总线网卡和 PCMCIA 及其他总线网卡等。由于 16 位 ISA 总线网卡的带宽一般为 10 Mbit/s,因此 ISA 接口的网卡已不能满足网络高带宽的需求,目前在市场上已基本上销声匿迹。目前,PCI 网卡最常用。32 位的 PCI 总线网卡的带宽主要有 10 Mbit/s、100 Mbit/s 和 1 000 Mbit/s。目前,用于桌面环境的 PCI 网卡有 10 Mbit/s 的 PCI 网卡、10/100 Mbit/s 的 PCI 自适应网卡、100 Mbit/s 的 PCI 网卡等。EISA 网卡速度很快,但其价格较贵,故常用于服务器设备中。

按照所支持的传输介质,网卡可分为双绞线网卡、粗缆网卡、细缆网卡、光纤网卡和无线网卡。当网卡所支持的传输介质不同时,其对应的接口也不同。连接双绞线的网卡带有 RJ-45 接口,连接粗同轴电缆的网卡带有 AUI 接口,连接细缆的网卡带有 BNC 接口,连接光纤的网卡则带有光纤接口。某些网卡会同时带有多种接口,如同时具备 RJ-45 接口和光纤接口等。目前,市场上还有带 USB 接口的网卡,这种网卡可以用于具备 USB 接口的各类计算机。

另外,按照网卡的使用对象,还可分为工作站网卡、服务器网卡和笔记本网卡等。

图 4-23 所示为一些网卡的产品示例。其中,无线网卡上的天线用于和无线接入设备交换信号。

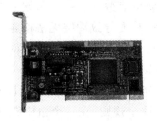  

(a) 用于台式PC机的以太网网卡　　(b) 用于笔记本电脑的网卡　　(c) 用于台式PC机的无线局域网网卡

图 4-23　几种类型的网卡示例

4. 网卡的选择

能否正确选用、连接和设置网卡,是局域网组网时的基本前提和必要条件。一般来说,在选择网卡时需考虑网络类型、传输速率、总线类型、网卡支持的介质接口及价格与品牌等几个因素。

4.5.3　中继器和集线器

信号在传输的过程中不可避免会有衰减,而信号衰减限制了信号的远距离传输,从而使每种传输介质都存在传输距离的限制。因此,在实际组建网络的过程中,经常会碰到网络覆盖范围超越介质最大传输距离限制的情形。例如,双绞线的最大传输距离是 100 m,而人们在一个楼层、一幢大楼里所组建的网络范围却超过了 100 m,达到了 200 m 或更多。为了解决因信号衰减而产生的传输距离受限问题,还需要一种能在信号传输过程中对信号进行放大和整形的设备,以拓展信号的传输距离,增加网络的覆盖范围。中继器(repeater)和集线器(hub)就是在物理层提供的两种网络互联设备。

1. 中继器

中继器具有对物理信号进行放大和再生的功能,可将从输入端口接收的物理信号经过放大和整形后从输出端口送出。中继器具有典型的单进单出结构,因此当网络规模增加时,可能会需要许多单进单出结构的中继器来放大信号。在这种需求背景下,集线器应运而生。

2. 集线器

集线器是网络连接中最常用的设备,它在物理上被设计成集中式的多端口中继器,其多个端口可为多路信号提供放大、整形和转发功能。集线器除了具有中继器的功能外,多个端口还提供了网络线缆连接的一个集中点,并可增加网络连接的可靠性。

3. 中继器与集线器的 5-4-3-2-1 原则

由于中继器和集线器只能进行原始比特流的传送,而不能根据某种地址信息对数据流量进行任何隔离和过滤,因此由中继器或集线器互联的网络仍然属于一个大的共享介质环境。因为所有由中继器或集线器互联的主机仍然位于同一个冲突域中,因此伴随着网络扩展所带来的主机数的增加,主机之间产生冲突的概率也随之增大。根据实际经验,当网络的 10 min 平均利用率超过 37%,整个网络的性能将会急剧下降。因此,依据实际的工程经验,采用 100 Mbit/s 集线器的站点不宜超过三四十台,否则很可能会导致网络速度非常缓慢。冲突域(collision domain)是人们对一组可能会彼此发生冲突的主机设备及其网络环境(包括传输介质、连接部件和一些网络互联设备)的总称。即中继器和集线器在物理上扩展网络的同时,也扩展了冲突域。

其次,当网络的物理距离增大时,也会影响局域网冲突检测的有效性。一个远端节点的信号由于在过长的传输介质上传输,会产生相对较长的传输时延,从而导致冲突无法检测。

基于上述两个原因,将中继器或集线器用于局域网中进行网络扩展时,对其数量就有了一定的限制。这种限制被称为中继器或集线器的 5-4-3-2-1 的规则。其中 5 表示至多 5 个网段,4 表示至多 4 个中继器或集线器,3 表示 5 个网段中只有 3 个为主机段,2 表示 5 个网段中有 2 个网段为连接段,1 表示这 5 个网段位于一个冲突域中。根据这个规则,在一个由中继器或集线器互联的网络中,任意的发送端和接收端之间最多只能经过 4 个中继器或集线器、5 个网段。图 4-24 所示为一个由中继器及集线器互联的网络。

4.5.4　网桥和交换机

上面已经提到,当使用中继器或集线器进行网络物理扩展时,会同时扩展网络冲突域。用的中继器或集线器越多,冲突域就越大,主机之间发生冲突的概率也就越大,网络的传输效率也就越低,每个用户所能得到的可用带宽也就越小。因此,在使用中继器或集线器进行网络扩

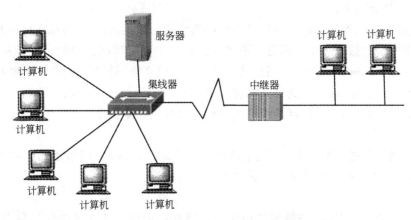

图 4-24　由中继器和集线器互联的网络属于一个冲突域

展时是以冲突域的增加和网络性能的下降为代价的。网桥和交换机则可以解决以上问题。

1. 网桥

网桥(bridge)也叫桥接器,是工作在数据链路层的一种网络互联设备,它可以实现两个或多个 LAN 的互联。网桥主要具有如下功能:

(1)物理上扩展网络

一个网桥可以连接多个网络,同时一个网络又可以使用多个网桥与其他网络互联。因此,通过网桥,可以在物理上将多个不同的网段互联在一起,从而扩大了网络的地址覆盖范围和主机规模。从这一点上看,网桥具备中继器、集线器类似的在物理上扩展网络的功能。

(2)数据过滤

在网桥中,要维持一个交换表,该表给出了关于网桥不同接口所连主机的 MAC 地址信息。网桥根据数据帧中的目的地址判断是否转发该帧,即网桥从某一接口收到数据帧时,将首先获取目的 MAC 地址,然后查看交换表。若发送节点与目的节点在同一个网段内时,则网桥就不转发该帧,只有源节点与目的节点不在同一个网段时,网桥才转发该帧。也就是说,网桥具有基于第二层地址进行帧过滤的功能。网桥工作原理的简单示意图如图 4-25 所示。

网桥的交换表

(站的 MAC 地址/网桥端口映射表)

站的 MAC 地址	网桥的端口
00-90-27-99-11-cc	1
00-90-27-99-15-05	1
00-90-27-99-32-4d	2
00-90-27-99-66-b2	2

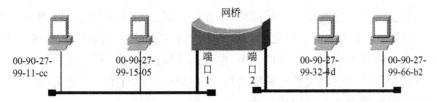

图 4-25　网桥工作原理

（3）逻辑上划分网络

通过对帧的过滤，网桥实现了物理网络内部通信的相互隔离，源和目标在同一物理网段中的数据帧由于网桥的数据过滤作用是不会被转发或渗透到其他网段中的。尽管从物理上看，网桥将源与目标主机所在的网段互相连接在了一起。通常将网桥所具备的这种隔离功能称为逻辑上划分网络的功能，这项功能也是网桥与中继器及集线器之间的最大区别。物理层设备只能转发原始比特流，而不能根据某种地址信息实现数据过滤功能。

（4）帧格式转换

当帧通过网桥发送到另一个执行不同局域网协议的 LAN 时，网桥还能够对帧格式进行转换处理，即将一种帧格式转换为另一种帧格式。

2. 交换机

交换机（switch）也是工作在数据链路层的网络互联设备。交换机的种类很多，如以太网交换机、FDDI 交换机、帧中继交换机、ATM 交换机和令牌环交换机等。部分以太网交换机如图 4-26 所示。

(a) 3COM 10/100 24 端口交换机　　　　　　　(b) Cisco Catalyst 3750 系列交换机

图 4-26　部分以太网交换机示意图

交换机由网桥发展而来，是一种多端口的网桥。一般的网桥端口数很少（2～4 个），而交换机通常具有较高的端口密度。同时交换机内部拥有一条很高带宽的背板总线和内部交换矩阵。这个背板总线带宽比端口带宽要高出许多，通常交换机背板带宽是交换机每个端口带宽的几十倍。交换机的所有端口都挂接在这条背板总线交换矩阵上，每个端口有自己的固定带宽，同时它具有两个信道，能实现数据的高速传送。与网桥类似，在交换机内部也保存了一张关于"端口号/MAC 地址映射"关系的交换表。当交换机收到一个帧时，提取帧头部的目的 MAC 地址，由交换机控制部件根据交换表找出目的 MAC 地址对应的输出端口号，然后在输入端口和输出端口之间建立一条连接，并将帧从输入端口经过输出端口转发出去，数据传送完毕后撤销连接。若交换机同时收到多个数据帧，但它们的输出端口不同，交换机则会建立多条连接，在这些连接上同时转发各自的帧，从而实现数据的并发传输。因此，交换机是并行工作的，它可以同时支持多个信源和信宿端口之间的通信，从而大幅提高数据转发的速度。

另外，当帧的目的地址不在 MAC 地址表中时，交换机会同时向其每一个端口转发此帧，这一过程被称为洪泛（flood）。

网桥和交换机不仅能在物理上扩展网络，还能在逻辑上划分冲突域。以图 4-27 中的网络为例，网段 1 中的主机 1 向主机 2 所发送的帧不会通过交换机到网段 2 中，网段 2 中的主机 4 向主机 6 所发送的帧也不会渗透到网段 1 中，即这两个帧的发送互不影响（因为这两个帧的传输会被位于这两个网段之间的交换机所隔离）。我们由此可以得出一个结论：由网桥或交换机的不同端口所连的网段属于不同的冲突域。

因此网桥和交换机在网络互联性能上要明显优于物理层的中继器与集线器。在实际组网

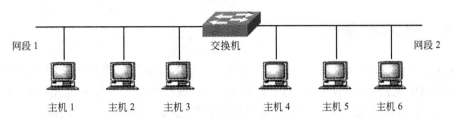

图 4-27 采用交换机进行分段的示例

或网络运行过程中,如果发现网络性能的不足或下降是由于网络节点过多、冲突域过大所引发时,就可以通过更换物理层设备、使用交换机或网桥来改善局域网的运行性能。

3. 交换机和网桥的比较

交换机作为多端口网桥,具备了网桥所拥有的全部功能,如物理上扩展网络、逻辑上划分网络等。

而且作为对网桥的改进设备,交换机在总体性能上要明显优于网桥。首先,交换机可以提供高密度的连接端口;其次,交换机由于采用的基于交换背板的虚电路连接方式,从而可为每个交换机端口提供更高的专用带宽,而网桥在数据流量大时易形成瓶颈效应;另外,交换机的数据转发是基于硬件实现的,而网桥是采用软件实现数据的存储转发,因此交换机会较网桥有更高的交换速率。正因为如此,在交换机问世后,网桥已逐渐退出了第二层网络互联设备市场。

4. 交换机的选型

交换机有很多类型,下面以以太网交换机为例,介绍交换机选型时需要考虑的一些因素。

(1)背板带宽:也叫背板吞吐量,是交换机接口处理器或接口卡和数据总线间所能吞吐的最大数据量。一台交换机的背板带宽越高,所能处理数据的能力就越强,价格也会更高。

(2)端口速率:交换机的端口速率有 10 Mbit/s、10/100 Mbit/s 自适应、100 Mbit/s、1 000 Mbit/s、10/100/1 000 Mbit/s 自适应和 10 Gbit/s 多种。在选择端口速率时必须考虑端口所要承载的数据传输量,不能一味地追求高带宽。

(3)端口数:交换机的端口数决定于联网主机的数量,在满足现有需求的同时,可留有必要的冗余以适应未来的网络规模的扩充。

(4)是否可堆叠:在单个交换机的端口数不能满足组网需求时,还可以考虑采用堆叠交换机。堆叠的具体内容将在 4.8 节交换机的分类中介绍。

(5)是否带网管功能:网管是指网络管理员通过网络管理程序对网络上的资源进行集中化管理的操作,包括配置管理、性能和记账管理、操作管理等。一台设备所支持的管理程序反映了该设备的可管理性及可操作性。不带网管功能的交换机价格较便宜,而带网管功能的交换机则价格要贵。

除上述因素外,在选购交换机时,还应考虑是否支持模块化、是否支持 VLAN、是否带第三层路由功能等。

事实上,除上述互联设备外,在局域网组网时还会用到网络层的网络互联设备即路由器。关于路由器及其在网络组网中的作用将在后面章节中进行详细介绍。

4.6　以太网系列

以太网由美国 Xerox(施乐)公司于 20 世纪 70 年代初期开始研究并于 1975 年推出。由于以太网具有结构简单、工作可靠、易于扩展等优点,因而得到了广泛的应用。1980 年,美国 Xerox、DEC 与 Intel 三家公司联合提出了以太网规范,这是世界上第一个局域网的技术标准。后来的以太网国际标准 IEEE 802.3 就是参照以太网的技术标准建立的。进入 20 世纪 90 年代以后,愈来愈多的个人计算机加入到网络之中,导致了网络流量快速增加,这使人们对网络的需求以及对网络的容量、传输速度的要求大大提高,从而导致了快速以太网、交换式以太网、千兆位以太网和万兆位以太网的产生。为了相区别,通常又将这种按 IEEE 802.3 规范生产的以太网产品称为传统以太网。

4.6.1　传统以太网

1. 传统以太网的物理层标准

以太网在物理层可以使用粗同轴电缆、细同轴电缆、非屏蔽双绞线、屏蔽双绞线、光纤等多种传输介质。在 IEEE 802.3 标准中,先后为不同的传输介质制定了不同的物理层标准,主要有 10 BASE-5、10 BASE-2 和 10 BASE-T 等。

10 BASE-5 也称粗缆以太网,其中 10 表示信号的传输速率为 10 Mbit/s,BASE 表示信道上传输的是基带信号,5 表示每段电缆的最大长度为 500 m。10 Base-2 也称细缆以太网,其中

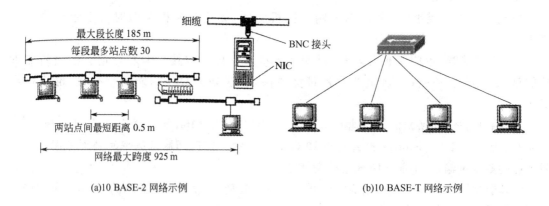

(a)10 BASE-2 网络示例　　　　　　　　　　(b)10 BASE-T 网络示例

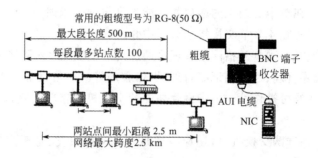

(c)10BASE-5 网络示例

图 4-28　10 BASE-2、10 BASE-T 和 10 BASE-5 的网络示例

的 2 表示每段电缆的最大长度接近 200 m(实际为 185 m)。10 BASE-T 是以太网中最常用的一种标准,其中的 T 是英文 Twisted-pair(双绞线)的缩写,说明它使用双绞线作为传输介质。图 4-28 分别给出了 10 BASE-2、10 BASE-T 和 10 BASE-5 网络的示例。

常见以太网物理层标准之间的比较如表 4-1 所示。

表 4-1　常见以太网物理层标准的比较

特　性	10 BASE-5	10 BASE-2	10 BASE-T	10 BASE-F
数据速率(Mbit/s)	10	10	10	10
信号传输方式	基带	基带	基带	基带
网段的最大长度(m)	500	185	100	2 000
网络介质	粗同轴电缆	细同轴电缆	UTP	光缆
拓扑结构	总线型	总线型	星型	点对点

尽管不同的以太网在物理层存在较大的差异,但它们之间还是存在不少共同点:在使用中继器或集线器进行网络扩展时都必须遵循 5-4-3-2-1 规则;在数据链路层都采用 CS-MA/CD 作为介质访问控制协议;在 MAC 子层使用统一的 IEEE 802.3 帧格式,保证了 10 BASE-T 网络与 10 BASE-2、10 BASE-5 的相互兼容性。事实上,即使在以太网后来的发展过程中,以太网技术也仍然保留了这种标准的帧格式,从而使得所有的以太网系列技术之间能够相互兼容。

2. 传统以太网的帧格式

图 4-29 所示为 IEEE 802.3 的帧格式。

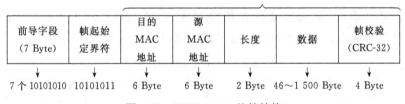

图 4-29　IEEE 802.3 的帧结构

其中有关字段的说明如下:

(1)前导字段:长度为 7 Byte,每个字节的内容为 10101010,用于接收方与发送方的时钟同步。

(2)帧起始定界符:长度为 1 Byte,内容为 10101011,标志着帧的开始。

(3)目的地址和源地址:长度均为 6 Byte,分别表示目标节点和源节点的 MAC 地址。当目的地址为二进制全 1(相当于 12 位的十六进制 F)时,表示该帧要被传送至网络上的所有节点,即所谓的广播帧。

(4)长度:长度为 2 Byte,用于指明数据字段中的字节数。

(5)数据:长度为 46～1 500 Byte,IEEE 802.3 中数据长度可为 0,当数据长度小于 46 Byte 时,需要使用填充字段以达到帧长度≥64 Byte 的要求。

(6)帧校验(FCS):长度为 4 Byte,为帧校验序列。CSMA/CD 协议的发送和接收都采用 32 位的循环冗余校验。校验范围从目的地址到 FCS 本身。

在以太网环境下,所有设备能够识别的帧的有效范围为 64～1 518 Byte。而且在 10

BASE-T 中引入了交换机取代集线器作为星型拓扑的核心,使以太网从共享式以太网进入了交换式以太网阶段。

4.6.2　快速以太网

快速以太网技术 100 BASE-T 由 10 BASE-T 发展而来,主要解决网络带宽在局域网络应用中的瓶颈问题。其协议标准为 IEEE 802.3u,可支持 100 Mbit/s 的数据传输速率,并且与 10 BASE-T 一样可支持共享式与交换式两种使用环境,在交换式以太网环境中可以实现全双工通信。IEEE 802.3u 在 MAC 子层仍采用 CSMA/CD 作为介质访问控制协议,并保留了 IEEE 802.3 的帧格式。但是,为了实现 100 Mbit/s 的传输速率,它在物理层做了一些重要的改进。例如,在编码上,快速以太网没有采用曼彻斯特编码,而是采用效率更高的 4B5B 编码方式。IEEE 802.3u 协议的体系结构如图 4-30 所示。

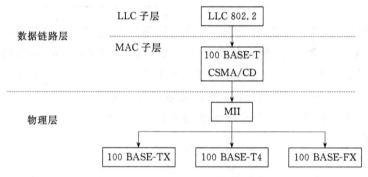

图 4-30　IEEE 802.3 u 协议的体系结构

从图 4-32 可以看出,快速以太网在物理层支持 100 BASE-T4、100 BASE-TX 和 100 BASE-FX 三种介质标准。这三种物理层标准的简单描述如表 4-2 所示。

表 4-2　快速以太网的 3 种物理层标准

物理层协议名称	线缆类型及连接器	线缆对数	最大分段长度	编码方式	主要优点
100 BASE-T4	3/4/5 类 UTP	4 对(3 对用于数据传输,1 对用于冲突检测)	100 m	8B/6T	用于在 3 类非屏蔽双绞线上实现 100 Mbit/s 的数据传输速率
100 BASE-TX	5 类 UTP/RJ-45 接头	2 对(1、2 针用于发送数据,3、6 针用于接收数据)	100 m	4B/5B	支持全双工通信
	1 类 STP/DB-9 接头	2 对(5、9 针发送数据,1、6 针接收数据)			
100 BASE-FX	62.5 μm/125 μm 多模光纤,8 μm/125 μm 单模光纤,ST 或 SC 光纤连接器	一对	半双工方式下 2 km,全双工方式下 40 km	4B/5B	支持全双工、长距离通信

为了使物理层的 3 种标准在实现 100 Mbit/s 速率时所使用的传输介质和信号编码方式等物理细节不对 MAC 子层产生影响,IEEE 802.3u 在物理层和 MAC 子层之间还定义了一种独立于介质种类的介质无关接口(Medium Independent Interface,MII)。该接口将 MAC 子层与物理层隔离开,可以有效屏蔽掉 3 种物理层标准的差异而向 MAC 子层提供统一的物理传输服务。

快速以太网的最大优点是结构简单、实用、成本低并易于普及。目前,它主要用于快速桌面系统,也被用于一些小型园区网络的主干。

4.6.3　千兆以太网

随着多媒体技术、高性能分布计算和视频应用等的不断发展,用户对局域网的带宽提出了越来越高的要求,特别是局域网主干带宽和服务器的访问带宽。在这种需求的驱动下,人们开始酝酿速度更高的以太网技术。1996 年 3 月,IEEE 802 委员会成立了 IEEE 802.3z 工作组,专门负责千兆以太网及其标准,并于 1998 年 6 月正式公布了关于千兆以太网的标准。

千兆以太网标准是对以太网技术的再次扩展,其数据传输率达到 1 000 Mbit/s 即 1 Gbit/s,因此也被称为吉比特以太网。千兆以太网基本保留了原有以太网的帧结构,因此向下与以太网、快速以大网完全兼容,从而使得原有的 10 Mbit/s 以太网或快速以太网可以方便地升级到千兆以太网。

千兆以太网标准包括了支持光纤传输的 IEEE 802.3z 和支持铜缆传输的 IEEE 802.3ab 两大部分。千兆以太网的协议结构如图 4-31 所示。

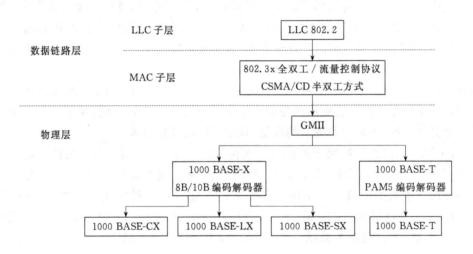

图 4-31　IEEE 802.3z 和 IEEE 802.3ab 标准的千兆以太网协议体系结构

从图 4-31 可以看出,千兆以太网的物理层包括 1000 BASE-SX、1000 BASE-LX、1000 BASE-CX 和 1000 BASE-T 四个协议标准。

1. 1000 BASE -SX

一种使用短波激光作为信号源的网络介质技术,收发器上配置了波长为 770～860 nm 的激光器,采用 8B/10B 编码方式。1000 BASE-SX 不支持单模光纤,只能驱动多模光纤。使用的多模光纤具体包括两种:芯径为 62.5 μm 的多模光纤和芯径为 50 μm 的多模光纤。使用芯径为 62.5 μm 的多模光纤工作在全双工模式下的最长有效距离为 275 m;使用芯径为 50 μm 的多模光纤工作在全双工模式下的最长有效距离为 550 m。1000 BASE-SX 主要适用于同一建筑物中的短距离主干网。

2. 1000 BASE -LX

一种使用长波激光作为信号源的网络介质技术,在收发器上配置了波长为 1 270～

1 355 nm的激光器,也采用8B/10B编码方式。1000 BASE-LX既可以驱动多模光纤,也可以驱动单模光纤。1000 BASE-LX所使用的光纤规格为:芯径为62.5 μm和50 μm的多模光纤,芯径为9 μm的单模光纤。使用多模光纤工作在全双工模式下最长有效距离可以达到550 m,使用单模光纤工作在全双工模式下最长有效距离为5 km。使用多模光纤的1000 BASE-LX适合用作大楼网络系统的主干,而使用单模光纤的1000 BASE-LX主要用于园区网络主干。

3. 1000 BASE-CX

使用一种特殊规格的高质量平衡双绞线(STP)作为网络介质,其最长有效传输距离为25 m,采用8B/10B编码方式,其传输速率为1.25 Gbit/s(有效数据传输速率为1.0 Gbit/s),主要适合于千兆主干交换机和主服务器之间的短距离连接。

4. 1000 BASE-T

使用5类非屏蔽双绞线(UTP),传输距离为100 m,主要用于结构化布线中同一层建筑的通信,从而可以利用以太网或快速以太网已铺设的UTP电缆。此外,也可被用作大楼内的网络主干。

在千兆以太网的MAC子层,除了支持以往的CSMA/CD协议外,还引入了全双工流量控制协议。其中,CSMA/CD协议用于解决共享信道的争用问题,即支持以集线器作为星型拓扑中心的共享式以太网;全双工流量控制协议适用于交换机到交换机或交换机到站点之间的点——点连接,两点间可以同时进行发送与接收,即支持以交换机作为星型拓扑中心的交换式以太网。

与快速以太网相比,千兆以太网的速度是快速以太网的10倍,但其价格只是快速以太网的2~3倍,即千兆以太网具有更高的性能价格比。原有的传统以太网、快速以太网可以平滑地过渡到千兆以太网,不需要掌握新的配置、管理与排除故障技术。

目前,千兆以太网除了被用于园区或大楼网络的主干中外,还被用于高性能的桌面环境中。图4-32所示为一个将千兆以太网用于网络主干,将快速以太网或10 Mbit/s以太网用于桌面环境的网络示意图。该网络采用了典型的层次化网络设计方法。其中,最下面一层由10 Mbit/s以太网交换机加上100 Mbit/s上行链路组成;第二层由100 Mbit/s以太网交换机加上1000 Mbit/s上行链路组成;最高层由千兆以太网交换机组成。

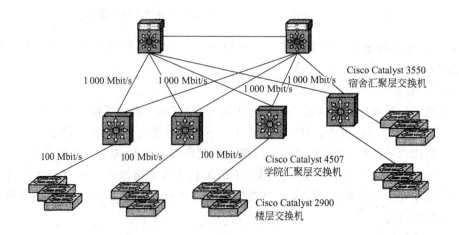

图4-32 千兆以太网的应用举例

4.6.4 万兆以太网

在以太网技术中,快速以太网确立了以太网技术在桌面的统治地位。随后出现的千兆以太网更是稳固了以太网技术在局域网中的绝对统治地位。然而,在很长的一段时间中,由于带宽以及传输距离等原因,人们普遍认为以太网技术不能用于城域网和广域网,特别是在城域网的汇聚层以及骨干层。1999 年 3 月,IEEE 成立了高速研究组(High Speed Study Group,HSSP)致力于万兆(10 Gbit/s)高速以太网技术的研究,并于 2002 年正式发布 802.3ae 10GE标准。万兆以太网的问世不仅再度扩展了以太网的带宽和传输距离,更重要的是以太网技术从此开始由局域网领域向城域网和广域网领域渗透。

为了提供 10 Gbit/s 的传输速率,802.3ae 10GE 标准在物理层只支持光纤作为传输介质。10G 以太网可以作为局域网(LAN)也可以作为广域网(WAN)使用,而这两者工作环境和系统各项指标不尽相同,针对这种情况,IEEE 802.3ae 提出了 10G 以太网两个物理层标准。以10 Gbit/s 运行的局域网版本(LAN PHY),实际上是运行速度更快的千兆以太网,工作速率为 10 Gbit/s,并能以最小的代价升级现有的局域网,使局域网的网络范围最大达 40 km。另一个是以 9.584 64 Gbit/s 运行的广域网版本(WAN PHY),严格地说它不是以太网,而是通过 SONET 链路支持以太网帧。通过引入 WAN PHY,提供了以太网帧与 SONET OC-192 帧结构的融合,WAN PHY 可与 OC-192、SONET/SDH 设备一起运行,从而在保护现有网络投资的基础上,能够在不同地区通过 SONET 城域网提供端到端的以太网连接,可与现有的电信网络兼容,传输距离跨越数千公里。

802.3ae 10GE 标准的物理层包括了 10G BASE-X、10G BASE-R 和 10G BASE-W 三个协议标准。其中,10G BASE-X 使用一种紧凑包装,含有 1 个较简单的 WDM 器件、4 个接收器和 4 个在 1 300 nm 波长附近以大约 25 nm 为间隔工作的激光器,每一对发送器/接收器在3.125 Gbit/s 速度(数据流速度为 2.5 Gbit/s)下工作;10G BASE-R 是一种使用 64B/66B 编码的串行接口,数据流为 10 Gbit/s;10G BASE-W 是广域网接口,与 SONET OC-192 兼容,数据流为 9.585 Gbit/s。

在物理拓扑上,万兆以太网既支持星型连接或扩展星型连接,也支持点到点连接以及星型连接与点到点连接的组合。星型连接或扩展星型连接主要用于局域网组网,点到点连接主要用于城域网和广域网组网,星型连接与点到点连接的组合则用于局域网与城域网的互联。

在万兆以太网的 MAC 子层,已不再采用 CSMA/CD 机制,只支持全双工方式。事实上,尽管在千兆以太网协议标准中提到了对 CSMA/CD 的支持,但基本上已经只采用全双工方式,而不再采用共享带宽方式。

另外,IEEE 802.3ae 10GE 标准继承了 802.3 以太网的帧格式和最大/最小帧长度,从而能充分兼容已有的以太网技术,进而降低了对现有以太网进行万兆位升级的风险。

4.6.5 实践:动手组装简单的以太网

通过对前面知识的学习,现在,我们可以自己动手组建一个简单的以太网。通过组建以太网,可以熟悉组建局域网所需的软硬件设备,包括各种服务、协议的安装和配置。实践中的简单的以太网结构如图 4-33 所示。

1. 硬件安装

(1)安装以太网卡

以太网卡是计算机与网络的接口。目前,大部分以太网卡都支持即插即用的配置方式,系统将对参数(中断请求、I/O 范围和内存范围)进行自动配置,不需要手工配置。但应保证网卡使用的资源与计算机中其他设备不发生冲突。

安装以太网卡的过程很简单,但是需要注意,在打开计算机的机箱前,一定要切断计算机的电源。在将设置好的以太网卡插入计算机扩展槽中后,拧上固定网卡用的螺丝,再重新装好机箱。

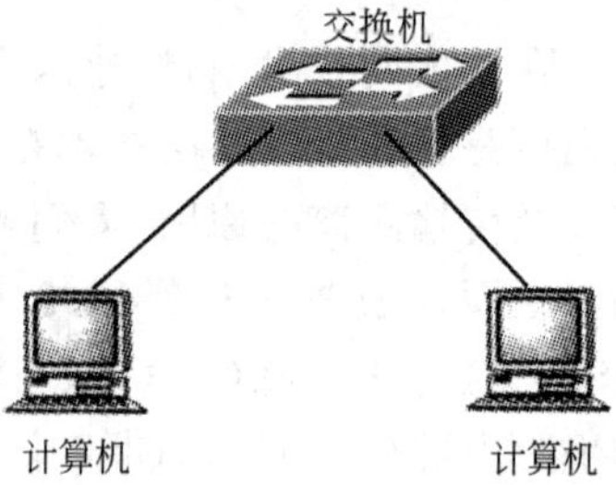

(2)将计算机接入网络

图 4-33　简单的以太网示意图

利用制作的直通 UTP 电缆将计算机与交换机连接,形成如图 4-33 所示的简单以太网结构。

2. 网络软件的安装和配置

网络硬件安装完成后,就可以安装和配置网络软件了。网络软件通常捆绑在网络操作系统之中,既可以在安装网络操作系统时安装,也可以在安装网络操作系统之后安装。Windows 2000、Unix 和 Linux 都提供了很强的网络功能。下面,以 Windows 2000 Server 为例,介绍网络软件的安装和配置过程。

网卡驱动程序的安装和配置是网络软件安装的第一步。它的主要功能是实现网络操作系统上层程序与网卡的接口。由于操作系统集成了常用的网卡驱动程序,所以安装这些常见品牌的网卡驱动程序就比较简单,不需要额外的软件。如果选用的网卡较为特殊,那么安装就必须利用随同网卡发售的驱动程序。

Windows 2000 Server 是一种支持"即插即用"的操作系统。如果使用的网卡也支持"即插即用",那么,Windows 2000 会自动安装该网卡的驱动程序,不需要手工安装和配置。在网卡不支持"即插即用"的情况下,需要进行驱动程序的手工安装和配置工作。手工安装网卡驱动程序可以通过 Windows 2000 Server 桌面上的"开始"→"设置"→"控制面板"→"添加/删除硬件"实现。

3. 网络协议的安装和配置

为了实现资源共享,操作系统需要安装网络通信协议。网络协议有多种,TCP/IP 是其中之一。Windows 2000 Server 操作系统已默认安装有合适的网络协议如 TCP/IP,此时不需要选择网络协议的安装。但如果选择使用 Windows 98 操作系统,则需要按照如下的步骤安装网络协议。

(1)一般来说,要进行局域网通信需要 Microsoft 客户端、TCP/IP 协议、Microsoft 网络的文件和打印机共享三个组件。如图 4-34 所示。

要安装这三个组件,可依次打开"我的电脑"→"控制面板"→"网络"。然后选择"添加"按钮一先鼠标双击打开"客户",选择"Microsoft"中的"Microsoft 网络客户",然后"确定"。接下来可添加协议,同样选择"添加"按钮,鼠标双击打开"协议"在其中同样选择"Microsoft",然后选择"TCP/IP"确定后退出。接下来,同样在"服务"一列中选择"Microsoft 网络的文件和打印机共享"。最后选中"确定"按钮。系统复制完文件后重启计算机即完成了这几个文件的安装。

(2)TCP/IP 协议安装完成后,选中"此连接使用下列选定的组件"列表中的"Internet 协议(TCP/IP)",单击"属性"按钮,进行 TCP/IP 配置。

(3)在"Internet 协议(TCP/IP)属性"界面中,选中"使用下面的 IP 地址"。在

192.168.1.1 至 192.168.1.254 之间任选一个 IP 地址填入"IP 地址"文本框(注意网络中每台计算机的 IP 地址必须不同),同时将"子网掩码"文本框填入"255.255.255.0",如图 4-35 所示。单击"确定",返回"本地连接属性"对话框。

图 4-34　本地连接属性对话框

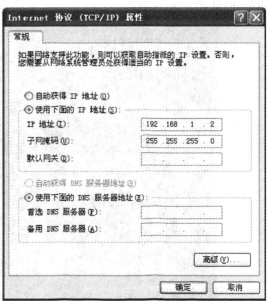

图 4-35　配置 IP 地址和子网掩码

4. 用 ping 命令测试网络连通性

ping 命令是测试网络连通性最常用的命令之一。它通过发送数据包到对方主机,再由对方主机将该数据包返回来测试网络的连通性。ping 命令的测试成功不仅表示网络的硬件连接是有效的,而且也表示操作系统中网络通信模块的运行是正确的。

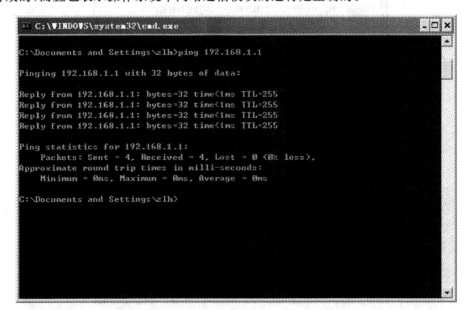

图 4-36　网络 ping 通时返回的信息

　　ping 命令非常容易使用,只要在 ping 之后加上对方主机的 IP 地址即可。如果测试成功,命令将给出测试包发出到收回所用的时间,如图 4-36 所示。在以太网中,这个时间通常小于 10 ms。如果网络不通,ping 命令将给出超时提示,如图 4-37 所示,需要重新检查网络的硬件和软件,直到 ping 通为止。

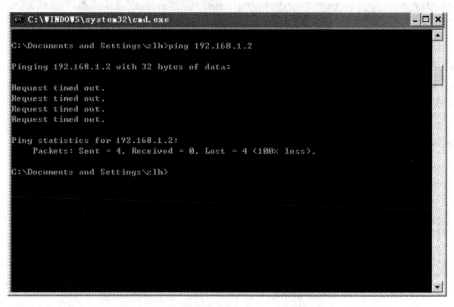

图 4-37　网络 ping 不通时返回的信息

5. 在网络上标识计算机

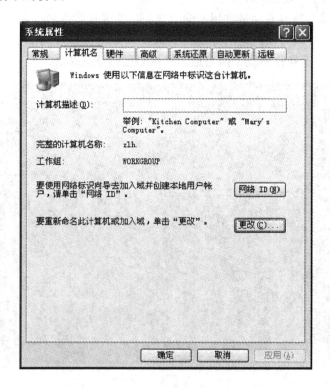

图 4-38　计算机网络标识

　　如何在同一个局域网中识别每一台计算机呢？这就需要你为这台计算机做上标识。方法是：右键单击"我的电脑"，选择"属性"在打开的对话框中选择"计算机名"选项，你可以看见如图 4-38 所示的对话框。

　　单击"更改"按钮，得到如图 4-39 所示的对话框。

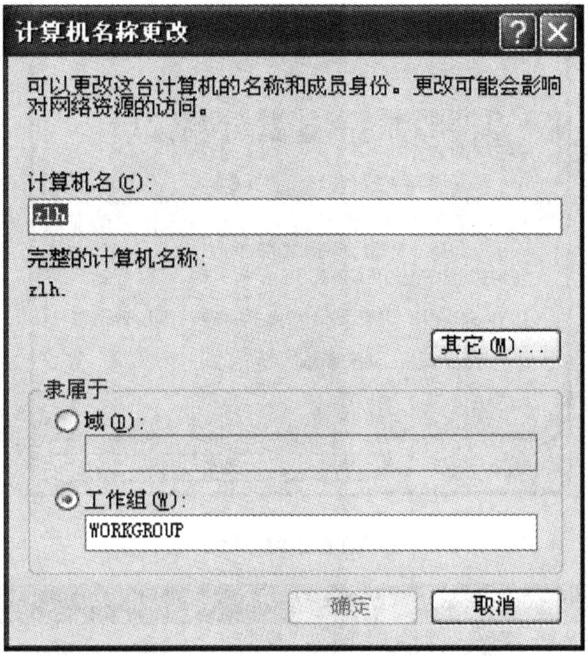

图 4-39　计算机名称更改

　　(1)"工作组"输入框——用于标识你的计算机所在的工作组。如果你有几台计算机要组成一个局域网，并且使这几台计算机互相共享数据，那么它们就应该处于同一个工作组内，所以同一局域网络内的"工作组"名应该取为相同的名称，如 Windows 默认的 WORK-GROUP（建议）。

　　(2)"计算机名"输入框——"计算机名"输入框用于输入你给这台计算机所取的名称，用于区别和网络上的其他计算机。需要说明的是，计算机名必须是唯一的，网络中不能有同名计算机。所以我们建议，你可将你的"计算机名"取为易记又不易重复的名字，如在此例中我们将这台计算机命名为"zlh"。

　　(3)"计算机描述"输入框——可不用填写。

　　最后，"确定"后重启计算机即可，这时再打开"网上邻居"就可在里边看见本机计算机名和其他联在该局域网内的计算机的名称了。

　　6. 设置文件的共享

　　连通网络后，我们可以使用 Windows 操作系统的文件共享来实现存储器资源共享。

　　打开"我的电脑"，将你需要设为共享的文件夹选项设为共享，方法是选定该文件夹，然后单点鼠标右键，选"属性"中的"共享"项，再选择你需要的"只读"或"完全"等共享权力，然后"确定"即可完成。如图 4-40(a)所示。这样，网络上的其他计算机就可以共享该文件夹了。

　　同样，你双击"网上邻居"窗口中其他用户的计算机图标，就能看到并"享用"该机提供的共享资源。

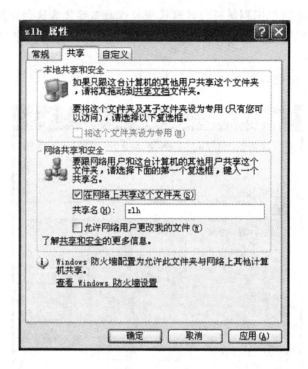

(a)设置文件的共享

(b)从网络上访问其他计算机的共享文件夹

图 4-40

此时,在局域网的另一台计算机中启动资源管理器,则可以通过如下的方式访问其他设备的共享资料。

如图 4-40(b)中地址栏中的访问方式,"\\"表示以网上邻居的方式访问,后面名称表示被访问的计算机名。这种访问方式多用于使用微软可视化操作系统的网络环境中,此时在右面的列表中,这台计算机的共享文件夹即可被网络中的用户进行访问了,访问时只需双击文件夹即可。

4.7　令牌环网与 FDDI

4.7.1　令牌环网

令牌环网最早起源于 IBM 于 1985 年推出的环形基带网络。IEEE 802.5 标准定义了令牌环网的国际规范。

令牌环网在物理层提供 4 Mbit/s 和 16 Mbit/s 两种传输速率,支持 STP/UTP 双绞线为传输介质,但较多的是采用 STP。构建令牌环网时,需要令牌环网卡、令牌环集线器和传输介质等。图 4-41 所示为一个环网示例。其物理拓扑为星型结构,星型拓扑的中心是一个被称为介质访问单元(Media Access Unit,MAU)的集线装置,MAU 有增强信号的功能,它可以将前一个节点的信号增强后再送至下一个节点,以稳定信号在网络中的传输。从图中可以看出,从 MAU 的内部看,令牌环网集线器上的每个端口实际上是用电缆连在一起的,即当各节点与令牌环网集线器连接起来后,就形成了一个电气网环。因此,通常认为令牌环采用的是一个物理环的结构。

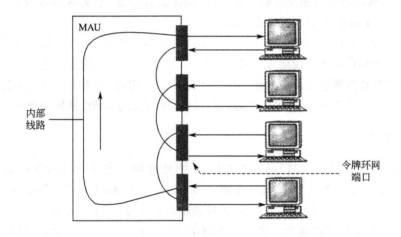

图 4-41　令牌环集线器的内部结构

集线器可以拥有 4、8、12 或 16 个连接端口,另外还有两个名为入环(Ring In,RI)和出环(Ring Out,RO)的专用端口。如果要建立的环网节点数大于集线器的端口数,则使用集线器上的 RI 和 RO 端口进行集线器的互联以扩大网络规模。有些集线器如 MSAU(Multi Station Access Units)具有容错功能,即当某个网卡出现故障时,这种集线器可以从环中将该故障节点删除,并仍维护原来的环路,从而可以隔离故障节点。

令牌环网在 MAC 子层采用令牌传送的介质访问控制方法。因此,在令牌环网中有两种 MAC 层的帧,即令牌帧和数据/命令帧,其格式如图 4-42 所示。

令牌环网的工作过程分三步:

(1)截获令牌并且发送数据帧。如果没有节点需要发送数据,令牌就由各个节点沿固定的顺序逐个传递;如果某个节点需要发送数据,就要等待令牌的到来。当空闲令牌传到这个节点时,该节点修改令牌帧中的状态标志,使其变为"忙"的状态,然后去掉令牌的尾部,加上数据成为数据帧,再发送到下一个节点。

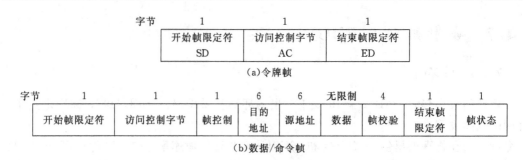

图 4-42　令牌帧和数据/命令帧

（2）接收与转发数据。数据帧每经过一个节点，该节点就比较数据帧中的目的地址，如果不属于本节点，则转发发出去；如果属于本节点，则复制到本节点的计算机中，同时在帧中设置已经接收的标志，然后向下一节点转发。

（3）取消数据帧并且重发令牌。由于环网在物理上是个闭环，一个帧可能在环中不停地流动，因此必须清除。当数据帧通过闭环重新传到发送节点时，发送节点不再转发，而是检查发送是否成功。如果发现数据帧没有被正确接收，则重发该数据帧；如果传输成功，则清除该数据帧，并且产生一个新的空闲令牌发送到环上。

采用确定型介质访问控制机制的令牌环网适合于传输距离远、负载重和实时要求严格的应用环境。由于令牌环网中可以设定优先级，从而使优先级高的节点能更多地访问网络，因此，需要较高带宽的用户比需要较低带宽的用户能更多地控制令牌，分享更大的带宽来传送数据。其缺点是令牌传送方法实现较复杂，而且所需硬件设备也较为昂贵，网络维护与管理也较复杂。

4.7.2　FDDI

FDDI（光纤分布式数据接口）是 100 Mbit/s 的光纤网。当多个分布较远的局域网互联时，为了保证高速可靠的数据传输，通常使用 FDDI 作为主干网，以连接不同的局域网，如以太网、令牌环网等。它以光纤作为传输介质，传输速率可达 100 Mbit/s，采用双环拓扑结构，目的是提供高度的可靠性和容错能力。每一个 FDDI 可以连接 500 台工作站，工作站之间的距离可达 2 km，从而使 FDDI 的单环网络范围可达 100 km，若以双环结构来看则可达 200 km。图 4-43 给出了一个双环结构的 FDDI 网络。

其中，两个环分别采用顺时针和逆时针方向传送。环上的站点可分为两类：A 类站点同时接在两个环上，B 类站点仅接在一个网上。在双环结构中，通常一个是主环，另一个是副环。在正常状态下，由主环负责节点之间的数据传输工作，而副环是为了提高网络容错能力和可靠性而准备的备用环路。若主环某一点出现故障或断线，则会立即启动备用的副环，自动形成一个新的逻辑环路，从而能有效地隔离故障点，使数据传送不受影响。如图 4-44 所示，当组成 FDDI 环的光缆出现故障（例如光缆断裂）时，与断点相邻的站点能重新配置网络，在 M 和 N 处形成回

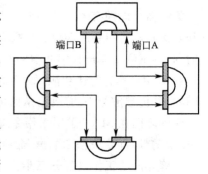

图 4-43　FDDI 网络示意图

路，旁路断点，使用其反向路径，保证网络正常运行。当网络中的某一站点出现故障时，如图4-45 所示，FDDI 也可以进行重新配置，在 P 和 Q 处形成回路，旁路故障站点，使用其反向路

径,保证网络正常运行。FDDI 这种重新配置以避免失效的过程叫做自恢复过程(self heal-ing)。因此,FDDI 网络有时也叫做自恢复网络(self healing network)。

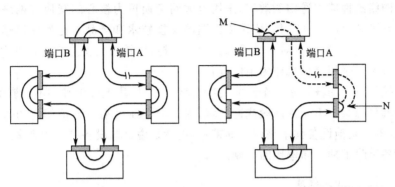

图 4-44　光缆线路出现故障时,FDDI 在 M 和 N 处形成回路

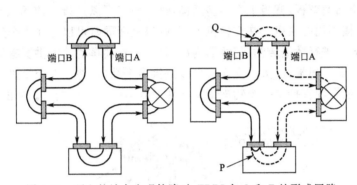

图 4-45　环上的站点出现故障时,FDDI 在 Q 和 P 处形成回路

　　FDDI 在 MAC 子层采用与 IEEE 802.5 类似的令牌传送方式作为介质访问控制机制,但在令牌释放上采用了早期令牌释放技术,即只要某站完成了数据传送,就将令牌释放,而不是像 IEEE 802.5 中那样,直到帧被正确接收后才释放令牌,从而大大提高了信道的带宽利用率。

4.8　交换式以太网

　　在交换式以太网出现以前,以太网均为共享式以太网。对共享式以太网而言,整个网络系统都处在一个冲突域中,网络中的每个站点都可能在往共享的传输介质上发送帧,所有的站点都会因为争用共享介质而产生冲突,共享带宽为所有站点所共同分割。在某一时刻一个站点将数据帧发送到集线器的某个端口,集线器会将该数据帧从其他所有端口转发(或称广播)出去,如图 4-46 所示。在这种方式下,当网络规模不断扩大时,网络中的冲突就会大大增加,而数据经过多次重发后,延时也相当大,造成网络整体性能下降。在网络站点较多时,以太网的带宽使用效率只有 30% ～ 40%。前面所介绍的 10 Base-5、10 Base-2 和采用集线器

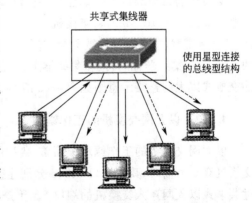

图 4-46　使用共享式集线器的数据传输

组网的 10 Base-T 及 100 Base-T 都属于共享式以太网。共享式以太网要受到 CSMA/CD 介质访问控制机制的制约。

为了提高网络的性能和通信的效率，采用以太网交换机为核心的交换式网络技术被广泛使用。特别是到了 20 世纪 90 年代，快速以太网的交换技术和产品更是发展迅速。到了千兆和万兆以太网阶段，已经取消了对共享式以太网的支持，而转向只支持交换式以太网。交换式以太网的显著特点是采用交换机作为组网设备。

交换机连接的每个网段都是一个独立的冲突域，一个网段上发生冲突不会影响其他网段。交换机的每个端口都属于不同的网段或冲突域，因此与交换机端口直接相连的每台设备都属于不同的网段，不与其他设备共享该网段的带宽，也就是说这些设备有专用带宽。使用交换机来连接终端设备消除了冲突和争用的问题。

4.8.1 交换机的基本结构

交换机有一个高速背板，背板上有很多插槽，每个插槽可以连接一块插入卡，卡上有 1～8 个连接器，用于连接不同的主机。在交换机上，各端口之间同时可以存在多个数据通道。它允许多个用户之间同时进行数据传输（集线器内部，只有一条共享的总线供所有端口使用），每个端口都享有指定带宽。通常，以太网交换机可以提供多个端口，并且在交换机内部拥有一个共享内存交换矩阵，数据帧直接从一个物理端口被转发到另一个物理端口。如图 4-47 所示。

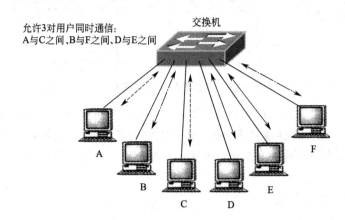

图 4-47　各用户在交换机之间的通信

交换机的每个端口可以单独与一台计算机连接，也可以与一个共享式的 Ethernet 集线器连接。如果一个 10 Mbit/s 交换机的一个端口只连接一个节点，那么这个节点就可以独占 10 Mbit/s 带宽，这类端口常被称为"专用 10 Mbit/s 端口"。如果一个端口连接一个 10 Mbit/s 的 Ethernet 集线器，那么接在集线器上的所有节点将"共享交换机的 10 Mbit/s 端口"。典型的交换式以太网连接示意图如图 4-48 所示。

4.8.2 以太网交换机的工作原理

以太网交换机的工作原理很简单，典型的交换机结构与工作过程如图 4-49 所示。图中的交换机有 6 个端口，其中端口 1、5、6 分别连接了节点 A、节点 D 和节点 E。节点 B 和节点 C 通过共享式以太网连入交换机的端口 4。于是交换机"端口/MAC 地址映射表"就可以根据以上端口与节点 MAC 地址的对应关系建立起来。节点 A 需要向节点 D 发送信息时，节点 A 首先将目的 MAC 地址指向节点 D 的帧发往交换机端口 1。交换机接收该帧,并在检测到其目的 MAC 地址后,在交换机的"端口/MAC 地址映射表"中查找节点 D 所连接的端口号。一旦查到节点 D 所连接的端口号 5,交换机将在端口 1 与端口 5 之间建立连接,将信息转发到端口 5。

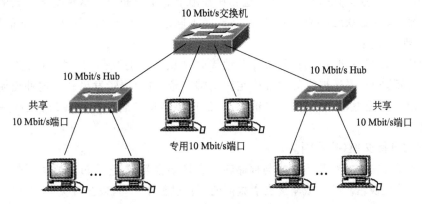

图 4-48　交换式以太网连接示意图

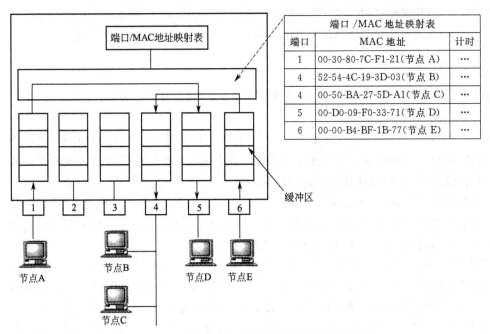

图 4-49　交换机的结构与工作过程

端口 /MAC 地址映射表		
端口	MAC 地址	计时
1	00-30-80-7C-F1-21(节点 A)	…
4	52-54-4C-19-3D-03(节点 B)	…
4	00-50-BA-27-5D-A1(节点 C)	…
5	00-D0-09-F0-33-71(节点 D)	…
6	00-00-B4-BF-1B-77(节点 E)	…

与此同时,节点 E 需要向节点 B 发送信息。于是交换机的端口 6 与端口 4 也建立一条连接,并将端口 6 接收到的信息转发至端口 4。

这样,交换机在端口 1 至端口 5、端口 6 至端口 4 之间建立了两条并发的连接。节点 A 和节点 E 可以同时发送信息,节点 D 和接入交换机端口 4 的以太网可以同时接收信息。根据需要,交换机的各端口之间可以建立多条并发连接。交换机利用这些并发连接,对通过交换机的数据信息进行转发和交换。

4.8.3　以太网交换机的数据交换与转发方式

以太网交换机的数据交换与转发方式可以分为直接交换、存储转发交换和改进的直接交换(碎片隔离)3 类。

1. 直接交换

在直接交换方式中,交换机边接收边检测。一旦检测到目的地址字段,就立即将该数据转发出去,而不管这一数据是否出错,出错检测任务由节点主机完成。这种交换方式的优点是交换延迟时间短,缺点是缺乏差错检测能力,不支持不同输入/输出速率的端口之间的数据转发。

2. 存储转发交换

在存储转发方式中,交换机首先要完整地接收站点发送的数据,并对数据进行差错检测。如接收数据是正确的,再根据目的地址确定输出端口号,将数据转发出去。这种交换方式的优点是具有差错检测能力,并能支持不同输入/输出速率端口之间的数据转发,缺点是交换延迟时间相对较长。

3. 改进的直接交换(碎片隔离)

改进的直接交换方式将直接交换与存储转发交换结合起来,它通过过滤掉无效的碎片帧来降低交换机直接交换错误帧的概率。在以太网的运行过程中,一旦发生冲突,就要停止帧的继续发送并加入帧冲突的加强信号,形成冲突帧或碎片帧。碎片帧的长度必然小于 64 Byte。在改进的直接交换方式中,只转发那些帧长度大于 64 Byte 的帧,任何长度小于 64 Byte 的帧都会被立即丢弃。显然,无碎片交换的延时要比直接交换方式要大,但它的传输可靠性得到了提高。

4.8.4　交换机的基本功能

第二层交换机有三项主要功能:地址学习、转发/过滤数据帧、防范环路。

1. 地址学习

以太网交换机利用"端口/MAC 地址映射表"进行信息的交换,因此,端口/MAC 地址映射表的建立和维护显得相当重要。一旦地址映射表出现问题,就可能造成信息转发错误。那么,交换机中的地址映射表是怎样建立和维护的呢?

这里有两个问题需要解决,一是交换机如何知道哪台计算机连接到哪个端口;二是当计算机在交换机的端口之间移动时,交换机如何维护地址映射表。显然,通过人工建立交换机的地址映射表是不切实际的,交换机应该自动建立地址映射表。

通常,以太网交换机利用"地址学习"法来动态建立和维护"端口/MAC 地址映射表"。以太网交换机的地址学习是通过读取帧的源地址并记录帧进入交换机的端口进行的。当得到 MAC 地址与端口的对应关系后,交换机将检查地址映射表中是否已经存在该对应关系。如果不存在,交换机就将该对应关系添加到地址映射表;如果已经存在,交换机将更新该表项。因此,在以太网交换机中,地址是动态学习的。只要这个节点发送信息,交换机就能捕获到它的 MAC 地址与其所在端口的对应关系。

在每次添加或更新地址映射表的表项时,添加或更改的表项被赋予一个计时器。这使得该端口与 MAC 地址的对应关系能够存储一段时间。如果在计时器溢出之前没有再次捕获到该端口与 MAC 地址的对应关系,该表项将被交换机删除。通过移走过时的或老的表项,交换机维护了一个精确且有用的地址映射表。

2. 转发/过滤数据帧

交换机建立起"端口/MAC 地址映射表"之后,它就可以对通过的信息进行转发/过滤了。以太网交换机在地址学习的同时还检查每个帧,并基于帧中的目的地址做出是否转发或转发到何处的决定。

图 4-50(a)显示了两个以太网和两台计算机通过以太网交换机相互连接的示意图。通过一段时间的地址学习,交换机形成了如图 4-50(b)所示的"端口/MAC 地址映射表"。

假设站点 A 需要向站点 F 发送数据,因为站点 A 通过集线器连接到交换机的端口 1,所以,交换机从端口 1 读入数据,并通过地址映射表决定将该数据转发到哪个端口。在图 4-50(b)所示的地址映射表中,站点 F 与端口 4 相连。于是,交换机将信息转发到端口 4,不再向端口 1、端口 2 和端口 3 转发。

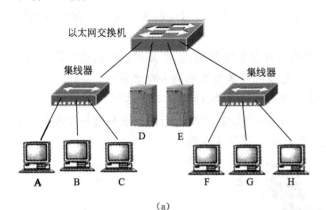

端口/MAC 地址映射表		
端口	MAC 地址	计时
1	00-30-80-7C-F1-21(A)	···
1	52-54-4C-19-3D-03(B)	···
1	00-50-BA-27-5D-A1(C)	···
2	00-D0-09-F0-33-71(D)	···
4	00-00-B4-BF-1B-77(F)	···
4	00-E0-4C-49-21-25(H)	···

(a)　　　　　　　　　　　　　　　　　　　(b)

图 4-50　交换机的转发/过滤

假设站点 A 需要向站点 C 发送数据,交换机同样在端口 1 接收该数据。通过搜索地址映射表,交换机发现站点 C 与端口 1 相连,与发送的源站点处于同一端口。遇到这种情况,交换机不再转发,简单地将数据过滤(即丢弃),数据信息被限制在本地流动。

以太网交换机隔离了本地信息,从而避免了网络上不必要的数据流动。这是交换机通信过滤的主要优点,也是它与集线器截然不同的地方。集线器需要在所有端口上重复所有的信号,每个与集线器相连的网段都将听到局域网上的所有信息流。而交换机所连的网段只听到发给他们的信息流,减少了局域网上总的通信负载,因此提供了更多的带宽。

但是,如果站点 A 需要向站点 G 发送信息,交换机在端口 1 读取信息后检索地址映射表,结果发现站点 G 在地址映射表中并不存在。在这种情况下,为了保证信息能够到达正确的目的地,交换机将向除端口 1 之外的所有端口转发信息。当然,一旦站点 G 发送信息,交换机就会捕获到它与端口的连接关系,并将得到的结果存储到地址映射表中。

如果站点发送一个广播帧,交换机将把它从除入站端口之外的所有端口转发出去,所有的站点都会收到广播帧,这就意味着交换型网络中的所有网段都位于同一个广播域中。

3. 防范环路

在交换型网络中,为了提供可靠的网络连接,避免由于单点故障导致整个网络失效的情况发生,就得需要网络提供冗余链路。所谓"冗余链路",道理和走路一样,这条路不通,走另一条路就可以了。冗余就是准备两条以上的通路,如果哪一条不通了,就从另外的路走。但为了提供冗余而创建了多个连接,网络中可能产生交换回路,交换机使用 STP(Spanning Tree Protocol,生成树协议)避免环路。

(1)"冗余链路"的危害

交换机之间具有冗余链路本来是一件很好的事情,但是它有可能引起的问题比它能够解决的问题还要多。如果你真的准备两条以上的路,就必然形成了一个环路,交换机并不知道如何处理环路,只是周而复始地转发帧,形成一个"死循环"。最终这个死循环会造成整个网络处于阻塞状态,导致网络瘫痪。

a. 广播风暴

如图 4-51 所示,网络中在工作站和服务器之间为了提供冗余链路形成了两条路径,我们分析从工作站到服务器的数据帧发送过程。

(a)工作站发送的数据帧到达交换机 A 和 B。

(b)当 A、B 刚刚加电,查询表还没有形成的时候,A、B 收到此帧的第一个动作是在查询表中添加一项,将工作站的物理地址分别与 A 的 E1 和 B 的 E3 对应起来。第二个动作则是将此数据帧原封不动的发送到所有其他的端口。

(c)此数据帧从 A 的 E2 和 B 的 E4 发送到服务器所在网段,服务器可以收到这个数据帧,但同时 B 的 E4 和 A 的 E2 也均会收到另一台交换机发送过来的同一个数据帧。

(d)如果此时在两台交换机上还没有学习到服务器的物理地址与各自端口的对应关系,则当两台交换机分别在另一个端口收到同样一个数据帧的时候,它们又将重复前一个动作,即先把帧中源地址和接收端口对应,然后发送数据帧给所有其他端口。

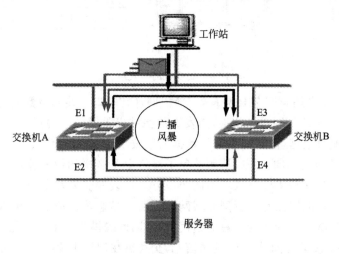

图 4-51 广播风暴的形成

(e)这样我们发现在工作站和服务器之间的冗余链路中,由于存在了第二条互通的物理线路,从而造成了同一个数据帧在两点之间的环路内不停地被交换机转发的状况。这种情况造成了网络中广播过多,形成广播风暴。从而导致网络极度拥塞,严重地影响网络和主机的性能。

b. MAC 地址系统失效

第 2 层的交换机和网桥作为交换设备都具有一个相当重要的功能,他们能够记住在一个接口上所收到的每个数据帧的源设备的硬件地址,也就是源 MAC 地址,而且他们会把这个硬件地址信息写到转发/过滤 MAC 地址表中。当在某个接口收到数据帧的时候,交换机就查看其目的硬件地址,并在 MAC 地址表中找到其外出的接口,这个数据帧只会被转发到指定的目的端口。

整个网络开始启动的时候,交换机初次加电,还没有建立 MAC 地址表。

如图 4-52 所示,当工作站发送数据帧到网络的时候,交换机要将数据帧的源 MAC 地址写进 MAC 地址表,然后只能将这个帧扩散到网络中,因为它并不知道目的设备在什么地方。于是交换机 A 的 E1 接口和交换机 B 的 E3 接口都会把工作站发来的数据帧的源 MAC 地址写进各自的 MAC 地址表,交换机 A 用 E1 接口对应工作站的源 MAC,而交换机 B 用 E3 接口对应工作站的源 MAC;同时将数据帧广播到所有的端口。E2 收到该数据帧,也进行扩散,会扩散到 E4 上,交换机 B 收到这个数据帧,也会将数据帧的源 MAC 地址写到自己的 MAC 地址表,这时它发现 MAC 地址表中已经具有这个源 MAC 地址,但是它会认为值得信赖的是最新发来的消息,它会改写 MAC 地址表,用 E4 对应工作站的源 MAC 地址;同理交换机 A 也在 E2 接口收到该数据帧,会用 E2 对应工作站的 MAC 地址,改写 MAC 地址表。

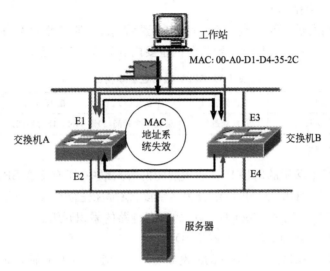

图 4-52　MAC 地址系统失效

数据帧继续上行,交换机 B 的 E3 接口又会从交换机 A 的 E1 接口收到该帧,因此又会用 E3 对应源 MAC。同时,交换机 A 的 E1 接口又会从交换机 B 的 E3 接口收到该帧,因此又会用 E1 对应源 MAC。周而复始,交换机完全被设备的源地址搞糊涂了,它不断用源 MAC 地址更新 MAC 地址表,根本没有时间来转发数据帧了。这种现象我们称之为 MAC 地址系统失效。

(2)生成树协议

为了解决冗余链路引起的问题,IEEE 通过了 IEEE 802.1d 协议,即生成树协议。生成树协议的基本思想十分简单,众所周知,自然生长的树是不会出现环路的,如果网络也能够像树一样生长就不会出现环路。因此生成树协议的根本目的是通过定义根桥、根端口、指定端口、路径开销等概念,将一个存在物理环路的交换网络变成一个没有环路的逻辑树形网络,同时实现链路备份和路径最优化。

IEEE 802.1d 协议通过在交换机上运行一套复杂的算法 STA(Spanning Tree Algorithm),使冗余端口置于"阻断状态",使得接入网络的计算机在与其他计算机通信时,只有一条链路有效。而当这个链路出现故障无法使用时,IEEE 802.1d 协议会重新计算网络链路,将处于"阻断状态"的端口重新打开,从而既保障了网络正常运转,又保证了冗余能力。

要实现这些功能,网桥之间必须要进行一些信息的交流,这些信息交流单元就称为桥接协议数据单元(Bridge Protocol Data Unit,BPDU)。STP BPDU 是一种二层报文,目的 MAC 是多播地址 01-80-C2-00-00-00,所有支持 STP 协议的网桥都会接收并处理收到的 BPDU 报文。该报文的数据区里携带了用于生成树计算的所有有用信息。

a. 生成树的协议数据单元

交换机之间定期发送 BPDU 包,交换生成树配置信息,以便能够对网络的拓扑、开销或优先级的变化做出及时的响应。BPDU 数据包的主要内容如表 4-3 所示。

表 4-3　BPDU 数据包基本格式

协议 ID(2)	版本(1)	消息类型(1)	标志(1)	根 ID(8)	根开销(4)
网桥 ID(8)	端口 ID(2)	消息寿命(2)	最大生存时间(2)	Hello 计时器(2)	转发延迟(2)

注:括号中的数字表示该字段所占的字节数。

● 根 ID——包括根网桥的网桥 ID。收敛后的网桥网络中,所有配置 BPDU 中的该字段都应该具有相同值(单个 VLAN)。可以细分为两字段:根桥优先级和根桥 MAC 地址。

● 根开销——通向根网桥(Root Bridge)的所有链路的累积开销。

● 网桥 ID——创建当前 BPDU 的网桥 ID。

● 端口 ID——每个端口值都是唯一的。例如端口 1/1 值为 0x8001,而端口 1/2 值为 0x8002。

b. 生成树的形成过程

对于一个存在环路的物理网络而言,若想消除环路,形成一个树形结构的逻辑网络,首要解决的问题就是:哪台交换机可以作为"根"?

STP 协议中,首先推举一个 Bridge ID(桥 ID)最低的交换机作为生成树的根节点,交换机之间通过交换 BPDU(桥协议数据单元),获取各个交换机的参数信息,得出从根节点到其他所有节点的最佳的路径。

Bridge ID 是 8 个字节长,包含了 2 个字节的优先级和 6 个字节的设备 MAC 地址。STP 默认情况下,优先级都是 32768,BPDU 每 2 秒发送一次,桥 ID 最低的将被选举为根桥。

对于其他交换机到根交换机的冗余的链路,根据到根桥的路径成本和各个端口的开销,将路径成本和端口开销最低的链路加到生成树中。

整个过程分三步:

(a)选举根网桥。在给定广播域中,只有一台网桥被指定为根网桥。根网桥的网桥 ID 最小,根网桥上的所有端口都处于转发状态,被称为指定端口。处于转发状态时,端口可以发送和接收数据流。

(b)对于每台非根网桥,选举一个根端口。根端口到根网桥的路径成本最低。根端口处于转发状态,提供到根网桥的连接性。生成树路径成本是基于接收端口带宽的累积成本。

(c)在每个网段上选举一个指定端口。指定端口在到根网桥的路径成本最低的网桥中选择。指定端口处于转发状态,负责为相应网段转发数据流,每个网段只能有一个指定端口。非指定端口处于阻断状态,以断开环路。处于阻断状态的端口不发送和接收数据流,但这并不意味着它被禁用,而意味着生成树禁止它发送和接收用户数据流,但它仍接收 BPDU。

下面我们通过例子分析通过运行生成树协议实现无环路的网络拓扑过程。

例1:如图 4-53 所示。

● 决定根网桥

在本环境中,四台交换机的桥优先级均为默认值 32768,所以当形成了网络环路需要启用生成树协议构造一棵树时,选择的根网桥 ID 应该是由这四台交换机的 MAC 地址决定的桥 MAC 最小的交换机,比较的结果很显然,交换机 A 的 ID 最小,因此它即成为生成树中的根网桥,根网桥的所有端口(E1 和 E2)均处于转发状态,即指定端口。

- 选举非根网桥根端口

确定了根网桥之后,其他交换机 B、C、D 都会在至少两个端口中接收到来自根 A 的 BPDU,于是所有 B、C、D 都会继续判断应如何切断其中一条接收到根 BPDU 的方法。

此时我们假定此环境中的所有链路都是百兆的,因此路径花销都相同。

我们分析当 B 确定它从 E3 和 E5 分别接收了相同的根 BPDU 后,它即会比较接收的 BPDU 的路径开销积累。此时从 BPDU 中得出从 E5 收来的 BPDU 经过了更多的交换机,因此确定 E3 端口是能更直接到达根网桥的出口路径,于是 E3 成为非根桥 B 的唯一的根端口(即发送数据给根桥的端口)。同理,我们知道 C 也会确认其 E4 端口而非 E6 端口成为它的唯一的根端口。

下面我们分析在交换机 D 中如何确定应选取哪个端口成为根端口而哪个端口为非根端口。

此时 D 也分别在 E7 和 E8 中接收了两个来自 A 的 BPDU,因此知道存在环路,并且使用路径开销积累的办法判断这两个端口是等价的,于是转而根据端口的 ID 来判断。端口 ID 的构成与桥 ID 的构成一致,均使用端口的优先级加端口的 MAC 地址来组成,一般端口的 MAC 地址以某一个基数开始,以端口号为序依次加 1,于是在交换机 D 中,我们可以判断在端口优先级默认一致的情况下,端口号小的端口必然形成较小的端口 ID,于是我们判断出交换机 D 在此情况下会选择 E7 端口作为其唯一的根端口。

- 选举每个网段指定端口

至此,我们知道在交换机 B、C、D 中 E3、E4、E7 端口为根端口,则它们所在的物理网段必须处于正常的转发状态,所以 E8 和 E6 所在的网段即成为阻断回路的阻塞网段。而根据这个网段中的交换机 D,我们得出,在这个网段中处于阻塞状态的端口应该是桥 ID 大的交换机的端口 E8,它只能接收 BPDU 消息而无法进行正常的数据包转发工作。此例中,E6 端口则处于

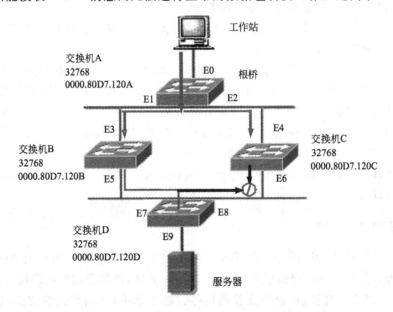

图 4-53　生成树协议实现无环路的网络拓扑过程

转发状态,以及时转发必要的 BPDU 消息,通知处于阻塞状态的端口当前拓扑结构的变化。

c. 生成树的路径成本

生成树路径成本是基于路径中所有链路的带宽得到的累积成本。表 4-4 列出了 IEEE 802.1d 规定的路径成本。

表 4-4　生成树路径成本

链路速率	成本(修订后的 IEEE 规范)	成本(修订前的 IEEE 规范)
10 Gbit/s	2	1
1 Gbit/s	4	1
100 Mbit/s	19	10
10 Mbit/s	100	100

IEEE 802.1d 规范在 2003 年 1 月经过了修订,在修订前的规范中,成本的计算公式为 1 000 Mbit/s/带宽。新规范调整了计算方式,以适应高速接口,包括 1 Gbit/s 和 10 Gbit/s。

d. 生成树的端口状态

要让端口转发或阻断帧,生成树必须将其切换到合适的状态。生成树端口状态有四种:阻断、侦听、学习、转发。

生成树通过将端口在这些状态间切换,来确保拓扑中没有环路。

正常情况下,端口要么处于转发状态,要么处于阻断状态。处于转发状态的端口到根网桥的路径成本最低。当设备发现拓扑发生变化时,将出现两种过渡状态。拓扑发生变化导致转发状态的端口不可用时,处于阻断状态的端口将依次进入侦听和学习状态,最后进入转发状态。

所有端口一开始都处于阻断状态,以防止形成环路。如果存在其他成本更低的、到根网桥的路径,端口将保持阻断状态。处于阻断状态的端口仍能够接收 BPDU,但不发送 BPDU。

端口处于侦听状态时,将查看 BPDU,并发送和接收 BPDU 以确定最佳拓扑。

端口处于学习状态时,能够获悉 MAC 地址,但不转发帧。这种状态表明端口正为传输做准备,它获悉网段上的地址,以防止进行不必要的泛洪。

处于转发状态时,端口能够发送和接收数据。

在 Catalyst 交换机上,默认情况下,端口从阻断状态切换到转发状态需要 50 s。

(3)快速生成树协议 IEEE 802.1w

为什么要制定 IEEE 802.1w 协议呢?因为 IEEE 802.1d 协议虽然解决了链路闭合引起的死循环问题,但是生成树的收敛(指重新设定网络中的交换机端口状态)过程需要 50 s 左右的时间。对于以前的网络来说,50 s 的阻断是可以接受的,毕竟人们以前对网络的依赖性不强;但是现在情况不同了,人们对网络的依赖性越来越强,50 s 的网络故障足以带来巨大的损失,因此 IEEE 802.1d 协议已经不能适应现代网络的需求了。于是新的协议问世了,IEEE 802.1w 协议使收敛过程由原来的 50 s 减少为现在的 4 s 左右。因此 IEEE 802.1w 又称为"快速生成树协议"。

4.8.5　交换机的分类

交换机的分类方法有很多种,按照不同的原则,交换机可以分成各种不同的类别,首先,从广义上来说,可以分为广域网交换机和局域网交换机;其次,按照采用的网络技术不同,可以分为以太网交换机、ATM 交换机、程控交换机等等。在本章中,我们讨论的交换机特指在局域网中所使用的以太网交换机,这些交换机也是我们在日后的工作中接触最多的一类交换机。

1. 按照 OSI 七层模型分类

按照网络 OSI 七层模型来分类,可以将交换机分为二层交换机、三层交换机、四层交换机直到七层交换机。

(1)二层交换机

二层交换机是按照 MAC 地址进行数据帧的过滤和转发,这种交换机是目前最常见的交换机。不论是在教材中还是在市场中,如果没有特别指明的话,说到交换机我们一般都特指二层交换机。二层交换机的应用范围非常广,在任何一个企业网络或者校园网络中,二层交换机的数量应该是最多的。二层交换机以其稳定的工作能力和优惠的价格在网络行业中具有重要的地位。

(2)三层交换机

三层交换机采用"一次路由,多次交换"的原理,基于 IP 地址转发数据包。部分三层交换机也具有四层交换机的一些功能,譬如依据端口号进行转发。

为什么需要三层交换机?

a. 网络骨干少不了三层交换。

三层交换机在诸多网络设备中的作用,用"中流砥柱"形容并不为过。在校园网、教育城域网、骨干网、城域网骨干中都有三层交换机的用武之地,尤其是核心骨干网中一定要用三层交换机,否则成千上万台的计算机都在一个子网中,不仅毫无安全可言,也会因为无法分割广播域而无法隔离广播风暴。如果采用传统的路由器,虽然可以隔离广播,但是性能又得不到保障。而三层交换机的性能非常高,既有三层路由的功能,又具有二层交换的网络速度。二层交换是基于 MAC 寻址,三层交换则是转发基于第三层地址的业务流;除了必要的路由决定过程外,大部分数据转发过程由二层交换处理,提高了数据包转发的效率。

三层交换机通过使用硬件交换机构实现了 IP 的路由功能,其优化的路由软件使得路由过程效率提高,解决了传统路由器软件路由的速度问题。因此可以说,二层交换机具有"路由器的功能、交换机的性能"。

b. 连接子网少不了三层交换。

同一网络上的计算机如果超过一定数量(通常在 200 台左右),就很可能会因为网络上大量的广播而导致网络传输效率低下。为了避免在大型交换机上进行广播所引起的广播风暴,可将其进一步划分为多个虚拟网(VLAN)。但是这样会导致一个问题:VLAN 之间的通信必须通过路由器来实现。但是传统路由器难以胜任 VLAN 之间的通信任务,因为相对于局域网的网络流量来说,传统的普通路由器路由能力太弱。

千兆级路由器的价格也是非常难以接受。如果使用三层交换机上的千兆端口或百兆端口联接不同的子网或 VLAN,就能在保持性能的前提下,经济地解决了子网划分之后子网之间必须依赖路由器进行通信的问题,因此三层交换机是连接子网的理想设备。

(3)多层交换机

四层交换机以及四层以上的交换机都可以称为内容型交换机,原理与三层交换机很类似,一般使用在大型的网络数据中心。

2. 按照网络设计三层模型分类

按照网络设计三层模型来分类,可以将交换机分为核心层交换机、汇聚层交换机和接入层交换机。

(1)核心层交换机

核心层对于网络中每一个目的地具有充分的可达性,是网络所有流量的最终承受者和汇聚者。可靠性和高速是核心层设备选择的关键。核心层的中心任务是高速的数据交换,不要在核心层执行任何网络策略,使核心层设备成为专门交换数据包的设备,避免任何降低核心层处理能力或是增加数据包延迟时间的任务,如过滤和策略路由。避免核心层设备配置复杂,它可能导致整个网络瘫痪。只有在特殊的情况下,才可以将策略放在核心层或者核心层和汇聚层之间。

图 4-54 所示是神州数码定位在核心层的交换机 DCRS-7600、DCRS-7500、DCRS-7200 系列交换机。核心层交换机一般都是三层交换机或者三层以上的交换机,采用机箱式的外观,具有很多冗余的部件。

DCRS-7504E   DCRS-7515   DCRS-7616   DCRS-7216

图 4-54　神州数码的核心交换机

(2)汇聚层交换机

汇聚层把大量的来自接入层的访问路径进行汇聚和集中,在核心层和接入层之间提供协议转换和带宽管理。

汇聚层的交换机原则上既可以选用三层交换机,也可以选择二层交换机。这要视投资和核心层交换能力而定,同时最终用户发出的流量也将影响汇聚层交换机的选择。

如果选择三层交换机,则可以大大减轻核心层交换机的路由压力,有效地进行路由流量的均衡;如果汇聚层仅选择二层设备,则核心层交换机的路由压力加大,我们需要在核心层交换机上加大投资,选择稳定、可靠、性能高的设备。

建议在汇聚层选择性能价格比高的设备,同时功能和性能都不应太低。作为本地网络的逻辑核心,如果本地的应用复杂、流量大,应该选择高性能的交换机。

图 4-55 所示是神州数码定位在汇聚层的交换机 DCRS-6608、DCRS-6500 系列和 DCRS-5500 系列交换机。目前大部分汇聚层交换机也都是三层交换机或者三层以上的交换机,采用机箱式的外观或者机架式外观。

(3)接入层交换机

接入层是最终用户与网络的接口,应该提供较高的端口密度和即插即用的特性,同时应该便于管理和维护。

接入层交换机没有太多的限制,但是接入层交换机对环境的适应力一定要强。有很多接入层的交换机都放置在楼道中,不可能为每一个设备提供一个通风良好、防外界电磁干扰条件优良的设备间。所以接入层的设备还需要对恶劣环境有很好的抵抗力,不需要太多的功能,在端口满足的情况下,稳定就好。一般情况下,接入层交换机都会是二层交换机。

DCRS-6608　　　　　　DCRS-6512　　　　　　DCR-S5526

图 4-55　神州数码汇聚层的交换机

图 4-56 所示是神州数码定位在接入层的交换机 DCS-3000 系列、DCS-2000 系列交换机。接入层交换机大都是二层交换机,采用机架式的外观。

DCS-3926　　　　　　　　　　　　　DCS-2000E

图 4-56　神州数码接入层的交换机

3. 按照外观分类

按照外观和架构的特点,可以将局域网交换机划分为机箱式交换机、机架式交换机、桌面式交换机。

(1)机箱式交换机

机箱式交换机外观比较庞大,这种交换机所有的部件都是可插拔的部件(一般称之为模块),灵活性非常好。在实际的组网中,可以根据网络的要求选择不同的模块。机箱式交换机一般都是三层交换机或者多层交换机。由于机箱式交换机性能和稳定性都比较卓越,因此价格比较昂贵,一般定位在核心层交换机或者汇聚层交换机。

(2)机架式交换机

机架式交换机顾名思义就是可以放置在标准机柜中的交换机。机架式交换机中有些不仅仅固定了 24 个或者 48 个 RJ-45 的网口,另外还有一个或两个扩展插槽,可以插入上联模块,用于上联千兆或者百兆的光纤,我们称之为带扩展插槽机架式交换机。另外一种不带扩展插槽,称之为无扩展插槽机架式交换机。

机架式交换机可以是二层交换机也可以是三层交换机,一般会作为汇聚层交换机或者接入层交换机使用,不会作为核心层交换机。

(3)桌面式变换机

桌面式交换机不具备标准的尺寸,一般体形较小,因可以放置在光滑、平整、安全的桌面上而得名。桌面式交换机一般具有功率较小、性能较低、噪声低的特点,适用于小型网络桌面办公或家庭网络。桌面式交换机一般都是二层交换机,作为接入层交换机使用。

4. 按照传输速率不同分类

按照交换机支持的最大传输速率的不同来划分,可以将交换机划分成 10M 交换机、

100M 交换机、1000M 交换机以及 10G 交换机。一般传输速率较高的交换机都会兼容低速率交换机。譬如：10G 交换机一般也都供应 1000M 的网络接口模块，而 1000M 交换机也支持 100M 的模块，100M 的交换机一般都是 10M/100M 自适应的交换机。

从应用层面上来讲，10G 交换机当之无愧应当是核心层交换机，1000M 交换机也可以用于核心层；汇聚层可以使用 1000M 或者 100M 交换机；接入层使用 100M 或者 10M 交换机。

5. 按照是否可以网络管理分类

按照交换机的可管理性，又可把交换机分为可网管交换机（又称为智能交换机）和不可网管交换机，它们的区别在于对 SNMP、RMON 等网管协议的支持。可网管交换机便于网络监控、流量分析，但成本也相对较高。大中型网络在汇聚层应该选择可网管交换机，在接入层则视应用需要而定，核心层交换机则全部是可网管交换机。

6. 按照是否可以进行堆叠分类

按照交换机是否可堆叠，交换机又可分为可堆叠交换机和不可堆叠交换机两种。设计堆叠技术的一个主要目的是为了增加端口密度，便于管理。

可堆叠交换机一般都是二层交换机，定位于网络接入层，并且应该都是可网管的交换机。

堆叠技术是目前在以太网交换机上扩展端口使用较多的一类技术，是一种非标准化技术。各个厂商之间不支持混合堆叠，堆叠模式为各厂商制定，不支持拓扑结构。目前流行的堆叠模式主要有两种：菊花链模式和星型模式。堆叠技术的最大的优点就是提供简化的本地管理，将一组交换机作为一个对象来管理。堆叠与级联不同，级联通常是用普通网线把几个交换机连接起来，使用普通的网口或 uplink 口，级联层次较多时，将出现一定的时延。

(1)菊花链式堆叠

菊花链式堆叠是一种基于级联结构的堆叠技术，对交换机硬件没有特殊的要求，通过相对高速的端口串接和软件的支持，最终实现构建一个多交换机的层叠结构。通过环路，可以在一定程度上实现冗余。但是，就交换效率来说，同级联模式处于同一层次。菊花链式堆叠又可以分为使用一个高速端口和使用两个高速端口的模式，分别称为单链菊花链式堆叠和双链菊花链式堆叠。

a. 单链单向菊花链式堆叠

图 4-57 所示的是使用一个高速端口模式的示意图。一个高速端口包含两个收发口，一个只收不发，一个只发不收。使用一个高速端口（GE）的模式下，在同一个端口收发分别上行和

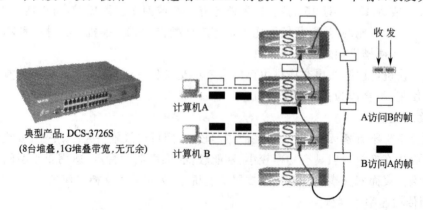

图 4-57　单链单向菊花链式堆叠

下行,最终形成一个环形结构。任何两台成员交换机之间的数据交换都需绕环一周,经过所有交换机的交换端口,效率较低,尤其是在堆叠层数较多时,堆叠端口会成为严重的系统瓶颈。

DCS-3726S 使用图中的单链单向菊花链式堆叠,其堆叠口的带宽为1G。

b. 单链双向菊花链式堆叠

单链双向菊花链式堆叠也使用一个高速端口。这种高速端口包含的两个端口既可以发送数据,也可以接收数据。因此形成双向的数据传输。

DCS-3628S 使用图 4-58 中的单链双向菊花链式堆叠,其堆叠口的带宽为4G。

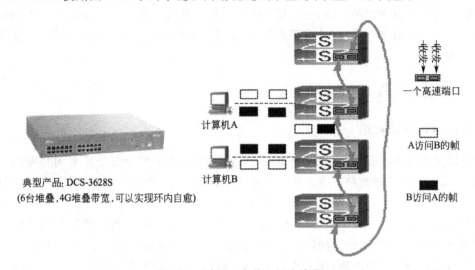

图 4-58　单链双向菊花链式堆叠

c. 双链菊花链式堆叠

使用两个高速端口实施菊花链式堆叠,形成双链菊花链式堆叠,由于占用更多的高速端口,可以选择实现环形的冗余,如图 4-59 所示。

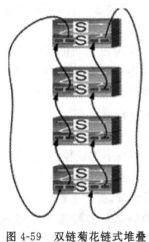

图 4-59　双链菊花链式堆叠

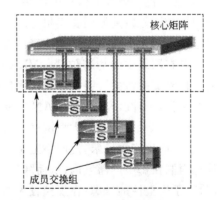

图 4-60　星型堆叠

(2)星型堆叠

星型堆叠技术是一种高级堆叠技术,对交换机而言,需要提供一个独立的或者集成的核心矩阵,也称为堆叠中心,所有的堆叠主机通过专用的高速堆叠端口连接到核心矩阵上。核心矩阵是一个基于 ASIC 的硬件交换单元,如图 4-60 所示。

星型堆叠技术使任何两个端节点之间的转发需要经过三次交换。与菊花链式结构相比，它可以显著地提高堆叠成员之间数据的转发速率，克服了菊花链式堆叠模式多层次转发时的高时延影响，但需要配置高带宽的核心矩阵，故成本较高。

堆叠技术是一种集中管理的端口扩展技术，没有国际标准且兼容性较差。但是，在需要大量端口的单节点局域网，堆叠可以提供比较优秀的转发性能和方便的管理特性。堆叠使用的场所就是需要端口数量很多，并且局限在某个区域内。一般来说，接入层设备使用堆叠技术较多。

交换机分类的方法多种多样，上文描述的是主要的几种方法。一款交换机在不同原则的分类方法下可以隶属多个类别，分类不是重点，重要是明白该款交换机的功能特性，适用于什么样的场合。

4.9 虚拟局域网（VLAN）

4.9.1 VLAN 的概述

随着以太网技术的普及，以太网的规模也越来越大，从小型的办公环境到大型的园区网络，网络管理变得越来越复杂。在采用共享介质的以太网中，所有节点位于同一冲突域中，同时也位于同一广播域中（广播域是一组相互接收广播帧的设备。例如，如果设备 A 发送的广播帧将被设备 B 和 C 接收，则这三台设备位于同一个广播域中）。为了解决共享式以太网的冲突域问题，采用了交换机来对网段进行逻辑划分，将冲突限制在某一个交换机端口。但是，交换机虽然能解决冲突域问题，却不能克服广播域问题，交换型网络仍然只包含一个广播域。在默认情况下，交换机将广播帧从所有端口转发出去，因此与同一台交换机相连的所有设备都位于同一个广播域中。广播不仅会浪费带宽，还会因过量的广播产生广播风暴。当交换网络规模增加时，网络广播风暴问题会更加严重，并可能因此导致网络瘫痪。

为降低广播帧带来的开销，控制广播传遍整个网络。我们可以用路由器控制广播。路由器运行在 OSI 模型的第 3 层，其每个接口属于一个不同的广播域。通过使用虚拟局域网（VLAN），交换机也能够提供多个广播域。

虚拟局域网是以局域网交换机为基础，通过交换机软件实现根据功能、部门、应用等因素将设备或用户组成虚拟工作组或逻辑网段的技术，其最大的特点是在组成逻辑网时无须考虑用户或设备在网络中的物理位置。VLAN 可以在一个交换机内或者跨交换机实现。VLAN 用于将连接到交换机的设备划分成逻辑广播域，防止广播影响其他设备。

总的来说，为什么要划分 VLAN 主要基于下面三点考虑。

（1）基于网络性能考虑：大型网络中有大量的广播信息，如果不加以控制，会使网络性能急剧下降，甚至产生广播风暴，使网络阻塞。因此需要采用 VLAN 将网络分割成多个广播域，将广播信息限制在每个广播域内，从而降低了整个网络的广播流量，提高了性能。

（2）基于安全性的考虑：在规模较大的网络系统内，各网络节点的数据需要相对保密。譬如公司的网络中，财务部门的数据不应该被其他部门的人员采集到，可以通过划分 VLAN 进行部门隔离，不同的部门使用不同的 VLAN，可以实现一定的安全性。

（3）基于组织结构考虑：同一部门的人员分布在不同的地域，需要数据的共享，则可以跨地域（跨交换机）将其设置在同一个 VLAN 中。

图 4-61 所示为一个关于 VLAN 划分的示例。本示例应用 VLAN 技术将位于不同物理

网段、连在不同交换机端口的节点纳入了同一 VLAN 中。经过这样的划分,位于同一物理网段的节点之间不一定能直接相互通信,如图中的主机 1 和主机 4 及主机 7;而位于不同物理网段,但属于同一 VLAN 中的节点却可以直接相互通信,如图中的主机 1、主机 2 和主机 3。

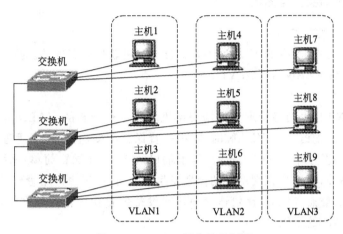

图 4-61　VLAN 划分的示例图

4.9.2　VLAN 的优点

采用 VLAN 后,在不增加设备投资的前提下,可在许多方面提高网络的性能,并简化网络管理。具体表现在以下几方面:

1. 提供了一种控制网络广播的方法

基于交换机组成的网络的优势在于可提供低时延、高吞吐量的传输性能,但其会将广播包发送到所有互联的交换机、所有的交换机端口、干线连接及用户,从而引起网络中广播流量的增加,甚至产生广播风暴。通过将交换机划分到不同的 VLAN 中,一个 VLAN 的广播不会影响到其他 VLAN 的性能。即使是同一交换机上的两个相邻端口,只要它们不在同一 VLAN 中,则相互之间也不会渗透广播流量。VLAN 越小,VLAN 中受广播活动影响的用户就越少。这种配置方式大大地减少了广播流量,提高了用户的可用带宽,弥补了网络易受广播风暴影响的弱点。

2. 提高了网络的安全性

VLAN 的数目及每个 VLAN 中的用户和主机是由网络管理员决定的。网络管理员通过将可以相互通信的网络节点放在一个 VLAN 内,或将受限制的应用和资源放在一个安全 VLAN 内,并提供基于应用类型、协议类型、访问权限等不同策略的访问控制表,就可以有效限制广播组或共享域的大小。

3. 简化了网络管理

一方面,可以不受网络用户的物理位置限制而根据用户需求设计逻辑网络,如同一项目或部门中的协作者,共享相同网络应用或软件的不同用户群。另一方面,由于 VLAN 可以在单独的交换设备或跨多个交换设备实现,因此也会大大减少在网络中增加、删除或移动用户时的管理开销。增加用户时只要将其所连接的交换机端口指定到它所属于的 VLAN 中即可;而在删除用户时只要将其 VLAN 配置撤销或删除即可;在用户移动时,只要他们还能连接到任何交换机的端口,则无须重新布线。

总之,VLAN 是交换式网络的灵魂,它不仅从逻辑上对网络用户和资源进行有效、灵活、简便的管理提供了手段,同时提供了极高的网络扩展性和移动性,是一种基于现有交换机设备的网络管理技术或方法,是提供给用户的一种服务。

4.9.3 VLAN 的实现与标识

1. VLAN 的实现方式

从实现的方式上看,所有的 VLAN 均是通过交换机软件来实现的。按实现的机制或策略分,VLAN 分为静态 VLAN 和动态 VLAN。

(1)静态 VLAN

在静态 VLAN 中,由网络管理员根据交换机端口进行静态的 VALN 分配。当在交换机上将其某一个端口分配给一个 VLAN 时,它将一直保持不变,直到网络管理员改变这种配置为止,因此又被称为基于端口的 VLAN。基于端口的 VLAN 配置简单,网络的可监控性强,但缺乏足够的灵活性,当用户在网络中的位置发生变化时,必须由网络管理员将交换机端口重新进行配置。因此,静态 VLAN 比较适合用户或设备位置相对稳定的网络环境。图 4-62 所示为一个静态 VLAN 的示例。

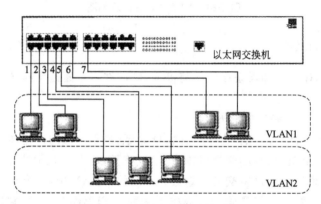

图 4-62   静态 VLAN 的示例

(2)动态 VLAN

动态 VLAN 是指交换机上以联网用户的 MAC 地址、逻辑地址(如 IP 地址)或数据包协议等信息为基础将交换机端口动态分配给 VLAN 的方式。当用户的主机连入交换机端口时,交换机通过检查 VLAN 管理数据库中相应的 MAC 地址、逻辑地址(如 IP 地址)或数据包协议的表项,以相应的数据库表项内容动态地配置相应的交换机端口。以基于 MAC 地址的动态 VLAN 为例,网络管理员可以通过指定具有哪些 MAC 地址的计算机属于哪一个 VLAN 进行配置(例如 MAC 地址为 00-30-80-7C-F1-21、52-54-4C-19-3D-03 和 00-50-BA-27-5D-A1 的计算机属于 VLAN1),不管这些计算机连接到哪个交换机的端口。这样,如果计算机从一个位置移动到另一个位置,连接的端口从一个换到另一个,只要计算机的 MAC 地址不变,它仍将属于原 VLAN 的成员,无须网络管理员对交换机软件进行重新配置。这种 VLAN 划分方法,对于小型园区网的管理是很好的,但当园区网的规模扩大后,网络管理员的工作量也将变得很大。因为在新的节点加入网络中时,必须要为他们分配 VLAN 以正常工作,而统计每台机器的 MAC 地址将耗费管理员很多时间。因此在现代园区网络的实施中,这种基于 MAC 地址的 VLAN 划分办法慢慢已经被人们淡忘了。

2. VLAN 的标识

在交换式以太网中引入 VLAN 后,不仅在同一台交换机上可存在多个 VLAN,同一个 VLAN 还可以跨越多个交换机。即从交换机到交换机的每条连接上都可能传输着来自多个 VLAN 的不同数据,从而需要提供一种机制帮助交换机来识别来自不同 VLAN 的数据,以进行正确的转发。但是,传统的以太网帧并没有提供这种机制,因为那时还没有 VLAN 技术。为此,人们引入了 VLAN 的帧标记方法。在第二层帧中加入 VLAN 标识符有两种方法: IEEE 802.1Q 和 Cisco 专有的 ISL 打标记方法。

(1)IEEE 802.1Q

图 4-63 所示为 IEEE 80.1Q 的帧格式,它相当于在标准的以太网帧的基础上添加 4 个字节,包括两个字节的标记协议标志符(TPID)和两个字节的标签控制信息段(TCI)。

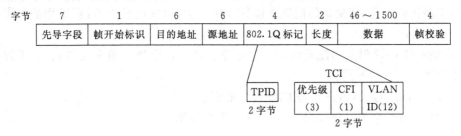

图 4-63　IEEE 802.1Q 的帧格式

标记协议标志符(TPID)字段:长度为 2 个字节,取值为 8100(十六进制),表示该帧是带有 802.1Q 标记信息的帧。

标签控制信息(TCI)字段:共 2 个字节,包括 3 个比特用户优先级(user priority)、1 个比特规范格式标识(Canonical Format Indicator,CFI)和 12 个比特 VLAN 标记。其中,用户优先级用于定义数据帧的优先级;规范格式标识(CFI)用于指示以太网网络和令牌环网络之间的转发,CFI 在以太网交换机中总被设置为 0,若一个以太网端口接收的帧所具有的 CFI 值为 1,则表示不对该帧进行转发;12 个比特的 VLAN 标记用于标识属于不同 VLAN 的帧。

(2)ISL

交换机间链路(ISL)完成的任务与 802.1Q 相同,但使用的帧格式不同。图 4-64 所示为 ISL 封装格式。交换机将数据帧发送出去之前,ISL 中继端口使用一个 26 字节的 ISL 报头和一个 4 字节的 CRC 对其进行封装。由于 ISL 技术是在 ASIC 中实现的,因此对帧进行标记带来的延迟很低。ISL 报头用 10 个比特标识 VLAN,最多可标识 1024 个不同的 VLAN。交换机实际可支持的 VLAN 数取决于其硬件。

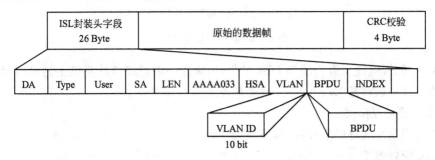

图 4-64　ISL 封装

ISL 可用于交换机、路由器和网络接口卡(用于诸如服务器等节点)之间的连接上。要支持 ISL 特性,必须在相连的设备上配置 ISL。配置 ISL 后,路由器能够支持 VLAN 之间的通信:非 ISL 设备收到以 ISL 方式封装的以太网帧后,将认为发生了协议错误,因为它们不能识别这样的帧格式和帧长。

4.9.4　交换机配置基础

交换机作为现代局域网的主要网络设备,为了更充分的发挥交换机的转发效率优势,在网络中实施交换机时,往往需要针对网络环境需求对交换机的端口和其他应用技术进行调整和配置。本节将以神州数码 DCS-3000 系列交换机为例简单介绍交换机的配置方式。

1. 配置线缆的选择和连接

相对于路由器来说,交换机的配置线缆种类比较少,通用性较强,目前常用的配置线缆有以下几种,如图 4-65 所示。

(1)两端都是 DB9 母头的配置线缆。这也是目前各厂商使用最多的方式,只不过每个厂商的线缆的线序会有所不同。

(2)一端是 DB9 母头,另一端是 DB9 公头的配置线缆。

(3)一端是 DB9 母头,另一端是 RJ-45 头的配置线缆。

(a) 两端都是DB9母头的配置线缆　　　　　　　(b) 一端是DB9母头,另一端是DB9公头的配置线缆

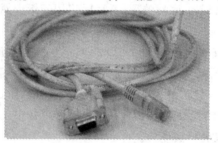

(c) 一端是DB9母头,另一端是RJ-45头的配置线缆

图 4-65　常用的配置线缆

一般来说,配置线缆总有一端是 DB9 母头,因为这一端正好与计算机上的串口相连接,而计算机上的串口一般都是 DB9 公头。连接方法如图 4-66 所示。

2. 交换机的配置模式

交换机的配置模式有以下几种,如图 4-67 所示。

(1)setup 配置模式

一般在交换机第一次启动的时候进入 setup 配置模式,并不是所有的交换机都支持 setup

配置模式。

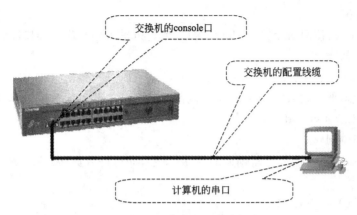

图 4-66　PC 与交换机的连接示意图

setup 配置大多是以菜单的形式出现的,在 setup 配置模式中可以做一些交换机最基本的配置,譬如修改交换机提示符、配置交换机 IP 地址、启动 Web 服务等。

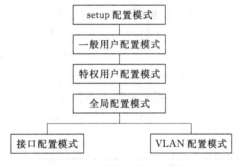

图 4-67　交换机的配置模式

（2）一般用户配置模式

用户进入 CLI(Command Line Interface)界面,首先进入的就是一般用户配置模式,提示符为"Switch＞",当用户从特权用户配置模式使用命令"exit"退出时,可以回到一般用户配置模式。

在一般用户配置模式下有很多限制,用户不能对交换机进行任何配置,只能查询交换机时钟和交换机的版本信息。

所有的交换机都支持一般用户配置模式。

（3）特权用户配置模式

在一般用户配置模式使用"Enable"命令,如果已经配置了进入特权用户的口令,则输入相应的特权用户口令,即可进入特权用户配置模式"Switch#"。当用户从全局配置模式使用"exit"退出时,也可以回到特权用户配置模式。另外交换机提供"Ctrl＋z"的快捷键,使得交换在任何配置模式(一般用户配置模式除外),都可以退回到特权用户配置模式。

在特权用户配置模式下,用户可以查询交换机配置信息、各个端口的连接情况、收发数据统计等。而且进入特权用户配置模式后,可以进入到全局模式对交换机的各项配置进行修改,因此进行特权用户配置模式必须要设置特权用户口令,防止非特权用户的非法使用,对交换机配置进行恶意修改,造成不必要的损失。

所有的交换机都支持特权用户配置模式。

（4）全局配置模式

进入特权用户配置模式后,只需使用命令"Configure terminal",即可进入全局配置模式"Switch(Config)#"。当用户在其他配置模式,如接口配置模式、VLAN 配置模式时,可以使用命令"exit"退回到全局配置模式。

在全局配置模式,用户可以对交换机进行全局性的配置,如对 MAC 地址表、端口镜像,创建 VLAN,启动 IGMP Snooping、STP 等。用户在全局配置模式还可通过命令进入到端口,对各个端口进行配置。

（5）接口配置模式

在全局配置模式，使用命令"Interface"端口，就可以进入到相应的接口配置模式。

（6）VLAN 配置模式

在全局配置模式，使用命令"VLAN(vlan-id)＞"就可以进入到相应的 VLAN 配置模式。在 DCS-3726S 交换机需要先输入"vlan database"的命令才可以进入 VLAN 配置模式。如下所示：

Console(config)♯vlan database

Console(config-vlan)♯

在 DCS-3926s 中需要输入所需创建的 VLAN 号，即可进入此 VLAN 的配置模式。如下所示：

Switch(Config)♯vlan 100

Switch(Config-Vlan100)♯

在 VLAN 配置模式，用户可以配置本 VLAN 的成员以及各种属性。

3. 配置技巧

（1）支持快捷键

交换机为方便用户的配置，特别提供了多个快捷键，如上、下、左、右键及删除键、Back-Space 等。如果超级终端不支持上下光标键的识别，可以使用 Ctrl＋P 和 Ctrl＋N 来替代。

（2）帮助功能

交换机为用户提供了两种方式获取帮助信息，其中一种方式为使用"help"命令，另一种为"?"方式。两种方式的使用方法和功能见表 4-5。

表 4-5　交换机的帮助功能和信息

帮　助	使用方法及功能
help	在任一命令模式下，输入"help"命令均可获取有关帮助系统的简单描述
?	1. 在任一命令模式下，输入"?"获取该命令模式下的所有命令及其简单描述。 2. 在命令的关键字后，输入以空格分隔的"?"，若该位置是参数，会输出该参数类型、范围等描述；若该位置是关键字，则列出关键字的集合及其简单描述；若输出"＜cr＞"，则此命令已输入完整，在该处键入回车即可。 3. 在字符串后紧接着输入"?"，会列出以该字符串开头的所有命令

（3）对输入的检查

通过键盘输入的所有命令都要经过 Shell 程序的语法检查。当用户正确输入相应模式下的命令后，且命令执行成功，不会显示信息。如输入不正确，则返回一些出错的信息。

（4）命令简写

在输入一个命令时可以只输入各个命令字符串的前面部分，只要长到系统能够与其他命令关键字区分就可以。或在敲入一个命令字符串的部分字符后键入 Tab 键，系统就会自动显示该命令的剩余字符串，形成一个完整的命令。

（5）否定命令的作用

对于许多配置命令，你可以输入前缀"no"来取消一个命令的作用或者是将配置重新设置为默认值。

4. 交换机设置 IP 地址

为能够对交换机进行远程的管理和配置（如 Telnet 或 HTTP），必须先给交换机定义一个合法的 IP 地址。

在大部分的二层交换机上,只有一个 VLAN 接口可以分配 IP 地址(默认为 VLAN1)。定义 IP 地址后,该 VLAN 即作为管理 VLAN,用户只能通过管理 VLAN 接入交换机进行管理。如果给其他的 VLAN 接口分配 IP 地址,新的 IP 地址会覆盖掉原来的 IP 地址,然后该 VLAN 作为新的管理 VLAN。

在手动设定交换机 IP 地址时,需要指定以下信息:交换机的 IP 地址、交换机的子网掩码、交换机的网关。

为给 CLI 配置方式下的交换机分配 IP 地址,按照如下步骤操作。

(1)在"Switch♯"提示符下输入"configure terminal"。进入全局配置模式。

(2)在全局配置模式的"Switch(Config)♯"提示符下输入"interface vlan 1",回车。

(3)输入"IP address(ip-address)＜netmask＞",其中,"ip-address"为给交换机指定的 IP 地址,"netmask"为交换机 IP 地址的子网掩码。回车。

(4)输入"exit",回车,退出全局配置模式,回到"Switch(Config)♯"。

(5)输入"IP default-gateway default-gateway",其中"default-gateway"为给交换机指定的网关。

例如在 DCS-3926S 中配置交换机的管理 IP 地址,如下所示:

Switch(Config)♯interface vlan 1

Switch(Config-If-Vlan1)♯ip address 192.168.1.1 255.255.255.0

Switch(Config-If-Vlan1)♯no shut

Switch(Config-If-Vlan1)♯exit

5. 交换机基本配置方法

用户购买到交换机设备后,需要对交换机进行配置,从而实现对网络的管理。交换机为用户提供了两种管理方式:带外管理和带内管理。带外管理是指管理和配置的数据流量不占用交换机的流量带宽;而带内管理的时候流量需要占用交换机的带宽。

(1)带外管理

带外管理(out-band management)指用户通过 Console 口对交换机进行配置管理。通常用户会在首次配置交换机或者无法进行带内管理时使用带外管理方式。

带外管理方式也是使用频率最高的管理方式。带外管理的时候,我们可以采用 Windows 操作系统自带的超级终端程序来连接交换机,当然,用户也可以采用自己熟悉的终端程序。具体过程在 4.9.5 节的实践中给大家作详细介绍。

(2)带内管理

所谓带内管理(in-band management),即通过 Telnet 程序登录到交换机;或者通过 HTTP 协议访问交换机;或者通过厂商配备的网管软件对交换机进行配置管理。

提供带内管理方式可以使连接在交换机中的某些设备具备管理交换机的功能。当交换机的配置出现变更,导致带内管理失效时,必须使用带外管理对交换机进行配置管理。

a. 通过 Telnet 方式管理交换机

通过 Telnet 方式管理交换机要具备的条件包括:

(a)交换机配置管理 VLAN IP 地址。

(b)作为 Telnet 客户端的主机 IP 地址与其所管交换机的管理 VLAN 的 IP 地址在相同网段。

(c)若不满足上一条,则 Telnet 客户端可以通过路由器等设备到达交换机管理 VLAN 的 IP 地址。

在默认情况下,管理 VLAN 为 Default VLAN,也就是 VLAN1。因此交换机在没有任何 VLAN 设置时,Telnet 客户端与交换机的任何一个端口连接均可 Telnet 到交换机。如图 4-68 所示。

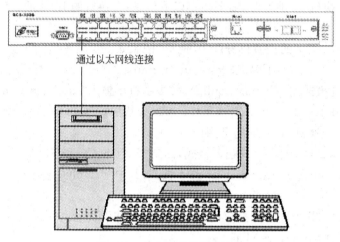

通过以太网线连接

图 4-68 带内管理的物理连接

主机 Telnet 到交换机的步骤为:

(a)交换机设置 IP 地址。

(b)交换机设置授权的 Telnet 用户

如果没有配置授权用户,任何 Telnet 用户都无法进入交换机的 CLI 配置界面。因此在允许 Telnet 方式配置管理交换机时,必须在 CLI 的全局配置模式下进行配置,与设置交换机 IP 地址同理,不同厂商的交换机配置命令会有所不同。有些交换机在出厂设置的时候,已经存在一个管理用户"admin",这个用户有时也可以作为 Telnet 的用户。

(c)配置主机的 IP 地址,要与交换机的 IP 地址在同一个网段。如交换机的 IP 地址为 192.168.1.1,则可以设置主机的 IP 地址为 192.168.1.2。如图 4-69 所示,在主机上执行"ping 192.168.1.1"命令,显示 ping 通;若 ping 不通,则需要再检查原因。

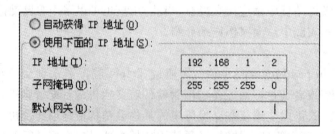

图 4-69 主机 IP 地址配置

(d)运行 Windows 自带的 Telnet 客户程序,并且指定 Telnet 的目的地址,如图 4-70 所示。

(e)登录到 Telnet 的配置界面,需要输入正确的登录名和口令,否则交换机将拒绝该 Telnet 访问。该项措施是为了保护交换机免受非授权用户的非法操作。在 Telnet 配置界面上输入正确的登录名和口令,Telnet 用户就可成功地进入到交换机的 CLI 配置界面,如图 4-71 所示。

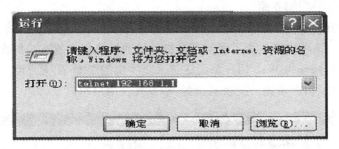

图 4-70　Telnet 方式

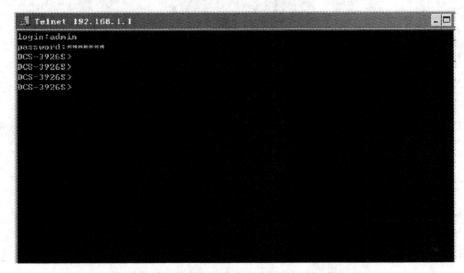

图 4-71　Telnet 用户成功进入交换机的 CLI 配置界面

b. 通过 HTTP 管理交换机

通过 HTTP 管理交换机要具备的条件如下：

(a)交换机支持 HTTP 方式。有很多交换机并不具备 Web 管理的界面,因此不支持 HT-TP 管理,用户在使用这种方式之前,需要在产品手册中了解是否支持。

(b)交换机配置管理 VLAN IP 地址。

(c)作为 HTTP 客户端的主机 IP 地址与其所管交换机的管理 VLAN 的 IP 地址在相同网段。

(d)若不满足上一条,则 HTTP 客户端可以通过路由器等设备到达交换机管理 VLAN 的 IP 地址。

与 Telnet 用户登录交换机类似,只要主机能够 ping 通交换机的 IP 地址,并且能输入正确的登录口令,该主机就可通过 HTTP 访问交换机。

步骤如下：

(a)启动交换机 Web 服务

在交换机中配置模式下启动 Web 服务,或者在交换机的全局配置模式下使用命令 ip http server 启动 HTTP 协议。

(b)执行 Windows 的 HTTP 协议。

用户在主机上执行 Windows 的 HTTP 协议,也可以打开浏览器,在地址处输入交换机的 IP 地址,比如交换机的 IP 地址为“192.168.1.1”。

（c）登录至 Web 的配置界面

登录到 Web 的配置界面，需要输入正确的登录名和口令，否则交换机将拒绝该 HTTP 访问，如图 4-72 所示。该项措施是为了保护交换机免受非授权用户的非法操作。若交换机没有设置授权 Web 用户，则任何 Web 用户都无法进入交换机的 Web 配置界面。因此在允许 Web 方式配置管理交换机时，必须先为交换机设置 Web 授权用户和口令。

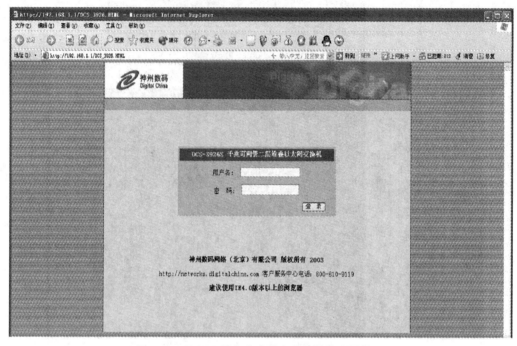

图 4-72　HTTP 用户成功进入交换机的配置界面

（d）输入正确的用户名和密码，点击登陆，进入到交换机的 Web 配置界面。

4.9.5　实践：以太网交换机和 VLAN 配置

对以太网交换机进行配置可以有多种方法，其中使用终端控制台查看和修改交换机的配置是最基本、最常用的一种。不同厂家的以太网交换机，其配置方法和配置命令有很大的差异。本实践中，我们以思科 1912 系列交换机为例。Catalyst 1912-12 Switch 为 12 口 10/100 Mbit/s 二层可管理交换机。

1. 终端控制台的连接和配置

使用自带的配置线将交换机背面的 RJ-45 console port 与计算机的通信口（如 COM1 或 COM2）相连，接好电源。启动计算机上的超级终端，设置端口，如图 4-73 所示。

进入超级终端，传回交换机信息，进入特权用户管理的控制台状态（enable 或 en，输入口令），结果显示如图 4-74 所示。

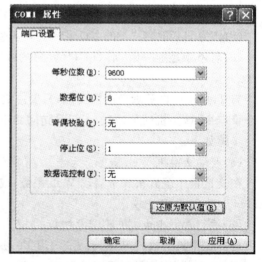

图 4-73　设置超级终端的串行口

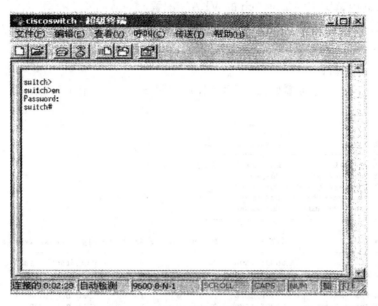

图 4-74　交换机控制台管理状态

2. Catalyst 1912-12 Switch 的常见命令

使用"show?"可以显示 show 之后的参数,如图 4-75 所示。

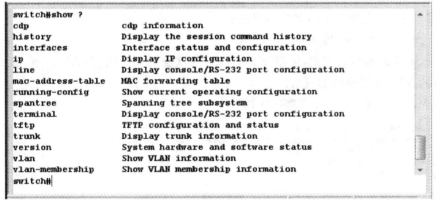

图 4-75　show 命令的有关参数

show mac-address-table:显示交换机端口接口的 MAC 地址表。

show history:列出最近使用过的命令。

show version:显示系统硬件信息、软件版本、配置文件名和引导映象等。

show running-config:显示交换机活动的配置文件,包括密码、系统名、接口、控制端口和辅助端口的设置等。

show interfaces:显示交换机所有接口配置统计情况。交换机主干和线端口都被当作接口,输出结果依赖于网络上接口的配置方式。通常使用带有 type 和 slot/number 选项的命令,其中 type 为以太网(Ethernet,即 E)或快速以太网(Fast Ethernet,即 F),slot/number 为选中接口的插槽(Cisco 1912 为 0)和端口号(如 0~24)。如"interface e0/1"。

show ip:显示交换机当前的 IP 配置。

3. Cisco Catalyst 1912-12 Switch 的 VLAN 配置

将 Cisco Catalyst 1912-12 Switch 端口 1、3、5 划分到 vlan20，将连接交换机 2 的端口 f0/26 配置为 trunk，允许多个 VLAN 通过。

(1)查看 VLAN 配置

使用"show vlan"命令查看原默认 VLAN 配置情况，结果如图 4-76 所示。

```
switch#show vlan

VLAN Name             Status       Ports
----------------------------------------------------
1    default          Enabled      1-12, AUI, A, B
1002 fddi-default     Suspended
1003 token-ring-defau Suspended
1004 fddinet-default  Suspended
1005 trnet-default    Suspended
----------------------------------------------------


VLAN Type    SAID   MTU  Parent RingNo BridgeNo Stp  Trans1 Trans2
----------------------------------------------------------------------
1    Ethernet        100001 1500  0      0      0        Unkn 1002   1003
1002 FDDI            101002 1500  0      0      0        Unkn 1      1003
1003 Token-Ring      101003 1500  1005   1      0        Unkn 1      1002
1004 FDDI-Net        101004 1500  0      0      1        IEEE 0      0
1005 Token-Ring-Net  101005 1500  0      0      1        IEEE 0      0
----------------------------------------------------------------------
```

图 4-76　查看原默认 VLAN 配置情况

(2)添加 VLAN

添加编号为 20，名字为 two 的虚拟网络：

switch(config)♯ vlan 20 name two

使用"exit"退出至特权模式，使用"show vlan"再次查看交换机 VLAN 配置，如图 4-77 所示，确认新的 VLAN 已经添加成功。

(3)为 VLAN 分配端口(建立静态 VLAN)

```
switch#configure terminal
Enter configuration commands, one per line.  End with CNTL/Z.
switch(config)#vlan 20 name two
switch(config)#exit
switch#show vlan

VLAN Name             Status       Ports
----------------------------------------------------
1    default          Enabled      1-12, AUI, A, B
20   two              Enabled
1002 fddi-default     Suspended
1003 token-ring-defau Suspended
1004 fddinet-default  Suspended
1005 trnet-default    Suspended
----------------------------------------------------


VLAN Type    SAID   MTU  Parent RingNo BridgeNo Stp  Trans1 Trans2
----------------------------------------------------------------------
1    Ethernet        100001 1500  0      0      0        Unkn 1002   1003
20   Ethernet        100020 1500  0      1      1        Unkn 0      0
1002 FDDI            101002 1500  0      0      0        Unkn 1      1003
1003 Token-Ring      101003 1500  1005   1      0        Unkn 1      1002
1004 FDDI-Net        101004 1500  0      0      1        IEEE 0      0
1005 Token-Ring-Net  101005 1500  0      0      1        IEEE 0      0
----------------------------------------------------------------------
```

图 4-77　添加 VLAN

步骤 1：进入配置终端模式。

switch ♯ configure terminal

步骤 2：配置 1 号端口。

switch(config) ♯ interface e0/1

步骤 3：将端口 1 分配给 VLAN20。

switch(config-if) ♯ vlan-membership static 20

重复步骤 2~3，添加端口 3 和 5。

步骤 4：退出至特权模式。

switch(config-if) ♯ end

步骤 5：显示配置后的结果。

switch ♯ show vlan

结果如图 4-78 所示。

```
switch(config-if)#end
switch#show vlan

VLAN Name          Status      Ports
-------------------------------------------------
1    default       Enabled     2, 4,6-12, AUI, A, B
20   two           Enabled     1, 3, 5
1002 fddi-default  Suspended
1003 token-ring-defau Suspended
1004 fddinet-default Suspended
1005 trnet-default Suspended
-------------------------------------------------


VLAN Type       SAID    MTU   Parent RingNo BridgeNo Stp  Trans1 Trans2
-----------------------------------------------------------------------
1    Ethernet   100001 1500   0      0      0        Unkn 1002   1003
20   Ethernet   100020 1500   0      1      1        Unkn 0      0
1002 FDDI       101002 1500   0      0      0        Unkn 1      1003
1003 Token-Ring 101003 1500   1005   1      0        Unkn 1      1002
1004 FDDI-Net   101004 1500   0      0      1        IEEE 0      0
1005 Token-Ring-Net 101005 1500 0    0      1        IEEE 0      0
-----------------------------------------------------------------------
```

图 4-78　VLAN20 分配端口 1、3、5 端口后的结果

(4)将 f0/26 设置为 trunk

步骤 1：进入配置终端模式。

switch ♯ configure terminal

步骤 2：配置 26 号端口。

switch(config) ♯ inter f0/26

步骤 3：将端口 26 设置为 trunk。

switch(config-if) ♯ trunk on

步骤 4：退出至特权模式。

switch(config-if) ♯ end

步骤 5：查看 trunk 状态，如图 4-79 所示。

switch ♯ show trunk A

(5)删除 VLAN

当某个 VLAN 不必存在时，可以将该 VLAN 删除。其步骤如下。

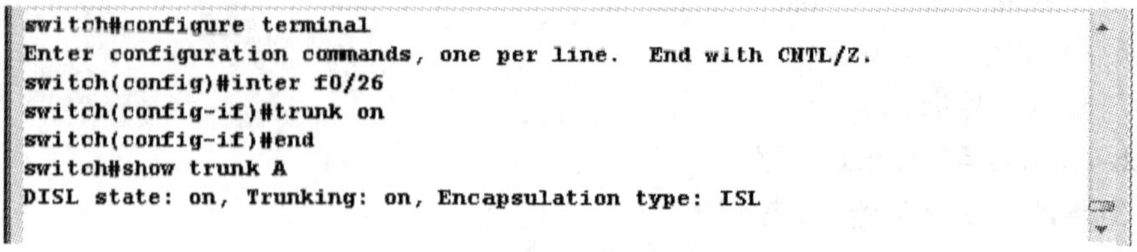

```
switch#configure terminal
Enter configuration commands, one per line.  End with CNTL/Z.
switch(config)#inter f0/26
switch(config-if)#trunk on
switch(config-if)#end
switch#show trunk A
DISL state: on, Trunking: on, Encapsulation type: ISL
```

图 4-79　trunk 配置后的结果

步骤 1：进入全局配置模式。

switch♯configure terminal

步骤 2：将 VLAN20 从数据库中删除。

switch(config)♯no vlan 20

步骤 3：退出至特权模式。

switch(config)♯ exit

删除后再用"show vlan"显示其结果。

4.10　无线局域网

顾名思义,无线局域网(Wireless Local Area Network,WLAN)是指采用无线传输介质的局域网。尽管无线局域网的概念很早就已经提出来,但在近几年才真正进入了实用阶段。本节中将从无线局域网标准、组网设备及网络拓扑等方面对无线局域网进行简单的介绍。

4.10.1　无线局域网技术与标准

前面所介绍的几类局域网技术都是基于有线传输介质实现的。但是,有线网络在某些环境中存在明显的限制,例如在具有复杂周围环境的制造业工厂、货物仓库内,在机场、车站、码头、股票交易场所等一些用户频繁移动的公共场所,在缺少网络电缆而又不能打洞布线的历史建筑物内,在一些受自然条件影响而无法实施布线的环境,在一些需要临时增设网络结点的场合如体育比赛场地、展示会等。而无线局域网则恰好能在这些场合解决有线局域网所存在的困难。

目前,支持无线局域网的技术标准主要有蓝牙(Bluetooth)技术、HomeRF 技术及 IEEE 802.11 系列。

1. 蓝牙技术

蓝牙技术是一种支持设备短距离通信(一般是 10 m 之内)的无线电技术,能在包括移动电话、PDA、无线耳机、笔记本电脑、相关外设等众多设备之间进行无线信息交换。蓝牙的标准是 IEEE 802.15,工作在全球通用的 2.4 GHz ISM 频段,带宽为 1 Mbit/s。ISM 频段是对所有无线电系统都开放、免付费、免申请的频段,所以无论身在何处,利用蓝牙无线通信的设备不需要考虑频率受限的问题。它采用高速跳频(Frequency Hopping,FH)技术和时分多址(Time Division Multiple Access,TDMA)技术,可在近距离内以非常廉价的成本将一些数字化设备(各种移动设备、固定通信设备、计算机及其终端设备、数字照相机、数字摄像机等,甚至各种家用电器、自动化设备)呈网状链接起来。

2. HomeRF 标准

HomeRF 无线标准是由 HomeRF 工作组开发的,旨在家庭范围内,使计算机与其他电子设备之间实现无线通信的开放性工业标准。

HomeRF 是 IEEE 802.11 与语音通信标准 DECT(Digital Enhanced Cordless Telephony)的结合,使用这种技术能降低语音数据成本。使用开放的 2.4 GHz 频段。采用跳频扩频(FHSS)技术,跳频速率为 50 跳/s,共有 75 个带宽为 1 MHz 的跳频信道,室内覆盖范围为 45 m。调制方式为恒定包络的 FSK 调制,分为 2FSK 与 4FSK 两种,采用跳频调制可以有效地抑制无线环境下的干扰和衰落。2FSK 方式下,最大数据传输速率为 1 Mbit/s;4FSK 方式下,速率可达 2 Mbit/s。在新的 HomeRF 2.x 标准中,采用了 WBFH(Wide Band Frequency Hopping,宽带跳频)技术来增加跳频带宽,由原来的 1 MHz 跳频信道增加到 3 MHz、5 MHz,跳频的速率也增加到 75 跳/s,数据传输速率的峰值达到 10 Mbit/s。

HomeRF 标准的主要特点:

(1)HomeRF 提供了对流媒体(stream media)真正意义上的支持。由于流媒体规定了高级别的优先权并采用了带有优先权的重发机制,这样就确保了实时播放流媒体所需的带宽、低干扰、低误码。

(2)HomeRF 把共享无线接入协议(SWAP)作为未来家庭联网的技术指标。基于该协议的网络是对等网,因此该协议主要针对家庭无线局域网。其数据通信采用简化的 IEEE 802.11 协议标准,沿用类似于以太网技术中的冲突检测的载波监听多址技术(CSMA/CD)和避免冲突的载波监听多址技术(CSMA/CA)。语音通信采用 DECT(Digital Enhanced Cordless Telephony)标准,使用 TDMA 时分多址技术。

(3)不过 HomeRF 技术标准没有公开,仅获得了数十家公司的支持,并且在抗干扰能力等方面与其他技术标准相比也存在不少欠缺。与此同时,作为 HomeRF 技术劲敌的 Wi-Fi 技术不仅在商用与家庭无线联网市场双管齐下,而且在技术标准升级演化、普及程度和产品价格方面,都开始领先于 HomeRF,尤其是芯片制造巨头英特尔公司决定在其面向家庭无线网络市场的 AnyPoint 产品系列中增加对 802.11b 标准的支持后,HomeRF 的失败几乎已成定局。

3. IEEE 802.11 标准系列

IEEE 802.11 是由 IEEE 802 委员会制订的无线局域网系列标准,在 1997 年,IEEE 发布了 802.11 协议,这也是在无线局域网(WLAN)领域内的第一个国际上被广泛认可的协议。随后,802.11a、802.11b、802.11d 标准相继完成。目前,正在制订的一系列标准有 802.11e、802.11f、802.11g、802.11h、802.11i 等,推动着 WLAN 走向安全、高速、互联。

(1)IEEE 802.11 标准

IEEE 802.11 是 IEEE 最初制定的一个无线局域网标准,工作在 2.4 GHz 频带上,传输速率为 1~2 Mbit/s,主要用于解决办公室局域网和校园网中用户与用户终端的无线接入,业务主要限于数据存取。目前,3Com 等公司都有基于该标准的无线网卡。

IEEE 802.11 标准定义了物理层和介质访问控制 MAC 协议规范。物理层定义了数据传输的信号特征和调制方法,定义了两个射频(Radio Frequency,RF)传输方法和一个红外线传输方法。RF 传输标准是直接序列扩频和跳频扩频。由于无线网络中冲突检测较困难,故 MAC 层采用冲突避免(Collision Avoid,CA)协议,即以 CSMA/CA(载波监听多路访问/冲突避免)的方式共享无线介质。CSMA/CA 通信方式将时间域的划分与帧格式紧密联系起来,保证某一时刻只有一个站点发送,实现了网络的集中控制。CSMA/CA 通过能量检测、载波检测和能量载波混合检测三种方法来检测信道的空闲状态。

由于 802.11 的传输速率低,传输距离有限(100 m 范围内),不能满足快速、远距离通信的应用需要。为此,IEEE 小组又相继推出了 802.11b 和 802.11a 两个新标准。三者之间主要差别在于 MAC 子层和物理层。

(2)IEEE 802.11b 标准

IEEE 802.11b 标准采用 2.4 GHz 频带和补偿编码键控(Complementary Code Keying,CCK)调制方式,物理层支持 5.5 Mbit/s 和 11 Mbit/s 两个速率,可以传输数据和图像。在环境变化时,速率可在 11 Mbit/s、5.5 Mbit/s、2 Mbit/s 和 1 Mbit/s 之间切换,且在 2 Mbit/s、1 Mbit/s 速率时与 802.11 兼容。

(3)IEEE 802.11a 标准

IEEE 802.11a 扩充了标准的物理层,工作在 5 GHz 频带上,采用四相频移键控(Quadrature Frequency Shift Keying,QFSK)调制方式,物理层速率为 6~54 Mbit/s,传输层可达 25 Mbit/s。采用正交频分复用(Orthogonal Frequency Division Multiplex,OFDM)的独特扩频技术,可提供 25 Mbit/s 的无线 ATM 接口和 10 Mbit/s 的以太无线帧结构接口,支持语音、数据、图像业务;一个扇区可接入多个用户,每个用户又可带多个用户终端。

4.10.2 无线局域网的组网

1. 组网设备

无线局域网组网的主要设备包括无线网卡(wireless LAN card)、无线接入点(Access-Point,AP)、天线(antenna)、计算机和有关设备等。

(1)无线网卡

无线网卡是无线局域网的重要组成部分。其作用相当于有线网卡在有线局域网中的作用。目前常见的无线网卡规格有 11 Mbit/s、54 Mbit/s 和 108 Mbit/s 等几种。

(2)无线接入点

无线接入点(AP),也称为无线访问接入点。作为有线网络和无线网络之间的连接设备,相当于有线网络中的集线器。通常一个 AP 能够在几十米至上百米的范围内同时支持 20~30 台计算机接入网络。无线接入点有许多种形式,如 AP、AP Bridge(无线网桥)、AP Router(无线路由)等。

无线网桥主要用于无线或有线局域网之间的互联。当两个局域网无法实现有线连接或使用有线连接存在困难时,就可以使用无线网桥实现点对点的连接,在这里无线网桥起到了协议转换的作用。

无线路由器则集成了无线 AP 的接入功能和路由器的第三层路径选择功能。

(3)天线

天线的功能是将信号源的网络信号传送出去。天线一般有定向性与全向性之分,前者较适合于长距离使用,而后者则较适合区域性应用。例如,若要将在第一栋楼内无线网络的范围扩展到 1 公里甚至数公里以外的第二栋楼,其中的一个方法就是在每栋楼上安装一个定向天线,天线的方向互相对准,第一栋楼的天线经过网桥连到有线网络上,第二栋楼的天线接在第二栋楼的网桥上,如此无线网络即可接通相距较远的两个或多个建筑物。

2. 组网方式

将以上几种无线局域网设备结合在一起使用,就可以组建出多层次、无线与有线并存的计算机网络。一般来说,无线局域网有两种组网模式,即对等(Ad-Hoc)模式和基础结构(infra-structure)模式。

（1）对等网络

对等网络是最简单的无线局域网结构，如图 4-80 所示。一个对等网络由一组有无线网络接口的计算机组成，这些计算机要有相同的工作组名、SSID 和密码（如果适用的话）。任何时间，只要两个或更多的无线网络接口互相都在彼此的范围之内，它们就可以建立一个独立的网络。对等网络配置简单，可以实现点对点与点对多点连接，但是这种方式不能连接外部网络，因此适用于用户数相对较少的小规模网络。

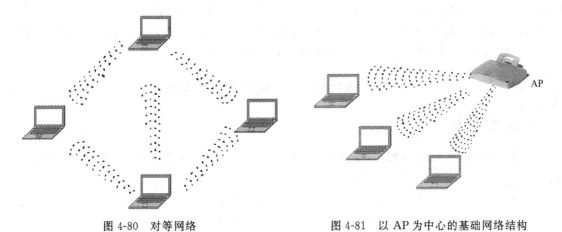

图 4-80　对等网络　　　　　　　　　图 4-81　以 AP 为中心的基础网络结构

（2）基础结构网络

由于对等模式在功能上的局限性，当具有一定数量用户或是需要建立一个稳定的无线网络平台时，一般会采用以 AP 为中心的模式，将有限的"信息点"扩展为"信息区"，这种模式也是无线局域网最为普通的构建模式，即基础结构模式。在基础结构网络中，要求有一个无线中继站充当中心站，所有站点对网络的访问均由其控制，如图 4-81 所示。

由于每个站点只需在中心站覆盖范围之内就可与其他站点通信，故网络中的地点布局受环境限制较小。通过无线接入访问点、无线网桥等无线中继设备还可以把无线局域网与有线网连接起来，并允许用户有效地共享网络资源，如图 4-82 所示。中继站不仅仅用来与有线网络进行通信，也为网上邻居解决了无线网络拥挤的状况。复合中继站能够有效扩大无线网络的覆盖范围，实现漫游功能。有中心网络拓扑结构的弱点是抗毁性差，中心站点的故障容易导致整个网络瘫痪，并且增加了网络成本。在实际应用中，无线局域网往往与有线主干网络结合

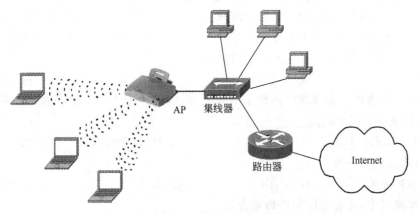

图 4-82　无线与有线结合的实例

起来使用。这时,中心站点充当无线局域网与有线主干网的转接器。

总之,随着 IEEE 802.11 标准的制定以及无线应用需求的快速增加,无线局域网在近年来得到了快速的发展和应用。通过无线局域网既可以进行数据的双向传送,也可以进行声音、图像等多媒体信息的双向传送。为了保证无线局域网数据传输的安全性,通常要在传输及发射前,对数据进行一定形式的加密。这样在接收端必须要采用相应的解密措施。

虽然无线网络有诸多优势,但与有线网络相比,无线局域网也存在一些不足,如网络速率较慢,价格较高,数据传输的安全性有待进一步提高等。因此,无线局域网目前主要还是面向那些有特定需求的用户,作为对有线网络的一种补充。但也应该看到,随着无线局域网性能价格比的不断提高,无线网络将会在未来发挥更加重要和广泛的作用。

━━━━━ 习　　题 ━━━━━

一、单项选择题

1. 在共享式的网络环境中,由于公共传输介质为多个节点所共享,因此有可能出现_____。

  A. 拥塞   B. 泄密   C. 冲突   D. 交换

2. 在令牌环网和 FDDI 中,令牌被用于控制节点对共享环的_____。

  A. 访问权   B. 访问延迟   C. 访问可靠性   D. 访问带宽

3. MAC 地址又称网卡地址,是用于在物理上标识主机的。以下 4 个选项中,只有选项_____所表示的 MAC 地址是正确的。

  A. AZ-16   B. 00-02-60-07-Al-1C

  C. 202.168.1.32   D. 01-02-6G-70-Al-BC

4. 当我们用 100 Mbit/s 的交换机来替代 100 Mbit/s 的集线器作为某个以太网的中心节点时,下面说法正确的是_____。

  A. 网络的拓扑结构发生了变化   B. 网络中的冲突域个数增加了

  C. 网络中的冲突增加了   D. 主机所获得的带宽减少了

5. 虚拟局域网是基于_____实现的。

  A. 集线器   B. 网桥   C. 交换机   D. 网卡

6. 以太网中网络冲突是由于_____因素引起的。

  A. 网络上的两个节点单独传输的结果 B. 网络上的两个节点同时传输的结果

  C. 网络上的两个节点轮流传输的结果 D. 网络上的两个节点重复传输的结果

7. _____协议是关于 VLAN 标准的协议。

  A. 802.2   B. 802.3   C. 802.1Q   D. 802.11b

8. IEEE 802 委员会为局域网制定了一系列标准,其中定义了 CSMA/CD 总线介质访问控制子层与物理层的规范的是_____标准。

  A. IEEE 802.1 B. IEEE 802.2 C. IEEE 802.3 D. IEEE 802.4

9. 令牌环协议是一种_____协议。

  A. 有冲突的   B. 争用   C. 多令牌   D. 无冲突的

10. 在局域网中,最普遍使用的传输介质是_____。

  A. 光纤   B. 同轴电缆   C. 双绞线   D. 电话线

11. 在_____方式中,交换机首先完整地接收发送帧,并先进行差错检测。

　　A. 存储转发　　　　B. 载波侦听　　　　C. 电路交换　　　　D. 直接交换

12. 实现虚拟局域网的核心设备是_____。

　　A. 集线器　　　　B. 核心交换机　　　　C. 服务器　　　　D. 中继器

13. 目前实际使用较多的局域网拓扑结构主要是_____。

　　A. 环状结构　　　　B. 星状结构　　　　C. 总线结构　　　　D. 网状结构

二、填 空 题

1. 总线型局域网的介质访问控制方法采用的是_____方式。

2. 局域网的网络拓扑结构主要有_____、_____和_____。

3. 在 IEEE 802.3 的物理层协议中,10 Base-T 规定网卡到集线器的最大距离为_____。

4. 无线局域网使用的设备主要有_____、_____、_____等。

5. 在常用的传输介质中,_____的带宽最宽、信号传输衰减最小、抗干扰能力最强。

6. IEEE 802 标准将数据链路层划分为_____和_____两层。

三、问 答 题

1. 局域网有哪几种常见的拓扑结构,各有何特点?

2. 简述 CSMA/CD 的工作原理。

3. 网卡有哪些分类方式? 其主要作用是什么?

4. 当人们采用 100 Mbit/s 集线器组建局域网时,尽管理论上其速度可达 100 Mbit/s,但实际上的速度一般只有 20～30 Mbit/s,而在数据传输量大时还会变得更慢,试分析这是什么原因造成的。

5. 试说明局域网交换机的工作原理。

6. 试比较局域网交换机的 3 种帧转发模式各有什么优劣。

7. 试对关于以太网技术发展与变迁进行简单的小结。

8. 试比较集线器和交换机在以太网组网中的不同性能。

9. 目前无线局域网有哪些主要技术?

10. 什么是 VLAN? 引入 VLAN 有哪些优越性? VLAN 是如何实现的?

第 5 章　广域网技术

广域网是一个地理覆盖范围超过局域网的数据通信网络。如果说局域网技术主要是为实现共享资源这个目标而服务,那么广域网还为了实现大范围内的远距离数据通信,因此广域网在网络特性和技术实现上与局域网存在明显的差异。

学完本章应掌握:

➤ 广域网的特点和实现;

➤ 常用广域网封装协议;

➤ 各种广域网的技术特点。

5.1　广域网概述

广域网是一种跨地区的数据通信网络,通常利用公共远程通信设施为用户提供远程用户之间的快速信息交换。公共远程通信设施是由特定部门组建和管理,并向用户提供网络通信服务的计算机通信网络。目前该计算机通信网络使用的技术有 DDN 数字数据网络、ISDN 网络、帧中继和 ATM 网络。

构建广域企业网和构建局域企业网不同,构建局域网必须由企业完成传输网络的建设,传输网络的传输速率可以很高,如吉比特以太网。但构建广域网由于受各种条件的限制,必须借助公共传输网络,通过公共传输网络实现远程之间的信息传输与交换。因此,设计广域网的前提在于掌握各种公共传输网络的特性,公共传输网络和用户网络之间的互联技术。

目前,提供公共传输网络服务的单位主要是电信运营部门。随着电信运营市场的开放,用户可能有较多的选择余地来选择公共传输网络的服务提供者。

5.1.1　广域网的特点

与局域网相比,广域网的特点非常明显,主要表现在以下几个方面:

(1)在地理覆盖范围上,广域网至少在上百千米以上,远远超出局域网通常为几千米到几十千米的小覆盖范围。

(2)在设计目标上,广域网是为了用于互联广大地理范围内的局域网,而局域网主要是为了实现小范围内的资源共享而设计的。

(3)在传输方式上,广域网为了实现远距离通信,通常要采用载波形式的频带传输或光传输,而局域网则采用数字化的基带传输。

(4)与局域网的专有性不同,广域网通常由公共通信服务部门来建设和管理,他们利用各自的广域网资源向用户提供收费的广域网数据传输服务,所以又被称为网络服务提供商。用户如需要此类服务,需要向广域网的服务提供商提出申请。

(5)在网络拓扑结构上,广域网更多地采用网状拓扑。其原因在于广域网的地理覆盖范围广,因此网络中两个节点在进行通信时,数据一般要经过较长的通信线路和较多的中间节点,这样中间节点设备的处理速度、线路的质量以及传输环境的噪声都会影响广域网的可靠性。而采用基于网状拓扑的网络结构,可以大大提高广域网链路的容错性。

5.1.2 常见的广域网设备

常见的广域网设备包括路由器、广域网交换机、调制解调器和通信服务器等,如图 5-1 所示。

路由器属于网络层的互联设备,它可以实现不同网络之间的互联,关于路由器的工作原理将在后续章节中进行详细介绍。

广域网交换机与局域网中所用的以太网交换机一样,都属于数据链路层的多端口存储转发设备,只不过广域网交换机实现的是广域网数据链路层协议帧的转发,而不是以太网帧的转发。根据广域网实现技术的不同,广域网交换机有不同的种类,如帧中继交换机、ATM 交换机、光交换机等。

调制解调器是一种实现数字和模拟信号转换的设备,当数据通过电话网络进行传输时,发送与接收双方就需要安装相应的调制解调器。

通信服务器主要用来对广域网用户进行身份合法性的验证,并提供服务策略。

路由器　　　　　广域网　　　　　调制解调器　　　　通信服务器
　　　　　　　　宽带交换机

图 5-1　常见的广域网设备

5.1.3 常见的广域网服务类型和带宽

广域网服务按其实现方式的不同可分为专线服务、线路交换服务和包交换服务等三种基本形式。

1. 专线服务

专线服务方式可以为用户提供永久的专用连接,这种服务不管用户是否有数据在线路上传送都要为专线付租用费,故又被称为租用线。可靠的连接性能和相对较高的租用费使得专线一般只被用于 WAN 的核心连接或 LAN 和 LAN 之间的长期固定连接。

2. 线路交换服务

线路交换又称为电路交换,这种服务方式在每次通信时都要首先在网络中建立一条物理连接,并在用户数据传输完毕后要拆除所建立的连接。传统的电话网络就属于典型的线路交换网络,而在传统电话网络上实现的数字传输服务 ISDN 也属于线路交换服务。

3. 包交换服务

与线路交换服务不同,包交换服务是将待传输的数据分成若干个等长或不等长的数据传输单元来进行独立传输的一种服务方式。在包交换网络中,网络线路为所有的数据包或数据帧所共享,交换设备为这些包或帧选择一条合适的路径将其传送到目的地。若信道没有空闲,则交换设备会将待转发的数据包或数据帧暂时缓存起来。帧中继和 ATM 都属于包交换服务的范畴。

根据实现技术的不同,广域网可以提供从 kbit/s 到 Gbit/s 数量级的不同传输带宽。常见的广域网传输带宽如表 5-1 所示,其中传输速率最低的为传统电话线上实现的广域网服务,只有 56 kbit/s,而在基于光纤实现的广域网中,OC-192 的传输速率可达到 10 Gbit/s。

表 5-1　典型的广域网传输带宽

线路类型	信号标准	传输速率	线路类型	信号标准	传输速率
56	DS0	56 kbit/s	OC-3	SONET	155.54 Mbit/s
64	DS0	64 kbit/s	OC-12	SONET	622.08 Mbit/s
T1	DS1	1.544 Mbit/s	OC-24	SONET	1 244.16 Mbit/s
E1	ZM	2.048 Mbit/s	OC-192	SONET	10 Gbit/s
E3	M3	34.064 Mbit/s			

5.1.4　广域网与 OSI 模型

广域网主要工作于 OSI 模型的下面三层,即物理层、数据链路层和网络层,图 5-2 所示为广域网和 OSI 参考模型之间的关系。但是,由于目前网络层普遍采用了 IP 协议,因此广域网技术或标准也开始转向主要关注物理层和数据链路层的功能及其实现方法。因此,与局域网技术相似,不同广域网技术的差异也在于它们在物理层和数据链路层实现方式的不同。

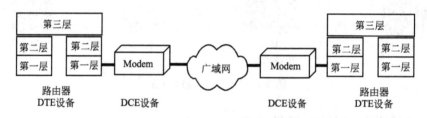

图 5-2　广域网和 OSI 参考模型之间的关系

广域网的物理层协议主要描述如何面向广域网的服务提供电气、机械、规程和功能特性,包括定义 DTE(数据终端设备,指在计算机网络中的信源与信宿)和 DCE(数据线路端接设备,即为 DTE 提供入网的连接点)的接口。在广域网中,用户端用于联入广域网的路由器设备属于 DTE 设备,而调制解调器则属于 DCE 设备。

广域网的数据链路层则定义了数据如何进行帧的封装以通过广域网链路传输到远程节点。下面我们将介绍广域网中常用的封装协议和一些典型的广域网技术。

5.2　常用广域网封装协议

5.2.1　HDLC 高级数据链路控制规程

高级数据链路控制协议(High-level Data Link Control,HDLC)是国际标准化组织 ISO 在 IBM 公司所提出的同步数据链路层协议(Synchronous Data Link Control,SDLC)的基础上修改制定的数据链路层协议。HDLC 是一种面向比特的协议,支持全双工通信。由 ITU-T 和 ANSI 研制的协议(如帧中继协议、PPP 协议等)也是从 HDLC 协议发展而来的。HDLC 及其改进形式被广泛地用于广域网技术中。

HDLC 是以帧为信息传输的基本单位,无论是信息报文或控制报文均按统一帧格式进行封装。图 5-3 所示为 HDLC 帧的基本格式。

长度(字节):	1	1	1	>=0	2	1
	01111110	A	C	DATA	FCS	01111110

图 5-3　HDLC 帧结构

(1)帧头和帧尾以 01111110 分别代表帧的开始和结束标记(flag)。

(2)A(address)代表地址字段,由 8 位组成。

(3)C(control)是控制字段,由 8 位组成,根据该字段不同又可以分为信息帧、监控帧和无编号帧。它是 HDLC 协议的关键部分。

(4)DATA 是数据字段,可以包含任意的信息且可以是任意长度。

(5)FCS 是校验序列字段,采用 16 位的 CRC 校验,其生成多项式为 CRC-16:$G(x) = x^{16} + x^{12} + x^5 + 1$,校验的内容包括 A 字段、C 字段和 DATA 字段。

5.2.2　PPP 协议

点对点协议(Point-to-Point Protocol,PPP)是一个工作于数据链路层的广域网协议。由 IETF(Internet Engineering Task Force)开发,目前已被广泛使用并成为国际标准。PPP 为路由器到路由器、主机到网络之间使用串行接口进行点到点的连接提供了 OSI 第二层的服务。人们所熟悉的利用 Modem 进行拨号上网就是使用 PPP 实现主机到网络连接的典型例子。

作为 OSI 第二层的协议,PPP 在物理上可支持各种不同的传输介质(包括双绞线、光纤及无线传输介质)和各种接口(包括 EIA/TIA 232、EIA/TIA 449、EIA/TIA 530、V.35、V.21 等)。在数据链路层,PPP 通过 LCP 协议进行链路管理,相当于以太网数据链路层的 MAC 子层。而在网络层,由 NCP 为不同的协议提供服务。这里的 NCP 相当于以太网数据链路层的 LLC 子层在帧格式上,PPP 采用的是 HDLC 帧的一种变化形式。PPP 对网络层协议的支持则包括了多种不同的主流协议,如 IP 和 IPX 等,其中 IPX(Internetwork Packet exchange protocol)是 NOVELL 公司开发的用于 NETWARE 客户端/服务器通信的网络层协议。在数据链路层,PPP 提供了一套解决链路建立、维护、拆除和上层协议协商、验证等问题的方案。PPP 协议包含以下几个部分:

(1)链路控制协议 LCP(Link Control Protocol):为用户发起呼叫以建立链路;在建立链路时协商参数选择;通信过程中随时测试线路,当线路空闲时释放链路等。

(2)网络控制协议 NCP(Network Control Protocol):NCP 根据不同用户的需求,配置上层协议所需环境,为上层提供服务接口。如对于 IP 提供 IPCP 接口,对于 IPX 提供 IPXCP 接口,对于 APPLETALK 提供 ATCP 接口。即负责解决物理连接上运行什么网络协议,以及解决上层网络协议发生的问题。

(3)认证协议,最常用的包括口令验证协议 PAP(Password Authentication Protocol)和挑战握手验证协议 CHAP(Challenge Handshake Authentication Protocol)。

图 5-4 所示为 PPP 的体系结构。

1. PPP 链路建立的过程

图 5-5 所示为 PPP 链路建立过程。一个典型的链路建立过程分为三个阶段:创建阶段、链路质量协商阶段和调用网络层协议阶段。

（1）创建 PPP 链路阶段

LCP 负责创建链路。在这个阶段，将对基本的通信方式进行选择，包括数据的最大传输单元、是否采用 PPP 的压缩、PPP 的认证方式等。链路两端设备通过 LCP 向对方发送配置信息报文（configure packets）。一旦一个配置成功信息包（configure-ack packet）被发送且被接收，就完成了交换，进入了 LCP 开启状态。

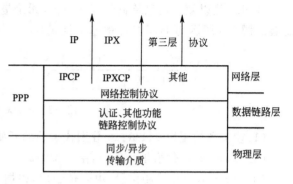

图 5-4　PPP 的体系结构

在链路创建阶段，只是对验证协议进行选择，用户验证将在链路质量协商阶段实现。

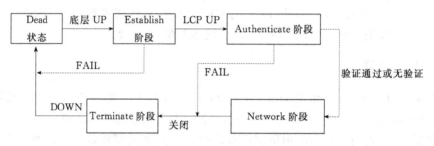

图 5-5　PPP 链路建立过程

（2）链路质量协商阶段（可选阶段）

在这个阶段主要用于对链路质量进行测试，以确定其能否为上层所选定的网络协议提供足够的支持。另外若双方已经要求采用安全认证，则在该阶段还要按所选定的认证方式进行相应的身份认证。连接的客户端会将自己的身份发送给远端的接入服务器。使用一种安全认证方式避免第三方窃取数据或冒充远程客户接管与客户端的连接。在认证完成之前，禁止前进到网络层协议阶段。如果认证失败，认证者应该跃迁到链路终止阶段。

（3）调用网络层协议阶段

链路质量协商阶段完成之后，PPP 将调用在链路创建阶段（阶段 1）选定的各种网络控制协议（NCP）。通过交换一系列的 NCP 分组来配置网络层。对于上层使用的是 IP 协议的情形来说，此过程是由 IPCP 完成的。不同的网络层协议要分别进行配置。例如，在该阶段 IP 控制协议 IPCP 可以向拨入用户分配动态地址。

在第三个阶段完成后，一条完整的 PPP 链路就建立起来了，从而可在所建立的 PPP 链路上进行数据传输。当数据传送完成后，一方会发起断开连接的请求。这时，首先使用 NCP 来释放网络层的连接，归还 IP 地址；然后利用 LCP 来关闭数据链路层连接；最后，双方的通信设备或模块关闭物理链路回到空闲状态。

需要说明的是，尽管 PPP 的验证是一个可选项，但一旦选择了采用身份验证，那么它必须在调用网络层协议阶段之前进行。有两种类型的 PPP 验证可供选择。

（1）口令验证协议（PAP）

PAP 验证为两次握手验证，口令为明文，PAP 认证的过程如下：

a. 被验证方发送用户名和口令到验证方；

b. 验证方根据用户配置查看是否有此用户以及口令是否正确，然后返回不同的响应

（ACK 或 NACK）。

如正确则会给对端发送 ACK 报文，通告对端已被允许并进入下一阶段协商；否则发送 NACK 报文，通告对端验证失败。此时，并不会直接将链路关闭，只有当验证不过次数达到一定值（默认为 4）时，才会关闭链路，来防止因误传、网络干扰等造成不必要的 LCP 重新协商过程。

PAP 的特点是在网络上以明文的方式传递用户名及口令，如在传输过程中被截获，便有可能对网络安全造成极大的威胁。因此，PAP 不能防范再生和错误重试攻击。它适用于对网络安全要求相对较低的环境。图 5-6 所示为 PAP 的工作过程。

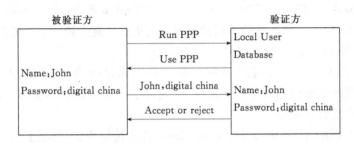

图 5-6　PAP 工作过程

（2）挑战—握手验证协议（CHAP）

CHAP 是一种加密的验证方式，能够避免建立连接时传送用户的真实密码。

CHAP 对 PAP 进行了改进，不再直接通过链路发送明文口令，而是使用挑战报文以哈希算法对用户信息进行加密。因为服务器端存有客户的身份验证信息，所以服务器可以重复客户端进行的操作，并将操作结果与用户返回的挑战报文内容进行比较。CHAP 为每一次验证任意生成一个挑战字串来防止受到再现攻击（replay attack）。在整个连接过程中，CHAP 将不定时的向客户端重复发送挑战报文，从而避免第三方冒充远程客户（remote client impersonation）进行攻击。

CHAP 验证为三次握手验证，不直接传输用户口令，CHAP 验证的过程如图 5-7 所示。

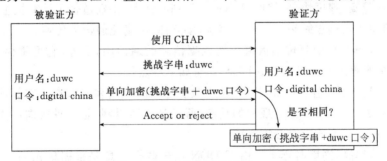

图 5-7　CHAP 验证的过程

a. 在通信双方链路建立阶段完成后，验证方（authenticator）向被验证方（peer）发送一个挑战字符串（challenge）消息。

b. 被验证方向验证方发回一个响应（response），该响应由单向散列函数计算得出，单向散列函数的输入参数由本次验证的标识符、口令（password）和挑战字符串等内容构成。

c. 验证方将收到的响应与它自己根据验证标识符、口令和挑战字符串计算出的散列函数值进行比较，若相符则验证通过，向被验证方发送"成功"消息；否则，发送"失败"消息，断开连接。

显然，一个没有获得挑战值的远程节点是不可能尝试登陆并建立连接的，即 CHAP 由验证方来控制登陆的时间和频率。同时由于验证方每次发送的挑战值都是一个不可预测的随机变量，因而具有很好的安全性。

2. PPP 协议的应用

PPP 协议是目前广域网上应用最广泛的协议之一，它的优点在于简单、具备用户验证能力、可以解决 IP 分配等。

家庭拨号上网就是通过 PPP 协议在用户端和运营商的接入服务器之间建立通信链路。目前，宽带接入正在成为取代拨号上网的趋势，在宽带接入技术日新月异的今天，PPP 也衍生出新的应用。典型的应用是在 ADSL(Asymmetrical Digital Subscriber Loop)非对称数字用户环线接入方式当中，PPP 与其他的协议共同派生出了符合宽带接入要求的新的协议，如 PPPoE(PPP over Ethernet)、PPPoA(PPP over ATM)。

利用以太网(Ethernet)资源，在以太网上运行 PPP 来进行用户认证接入的方式称为 PPPoE。PPPoE 即保护了用户方的以太网资源，又完成了 ADSL 的接入要求，是目前 ADSL 接入方式中应用最广泛的技术标准。

同样，在 ATM(Asynchronous Transfer Mode,异步传输模式)网络上运行 PPP 协议来管理用户认证的方式称为 PPPoA。它与 PPPoE 的原理相同，作用相同。不同的是它在 ATM 网络上运行，而 PPPoE 是在以太网上运行，所以要分别适应 ATM 标准和以太网标准。

PPP 协议的简单完整使它得到了广泛的应用，相信在未来的网络技术发展中，它还可以发挥更大的作用。

5.3 数字数据网(DDN)

DDN(Digital Data Network)是随着数据通信业务的发展而迅速发展起来的一种新型网络。DDN 的主干网传输媒介有光纤、数字微波、卫星信道等；到用户端多使用普通电缆和双绞线。DDN 利用数字信道传输数据信号，这与传统的模拟信道相比有本质的区别。DDN 传输的数据具有质量高、速度快、网络时延小等一系列的优点，特别适合于计算机主机之间、局域网之间、计算机主机与远程终端之间的大容量、多媒体、中高速通信的传输。

由于 DDN 是采用数字传输信道传输数据信号的通信网，因此，它可提供点对点、点对多点透明传输的数据专线出租电路。DDN 具有如下特点：

(1)DDN 是透明传输网。由于 DDN 将数字通信的规则和协议寄托在智能化程度较高的用户终端来完成，本身不受任何规程的约束，所以是全透明网，是一种面向各类数据用户的公用通信网，是一个大型的中继开放系统。

(2)传输速率高，网络时延小。由于 DDN 用户数据信息是根据事先的协议，在固定通道带宽和预先约定速率的情况下顺序连接网络，这样只需按时隙通道就可以准确地将数据信息送到目的地，从而免去了目的终端对信息的重组，减少了时延。

(3)DDN 可提供灵活的连接方式。DDN 可以支持数据、语音、图像传输等多种业务，它不仅可以和客户终端设备进行连接，而且还可以和用户网络进行连接，为用户网络互联提供灵活的组网环境。DDN 的通信速率可根据用户需要在 $N \times 64$ kbit/s($N=1\sim32$)之间进行选择，当然速度越快租用费用也就越高。

(4)灵活的网络管理系统。DDN 采用的图形化网络管理系统可以实时地收集网络内发生的故障,并进行故障分析和定位。通过网络图形颜色的变化,显示出故障点的信息,其中包括网络设备的地点、网络设备的电路板编号及端口位置,从而提醒维护人员及时准确地排除故障。

(5)保密性高。由于 DDN 专线提供点到点的通信,信道固定分配,保证通信的可靠性,不会受其他客户使用情况的影响,因此通信保密性强,特别适合金融、保险客户的需要。

点到点专用线路是 DDN 最典型、最主要的应用。用户租用一条点到点的 DDN 专线与租用一条电话线十分相似。从用户角度,只要用户申请专线后,连接就已经完成,连接的信道的数据传输速率、路由及所用的网络协议等随时可根据需要申请更改。DDN 具有较完整的网管系统,具有对网络终端单元进行远程监控、回路测试等功能,以保证用户的通信质量。

DDN 有着它自身的优势和特点,也有着它特定的目标群体。较之 ISDN 有着速率高、传输质量好、信息量大的优点,而相对于卫星通信又有时延小、受外界影响小的优势,所以它是集团客户和对传输质量要求较高、信息量较大的客户的最佳选择。相信在未来的"宽带大战"中,DDN 应该不会很快"阵亡"。

5.4 综合业务数字网(ISDN)

由于公共电话网络 PSTN 对于非话音业务传输的局限性,使得 PSTN 不能满足人们对数据、图像乃至视频等非话音信息的通信需求,而电信部门所建设的网络基本上都只能提供某种单一的业务,比如用户电报网、电路交换数据网、分组交换网以及其他专用网等。这种多种网络并存的现状为用户的使用带来许多不便,并且这些网络存在着线路利用率低、资源不能共享、管理不便等问题。为了克服上述缺点,人们提出了建立一个能够将话音、数据、图像、视频等业务综合在一个网络内的设想,即建立一个综合业务数字网。由此,ISDN 应运而生。

综合业务数字网(Integrated Service Digital Network,ISDN)是基于现有的电话网络来实现数字传输服务。与后来提出的宽带 ISDN 相对应,传统的 ISDN 又被称为窄带 ISDN。ITU 定义 N-ISDN 为:ISDN 是由电话综合数字网(IDN)演变而来的,它向用户提供端到端的连接,并支持一切话音、数字、图像、图形、传真等业务。用户可以通过一组有限的、标准的、多用途用户网络接口来访问这个网络,获得相应的业务。

根据上述定义,可以归纳出 ISDN 的以下特性:以 IDN 为基础发展而成的通信网;支持端到端的数字连接,是一个全数字化的网络;支持各种通信业务;提供标准的用户——网络接口,用户对 ISDN 的访问通过该接口完成。

5.4.1 ISDN 的组成

ISDN 的组成包括终端(TE)、终端适配器(TA)、网络终端(NT)、ISDN 交换机等设备,如图 5-8 所示。其中,ISDN 的终端分为两种类型,即标准 ISDN 终端和非标准 ISDN 终端;网络终端也被分为网络终端 1(NT1)和网络终端 2(NT2)两种类型。关于 ISDN 组件的有关说明如下:

(1)标准 ISDN 终端(TE1):TE1 是符合 ISDN 接口标准的用户设备,如数字电话机和 4 类传真机等。

(2)非标准 ISDN 终端(TE2):TE2 是不符合 ISDN 接口标准的用户设备,需要经过终端适配器 TA 的转换,才能接入 ISDN 标准接口。

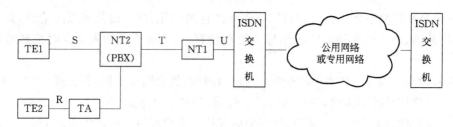

图 5-8　ISDN 的基本组成

（3）终端适配器（TA）：完成适配功能。包括速率适配和协议转换等，使 TE2 能够接入 IS-DN。

（4）网络终端 1（NT1）：NT1 是放置在用户处的物理和电器终端装置，它属于网络服务提供商的设备，是网络的边界。

（5）网络终端 2（NT2）：NT2 又称为智能网络终端，如数字 PBX、集中器等，它可以完成交换和集中的功能。

5.4.2　ISDN 的速率服务

ISDN 为用户提供了两种基本的服务，分别是基本速率接口（Basic Rate Interface，BRI）和基群速率接口（Primary Rate Interface，PRI）。

BRI 包括两条全双工的 B 信道和一条全双工的 D 信道，简称为 2B+D。B 信道的速率为 64 kbit/s，用来传送用户信息；D 信道的速率为 16 kbit/s，用来传送用户网络信令或低速的分组数据，如图 5-9(a)所示。对 BRI 而言，这 3 个分离的信道所提供的总带宽为 144 kbit/s。

PRI 又被称为一次群接口。由于各国数字传输系统的体系不同，PRI 又分为两种速率。在欧洲和中国，基群接口的信道结构为 30B+D，其中 B 信道的速率为 64 kbit/s，用来传送用户信息；D 信道的速率也为 64 kbit/s，但用来传送用户网络信令，总传输速率为 2.048 Mbit/s。在美国和日本，基群接口的信道结构为 23B+D，相应的总传输速率为 1.544 Mbit/s。由于 ISDN 的 PRI 提供了更高速率的数据传输，因此，它可实现可视电话、视频会议或 LAN 间的高速网络互联。基群速率接口如图 5-9(b)所示。

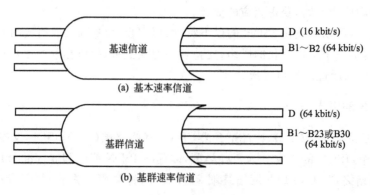

图 5-9　ISDN 的两种基本服务

5.4.3　ISDN 的应用

ISDN 的作用是为用户提供一系列综合的业务，除了电话、可视图文、用户电报、可视电话等业务外,ISDN 主要用于因特网接入服务。对于个人用户,使用 ISDN 因特网接入业务主要是利用 ISDN 的远程接入功能,接入时采用拨号方式;对企业用户,主要使用 ISDN 作为远程分支和企业中心之间的拨号备份线路,这样不但可以在主链路出现故障时提供冗余的网络链路,也可以在主线路正常工作时用于分担主干线路的数据流量。

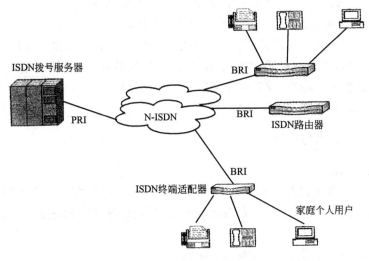

图 5-10　ISDN 的典型应用

图 5-10 显示了一个 ISDN 应用的典型实例:家庭个人用户通过一台 ISDN 终端适配器连接个人电脑、电话机等。这样,个人电脑就能以 64/128 kbit/s 速率上 Internet,同时照样可以打电话。对于中小型企业,将企业的局域网、电话机、传真机通过一台 ISDN 路由器连接到一条或多条 ISDN 线路,以 64/128 kbit/s 或更高速率接入 Internet。

5.5　异步传输模式(ATM)

由于 N-ISDN 在用户——网络接口处提供的速率不超过一次群速率,因此实际上它并不能真正提供电视信号、视频业务等许多高速率业务,其主要业务仍是 64 kbit/s 的电路业务,对技术发展的适应性很差。此外,在 N-ISDN 中,用户通过标准用户——网络接口进入网络实现了多种业务的综合接入,但在网络内部,针对不同的业务,实际上还是采用了不同的交换方法,并未实现真正统一的综合交换。

针对 N-ISDN 的不足,提出了一种高速传输网络——宽带 ISDN(Broadband ISDN, B-ISDN)。B-ISDN 的设计目标是以光纤为传输介质,以提供远远高于一次群速率的传输信道,并针对不同的业务采用相同的交换方法,即致力于真正做到用统一的方式来支持不同的业务。为此,提出了一种新的数据交换方式——异步传输模式 ATM。

5.5.1　ATM 的实现

传统的交换模式为电路交换与分组交换。电路交换采用时分复用方式,通信双方周期性地占用重复出现的时隙,信道以其在一帧中的时隙来区分,而且在通信过程中无论是否有信息发送,所分配的信道(时隙)均被相应的两端独占。分组交换则不分配任何时隙,采用存储转发方式,属于统计复用。显然,电路交换模式的实时性好,适合于发送对延迟敏感的数据,但信道带宽的浪费较大;分组交换模式的灵活性好,适合突发性业务,且信道带宽的利用率高,但分组间不同的延时会导致传输抖动,因此不适合实时通信。ATM技术综合了电路交换的可靠性与分组交换的高效性,借鉴了两种交换方式的优点,采用了基于信元的统计时分复用技术。

ATM传送信息的基本载体是ATM信元。ATM信元采用53 Byte的固定长度,其中48 Byte为信息段,装载来自各种不同业务的用户信息,另附加5 Byte作为信头,载有信元的地址信息和其他一些控制信息。在信元交换过程中,主要是参照信头的内容对信元进行处理。固定长度的短信元可以充分利用信道的空闲带宽。信元在统计时分复用的时隙中出现,即不采用固定时隙,而是按需分配,只要时隙空闲,任何允许发送的单元都能占用。所有信元在底层都采用面向连接的方式传送,并对信元交换采用并行处理方式去实现,减少了节点的时延,其交换速度远远超过总线结构的交换机。

5.5.2 ATM的特点与应用

ATM具有许多优点。

(1)ATM是以面向连接的方式工作的。与普通IP传输的非面向连接不同,ATM是一种面向连接的交换方式。ATM交换机是根据信元头的信息,基于信元完成的,从而大幅降低了信元的丢失率,保证了传输的可靠性。

(2)ATM的物理线路使用光纤,误码率很低。

(3)短小的信元结构使得ATM信头的功能被简化,并使信头的处理能基于硬件实现,从而大幅减少了处理时延。

(4)采用短信元作为数据传输单位可以充分利用信道空闲,提高了带宽利用率。

总之,ATM的高可靠性和高带宽使得它能够有效地传输不同类型的信息,如数字化的声音、数据、图像等。目前,ATM论坛定义的物理层接口有SDH STM-1、4、16,其数据传输速率分别可达到155.52 Mbit/s、662.08 Mbit/s、2 488.32 Mbit/s。对应于不同信息类型的传输特性,如可靠性、延迟特性和损耗特性等,ATM可以提供不同的服务质量来适应这些差别。

ATM是一种应用极为广泛的技术,在实际的应用中能够适应从低速到高速的各种传输业务,可应用于视频点播(VOD)、宽带信息查询、远程教育、远程医疗、远程协同办公、家庭购物、高速骨干网等。

5.6 帧中继

5.6.1 帧中继的特点

帧中继是20世纪80年代初发展起来的一种数据通信技术,其英文名为Frame Relay,简称FR。它是从X.25分组交换技术演变而来的。我们可以将帧中继技术的特点归纳为以下几点:

(1)帧中继技术主要用于传递数据业务,它使用一组规程将数据信息以帧的形式(简称帧中继协议)有效地进行传送。它是广域网通信的一种方式。

(2)帧中继所使用的是逻辑连接,而不是物理连接。在一个物理连接上可复用多个逻辑连接(即可建立多条逻辑信道),可实现带宽的复用和动态分配。

(3)帧中继协议是对X.25协议的简化,因此处理效率很高,网络吞吐量高,通信时延低。帧中继用户的接入速率在64 kbit/s～2 Mbit/s,甚至可达到34 Mbit/s。

（4）帧中继的帧信息长度远比 X. 25 分组长度要长，最大帧长度可达 1 600 Byte，适合于封装局域网的数据单元传送突发业务（如压缩视频业务、WWW 业务等）。

5.6.2　帧中继的组成

一个典型的帧中继网络由用户设备和帧中继交换设备组成，如图 5-11 所示。作为帧中继网络核心设备的 FR 交换机，其作用类似于前面所介绍的以太网交换机，负责在数据链路层完成帧的转发，只不过 FR 交换机处理的是 FR 帧而不是以太帧。用户设备负责把数据帧送到帧中继网络，并从帧中继网络中接收数据帧。用户设备被分成帧中继终端和非帧中继终端两种类型。其中，非帧中继终端必须通过帧中继装拆设备（FRAD）接入帧中继网络。图中的 FR 终端和路由器都提供了支持帧中继网络的接口，因此可直接接入帧中继网络。

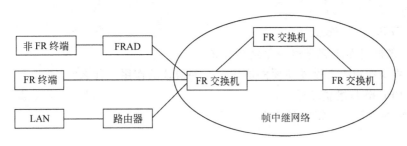

图 5-11　帧中继网络结构图

5.6.3　帧中继的应用

在我国，国家帧中继骨干网于 1997 年初步建成，目前能覆盖大部分省会城市。1998 年各省帧中继网也相继建成。

目前的路由器都支持帧中继协议，帧中继上可承载流行的 IP 业务，IP 加帧中继已经成广域网应用的绝佳选择；近年来，帧中继上的话音传输技术（VOFR）也不断发展，可以预见在不久的将来，"帧中继电话"将被越来越多的企业所采用；当数据业务量具有突发性时，由于帧中继具有动态分配带宽的功能，选用帧中继可以有效地处理突发性数据；在企业或组织机构组建 Intranet（企业内部专网）时，选择帧中继提供线路租用或虚拟专用网（VPN）服务。这也是 FR 技术目前最主要的业务之一，它充分利用帧中继支持多个低速率复用的特点，提高了网络资源的利用率并节省了投资。

══════ 习　　题 ══════

一、单项选择题

1. ATM 通信过程中的传输数据单元是_____。
   A. 分组　　　　　　　 B. 帧　　　　　　　　 C. 信元　　　　　　　 D. 报文
2. 2B＋D 中的 D 信道用于传输_____。
   A. 用户数据　　　　 B. 信令数据　　　　 C. 模拟数据　　　　 D. 语音数据
3. 帧中继技术涉及 OSI 模型的_____。
   A. 物理层　　　　　　　　　　　　 B. 数据链路层和网络层
   C. 网络层　　　　　　　　　　　　 D. 物理层和数据链路层

4. 已知 OC-1 的数据传输速率为 58.84 Mbit/s，那么 OC-192 的数据传输速率应为
_____。

　　　A. 155.54 Mbit/s　　B. 1.244 Gbit/s　　C. 9.95 Gbit/s　　　D. 无法推算

5. _____为两次握手协议，通过在网络上以明文的方式传递用户名及口令来对用户
进行验证。

　　　A. PAP　　　　　　B. NCP　　　　　　C. CHAP　　　　　D. LCP

二、填 空 题

1. 广域网由_____、_____、_____和_____等多种数据交换设备及
数据传输设备构成。

2. 常见的广域网服务类型有_____、_____和_____三种。

三、问 答 题

1. 何谓 PPPoE、PPPoA？

2. ISDN 的两种基本速率服务分别指什么？

3. PPP 协议栈包含有哪些主要的协议？这些协议的作用是什么？

4. 简述 PPP 链路建立过程。

5. 帧中继的主要技术特点是什么？

第6章　网络互联技术

前面几章中我们介绍了典型的局域网和广域网技术。这些网络各有其不同的技术特点，有的提供短距离高速的服务，有的提供长距离大容量的服务，只有当它们被互联在一起时，才能为用户提供全方位的通信服务。网络互联是 OSI 参考模型的网络层或 TCP/IP 体系结构的网际互联层需要解决的问题。

在本章中，我们着重围绕 TCP/IP 的网络层和传输层展开讨论，包括 IP 协议、IP 地址及其规划、ARP 协议、ICMP 协议、路由与路由协议、IPv6 技术、TCP 和 UDP 协议等内容，使大家对 TCP/IP 协议有更深一步的了解。

学完本章应掌握：

➢ 网络层基本功能；

➢ IP 数据包格式；

➢ IP 地址及其规划；

➢ ICMP、ARP 协议作用；

➢ 路由选择原理与路由协议作用；

➢ 路由器基本功能；

➢ IPv6 协议基础知识；

➢ TCP 和 UDP 协议提供的服务；

➢ 端口号概念。

6.1　网络层的功能

在数据链路层已经能利用物理层所提供的比特流传输服务实现相邻节点之间的可靠数据传输，那为什么还要在数据链路层之上提供一个网络层呢？

首先，是跨越互联网络的主机寻址问题。数据链路层能够以物理地址如 MAC 地址来标识网络中的每一个节点，如果源站点和目的站点处于同一个局域网中（比如说，以太网），就可以直接利用 MAC 地址，将数据从一个节点传递到局域网中的另一个节点。但是，当网络互联规模增大时，会因为网络中大量的广播流量而导致网络性能下降甚至瘫痪。也就是说，通过物理地址直接寻址的方式只能适用于规模非常小的小型局域网，在绝大多数情况下必须提供一种包含主机所在位置信息的结构化地址来实现跨越网络的主机逻辑寻址。

其次，是有关到目标主机的最佳路径选择问题。数据链路层只能将数据以"帧"的形式从一个节点发送到位于同一物理网络中的其他相邻节点。也就是说，数据链路层只解决了相邻节点之间的数据传输问题。但是，从源节点到目标节点可能要历经一些中间节点，这些中间节点构成了从源到目标的多条网络路径，从而导致了路径选择问题。而数据链路层并没有提供这种从源到目标的数据传输所必需的路径选择功能。

第三,当网络互联规模增大时,还会涉及异构网络的互联问题。所谓异构是指网络技术、通信协议、计算机体系结构或操作系统上的差异性。通常,当网络覆盖范围增大、网络互联程度增加时,网络的异构性程度也会随之增加。网络层必须设法解决异构网络互联的问题,以满足用户在扩大网络覆盖范围、增强网络互联性上的需求。

网络层利用下两层提供的服务为传输层提供通信服务,网络层屏蔽各种链路的具体特性。因此,从传输层向下看网络层时,看到的是一种将分组从源端经由各种网络路径传送到目的端的服务。

为了有效地实现源主机到目标主机的分组传输服务,网络层需要提供多方面的具体功能。

(1)需要规定该层协议数据单元的类型和格式。网络层的协议数据单元被称为分组(packet)。与其他各层的协议数据单元类似,分组是网络层协议功能的集中体现,其中要包括实现该层功能所必需的控制信息,如收发双方的网络地址等。

(2)要了解通信子网的拓扑结构,并通过一定的路由算法为实现分组进行最佳路径选择。

(3)在为分组选择路径时还要注意既不要使某些路径或通信线路处于超负载状态,也不能让另一些路径或通信线路处于空闲状态,即所谓的拥塞控制和负载平衡。通常,当网络负载过重、带宽不够或通信子网中的路由设备性能不足时,都可能导致拥塞。

(4)在从源主机到目标主机所经历的网络属于不同类型时,网络层还要协调好不同网络间的差异,即解决异构网络互联的问题。

网络层提供给传输层的服务有面向连接(connection—oriented)和无连接(connection-less)之分。面向连接就是指在数据传输之前通信双方需要为此建立一种连接,然后在该连接上实现有次序的分组传输,直到数据传送完毕连接才被释放;无连接则不需要为数据传输事先建立连接,它只提供简单的源和目标之间的数据发送与接收功能。

网络层所提供的服务主要取决于通信子网的内部结构。无连接的服务在通信子网内部通常以数据报(datagram)方式实现,而面向连接的服务通常采用虚电路(Virtual Circuit,VC)方式实现。无连接的数据报服务类似于邮政的信件服务,而虚电路服务则更像电话服务。

TCP/IP的网络层被称为网络互联层或网际层(internet layer),它处在TCP/IP模型的第二层。该层负责以数据报形式向TCP/IP的传输层提供无连接的分组传输服务,如图6-1所示。为了有效地实现从源节点到目标节点的数据报传输,TCP/IP的网际层除了IP协议外,还提供了ARP、RARP、ICMP等协议。下面各节将详细介绍这些协议。

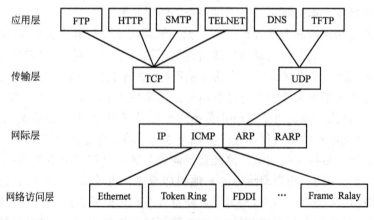

图 6-1　TCP/IP 模型中的网际层

6.2　IP 协议

6.2.1　IP 协议提供的服务与特点

IP 协议是 TCP/IP 网际层的核心协议,也是整个 TCP/IP 模型中的核心协议之一。运行 IP 协议的网际层可以为高层用户提供的服务有如下 3 个:

(1)不可靠的数据投递服务。这意味着 IP 不能保证数据报的可靠投递,IP 本身没有能力证实发送的报文是否被正确接收。数据报可能在线路延迟、路由错误、数据报分片和重组等过程中受到损坏,但 IP 不检测这些错误。在错误发生时,IP 也没有可靠的机制来通知发送方或接收方。

(2)面向无连接的传输服务。IP 协议不维护 IP 数据报发送后的状态信息。从源节点到目的节点的每个数据报可能经过不同的传输路径,并且每个数据报的处理是相对独立的,数据报在传输过程中数据报有可能丢失,有可能正确到达。

(3)尽最大努力投递服务。尽管 IP 层提供的是面向非连接的不可靠服务,但是,IP 并不随意地丢弃数据报。只有当系统的资源用尽、接收数据错误或网络故障等状态下,IP 才被迫丢弃报文。

IP 是一个支持异构网络互联的网络层协议。在前面章节中曾经强调,无论是局域网、城域网还是广域网技术,不同网络技术的主要区别在数据链路层和物理层。当这些异构的网络互联在一起时,在物理层、数据链路层的实现细节上都会有很大的差异。这些差异若不能有效地消除,网络互联就会面临很大的困难。IP 协议通过对 IP 数据报的有效定义,以统一的 IP 数据报传输提供了对异构网络互联的支持,将各种网络技术在物理层和数据链路层的差异统一在了 IP 协议之下,向传输层屏蔽了通信子网的差异。尤其是 IP 协议中所定义的 IP 寻址模式,有效实现了跨越不同 LAN、MAN 和 WAN 的主机寻址能力。正是这种对异构网络互联的强大支持能力,IP 协议才成为当今最为主流的网络互联协议。

6.2.2　IP 数据报

在 IP 层,需要传输的数据首先需要加上 IP 头信息,封装成 IP 数据报。IP 数据报(datagram)是 IP 协议使用的数据单元,互联层数据信息和控制信息的传递都需要通过 IP 数据报进行。

1. IP 数据报的格式

IP 数据报是由 IP 协议来定义的,整个 IP 数据报可以分为报头区和数据区两大部分,其中数据区包括高层需要传输的数据,而报头区是为了正确传输高层数据而增加的控制信息。IP 数据报的具体格式如图 6-2 所示。

报头中各字段功能说明如下:

(1)版本与协议

在 IP 报头中,版本字段表示该数据报对应的 IP 协议版本号,不同 IP 协议版本规定的数据报格式稍有不同,目前使用的 IP 协议版本号为"4"。为了避免错误解释报文格式和内容,所有 IP 软件在处理数据报之前都必须检查版本号,以确保版本正确。

协议字段表示该数据报数据区数据的高级协议类型(如 TCP),用于指明数据区数据的格式。

bit 0	......	bit 15	bit 16	......	bit 31

版本(4)	报头长度(4)	服务类型 TOS(8)	总长度(16)
标识符(16)		标志(3)	段偏移量(13)
生存周期 TTL(8)		协议(8)	头部校验和(16)
源 IP 地址(32)			
目的 IP 地址(32)			
选项和填充(0 或 32)			
数据负载(可变)			

图 6-2　IP 数据报的基本格式

（2）报头长度与总长度

报头中有两个表示长度的字段，一个为报头长度，一个为总长度。

报头长度指出该报头区的长度。在没有选项和填充的情况下，该值为 5。一个含有选项的报头长度则取决于选项域的长度。但是，报头长度应当是 32 位的整数倍，如果不是，需在填充域加 0 凑齐。

总长度表示整个 IP 数据报的长度（包含报头长度和数据区长度）。数据报的总长以字节为单位。由于总长度字段的长度为 16 位，因此 IP 数据报的最大长度为 $2^{16}-1$ Byte 即 65 535 Byte。

（3）服务类型

服务类型字段规定对本数据报的处理方式。利用该字段，发送端可以为 IP 数据包分配一个转发优先级，并可以要求中途转发路由器尽量使用低延迟、高吞吐率或高可靠性的线路投递。但是，中途的路由器能否按照 IP 数据报要求的服务类型进行处理，则依赖于路由器的实现方法和底层物理网络技术。

（4）生存周期 TTL(Time To Live)

IP 数据报的路由选择具有独立性，因此从源主机到目的主机的传输延迟也具有随机性。如果路由表发生错误，数据报有可能进入一条循环路径，无休止地在网络中流动。生存周期是用以限定数据报生存期的计数器，最大值为 $2^8-1=255$。数据报每经过一个路由器，其生存时间就要减 1，当生存时间减到 0 时，报文将被删除。利用 IP 报头中的生存周期字段，就可以有效地控制这一情况的发生，避免死循环。

（5）头部校验和

头部校验和用于保证 IP 数据报报头的完整性。在 IP 数据报中只含有报头校验字段，而没有数据区校验字段。这样做的最大好处是可大大节约路由器处理每一数据报的时间，并允许不同的上层协议选择自己的数据校验方法。

（6）标识符、标志、段偏移量

与数据报分片、重组有关的字段，具体含义在下面内容介绍。

（7）地址

在 IP 数据报报头中，源 IP 地址和目的 IP 地址分别表示该 IP 数据报发送者和接收者地址。在整个数据报传输过程中，无论经过什么路由，无论如何分片，此两字段一直保持不变。

（8）选项和填充

IP 选项主要用于控制和测试两大目的。作为选项，用户可以使用也可以不使用它们；但作为 IP 协议的组成部分,所有实现 IP 协议的设备必须能处理 IP 选项。

在使用选项过程中,有可能造成数据报的头部不是 32 位整数倍的情况,如果这种情况发生,则需要使用填充域凑齐。

2. IP 封装、分片与重组

IP 数据报在互联网上传输时,它可能要跨越多个网络。作为一种高层网络数据,IP 数据报最终也需要封装成帧进行传输。图 6-3 显示了一个 IP 数据报从源主机至目的主机被多次封装和解封装的过程。

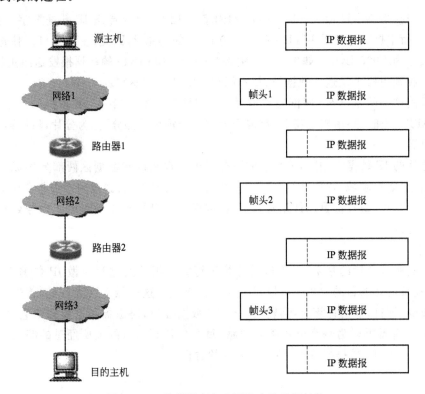

图 6-3　IP 数据报在各个网络中被重新封装

从图 6-3 中可以看出,主机和路由器只在内存中保留了整个 IP 数据报而没有附加帧头信息。只有当 IP 数据报通过一个物理网络时,才会被封装进一个合适的帧中。帧头的大小依赖于相应的网络技术。例如,如果网络 1 是一个以太网,帧 1 有一个以太网头部;如果网络 2 是一个 FDDI 环网,则帧 2 有一个 FDDI 头部。请注意,在数据报通过互联网的整个过程中,帧头并没有累积起来。当数据报到达它的最终目的地时,数据报的大小与其最初发送时是一样的。

(1)MTU 与分片

根据网络使用的技术不同,每种网络都规定了一个帧最多能够携带的数据量,这一限制称为最大传输单元(MTU,Maximum Transmission Unit)。例如以太网的 MTU 为 1 500 Byte,FDDI 的 MTU 为 4 352 Byte,PPP 的 MTU 为 296 Byte。因此,一个 IP 数据报的长度只有小于或等于一个网络的 MTU,才能在这个网络中进行传输。

互联网可以包含各种各样的异构网络,一个路由器也可能连接着具有不同 MTU 值的多个网络,能从一个网络上接收 IP 数据报并不意味着一定能在另一个网络上发送该数据报。在

图 6-4 中，一个路由器连接两个网络，其中一个网络的 MTU 为 1 500 Byte，另一个为 1 000 Byte。

图 6-4   路由器连接具有不同 MTU 的网络

主机 1 连接着 MTU 值为 1 500 Byte 的网络 1，因此，每次传送 IP 数据报字节数不超过 1 500 Byte。而主机 2 连接着 MTU 值为 1 000 Byte 的网络 2，因此，主机 2 可以传送的 IP 数据报最大尺寸为 1 000 Byte。如果主机 1 需要将一个 1 400 Byte 的数据报发送给主机 2，路由器尽管能够收到主机 1 发送的数据报，却不能在网络 2 上转发它。

为了解决这一问题，IP 互联网通常采用分片与重组技术。当一个数据报的尺寸大于将发往网络的 MTU 值时，路由器会将 IP 数据报分成若干较小的部分，称为分片，然后再将每片独立地进行发送。

与未分片的 IP 数据报相同，分片后的数据报也由报头区和数据区两部分构成，而且除一些分片控制域（如标志域、片偏移域）之外，分片的报头与原 IP 数据报的报头非常相似。

一旦进行分片，每片都可以像正常的 IP 数据报一样经过独立的路由选择等处理过程，最终到达目的主机。

（2）重组

在接收到所有分片的基础上，主机对分片进行重新组装的过程叫做 IP 数据报重组。IP 协议规定，只有最终的目的主机才可以对分片进行重组。这样做有两大好处，首先，目的主机进行重组减少了路由器的计算量，当转发一个 IP 数据报时，路由器不需要知道它是不是一个分片；其次，路由器可以为每个分片独立选路，每个分片到达目的地所经过的路径可以不同。图 6-5 显示了一个 IP 数据报分片、传输及重组的过程。

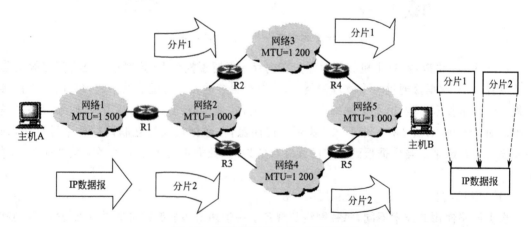

图 6-5   IP 数据报的分片、传输及重组

如果主机 A 需要发送一个 1 400 Byte 长的 IP 数据报到主机 B，那么，该数据报首先经过网络 1 到达路由器 R1。由于网络 2 的 MTU=1 000 Byte，因此，1 400 Byte 的 IP 数据报必须在 R1 中分成 2 片才能通过网络 2。在分片完成之后，分片 1 和分片 2 被看成独立的 IP 数据报，路由器 R1 分别为它们进行路由选择。于是，分片 1 经过网络 2、路由器 R2、网络 3、路由器

R4、网络 5 最终到达主机 B；而分片 2 则经过网络 2、路由器 R3、网络 4、路由器 R5、网络 5 到达主机 B。当分片 1 和分片 2 全部到达后，主机 B 对它们进行重组，并将重组后的数据报提交高层处理。

从 IP 数据报的整个分片、传输及重组过程可以看出，尽管路由器 R1 对数据报进行了分片处理，但路由器 R2、R3、R4、R5 并不理会所处理的数据报是分片数据报还是非分片数据报，路由器按照完全相同的算法对它们进行处理。同时，由于分片可能经过不同的路径到达目的主机，因此，中间路由器不可能对分片进行重组。

（3）分片控制

在 IP 数据报报头中，标识符、标志和段偏移量 3 个字段与控制分片和重组有关。

标识符：用以标识被分片后的数据报。目的主机利用此域和目的地址判断收到的分片属于哪个数据报，以便数据报重组。所有属于同一数据报的分片被赋予相同的标识值。

标志：该字段用来告诉目的主机该数据报是否已经分片，是否是最后一个分片，长度为 3 位。最高位为 0；次高位为 DF，该位的值若为“1”表示不可分片，例如在无盘工作站启动时，就要求从服务器端传送一个完整无缺的包含内存映象的单个数据包；第三位为 MF，其值若为 1 代表还有进一步的分片，其值若为 0 表示接收的是最后一个分片。

段偏移量：该字段指出本片数据在初始 IP 数据报数据区中的位置，位置偏移量以 8 个字节为单位。由于各分片数据报独立地进行传输，其到达目的主机的顺序是无法保证的，而路由器也不向目的主机提供附加的片顺序信息，因此，重组的分片顺序由段偏移量提供。

6.2.3　IP 地 址

1. IP 地址的作用

以太网利用 MAC 地址（物理地址）标志网络中的一个节点，两个以太网节点的通信需要知道对方的 MAC 地址。但是，以太网并不是唯一的网络，世界上存在着各种各样的网络，这些网络使用的技术不同，物理地址的长度、格式等表示方法也不相同（例如以太网的物理地址采用 48 位二进制数表示，而电话网则采用 14 位十进制数表示）。因此，如何统一节点的地址表示方式、保证信息跨网传输是互联网面临的一大难题。

显然，统一物理地址的表示方法是不现实的，因为物理地址表示方法是和每一种物理网络的具体特性联系在一起的。因此，互联网对各种物理网络地址的“统一”必须通过上层软件完成。确切地说，互联网对各种物理网络地址的“统一”要在 IP 层完成。

IP 协议提供了一种互联网通用的地址格式，该地址由 32 位的二进制数表示，用于屏蔽各种物理网络的地址差异。IP 协议规定的地址叫做 IP 地址，IP 地址由 IP 地址管理机构进行统一管理和分配，保证互联网上运行的设备（如主机、路由器等）不会产生地址冲突。

在互联网上，主机可以利用 IP 地址来标志。但是，一个 IP 地址标志一台主机的说法并不准确。严格地讲，IP 地址指定的不是一台计算机，而是计算机到一个网络的连接。因此，具有多个网络连接的互联网设备就应具有多个 IP 地址。在图 6-6 中，路由器分别与两个不同的网络相连，因此它应该具有两个不同的 IP 地址。多宿主主机（装有多块网卡的计算机）由于每一块网卡都可以提供一条物理连接，因此它也应该具有多个 IP 地址。在实际应用中，还可以将多个 IP 地址绑定到一条物理连接上，使一条物理连接具有多个 IP 地址。

2. IP 地址的组成

（1）IP 地址的层次结构

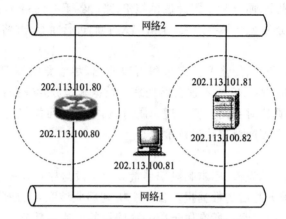

图 6-6　IP 地址的作用是标志网络连接

　　一个互联网包括了多个网络,而一个网络又包括了多台主机,因此,互联网是具有层次结构的,如图 6-7 所示。与互联网的层次结构对应,互联网使用的 IP 地址也采用了层次结构,如图 6-8 所示。

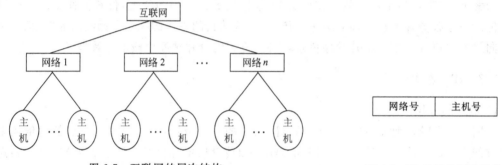

图 6-7　互联网的层次结构　　　　　　　　图 6-8　IP 地址的层次结构

　　IP 地址由网络号(net id)和主机号(host id)两个层次组成。网络号用来标志互联网中的一个特定网络,而主机号则用来表示该网络中主机的一个特定连接。因此,IP 地址的编址方式明显地携带了位置信息。如果给出一个具体的 IP 地址,马上就能知道它位于哪个网络,这给 IP 互联网的路由选择带来很大好处。

　　由于 IP 地址不仅包含了主机本身的地址信息,而且还包含了主机所在网络的地址信息,因此,在将主机从一个网络移到另一个网络时,主机 IP 地址必须进行修改以正确地反映这个变化。在图 6-9 中,如果具有 IP 地址 202.113.100.81 的计算机需要从网络 1 移动到网络 2,那么,当它加入网络 2 后,必须为它分配新的 IP 地址(如 202.113.101.66),否则就不可能与互联网上的其他主机正常通信。

　　实际上,IP 地址与生活中的邮件地址非常相似。生活中的邮件地址描述了信件收发人的地理位置,也具有一定的层次结构(如城市、区、街道等)。如果收件人的位置发生变化(如从一个区搬到了另一个区),那么邮件的地址就必须随之改变,否则邮件就不可能送达收件人。

　　3. IP 地址的分类与表示

　　IPv4 协议规定,IP 地址的长度为 32 位。这 32 位包括了网络号部分(net id)和主机号部分(host id)。那么,在这 32 位中,哪些位代表网络号,哪些代表主机号呢?这个问题看似简

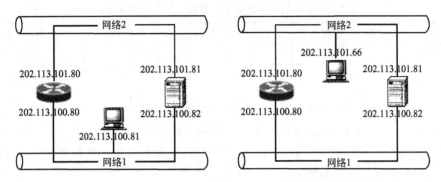

图 6-9　主机在网络间的移动

单,意义却很重大,因为当地址长度确定后,网络号长度将决定整个互联网中能包含多少个网络,主机号长度则决定每个网络能容纳多少台主机。

　　在互联网中,网络数是一个难以确定的因素,而不同种类的网络规模也相差很大。有的网络具有成千上万台主机,而有的网络仅仅有几台主机。为了适应各种网络规模的不同,IP 协议将 IP 地址分成 A、B、C、D 和 E 五类,它们分别使用 IP 地址的前几位加以区分,如图 6-10 所示。从图 6-10 中可以看到,利用 IP 地址的前 4 位就可以分辨出它的地址类型。但事实上,只需利用前两位就能做出判断,因为 D 类和 E 类 IP 地址很少使用。

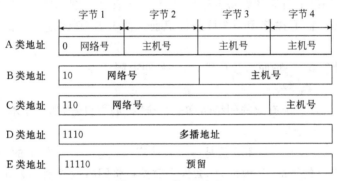

图 6-10　5 类 IP 地址

　　每类地址所包含的网络数与主机数不同,用户可根据网络的规模进行选择。A 类 IP 地址用 7 位表示网络,24 位表示主机,因此它可以用于大型网络。B 类 IP 地址用于中型规模的网络,它用 14 位表示网络,16 位表示主机。而 C 类 IP 地址仅用 8 位表示主机,21 位用于表示网络,在一个网络中最多只能连接 256 台设备,因此,适用于较小规模的网络。D 类 IP 地址用来提供网络组播服务,而 E 类 IP 地址则保留给实验和未来扩充使用。

　　组播(multicast)又被称为多播,它是相对于单播(unicast)而言的。在网络中,大部分的分组传输都是以一对一的单播方式实现的,即一个源节点只向一个目标节点发送数据。但另外一些时候也需要以一对多的组播方式实现分组传输,例如在传送路由更新信息和交互式的音频与视频流时。在组播中,同一个或同一组源节点一次所发送的相同内容的分组可以被多个接收者接收到,这些具有相同接收需求的主机被看成是一个组播组,并要被赋予一个相同的组地址,这个地址就是组播地址。

　　IP 地址的分类是经过精心设计的,它能适应不同的网络规模,具有一定的灵活性。表 6-1简要地总结了 A、B、C 三类 IP 地址可以容纳的网络数和主机数。

表 6-1　A、B、C 3 类地址可以容纳的网络数和主机数

类　别	第一字节范围	网络地址长度	最大的主机数	适用的网络规模
A	1~126	1 Byte	16 777 214	大型网络
B	128~191	2 Byte	65 534	中型网络
C	192~223	3 Byte	254	小型网络

IP 地址由 32 位二进制数值组成,但为了方便用户的理解和记忆,它采用了点分十进制标记法,即将 4 字节的二进制数值转换成 4 个十进制数值,每个数值小于或等于 255,数值中间用“.”隔开,表示成 w. x. y. z 的形式。

4. 特殊的 IP 地址及其作用

IP 地址除了可以表示主机的一个物理连接外,还有几种特殊的表现形式。

(1)网络地址

在互联网中,经常需要使用网络地址,那么,怎么来表示一个网络呢? IP 地址方案规定,网络地址包含了一个有效的网络号和一个全“0”的主机号。例如,在 A 类网络中,地址 113.0.0.0 就表示该网络的网络地址。而一个具有 IP 地址为 202.93.120.44 的主机所处的网络的地址为 202.93.120.0,它的主机号为 44。

(2)广播地址

当一个设备向网络上所有的设备发送数据时,就产生了广播。为了使网络上所有设备能够注意到这样一个广播,必须使用一个可进行识别和侦听的 IP 地址。通常这样的 IP 地址以全“1”结尾。

IP 广播有两种形式,一种叫直接广播,另一种叫有限广播。

a. 直接广播

如果广播地址包含一个有效的网络号和一个全“1”的主机号,那么技术上称之为直接广播(directed broadcasting)地址。

例如 C 类地址 202.93.120.255 就是一个直接广播地址。互联网上的一台主机如果使用该 IP 地址作为数据报的目的 IP 地址,那么这个数据报将同时发送到 202.93.120.0 网络上的所有主机。

b. 有限广播

32 位全为“1”的 IP 地址(255.255.255.255)用于本网广播,该地址叫做有限广播(limited broadcasting)地址。实际上,有限广播将广播限制在最小的范围内。如果采用标准的 IP 编址,那么有限广播将被限制在本网络之中;如果采用子网编址,那么有限广播将被限制在本子网之中。

(3)回送地址

在 A 类网络中,当网络号部分为 127、主机部分为任意值时的地址被称为回送地址。该地址用于网络软件测试以及本地进程之间的通信。例如,在网络测试中常用的 ping 工具命令常常会发送一个以回送地址为目标地址的 IP 分组“ping 127.0.0.1”,以测试本地 IP 软件能否正常工作。一个本地进程可以将回送地址作为目标地址发送分组给另一个本地进程,以测试本地进程之间能否正常通信。无论什么网络程序,一旦使用了回送地址作为目标地址,则所发送的数据都不会被传送到网络上。

这些特殊地址不能分配给主机作主机的 IP 地址。

(4)私有地址

除上述保留地址外,在 IPv4 的地址空间中,还保留了一部分被称为私有地址(private address)的地址资源,供企业、公司或组织机构内部组建 IP 网络时使用。私有地址包含了 A 类、B 类和 C 类地址空间中的 3 个小部分,如表 6-2 所示。根据规定,所有以私有地址为目标地址的 IP 数据包都不能被路由至外面的 Internet 上,否则就会违背 IP 地址在互联网络环境中具有全局唯一性的约定。这些以私有地址作为逻辑标识的主机若要访问外面的 Internet,必须采用网络地址翻译(Network Address Translation,NAT)。

表 6-2 私有 IP 地址

类 别	IP 地址范围
1 个 A 类	10.0.0.0~10.255.255.255
16 个 B 类	172.16.0.0~172.31.255.255
256 个 C 类	192.168.0.0~192.168.255.255

6.2.4 IP 地址的规划

在 IP 网络中,为了确保 IP 数据报的正确传输,必须为网络中的每一台主机分配一个全局唯一的 IP 地址。因此,当决定组建一个 IP 网络时,必须首先考虑 IP 地址的规划问题。通常 IP 地址的规划可参照下面步骤进行:

(1)分析网络规模,明确网络中所拥有的独立网段数量以及每个网段中所可能拥有的最大主机数。通常,路由设备的每一个接口所连的网段都被认为是一个独立的 IP 网段。

(2)根据网络规模确定所需要的网络类别和每类网络的数量,如 B 类网络几个、C 类网络几个等。

(3)确定使用公有地址、私有地址还是两者混用。若采用公有地址,需要向 Internet 赋号管理局(IANA)提出申请,并获得相应的地址使用权。

(4)最后,根据可用的地址资源为每台主机指定 IP 地址,并在主机上进行相应的配置。在配置地址之前,还要考虑地址分配的方式。

IP 地址的分配可以采用静态和动态两种方式。所谓静态分配是指由网络管理员为主机指定一个固定不变的 IP 地址,并手工配置到主机上。动态分配目前主要以客户机——服务器模式,通过动态主机控制协议(Dynamic Host Control Protocol,DHCP)来实现。采用 DHCP 进行动态主机 IP 地址分配的网络环境中至少具有一台 DHCP 服务器,DHCP 服务器上拥有可供其他主机申请使用的 IP 地址资源,客户机通过 DHCP 请求向 DHCP 服务器提出关于地址分配或租用的要求。

考虑一个大的组织,它建有 4 个物理网络,现需要通过路由器将这 4 个物理网络组成专用的 IP 互联网。在这个专用互联网中,如果 3 个是小型网络,1 个是中型网络,那么,可以为 3 个小型网络分配 3 个 C 类地址(如 202.113.27.0、202.113.28.0 和 202.113.29.0),为一个中型网络分配一个 B 类地址(如 128.211.0.0)。图 6-11 显示了这 4 个物理网络互联的情况。

在为互联网上的主机和路由器分配具体 IP 地址时需要注意:

(1)连接到同一网络中的所有 IP 地址共享同一网络号。在图 6-13 中,计算机 A 和计算机 B 都接入了物理网络 1,由于网络 1 分配到的网络地址为 202.113.27.0,所以,计算机 A 和 B 都应共享 202.113.27.0 这个网络号。

（2）路由器可以连接多个物理网络，每个连接都应该拥有自己的 IP 地址，而且该 IP 地址的网络号应与分配给这个网络的网络号相同。如图 6-11 所示，由于路由器 R 分别连接 202.113.27.0、202.113.28.0 和 128.211.0.0 三个网络，因此该路由器被分配了 3 个不同的 IP 地址。

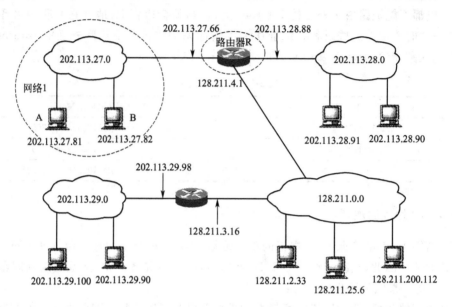

图 6-11　IP 地址规划示例

然而这种 IP 地址的规划，会造成很大的 IP 地址资源浪费。因为，当一个公司或组织机构获得一个网络号时，即使它的 IP 地址剩余很多，也不能为其他网络所使用。因此为提高 IP 地址资源的利用率，同时也为了节约日益短缺的 IP 地址资源，在实际网络规划中引入子网划分、无类域间路由和网络地址翻译技术。

6.2.5　子网划分、无类域间路由与网络地址翻译

1. 子网划分的概念

我们已经知道，IP 地址具有层次结构，标准的 IP 地址分为网络号和主机号两层。为了避免 IP 地址的浪费，子网划分将 IP 地址的主机号部分进一步划分成子网部分和主机部分。

为了创建子网，网络管理员需要从原有 IP 地址的主机位中借出连续的若干高位作为子网络标识，于是 IP 地址从原来两层结构的"网络号＋主机号"形式变成了三层结构的"网络号＋子网络号＋主机号"形式，如图 6-12 所示。可以这样理解，经过划分后的子网因为其主机数量减少，已经不需要原来那么多位作为主机标识，从而人们可以借用那些多余的主机位用作子网标识。

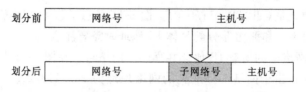

图 6-12　子网划分的示意图

2. 子网划分的方法

理论上,根据全 0 和全 1 的 IP 地址的保留规定,子网划分时至少要从主机位的高位中选择两位作为子网位,且要能保证保留两位作为主机位。相应的,A、B、C 类网络最多可借出的子网位是不同的,A 类可达 22 位,B 类为 14 位,C 类则为 6 位。当所借出的子网位数不同时,可以得到的子网数量及每个子网中所能容纳的主机数也不同。表 6-3 给出了子网位数与子网数量、有效子网数量之间的对应关系。所谓有效子网是指除去子网位为全 0 或全 1 的子网后所留下的可用子网(现在的网络设备一般也支持全 0 和全 1 子网)。

表 6-3 子网络位数与子网数量、有效子网数量的对应关系

子网络位数	子网数量	有效子网数量	子网络位数	子网数量	有效子网数量
1	$2^1=2$	$2-2=0$	6	$2^6=64$	$64-2=62$
2	$2^2=4$	$4-2=2$	7	$2^7=128$	$128-2=126$
3	$2^3=8$	$8-2=6$	8	$2^8=256$	$256-2=254$
4	$2^4=16$	$16-2=14$	9	$2^9=512$	$512-2=510$
5	$2^5=32$	$32-2=30$	…	…	…

下面以一个 C 类网络为例来说明子网划分的具体方法。假设一个由路由器相连的网络,拥有 3 个相对独立的物理网段,每个网段的主机数不超过 30 台,如图 6-13 所示。现要求我们以子网划分的方法为其完成 IP 地址规划。

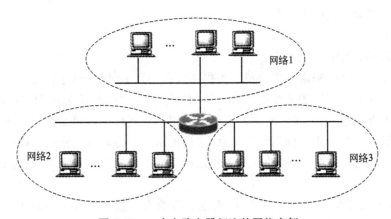

图 6-13 一个由路由器相连的网络实例

由于该网络中所有物理网段合起来的主机数没有超出一个 C 类网络所能容纳的最大主机数,因此完全可以通过一个 C 类网络的子网划分来实现。现假定为该网络申请了一个 C 类网络地址 202.11.2.0,那么在子网划分时需要从主机位中借出其中的高 3 位作为子网络号,这样一共可得到 8 个主机规模为 30 的子网络,每个子网络的相关信息,如表 6-4 所示。其中,第 1 个子网因为子网部分为全 0,从而子网号与未进行子网划分前的原网络号 202.11.2.0 重复而不用;第 8 个子网因为子网部分为全 1,导致子网内的广播地址与未进行子网划分前的网络广播地址 202.11.2.255 重复,也不可用。这样,一共得到 6 个可用的子网,可以选择这 6 个可用子网中的任何 3 个为现有的 3 个物理网段分配 IP 地址,并留下 3 个可用的子网作为未来网络扩充之用。

表 6-4　对 C 类网络 202.11.2.0 进行子网划分

第 n 个子网	地址范围	子网号	子网广播地址
1	202.11.2.0～202.11.2.31	202.11.2.0	202.11.2.31
2	202.11.2.32～202.11.2.63	202.11.2.32	202.11.2.63
3	202.11.2.64～202.11.2.95	202.11.2.64	202.11.2.95
4	202.11.2.96～202.11.2.127	202.11.2.96	202.11.2.127
5	202.11.2.128～202.11.2.159	202.11.2.128	202.11.2.159
6	202.11.2.160～202.11.2.191	202.11.2.160	202.11.2.191
7	202.11.2.192～202.11.2.223	202.11.2.192	202.11.2.223
8	202.11.2.224～202.11.2.255	202.11.2.224	202.11.2.255

　　子网划分技术除了能更有效的提高 IP 地址的利用率外,也是改善网络逻辑结构的有效手段。以一个具有 30 000 个主机结点的校园网为例,假如将这些结点直接纳入一个 B 类网络进行管理,那么这些结点由于共享了所有的广播流量而被认为在同一个广播域中。广播域的主机规模越大,由广播风暴造成的网络性能下降就越明显。如果采用子网划分技术,按照部门、学院或系将校园网内部分成若干个子网,那么一个子网内的广播就不会渗透到其他子网中,网络的性能与可管理性就会明显提高

　　必须指出,一个公司或组织机构的网络即使在内部被进行了某种形式的子网划分,但对于外部的 Internet 用户来说,它们仍然是一个整体,即这些子网通过边界路由器反映给外部网络的网络号仍然是未划分前的网络号。

　　3. 子网掩码

　　(1)子网掩码的作用

　　网络号对于网络通信来讲非常重要。主机在发送一个 IP 数据包之前,首先需要判断源主机和目标主机是否具有相同的网络号。具有相同网络号的主机被认为位于同一网络中,它们之间可以直接相互通信;而网络号不同的主机之间则不能直接进行相互通信,必须经过第三层网络设备进行转发。但引入子网划分技术后,主机或路由设备如何区分一个给定的 IP 地址是否已被进行了子网划分,如何正确地从给定的地址中分离出相应的网络号(包括子网络号的信息)?

　　通常,将未引进子网划分前的 A、B、C 类地址称为有类别的(classified)IP 地址。对于有类别的 IP 地址,主机或路由设备可以简单地通过 IP 地址中的前几位进行判断。但是,引入子网划分技术后,则不能依靠地址类标识来分离网络号了。IP 地址类的概念已不复存在,对于一个给定的 IP 地址,其中用来表示网络号和主机号的位数可以是变化的,取决于子网划分的情况。为此,人们将引入子网技术后的 IP 地址称为无类别的(classless)IP 地址,并引入子网掩码的概念来描述 IP 地址中关于网络号和主机号位数的组成情况。

　　子网掩码(subnet mask)通常与 IP 地址配对出现,其功能是告知主机或者路由设备,一个给定 IP 地址的哪一部分代表网络号,哪一部分代表主机号。子网掩码采用与 IP 地址相同的位格式,由 32 位长度的二进制比特位构成,也被分为 4 个 8 位组并采用点十进制来表示。但在子网掩码中,所有与 IP 地址中的网络与子网络位部分对应的二进制位取值为 1,而与 IP 地址中的主机位部分对应的位则取值为 0。

　　(2)掩码运算

引入子网掩码后,不管是否进行过某种方式的子网划分,主机或路由器都可以通过将子网掩码与相应的 IP 地址进行求"与"操作,来提取出给定 IP 地址所属的网络号(包括子网络号)信息。对主机来说,在发送一个 IP 数据报之前,它会通过将本机 IP 地址的子网掩码分别与源 IP 地址和目标 IP 地址进行求"与"操作,提取出相应的源网络号和目标网络号以判断源主机和目标主机是否在同一网络中。对路由设备而言,一旦从某一个接口接收到一个数据包,则会以该接口 IP 地址所对应的子网掩码与所收到的 IP 数据包中给出的目标 IP 地址进行求"与"操作,提取出目标网络号后再作为下一步路径选择的依据。

对于每个子网上的主机以及路由器的两个端口都需要分配一个唯一的主机号,因此,在计算需要多少主机号来标识主机时,要把所有需要 IP 地址的设备都考虑进去。如图 6-14(a)所示,网络中有 100 台主机,如果再考虑路由器两个端口,则需要标识的主机数为 102 个。假定每个子网的主机数各占一半,即各有 51 个。

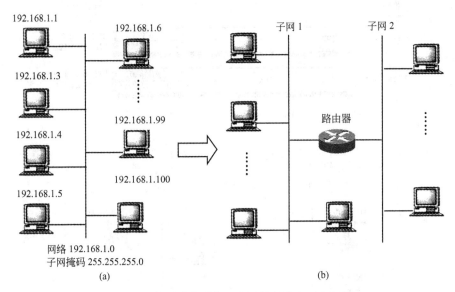

图 6-14　使用路由器将一个网络划分为两个子网

将一个 C 类的地址划分为两个子网,必然要从代表主机号的第四个字节中取出若干个位用于划分子网。若取出 1 位,根据子网划分规则,无法使用;若取出 3 位,可以划分 6 个子网,似乎可行,但子网的增多也表示了每个子网容纳的主机数减少,6 个子网中每个子网容纳的主机数为 30,而实际的要求是每个子网需要 51 个主机号;若取出两位,可以划分两个子网,每个子网可容纳 62 个主机号(全为 0 和全为 1 的主机号不能分配给主机)。因此,取出两位划分子网是可行的,子网掩码为 255.255.255.192。

确定了子网掩码后,就可以确定可用的网络地址:使用子网号的位数列出可能的组合。在本例中,子网号的位数为 2,而可能的组合为 00、01、10、11。根据子网划分的规则,全为 0 和全为 1 的子网不能使用,因此将其删去,剩下 01 和 10 就是可用的子网号,再加上这个 C 类网络原有的网络号 192.168.1,因此,划分出的两个子网的网络地址分别为 192.168.1.64 和 192.168.1.128,如图 6-15 所示。

根据每个子网的网络地址就可以确定每个子网的主机地址的范围,如图 6-16 所示。图 6-17 给出了对每个子网中各台主机的地址配置。

(3)可变长子网掩码(VLSM)

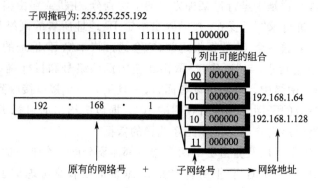

图 6-15　确定每个子网的网络地址

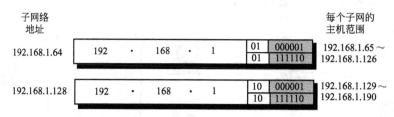

图 6-16　每个子网的主机地址范围

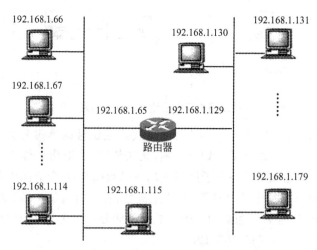

图 6-17　每个子网中每台主机的地址分配

　　当利用子网划分技术来进行 IP 地址规划时,经常会遇到各子网主机规模不一致的情况。例如,对一家企业或公司来说,可能在公司总部会有较多的主机,而分公司或部门的主机数会相对较少。为了尽可能地提高地址利用率,必须根据不同子网的主机规模来进行不同位数的子网划分,从而会在网络内出现不同长度的子网掩码长度并存的情况。通常将这种允许在同一网络范围内使用不同长度子网掩码的情况称为可变长子网掩码(Variable Length Subnet Mask,VLSM)。下面通过一个例子来说明。

图 6-18 所示为一个采用 VLSM 进行地址规划的企业网实例。该企业在总部之外,分别拥有一家主机规模为 30 台的分公司和一家主机规模为 10 台的远程办事处,总部的主机规模为 60 台,总部与分公司及办事处之间通过互联网服务提供者的广域网链路相连,该企业只申请到了一个 C 类网络 218.75.16.0/24。为此,采用 VLSM 技术。

第一步,为满足总部网络规模的要求,对该网络进行 2 位长度的子网划分,共得到 4 个主机规模为 62 的子网,将其中的子网 218.75.16.0/26 分配给公司总部,还冗余 3 个主机规模为 62 的子网。

第二步,对子网 218.75.16.64/26 再进行 1 位长度的子网划分(相当于子网掩码长度为 27),得到 2 个主机规模为 30 的规模更小的子网,将其中的子网 218.75.16.64/27 分配给分公司,冗余一个主机规模为 30 的子网 218.75.16.96/27。

第三步,为满足远程办事处网络规模的需求,再对子网 218.75.16.96/27 进行 1 位长度的子网划分(相当于子网掩码长度为 28),得到 2 个主机规模为 14 的更小的子网络,将其中的子网 218.75.16.96/28 分配给这家远程办事处,还冗余一个 218.75.16.112/28 的子网。

第四步,为了得到 3 个主机规模为 2 的子网供 3 条广域网链路使用,需要对子网 218.75.16.112/28 再进行进一步的子网划分,从其主机位再借出 2 位(相当于子网掩码长度为 30),可得到 4 个主机规模为 2 的子网,拿出其中的两个子网供 3 条广域网链路使用。

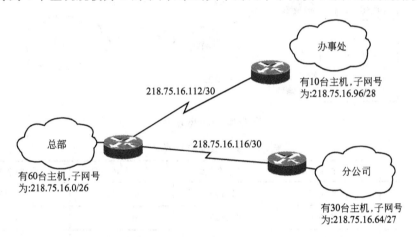

图 6-18　VLSM 示例

大家可能会注意到,在上面的例子中,用到了那些子网位为全 0 或全 1 的子网,即前面提到的不可用子网。这是因为尽管以前在颁布子网划分技术时对全 0 和全 1 的子网做了这种规定,但出于提高 IP 地址利用率的考虑,现在的网络厂商所提供的主机及网络设备基本上都能够支持对这种所谓"不可用"子网的使用。

4. 无类域间路由

无类域间路由(Classless Inter Domain Routing,CIDR)是 VLSM 的延伸使用,它允许将若干个较小的网络合并成一个较大的网络,以可变长子网掩码的方式重新分配网络号,其目的是为了将多个 IP 网络地址结合起来使用。Classless 表示 CIDR 借鉴了子网划分技术中取消 IP 地址分类结构的思想,使 IP 地址成为无类别的地址。但是,与子网划分将一个较大的网络分成若干个较小的子网相反,CIDR 是将若干个较小的网络合并成了一个较大的网络,因此又被称为超网(supernet)。

CIDR 特别适用于中等规模的网络。例如,对于一个中级规模的 B 类网络,由于 B 类网络地址已经很难申请到,因此可以改为申请几个连续的 C 类地址,再将这些 C 类地址结合起来使用。

图 6-19 所示为一个采用 CIDR 的企业网实例。该企业的网络有 1500 个主机,由于难以申请 B 类地址,因此该企业申请了 8 个连续的 C 类地址:192.56.0.0/24~192.56.7.0/24,解决了地址资源短缺的问题。但是,这样的地址分配方案就使这个企业的网络变成了 8 个相对独立的 C 类网络。如果这 8 个 C 类网络各自管理,会显著增加网络管理的开销。例如,各个子网之间通信需要通过路由器,在企业网与外部网络之间的边界路由器上则需要为这 8 个 C 类网络生成 8 条路由信息,从而明显增加了路由器的设备投资及管理开销。采用 CIDR,则可以将这 8 个连续的 C 类网络汇聚成一个网络。如表 6-5 所示,所有 8 个 C 类网络的前 21 位都是相同的,第三个字节的最后 3 位从 000 变到 111,因此该网络的网络号可表示为 192.56.0.0,对应的子网掩码可定为 255.255.248.0,即地址的前 21 位标识网络,剩余的 11 位标识主机。而在企业网与外部网的边界路由器上只要生成一条关于 192.56.0.0/21 的路由信息即可。

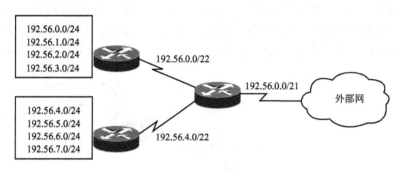

图 6-19　CIDR 示例

表 6-5　8 个连续的 C 类地址

网络号	第一个 8 位组	第二个 8 位组	第三个 8 位组	第四个 8 位组
192.56.0.0/24	11000000	00111000	00000000	00000000
192.56.1.0/24	11000000	00111000	00000001	00000000
192.56.2.0/24	11000000	00111000	00000010	00000000
192.56.3.0/24	11000000	00111000	00000011	00000000
192.56.4.0/24	11000000	00111000	00000100	00000000
192.56.5.0/24	11000000	00111000	00000101	00000000
192.56.6.0/24	11000000	00111000	00000110	00000000
192.56.7.0/24	11000000	00111000	00000111	00000000

从上面的例子可以看出,CIDR 既可在一定程度上解决 B 类地址严重缺乏的问题,又能有效防止网络管理开销的膨胀。但在具体运行 CIDR 时必须遵守下列两个规则:

(1)网络号的范围必须是 2 的 N 次方,如 2、4、8、16 等。

(2)网络地址最好是连续的。

若能满足上述规则,就可以使用速算的方法来快速确定合并后超网的子网掩码。例如,一个单位需要 2000 多台计算机,若用二进制数表示 2000 时,需要使用至少 11 个比特位($2^{11}=$

2 048)。

因此,对于一个 32 bit 的 IP 地址来说,其中,11 位要用于主机号,剩余的 21 位就要作为网络号,从而得出子网掩码为 255.255.248.0。

值得一提的是,并不是所有的 C 类地址都可以作为超网的起始地址,只有一些特殊的地址可以使用,读者可以想一想,这类地址应具有什么特点?

另外,要使用可变长子网划分、CIDR 配置网络时,要求相关的路由器和路由协议必须能够支持。用于 IP 路由的路由信息协议 RIP 版本 2(RIPv2)和边界网关协议版本 4(BGPv4)都可以支持可变长子网划分和 CIDR,而 RIP 版本 1(RIPv1)则不支持。

5. 网络地址翻译

网络地址翻译(Network Address Translation,NAT)是一项与私有地址相关联的技术。私有地址既为企业或组织机构组建内部 IP 网络提供了足够充裕的地址,也减少了对 IP 地址资源的需求。目前,私有地址已经在企业或组织机构的内部 IP 网络中得到了广泛应用。但是,所有携带私有地址的 IP 数据包都不可能被路由至 Internet 上。因此,当使用私有地址的内部网络节点要与外部网络进行通信时,就会面临地址无法传递的问题。而当越来越多的私有网络选择与外面的 Internet 进行互联时,这个问题就变得更加突出。解决这个问题的思路之一是改用公有地址,但这会加剧当前 IP 地址匮乏的严重性。为此,引入了 NAT 技术。

NAT 是一种通过将私有地址转换为可以在公网上被路由的公有 IP 地址,实现私有地址节点与外部公网节点之间相互通信的技术。通过使用 NAT,内部主机可以使用同一个 IP 地址来与外部网络通信,这样只需较少的公共地址就可以支持众多的内部主机,从而节省了 IP 地址。另一方面,由于私有网络不通告其地址和内部拓扑,对外部网络隐藏内部 IP 地址,从而提高了网络的私密性。按照转换方式不同,NAT 可分为:

(1)静态 NAT:用在公网地址足够多的时候。可以将内部地址与公网地址建立一一对应的关系,常用于对公网提供公众服务,如 Web 服务器。

(2)动态 NAT:可以将多个内部地址映射为多个公网地址,常用于 DDN 专线上 Internet 网。

(3)端口地址转换(PAT):PAT(Port Address Translation)也称为 NAPT(Network Address Port Translation),就是将多个内部地址映射为一个公网地址,但以不同的协议端口号与不同的内部地址相对应。这种方式常用于公网地址不是很充足,不能保证每一个内部主机都可以分配的情况。

这里我们明确一下在 NAT 中使用的地址概念。

(1)内部局部地址——在内部网络上一个主机分配到的 IP 地址。这个地址不是网络信息中心(NIC)或服务提供商所分配的合法 IP 地址。

(2)内部全局地址——合法的 IP 地址(由 NIC 或服务供应商分配),向外部网络描述一个或多个本地 IP 地址。

(3)外部局部地址——出现在内部网络的一个外部主机的 IP 地址。不一定是合法地址,它可以在内部网络中从可路由的地址空间进行分配。

(4)外部全局地址——主机的拥有者在外部网络上分配给主机的 IP 地址。该地址可以从全局可路由地址或网络空间进行分配。

图 6-20 所示为 NAT 工作原理的简单示意图。提供了 NAT 功能的设备,一般运行在内部网络与外部网络的边界上。当内部网络的一台主机想要向外部网络中的主机进行数据传输

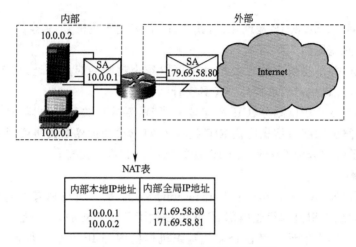

图 6-20   NAT 工作原理的简单示意图

时,它先将数据包发到 NAT 设备,NAT 设备上的 NAT 进程将首先查看 IP 包包头的内容,如果该包是被允许通过的,就用自己所拥有的一个全球唯一的 IP 地址替换掉包头内源地址字段中的私有 IP 地址,然后将数据包转发到外部网络的目标主机上。当外部主机回应包被发送回来时,NAT 进程将接收它,并通过查看当前的网络地址转换表,用原来的内部主机私有地址替换掉回应包中的公有目标地址,然后将该回应包送到内部网的相应源主机上。

通过多个私有地址节点共享一个或若干个全局地址,NAT 不仅有效实现了私有地址节点与公网节点之间的相互通信,还大幅降低了对全局地址的需求。然而,NAT 从根本上破坏了设计 TCP/IP 协议时所承诺的端到端通信原则,这个缺陷导致了某些应用(如 FTP、IPsec 等)失败。另外,网络边界上运行 NAT 的网络设备也很容易成为网络中的性能瓶颈,特别是大量的内部网主机共享少数几个外部公有地址时。

6.2.6   实践:划分子网并测试子网间的连通性

尽管子网编址的初衷是为了避免小型或微型网络浪费 IP 地址,但是,有时候将一个大规模的物理网络划分成几个小规模的子网是有益的。由于各个子网在逻辑上是独立的,因此,没有路由器的转发,子网之间的主机不可能相互通信,尽管这些主机可能处于同一个物理网络中。

在前面的实践中,我们已经组装了一个以太网。现在,以 3 台或 4 台计算机为一组,将组装好的以太网在逻辑上划分成多个子网。

分配给该网络的网络地址是 192.168.1.0,这是一个 C 类地址,通过合理地划分,可以满足本次实践的要求。最简单的子网划分方法就是利用最后一个字节前 4 位作为子网地址,后 4 位作为主机地址。这样,子网掩码为 255.255.255.240,子网号可以在 1 至 14 之间选择,而每个子网中的主机号从 1 开始直到 14。图 6-21 给出了按照这种方案进行子网划分的具体示意图。

在子网划分方案定好之后,就可以动手修改计算机的配置了。配置方法如下:

(1)启动 Windows 2000 Server,通过"开始"→"设置"→"控制面板"→"网络和拨号连接"→"本地连接"→"属性"进入"本地连接属性"对话框,如图 6-22 所示。

(2)选中"此连接使用下列项目"列表中的"Internet 协议(TCP/IP)",单击"属性"按钮,进

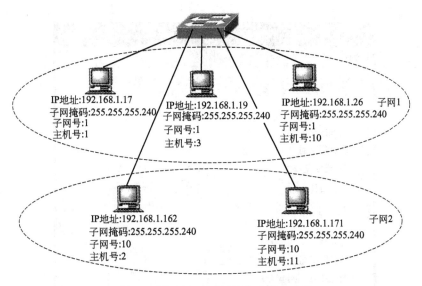

图 6-21　将一个以太网划分成多个子网

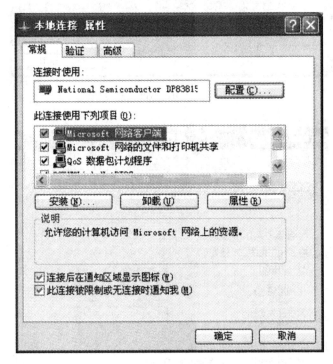

图 6-22　本地连接属性设置

行 TCP/IP 配置,如图 6-23 所示。

(3)按照图 6-21 给出的 IP 地址分配方案,修改计算机原有的 IP 地址配置,将正确的 IP 地址和子网掩码分别填入"IP 地址"和"子网掩码"文本框,如图 6-24 所示。单击"确定",返回"本地连接属性"界面。

(4)通过单击"本地连接属性"界面中的"确定"按钮。完成 IP 地址的修改和配置。

利用 ipconfig 或 ipconfig/all 命令可以获得主机的当前配置信息,ipconfig 命令可以查看网络的 IP 地址、子网掩码等配置情况,而 ipconfig/all 命令可以显示 TCP/IP 参数更详细的信

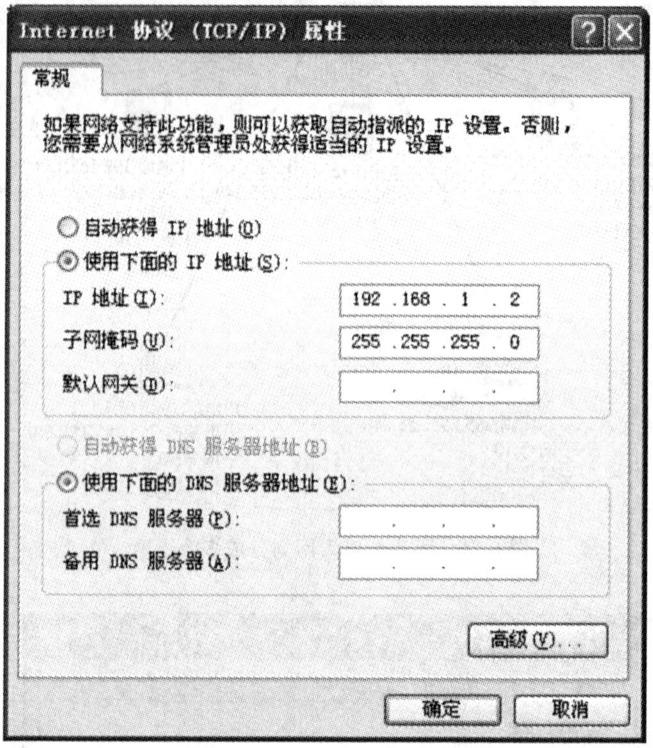

图 6-23　TCP/IP 协议设置界面

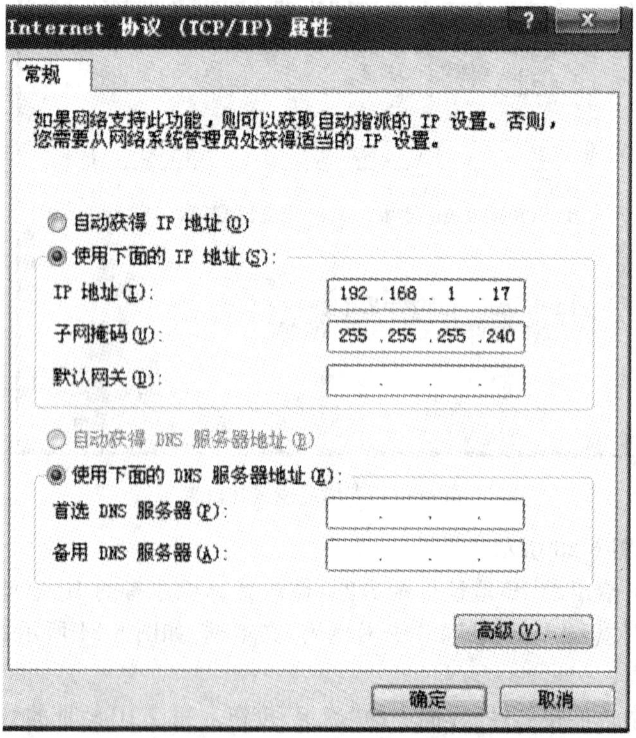

图 6-24　TCP/IP 协议设置

息,如 MAC 地址等。如图 6-25、图 6-26 所示。

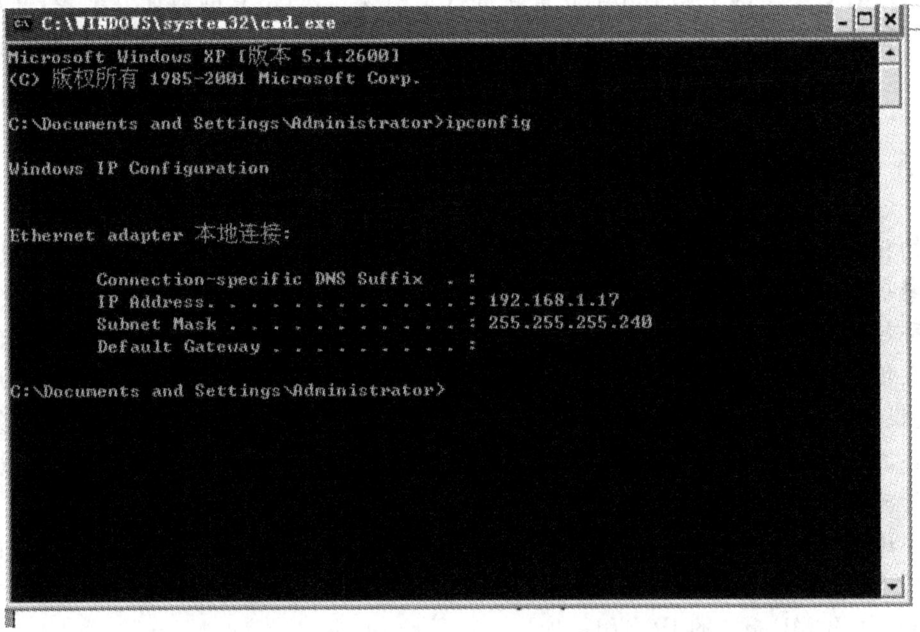

图 6-25　利用 ipconfig 命令显示网络配置

图 6-26　利用 ipconfig/all 命令显示网络配置

　　ping 命令依然是测试子网的划分、IP 地址分配和计算机配置是否正确的重要工具。用一台计算机去 ping 与自己处于同一子网的另一台计算机(如利用 IP 地址为 192.168.1.17 的计算机去 ping IP 地址为 192.168.1.19 的计算机),观察 ping 命令输出的结果,然后再用这台计算机去 ping 与自己处于不同子网的计算机(如 IP 地址为 192.168.1.162 的计算机),观察 ping 命令的输出结果有何变化。

在保证每个子网能容纳 3 至 4 台主机的情况下,子网可以按照多种方法进行划分。实践中你可以对 C 类子网 192.168.1.0 重新进行子网规划,写出它的地址分配表,并通过重新配置计算机的 IP 地址进行验证,以加深对 IP 地址、子网掩码、子网规划等 IP 编址问题的理解。

6.3 因特网控制消息协议(ICMP)

IP 协议提供的是一种无连接的、不可靠的、尽力而为的服务,不存在关于网络连接的建立和维护过程,也不包括流量控制与差错控制功能,在数据报通过互联网络的过程中,出现各种传输错误是难免的。而且对于源主机而言,一旦数据报被发送出去,那么对该数据报在传输过程中是否出现差错,是否顺利到达目标主机等就会变得一无所知。因此,需要设计某种机制来帮助人们对网络的状态有一些了解,包括路由、拥塞和服务质量等问题。因特网控制消息协议(Internet Control Message Protocol,ICMP)就是为了这个目的而设计的。

虽然 ICMP 属于 TCP/IP 网际层的协议,但它的报文并不直接传送给数据链路层,而是先封装成 IP 数据报后再传送给数据链路层。若一个 IP 数据报中的协议字段值为 1,就表明这是一个封装了 ICMP 报文的 IP 分组。

ICMP 定义了多种消息类型,这些消息类型可分为差错报文、控制报文和查询报文三大类。差错报文和控制报文又进一步分为不可达目的地、超时、参数问题、源端抑制和重定向路由;查询报文又分为回声请求与应答、时间标记请求与应答、地址掩码请求与应答、路由器询问与通告。

6.3.1 ICMP 差错报文

ICMP 作为 IP 层的差错报文传输机制,最基本的功能是提供差错报告。但 ICMP 协议并不严格规定对出现的差错采取什么处理方式。事实上,源主机接收到 ICMP 差错报告后,常常需将差错报告与应用程序联系起来,才能进行相应的差错处理。

ICMP 差错报告都是采用路由器到源主机的模式,也就是说,所有的差错信息都需要向源主机报告。一方面是因为 IP 数据报本身只包含源主机地址和目的主机地址,将错误报告给目的主机显然没有意义(有时也不可能);另一方面,互联网中各路由器独立选路,发现问题的路由器不可能知道出错 IP 数据报经过的路径,从而无法将出错情况通知相应路由器。

ICMP 差错报文有以下两个特点:

(1)差错报告不享受特别优先权和可靠性,作为一般数据传输。在传输过程中,它完全有可能丢失、损坏或被抛弃;

(2)ICMP 差错报告是伴随着抛弃出错 IP 数据报而产生的。IP 软件一旦发现传输错误,首先把出错报文抛弃,然后调用 ICMP 向源主机报告差错信息。

ICMP 出错报告包括目的地不可达报告、超时报告、参数出错报告等。

1. 目的地不可达报告

路由器的主要功能是进行 IP 数据报的路由选择和转发,但是路由器的路由选择和转发并不是总能成功的。在路由选择和转发出现错误的情况下,路由器便发出目的地不可达报告,如图 6-27 所示。

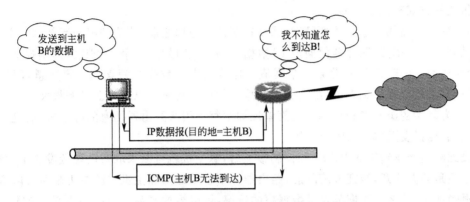

图 6-27　ICMP 向源主机报告目的地不可达

目的地不可达可以分为网络不可达、主机不可达、协议和端口不可达等多种情况。根据每一种不可达的具体原因,路由器发出相应的 ICMP 目的地不可达差错报告。

2. 超时报告

在 IP 互联网中,每个路由器独立地为 IP 数据报选路。一个路由器的路由选择出现问题,IP 数据报的传输就有可能出现兜圈子的情况。

利用 IP 数据报报头的生存周期字段,可以有效地避免 IP 数据报在互联网中无休止地循环传输。一个 IP 数据报一旦到达生存周期,路由器立刻将其抛弃。与此同时,路由器也产生一个 ICMP 超时差错报告,通知源主机该数据报已被抛弃。

产生超时报告报文的另一种情况是:当组成报文的所有分段未能在某一时限内到达目的主机时,也要产生超时报文。当第一个分段到达时,目的主机就启动计时器。当计时器的时限到了,目的主机没有收到所有分段时,它就丢弃已有的分段,并向源端发送超时报文。

3. 参数出错报告

另一类重要的 ICMP 差错报文是参数出错报文,报告错误的 IP 数据报报头和错误的 IP 数据报选项参数等情况。一旦参数错误严重到机器不得不抛弃 IP 数据报时,机器便向源主机发送此报文,指出可能出现错误的参数位置。

6.3.2　ICMP 控制报文

IP 层控制主要包括拥塞控制、路由控制两大内容,与之对应,ICMP 提供相应的控制报文。

1. 拥塞控制与源抑制报文

所谓的拥塞就是路由器被大量涌入的 IP 数据报"淹没"的现象。造成拥塞的原因有以下两种:

(1)路由器的处理速度太慢,不能完成 IP 数据报排队等日常工作;

(2)路由器传入数据速率大于传出数据速率。

无论何种形式的拥塞,就其实质而言,都在于没有足够的缓冲区存放大量涌入的 IP 数据报。一旦有足够的缓冲区,路由器总可以将传入的数据报存入队列,等待处理,而不至于被"淹没"。

为了控制拥塞,IP 软件采用了源站抑制(source quench)技术,利用 ICMP 源抑制报文抑制源主机发送 IP 数据报的速率。路由器对每个接口进行密切监视,一旦发现拥塞,立即向相应源主机发送 ICMP 源抑制报文,请求源主机降低发送 IP 数据报的速率。通常,IP 软件发送源抑制报文的方式有以下 3 种：

(1)如果路由器的某输出队列已满，那么在缓冲区空出之前，该队列将抛弃新来的 IP 数据报。每抛弃一个数据报，路由器便向该 IP 数据报的源主机发送一个 ICMP 源抑制报文。

(2)为路由器的输出队列设置一个阈值。当队列中的数据报积累到一定数量，超过阈值后，如果再有新的数据报到来，路由器就向数据报的源主机发送 ICMP 源抑制报文。

(3)更为复杂的源站抑制技术不是简单地抑制每一引起路由器拥塞的源主机，而是有选择地抑制 IP 数据报发送率较高的源主机。

当收到路由器发给它的 ICMP 源抑制报文后，源主机就可以采取行动降低发送 IP 数据报的速率。但是需要注意，当拥塞解除后，路由器并不主动通知源主机。源主机是否可以恢复发送数据报的速率，什么时候恢复发送数据报的速率，可以根据当前一段时间内是否收到 ICMP 源抑制报文自主决定。

2. 路由控制与重定向报文

在 IP 互联网中，主机可以在数据传输过程中不断地从相邻的路由器获得新的路由信息。通常，主机在启动时都具有一定的路由信息，这些信息可以保证主机将 IP 数据报发送出去，但经过的路径不一定是最优的。路由器一旦检测到某 IP 数据报经非优路径传输，它一方面继续将该数据报转发出去，另一方面将向主机发送一个路由重定向 ICMP 报文，通知主机去往相应目的主机的最优路径。这样主机经过不断积累便能掌握越来越多的路由信息。ICMP 重定向机制的优点是保证主机拥有一个动态的、既小且优的路由表。

但是，ICMP 重定向机制只能用于同一网络的路由器与主机之间，如图 6-28 中主机 A 与路由器 R1、R2 之间，主机 B 与路由器 R4、R5 之间，对路由器之间的路由刷新无能为力。

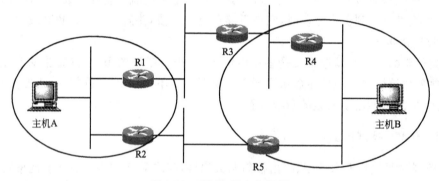

图 6-28　ICMP 重定向机制

6.3.3　ICMP 查询报文

为了便于进行故障诊断和网络控制，ICMP 还设计了 ICMP 查询报文对，用于获取某些有用的信息。

1. 回应请求与应答

回应请求/应答 ICMP 报文对用于测试目的主机或路由器的可达性，如图 6-29 所示。请求者(某主机)向特定目的 IP 地址发送一个包含任选数据区的回应请求，要求具有目的 IP 地址的主机或路由器响应。当目的主机或路由器收到该请求后，发出相应的回应应答。

由于请求/应答 ICMP 报文均以 IP 数据报形式在互联网中传输，所以如果请求者成功收到一个应答(应答报文中的数据拷贝与请求报文中的任选数据完全一致)，则可以说明：

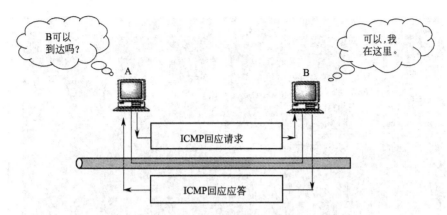

图 6-29　回应请求/应答 ICMP 报文对用于测试可达性

（1）目的主机（或路由器）可以到达。

（2）源主机与目的主机（或路由器）的 ICMP 软件和 IP 软件工作正常。

（3）回应请求/应答 ICMP 报文经过的中间路由器的路由选择功能正常。

2. 时间戳请求与应答

设计时间戳请求/应答 ICMP 报文是同步互联网上主机时钟的一种努力，尽管这种时钟同步技术的能力是极其有限的。

IP 层软件利用时间戳请求/应答 ICMP 报文从其他机器获取其时钟的当前时间，经估算后再同步时钟。

3. 掩码请求与应答

在主机不知道自己所处网络的子网掩码时，可以利用掩码请求 ICMP 报文向路由器询问。路由器在收到请求后以掩码应答 ICMP 报文形式通知请求主机所在网络的子网掩码。

6.3.4　实践:ping 命令和 tracert 命令的剖析与使用

大部分操作系统和网络设备都会提供一些 ICMP 工具程序，方便用户测试网络连线状况。如在 Unix、Linux、Windows 和网络设备中都集成了 ping 和 tracert 命令。我们经常使用这些命令来测试网络的连通性和可达性。下面以 Windows 2000 Server 为例，介绍两种常见的 IC-MP 工具程序。

1. ping 命令

ping 命令就是利用回应请求/应答 ICMP 报文来测试目的主机或路由器的可达性。不同网络操作系统对 ping 命令的实现稍有不同，较复杂实现方法是发送一系列的回应请求 ICMP 报文、捕获回应应答并提供丢失数据报的统计信息。网管人员可利用 ping 工具程序诊断网络的问题。

一般在去某一站点时，可以先运行一下该命令看看该站点是否可达。图 6-30 所示为测试返回的信息。以上返回了 4 个测试数据包，其中 bytes＝32 表示测试中发送的数据包大小是 32 个字节；time＜1 ms 表示与对方主机往返一次所用的时间小于 1 ms；TTL＝128 表示当前测试使用的 TTL(Time To Live)值（系统默认值为 128）。测试表明连接非常正常，没有丢失数据包，响应很快。对于局域网的连接，数据包丢失越少和往返时间越小则越正常。如果数据包丢失率高，响应时间非常慢，或者各数据包不按次序到达，那么就有可能是硬件有问题。

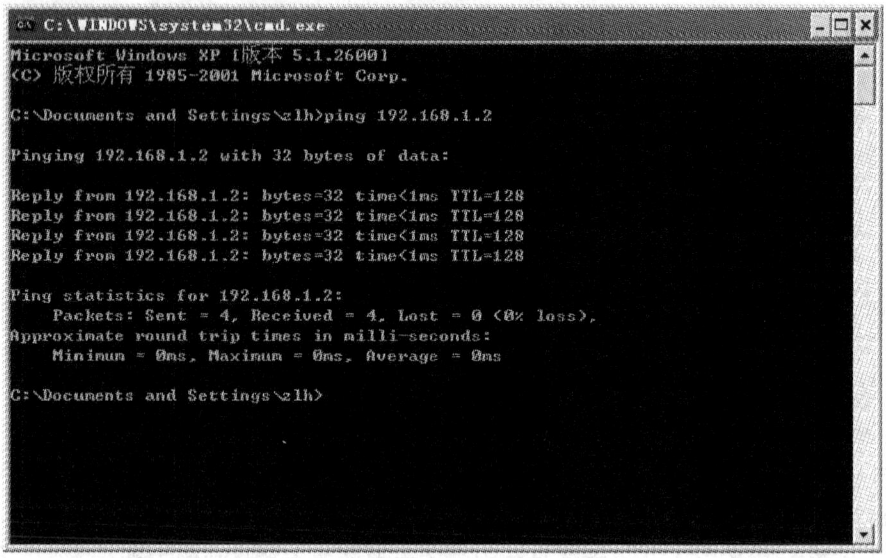

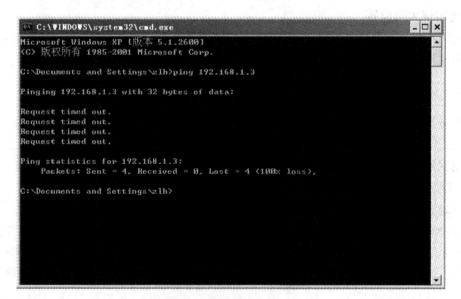

图 6-30 测试返回的信息

关键的统计信息是：

(1)一个数据包往返传送需要多长时间,它显示在"time＝"之后；

(2)数据包丢失的百分比,它显示在 ping 输出结束处的总统计行中。

如果网络有问题,则可能返回如图 6-31 所示的响应失败信息。

图 6-31 返回响应失败信息

出现此种情况时,就要仔细分析一下网络故障出现的原因了,可参考下列步骤,利用 ping 工具程序,由近而远逐步锁定问题所在。

(1)ping 127.0.0.1

127.0.0.1 是所谓的 Loopback 地址。目的地址为 127.0.0.1 的信息包不会送到网络上,而是送至本机的 Loopback 驱动程序。此一操作主要是用来测试 TCP/IP 协议是否正常运作。

（2）ping 本机 IP 地址

若步骤 1 中本机 TCP/IP 设置正确，接下来可试试看网络设备（网卡）是否正常。若网卡有问题，则不会响应。

（3）ping 对外连接的路由器

也就是 ping"默认网关"的 IP 地址。若成功，代表内部网络与对外连接的路由器正常。

（4）ping 互联网上计算机的 IP 地址

可以随便找一台互联网上的计算机，ping 它的 IP 地址。如果有响应，代表 IP 设置全部正常。

（5）ping 互联网上计算机的网址

找一台互联网上的计算机，ping 它的网址，例如：www. sina. com. cn（sina 的 WWW 服务器）。如果有响应，代表 DNS 设置无误。

如果执行 ping 成功而网络仍无法使用，那么问题很可能出在网络系统的软件配置方面，ping 成功只能保证当前主机与目的主机间存在一条连通的物理路径。

如果用 ping 命令都失败了，这时注意 ping 命令显示的出错信息，这种出错信息通常分为四种情况：

（1）unknown host（不知名主机），该远程主机的名字不能被 DNS（域名服务器）转换成 IP 地址。网络故障可能为 DNS 有故障，或者其名字不正确，或者系统与远程主机之间的通信线路有故障。

（2）network unreachable（网络不能到达），这是本地系统没有到达远程系统的路由。

（3）no answer（无响应），远程系统没有响应。这种故障说明本地系统有一条到达远程主机的路由，但远程主机却接收不到它发给该远程主机的任何报文。这种故障可能是：远程主机没有工作，或者本地或远程主机网络配置不正确，或者本地或远程的路由器没有工作，或者通信线路有故障，或者远程主机存在路由选择问题。

（4）Request time out，如果在指定时间内（默认 1000 ms）没有收到应答数据包，则 ping 就认为该计算机不可达。数据包返回时间越短，Request time out 出现的次数越少，则意味着与此计算机的连接越稳定和速度越快。

在 Windows 2000 操作系统中，除了可以使用简单的"ping 目的 IP 地址"形式外，还可以使用 ping 命令的选项。完整的 ping 命令形式为：

ping［选项］目的 IP 地址

表 6-6 给出了 ping 命令各主要选项的具体含义。

表 6-6　ping 命令主要选项及其含义

选　项	含　义
-t	连续发送和接收回送请求和应答 ICMP 报文直到手动停止（Ctrl＋Break：查看统计信息，Ctrl＋C：停止 ping 命令）
-a	将 IP 地址解析为主机名
n count	发送回送请求 ICMP 报文的次数（默认值为 n）
-l size	发送探测数据包的大小（默认值为 32 Byte）
-f	不允许分片（默认为允许分片）
-i TTL	指定生存周期
-r count	记录路由
-w timeout	指定等待每个回送应答的超时时间（以 ms 为单位，默认值为 1000）

下面,通过一些实例来介绍 ping 命令的具体用法。

(1)连续发送 ping 探测报文

在有些情况下,连续发送 ping 探测报文可以方便互联网的调试工作。例如,在路由器的调试过程中,可以让测试主机连续发送 ping 测试报文,一旦配置正确,测试主机可以立即报告目的地可达信息。

连续发送 ping 探测报文可以使用"-t"选项。图 6-32 给出了利用"ping -t 192.168.1.2"命令连续向 IP 地址为 192.168.1.2 的主机发送 ping 探测报文的情况。其中,可以使用 Ctrl＋Break 显示发送和接收回送请求/应答 ICMP 报文的统计信息,也可使用 Ctrl＋C 结束 ping 命令。

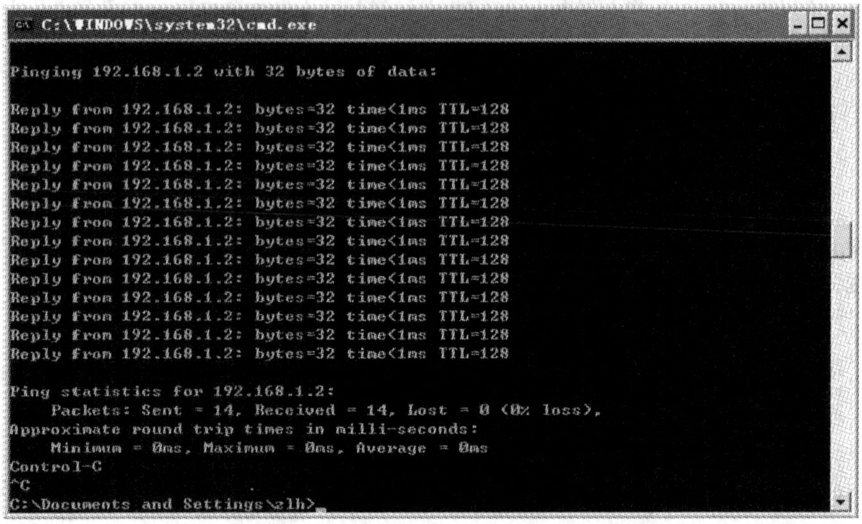

图 6-32　连续发送 ping 探测报文

(2)自选数据长度的 ping 探测报文

在默认情况下,ping 命令使用的探测报数据长度为 32 Byte。如果希望使用更大的探测数据报可以使用"-l"选项。图 6-33 利用"ping -l 1450 192.168.1.2"向 IP 地址为 192.168.1.2

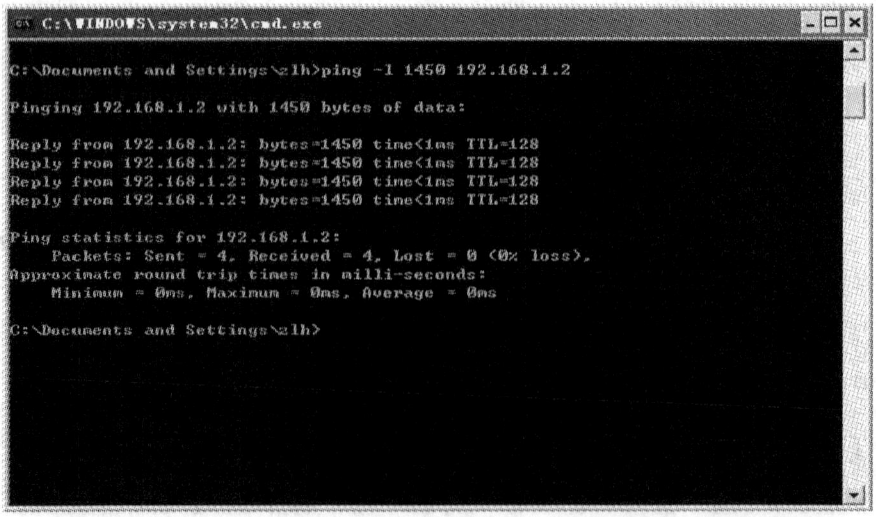

图 6-33　自选数据长度的 ping 探测报文

的主机发送数据长度为 1 450 Byte 的探测数据报。

（3）不允许路由器对 ping 探测报文分片

主机发送的 ping 探测报文通常允许中途的路由器分片，以便使探测报文通过最大传输单元（MTU）较小的网络。如果不允许 ping 报文在传输过程中被分片，可以使用"f"选项。

如果指定的探测报文的长度太长，同时又不允许分片，探测数据报就不可能到达目的地并返回应答。例如，在以太网中，如果指定不允许分片的探测数据报长度为 2 000 Byte，那么，系统将给出目的地不可达报告，如图 6-34 所示。同时使用"-f"和"-l"选项，可以对探测报文经过路径上的最小 MTU 进行估计。

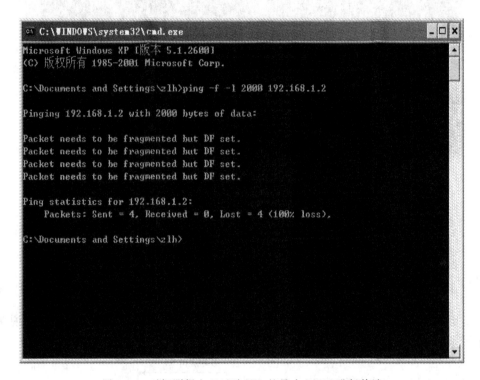

图 6-34　对探测报文经过路径上的最小 MTU 进行估计

（4）修改 ping 命令的请求超时时间

默认情况下，系统等待 1 000 ms（1 s）的时间以便让每个响应返回。如果超过 1 000 ms，系统将显示"请求超时（request timed out）"。在 ping 探测数据报经过延迟较长的链路时（如卫星链路），响应可能会花更长的时间才能返回，这时可以使用"-w"选项指定更长的超时时间。"ping -w 5000 192.168.1.2"指定超时时间为 5 000 ms，如图 6-35 所示。

2. tracert 命令

tracert 实用程序（在 Unix 平台下一般称为 trace route）可以查看计算机获取的网络数据，确定数据包为到达目的地所必须经过的有关路径，并指明哪个路由器在浪费时间。

（1）tracert 的原理

这里首先假设如下的网络环境，如图 6-36 所示。

若从 A 主机执行 tracert，并将目的地设为 B 主机，则 tracert 会利用以下步骤，找出沿途所经过的路由器，如图 6-37 所示。

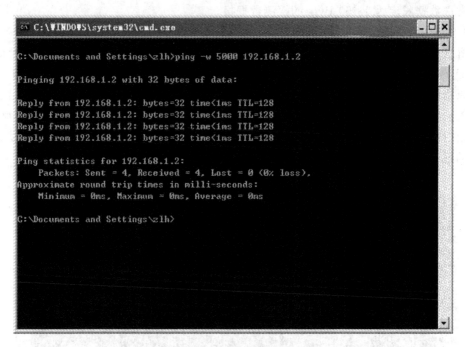

图 6-35　修改 ping 命令的请求超时时间为 5 000 ms

图 6-36　网络拓扑实例

　　a. 发出响应请求信息包,该信息包的目的地设为 B,存活时间设为 1。为了方便说明,我们将所有信息包都加以命名,此信息包命名为"响应请求 1"。

　　b. R1 路由器收到"响应请求 1"后,因为存活时间为 1,因此会丢弃此信息包,然后发出"传送超时 1"给 A。

　　c. A 收到"传送超时 1"之后,便可得知 R1 为路由过程中的第一个路由器。接着,A 再发出"响应请求 2",目的地设为 B 的 IP 地址,存活时间设为 2。

　　d."响应请求 2"会先送到 R1,然后再转送至 R2。到达 R2 时,"响应请求 2"的存活时间为 1,因此,R2 会丢弃此信息包,然后传送"传送超时 2"给 A。

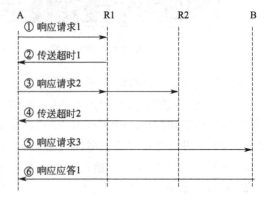

图 6-37　tracert 工作步骤

　　e. A 收到"传送超时 2"之后,便可得知到 R2 为路由过程中的第二个路由器。接着,A 再发出"响应请求 3",目的地设为 B 的 IP 地址,存活时间设为 3。

　　f."响应请求 3"会通过 R1、R2 然后转送至 B。B 收到此信息包后便会响应"响应应答 1"给 A。

g. A 收到"响应应答 1"之后便大功告成。

（2）tracert 的命令行语法

tracert［选项］目的 IP 地址或域名

表 6-7 给出了 tracert 命令各主要选项的具体含义。

表 6-7　tracert 的选项及其含义

选　项	意　义
-d	指定 tracert 不要将 IP 地址解析为主机名
-h	指定最大转接次数(实际上指定了最大的 TTL 值)
-w	指定超时值,以毫秒为单位
-J	允许用户指定非严格源路由主机(和 ping 相同,最大值为 9)

图 6-38 的信息显示出所经每一站路由器的反应时间、站点名称、IP 地址等重要信息,从中可判断哪个路由器最影响我们的网络访问速度。tracert 最多可以展示 30 个"跳步（hop）"。

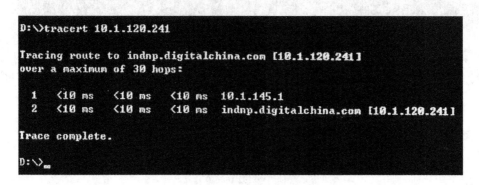

图 6-38　tracert 返回的信息

6.4　地址解析协议（ARP）与反向地址解析协议（RARP）

6.4.1　ARP

1. ARP 的作用

在互联网中,IP 地址能够屏蔽各个物理网络地址的差异,为上层用户提供"统一"的地址形式。但是这种"统一"是通过在物理网络上覆盖一层 IP 软件实现的,互联网并不对物理地址做任何修改。高层软件通过 IP 地址来指定源地址和目的地址,而低层的物理网络通过物理地址发送和接收信息。

在任何时候,当一个主机或路由器要发送数据包给另一个主机或路由器时,它必须有接收端的逻辑（IP）地址。但是 IP 数据包必须封装成帧才能通过物理网络,即使在数据包中给出了源 IP 地址和目标 IP 地址,这些地址也不可能被直接用于主机寻址,因数据链路层的硬件是不能识别因特网地址的,它们只能识别第二层的物理地址。例如,以太网中的主机是通过网卡连接到以太网链路中的,网卡只能识别 48 位的 MAC 地址而无法识别 32 位的 IP 地址。因此,为了在物理上实现 IP 数据报的传输,必须借助数据链路层的物理寻址功能。为了获得目标主机的物理地址,就需要在网络层提供从主机 IP 地址到主机物理地址的地址映射功能。

将 IP 地址映射到物理地址的实现方法有多种,每种网络都可以根据自身的特点选择适合于自己的映射方法。地址解析协议 ARP(Address Resolution Protocol)是以太网经常使用的映射方法,它充分利用了以太网的广播能力,将 IP 地址与物理地址进行动态联编(dynamic binding),如图 6-39 所示。

图 6-39 ARP 的作用

2. ARP 的工作机制

任何一个 IP 主机或路由器一旦启用了 ARP 功能,就会在本地 RAM 中维持一个用于存储 IP 地址与物理地址映射的数据表,该表被称为 ARP 表。ARP 表中包含两类地址映射信息,一类是静态映射信息,它们是由网络管理员或用户手工配置的 ARP 映射信息;另一类是动态映射信息,这类信息是由 ARP 自动学习得来的。图 6-40 所示为一个 ARP 表的实例。

```
C:\Documents and Settings\zlh>
C:\Documents and Settings\zlh>arp -a

Interface: 192.168.1.101 --- 0x10003
  Internet Address      Physical Address      Type
  192.168.1.1           00-41-57-58-7f-af     dynamic
  192.168.1.76          00-13-20-73-e4-14     dynamic

C:\Documents and Settings\zlh>_
```

图 6-40 ARP 表的实例

下面以图 6-41 所示的网络为例说明 ARP 的工作过程。

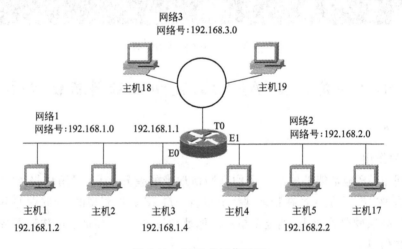

图 6-41 ARP 的工作过程

假设图 6-41 中的主机 1 要向主机 3 发送数据包。主机 1 将会以主机 3 的 IP 地址 192.168.1.4 为目标 IP 地址,以自己的 IP 地址 192.168.1.2 为源 IP 地址封装一个 IP 数据包。在数据包发送以前,主机 1 首先将本机的子网掩码分别和源 IP 地址、目标 IP 地址进行求"与"运算,并由此判断出源主机和目标主机位于同一网络中。即使如此,主机 1 还是不能立即启动帧的封装与发送,因为它还要找出目标主机的 MAC 地址。于是,主机 1 转向查找本地的 ARP 表,以确定在该表中是否有关于主机 3 的 IP 地址及其 MAC 地址的映射信息。

　　若在本地 ARP 表中存在主机 3 的 MAC 地址信息,则主机 1 的网卡立即以主机 3 的 MAC 地址为目标 MAC 地址,以其自己的 MAC 地址为源 MAC 地址进行帧的封装,并启动该帧的发送。所有位于网络 1 中的主机或接口都能接收到此帧并判断它是否是给自己的。作为目标主机的主机 3 在收到此帧后,除了要提取其中的源 IP 与 MAC 地址信息来更新自己的 ARP 表,即在 ARP 中添加一条新的 ARP 记录或更新已有的相应记录外,还要取出其中的 IP 分组交给自己的高层去处理。除主机 3 以外的其他主机或接口,在提取出其中的源 IP 与 MAC 地址信息来更新自己的 ARP 表之后,立即丢弃此帧。

　　若在本地缓存中不存在关于主机 3 的 MAC 地址映射信息,则主机 1 就会以广播帧形式向同一网络中的所有节点发送一个 ARP 请求(ARP request)。在这个广播帧中,源 MAC 地址字段中封装的是主机 1 的 MAC 地址,目标 MAC 地址字段中则是以全部的二进制"1"表示(相当于十六进制的"FFFFFFFFFFFF")的第二层广播地址,并在数据字段发出类似于"谁的 IP 地址是 192.168.1.4"的询问,这里 192.168.1.4 代表主机 3 的 IP 地址。网络 1 中的所有主机都会收到此广播帧并从中取出相应的 ARP 请求包,以判断自己是否就是主机 1 正在寻找的目标主机,并在此过程中利用该请求包中的源 IP 和源 MAC 地址信息来更新自己的 ARP 表。在所有收到该 ARP 广播的主机与接口中,只有作为目标主机的主机 3 会以自己的 MAC 地址信息为内容给主机 1 发出一个 ARP 回应(ARP reply)包,该回应包分别以主机 1 的 IP 地址和 MAC 地址为目标 IP 地址和目标 MAC 地址,以主机 3 的 IP 地址和 MAC 地址为源 IP 地址和源 MAC 地址。该 ARP 回应包在网络 1 中传输,主机 1 收到该 ARP 回应后,首先要将其中的 MAC 地址信息加入到本地 ARP 缓存中,然后启动以主机 3 的 MAC 地址为目标 MAC 地址、以自己的 MAC 地址为源 MAC 地址的数据帧的封装与发送过程。

　　在 ARP 表中添加或更新地址映射信息的操作被称为 ARP 更新(ARP update)。

　　3. 默认网关与代理 ARP

　　当源主机和目标主机不在同一网络中时,如图 6-41 中的主机 1 向主机 5 发送数据包,若继续采用上面所介绍的 ARP 广播方式来请求主机 5 的 MAC 地址就不会成功,因为第二层广播是不可能被第三层路由设备所转发的。此时,可以有两种解决方案。

　　(1)默认网关

　　默认网关(default gateway)是指与源主机位于同一网段中的某个路由器接口的 IP 地址,是主机的 IP 配置选项之一,一旦主机被配置了默认网关,则相应的参数设置就会被作为主机配置的一部分保存起来。以图 6-41 中的主机 1 为例,它的默认网关可以配置成路由器以太网接口 E0 的 IP 地址,即 192.168.1.1。Windows 主机上默认网关的配置界面如图 6-42 所示。

　　假设主机 1 已经被配置了默认网关,那么当主机 1 通过子网掩码运算发现主机 5 与自己不在同一网络中时,就会以默认网关的 MAC 地址为目标 MAC 地址,

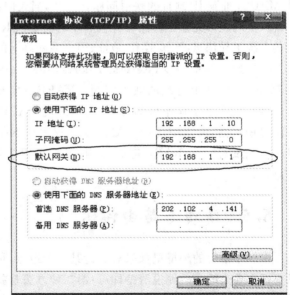

图 6-42　默认网关的配置界面

以自己的 MAC 地址为源 MAC 地址将发往主机 5 的分组封装成以太网帧后发送给默认网关，由路由器来进一步完成后续的数据传输。如果主机 1 的本地 ARP 缓存中不存在关于默认网关的 MAC 地址映射信息，那么主机 1 就会采取前面所介绍过的 ARP 广播方式获得，因为默认网关与主机 1 是位于同一网段中的。

(2)代理 ARP

代理 ARP 由 ARP 协议演变而来。在代理 ARP 中，网络中的某些路由器被配置成具有代理 ARP 功能，即这些路由器具备为它们所代理的子网中的所有主机完成 ARP 服务的能力。当代理 ARP 路由器在网络中捕获到一个 ARP 请求后，首先判断 ARP 请求包中的目标 IP 地址是否属于本地网络，如果属于本地网络，则会忽略或丢弃该 ARP 请求包。若 ARP 请求中目标 IP 地址不在本地网络中，那么该路由器就会以自己和这个发送 ARP 请求的源主机直接相连接口的物理地址作为参数回送一个 ARP 应答，从而使发出 ARP 请求的源主机可以利用路由器接口的物理地址将关于远程主机的 ARP 请求包封装成相应的帧发送给路由器，由路由器完成该 ARP 请求包到目标主机的后续转发工作。

注意，上述两种方案都要借助于路由器所提供的服务。通常，当一个源主机判断出目标主机与自己不在同一网络中时，首先要检查本机是否配置了默认网关，若有此项配置，会优先采用默认网关转发的方案。如果本机上没有配置默认网关，源主机才会转向代理 ARP 方案。如果本机没有设置默认网关，源主机直接相连的路由器又没有启用代理 ARP，那么主机的数据发送就会失败。

6.4.2 RARP

每一个主机或路由器都被指派一个或多个 IP 地址，这些地址是唯一的，且与机器的物理地址无关。要创建 IP 数据包，主机或路由器就要知道它自己的 IP 地址，一个机器的 IP 地址通常可以从存储在磁盘文件中的配置文件读取。

ARP 有效解决了 IP 地址到 MAC 地址的映射问题，但在网络中有时也需要反过来解决从 MAC 地址到 IP 地址的映射问题。例如，当人们在 IP 网络环境中启动无盘工作站时，就会出现这类问题。无盘工作站在开机启动时需要从 ROM 来引导系统，但是，在 ROM 中只有很少的系统引导信息，不包括 IP 地址，因为在网络上的 IP 地址是由管理员指派的。

反向地址解析协议(Reverse Address Resolution Protocol,RARP)可以被用于解决这种从 MAC 地址到 IP 地址的映射问题。RARP 的实现采用的是一种客户机——服务器工作模式。当一个无盘工作站启动时，它可以通过 RARP 的客户端程序去创建一个 RARP 请求并在网络中广播，网络中运行 RARP 服务程序的 RARP 服务器在收到该请求后，会给这个无盘工作站发送一个 RARP 应答分组，在该分组中将包含这个无盘工作站所需要的 IP 地址信息。

6.5 路由与路由协议

在一个陌生的环境里如果想到达某一个地点，可以有 3 种方法：第一种方法请一位向导，只要把你要去的目的地说清楚即可；第二种方法是找一张相关的地图，按图索骥；第三种方法是朝着目的地的方向边走边问，根据被询问的人提供的信息选择一条最近的路径。无论使用什么样的方法，目的是一样的，就是要找一条最近的路径到达要去的地方。互联网中的数据传送就非常类似于这种情况。已经知道要到达的目的地,但不知道具体走哪一条路径最好,可以通过上述方法让网络层设备确定一条最佳路径。

6.5.1　路由与路由表

路由是指对到达目标网络所进行的最佳路径选择。通俗地讲,就是解决"何去何从"的问题。路由是网络层最重要的功能,在网络层完成路由功能的专有网络互联设备称为路由器。除了路由器外,某些交换机里面也集成了带网络层功能的路由模块,带路由模块的交换机又被称为三层交换机。另外,在网络操作系统软件中也可以实现网络层的最佳路径选择功能,在操作系统中所实现的路由功能也被称为软件路由。不管是软件路由、路由模块还是路由器,虽然它们存在一些性能上的差异,但在实现路由功能的作用和原理上都是类似的。下面在提及路由设备时,将以路由器为代表。

路由器将所有关于如何到达目标网络的最佳路径信息以数据库表的形式存储起来,这种专门用于存放路由信息的表被称为路由表。路由表中的不同表项给出了到达不同目标网络所需要历经的路由器接口或下一跳(next hop)地址信息。

图 6-43 显示了通过 3 台路由器互联 4 个子网的简单例子。

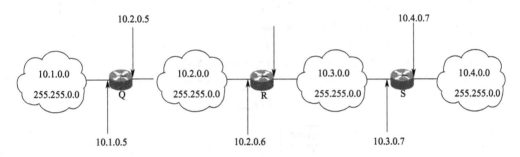

图 6-43　通过 3 台路由器互联 4 个子网

表 6-8 给出了路由器 R 的路由表。如果路由器 R 收到一个目的地址为 10.4.0.16 的 IP 数据报,那么它在进行路由选择时首先将该 IP 地址与路由表第一个表项的子网掩码 255.255.0.0 进行"与"操作,由于得到的操作结果 10.4.0.0 与本表项目的网络地址 10.2.0.0 不相同,说明路由选择不成功,需要对路由表的下一个表项进行相同的操作。当对路由表的最后一个表项操作时,IP 地址 10.4.0.16 与子网掩码 255.255.0.0"与"操作的结果 10.4.0.0,同目的网络地址 10.4.0.0 一致,说明选路成功。于是,路由器 R 将报文转发给该表项指定的下一路由器 10.3.0.7(即路由器 S)。当然,路由器 S 接收到该 IP 数据报后也需要按照自己的路由表,决定数据报的去向。

表 6-8　路由器 R 的路由表

子网掩码	要到达的网络	下一路由器
255.255.0.0	10.2.0.0	直接投递
255.255.0.0	10.3.0.0	直接投递
255.255.0.0	10.1.0.0	10.2.0.5
255.255.0.0	10.4.0.0	10.3.0.7

图 6-44 所示为一个路由表的实例。除了路由表外,在路由器中还有一个非常重要的功能

模块与路由直接相关,即路由选择模块。当路由器得到一个 IP 分组时,由路由选择模块根据路由表完成路由查询工作。路由选择模块的作用示意图如图 6-45 所示。

```
Code:C-connected,s-static,I-IGRP,R-RIP,M-mobile,B-BGP
       D-EIGPR,EX-EIGRP external,O-OSPF,IA-OSPF inter area
       E1-OSPF external type 1,E2-OSPF external type 2,E-EGP
       i-IS-IS,L1-IS-IS level 1,L2-IS-IS level 2
       * -candidate default
Gateway of last resort is not set

144.253.0.0 is subnetted(mask is 255.255.255.0).1 subnets
C    144.253.100.0 is directly connected.Ethernet1
R    133.3.0.0[120/2] via 144.253.100.200,00:00:57,Ethernet1
R    153.50.0.0[120/5]via 183.8.128.12,00:00:05,Ethernet0
     183.8.0.0 is subnetted (mask is 255.255.255.128),4 subnets
R    183.8.0.128[120/10]via 183.8.64.130,00:00:27,Serial1
     [120/10]via 183.8.128.130,00:00:27,serial 0
C    183.8.128.0 is directly connected,Ethernet0
C    183.8.64.128 is directly connected,Serial
C    183.8.128.128 is directly connected,Seiral 0
O    172.16.0.0[110/125660]via 144.253.100.1,00:00:55,Ethernet1
O    192.3.63.0[110/13334]via 144.253.100.200,00:00:58,Ethernet1
```

图 6-44　路由表的实例

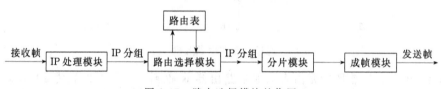

图 6-45　路由选择模块的作用

　　路由器的某一个接口在接收到帧以后,首先要将帧交给 IP 处理模块进行帧的拆封,从中分离出相应的 IP 分组交给路由模块。路由模块通过子网掩码求"与"运算,从 IP 分组中提取出目标网络号,并将目标网络号与路由表进行比对看能否找到一种匹配,即确定是否存在一条到达目标网络的最佳路径信息。若不存在匹配,则将相应的 IP 分组丢弃。若存在匹配,又进一步分成两种情况:

　　第一种情况是路由器发现目标主机就在其直接相连的某个网络中,此时,路由器就会去查找该目标 IP 地址所对应的 MAC 地址信息,并利用该地址信息将 IP 分组重新封装成目标网络所期望的帧,发送到直接相连的目标网络中。这种形式的分组转发又称为直接路由(direct routing)。

　　第二种情况是路由器无法定位最后的目标网络,即目标主机并不在路由器直接相连的任何一个网络中,但是路由器可以从路由表中找到一条与目标网络相匹配的最佳路径信息,如路由器转发接口的信息或下一跳路由器的 IP 地址等。在这种情况下,路由器需要将 IP 分组重新进行封装成发送端口所期望的帧转发给下一跳路由器,由下一跳路由器继续后续的分组转发。这种形式分组转发又称为间接路由(indirect routing)。

对路由器而言,上述这种根据分组的目标网络号查找路由表以获得最佳路径信息的功能被称为路由(routing),而将从接收端口进来的数据分组按照输出端口所期望的帧格式重新进行封装并转发(forward)出去的功能称为交换(switching)。路由与交换是路由器的两大基本功能。

下面以图 6-46 为例解释路由的过程。

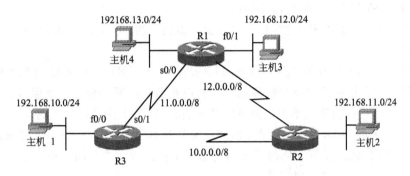

图 6-46　路由的过程

图 6-46 中由三台路由器 R1、R2、R3 把 4 个网络连接起来,它们是 192.168.10.0/24、192.168.11.0/24、192.168.12.0/24、192.168.13.0/24,3 台路由器的互联又需要 3 个网络,它们是 10.0.0.0/8、11.0.0.0/8、12.0.0.0/8。

假如主机 1 向主机 3 发送数据,而主机 1 和主机 3 不在同一个网络,数据要到达主机 3 需要经过两个路由器。主机 1 看不到这个图,它如何知道主机 3 在哪里呢? 主机 1 上配置了 IP 地址和子网掩码,知道自己的网络号是 192.168.10.0,它在把主机 3 的 IP 地址(这个地址 host1 知道)与自己的掩码做“与”运算,可以得知主机 3 的网络号是 192.168.12.0。显然两者不在同一个网络中,这就需要借助路由器来相互通信(如前所说,路由器就是在不同网络之间转发数据用的)。路由器就像是邮局,用户把数据送到路由器后,具体怎么“邮递”就是路由器的工作了,用户不必操心。所以,主机 1 得知目的主机与自己不在同一个网络时,它只需将这个数据包送到距它最近的 R3 就可以了,这就像我们只需把信件投递到离我们最近的邮局一样。

如同去邮局需要知道邮局所在的位置一样,主机 1 也需要知道 R3 的位置。在主机 1 上除了配置了 IP 地址和掩码外,还配置了另外一个参数——默认网关,其实就是路由器 R3 与主机 1 处于同一个网络的接口 f0/0 的地址。在主机 1 上设置默认网关的目的就是把去往不同于自己所在的网络的数据,发送给默认网关。只要找到了 f0/0 接口就等于找到了 R3。为了找到 R3 的 f0/0 接口的 MAC 地址,主机 1 使用了地址解析协议(ARP)。获得了必要信息之后,主机 1 开始封装数据包:

(1)把自己的 IP 地址封装在网络层的源地址域。

(2)把主机 3 的 IP 地址封装在网络层的目的地址域。

(3)把 f0/0 接口的 MAC 地址封装在数据链路层的目的地址域。

(4)把自己的 MAC 地址封装在数据链路层的源地址域。

之后,把数据发送出去。

路由器 R3 收到主机 1 送来的数据包后,把数据包解开到第三层,读取数据包中的目的 IP 地址,然后查阅路由表决定如何处理数据。路由表是路由器工作时的向导,是转发数据的依据。如果路由表中没有可用的路径，路由器就会把该数据丢弃。路由表中记录有以下内容（参照上面有关路由表的信息）：

(1)已知的目标网络号（目的地网络）。

(2)到达目标网络的距离。

(3)到达目标网络应该经由自己哪一个接口。

(4)到达目标网络的下一台路由器的地址。

路由器使用最近的路径转发数据，把数据交给路径中的下一台路由器，并不负责把数据送到最终目的地。

对于本例来说，R3有两种选择：一种选择是把数据交给R1，一种选择是把数据交给R2。经由哪一台路由器到达目标网络的距离近，R3就把数据交给哪一台。这里假设经由R1比经由R2近。R3决定把数据转发给R1，而且需要从自己的s0/1接口把数据送出。为了把数据送给R1，R3也需要得到R1的s0/0接口的数据链路层地址。由于R3和R1之间是广域网链路，所以它并不使用ARP，根据不同的广域网链路类型使用的方法不同。获取了R1接口s0/0的数据链路层地址后，R3重新封装数据：

(1)把R1的s0/0接口的物理地址封装在数据链路层的目标地址域中。

(2)把自己s0/1接口的物理地址封装在数据链路层的源地址域中。

(3)网络层的两个IP地址没有替换。

之后，把数据发送出去。

R1收到R3的数据包后所做的工作跟前面R3所做的工作一样，查阅路由表。不同的是在R1的路由表里有一条记录，表明它的f0/1接口正好和数据声称到达的网络相连，也就是说主机3所在的网络和它的f0/1接口所在的网络是同一个网络。R1使用ARP获得主机3的MAC地址并把它封装在数据帧头内，之后把数据传送给主机3。

至此，数据传递的一个单程完成了。

从上面的这个过程可以看出，为了能够转发数据，路由器必须对整个网络拓扑有清晰的了解，并把这些信息反映在路由表里。当网络拓扑结构发生变化的时候，路由器也需要及时地在路由表里反映出这些变化，这样的工作就是我们前面介绍的路由器的路由功能。路由器还有一项独立于路由功能的工作是交换/转发数据，即把数据从进入接口转移到外出接口。就是我们所说的路由器交换功能。

6.5.2　路由表的建立与维护

由以上介绍可知，在路由器中维持一个能正确反映网络拓扑与状态信息的路由表对于路由器完成路由功能至关重要。通常有两种方式可用于路由表信息的生成和维护，分别是静态路由和动态路由。

1. 静态路由

静态路由是指网络管理员根据其所掌握的网络连通信息以手工配置方式创建的路由表表项，也称为非自适应路由。静态路由实现简单而且开销较小。配置静态路由时要求网络管理员对网络的拓扑结构和网络状态有非常清晰的了解，而且当网络连通状态发生变化时，静态路由的更新也要通过手工方式完成。静态路由通常被用于与外界网络只有唯一通道的末节(stub)网络，也可用作网络测试、网络安全或带宽管理的有效措施。图6-47给出了一个末节网络的示例。

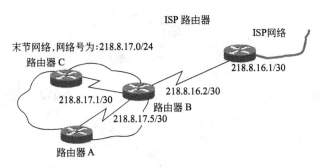

图 6-47　末节网络及默认路由的例子

　　但是,对于复杂的互联网拓扑结构,静态路由的配置会让网络管理员感到头痛。不但工作量很大,而且很容易出现路由环,致使 IP 数据报在互联网中兜圈子。如图 6-48 所示,由于路由器 R1 和 R2 的静态路由配置不合理,R1 认为到达网络 4 应经过 R2,而 R2 认为到达网络 4 应经过 R1。这样,去往网络 4 的 IP 数据报将在 R1 和 R2 之间来回传递。

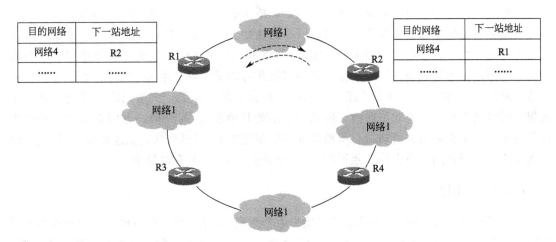

图 6-48　配置路由错误导致 IP 数据报在互联网中兜圈子

　　另外,在静态路由配置完毕后,去往某一网络的 IP 数据报将沿着固定路径传递。一旦该路径出现故障,目的网络就变得不可到达,即使存在着另外一条到达该目的网络的备份路径。如图 6-49 所示,在静态路由配置完成后,主机 A 到主机 B 的所有 IP 数据报都经过路由器 R1、R2、R4 传递。如果该路径出现问题(例如路由器 R2 故障),IP 数据报不会自动经备份路径 R1、R3、R4 到达主机 B,除非网络管理员对静态路由重新配置。

　　在静态路由中,有一种特殊的被称为默认(default)路由或缺省路由的路由设置。默认路由是为那些找不到直接匹配的目标网络所指出的转发端口(即指路由器没有明确路由可用时采用的路由)。默认路由不是路由器自动产生的,需要管理员人为设置,所以可以把它看作一条特殊的静态路由。引入默认路由是为了减少路由表的规模并降低路由表的维护开销,因为任何路由器都不可能将关于 Internet 中所有目标网络的最佳路径信息全部存放于自己的路由表中,否则会产生所谓的路由表"爆炸"。一旦路由器内设置了默认路由,那么所有找不到目标

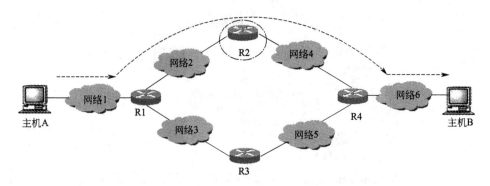

图 6-49　静态路由沿着固定路径传递 IP 数据报

网络匹配项的数据包将会从默认路由所给出的端口转发出去,进行后续的处理。若路由器内不存在默认路由的配置,则当数据包在路由表中找不到关于目标网络的匹配项时,就要被丢弃。

2. 动态路由

显然,当网络互联规模增大或网络中的变化因素增加时,仅依靠手工方式生成和维护一个路由表将会变得非常困难,同时也很难及时适应网络状态的变化。此时,可采用一种能自动适应网络状态变化而对路由表信息进行动态更新和维护的路由生成方式,即动态路由。

动态路由是依靠路由协议自主学习而获得路由信息,又称为自适应路由。通过在路由器上运行路由协议并进行相应的路由协议配置,即可保证路由器自动生成并动态维护有关的路由信息。使用路由协议动态构建的路由表不仅能较好地适应网络状态的变化,如网络拓扑和网络流量的变化,同时也减少了人工生成与维护路由表的工作量。大型网络或网络状态变化频繁的网络通常都会采用动态路由。但动态路由的开销较大,其开销一方面来自运行路由协议的路由器为了交换路由更新信息所消耗的网络带宽资源,同时也来自处理路由更新信息、计算最佳路径时所占用的路由器本地资源,包括路由器的 CPU 与存储资源。

6.5.3　路由协议

从前面的路由过程看,路由器不是直接把数据送到目的地,而是把数据送给朝向目的地更近的下一台路由器,称为下一跳(next hop)路由器。为了确定谁是距离目的地更近的下一跳,路由器必须知道那些并非和它直连的网络,即目的地,这要依靠路由协议(routing protocol)来实现。

路由协议是路由器之间通过交换路由信息,负责建立、维护动态路由表,并计算最佳路径的协议。路由器通过路由协议把和自己直接相连的网络信息通告给它的邻居,并通过邻居通告给邻居的邻居。

通过交换路由信息,网络中的每一台路由器都了解到了远程的网络,在路由表里每一个网络号都代表一条路由。当网络的拓扑发生变化时,和发生变化的网络直接相连的路由器就会把这个变化通告给它的邻居,进而使整个网络中的路由器都知道此变化,及时地调整自己的路由表,使其反映当前的网络状况。

通过运行路由协议,路由器最终得到的路由信息可以从路由表中反映出来。

需要注意的是,协议分两种:

一种协议是能够为用户数据提供足够的被路由的信息,这种协议称为可路由协议,比如

IP 协议。但 IP 数据报只能告诉路由设备数据要往何处去,目标主机或网络是谁,并没有解决如何去的问题。

另一种协议是为路由器寻找路径的协议,称为路由协议(又称主动路由协议)。路由协议提供了关于如何到达既定目标的路径信息。即路由协议为 IP 数据包到达目标网络提供了路径选择服务,而 IP 协议则提供了关于目标网络的逻辑标识并且是路由协议进行路径选择服务的对象,因此人们又将 IP 协议这类规定网络层分组格式的网络层协议称为被动路由(routed)协议。

以下所提到的路由协议都是指主动路由协议。

1. 路由选择算法

路由选择算法是路由协议的核心,它为路由表中最佳路径的产生提供了算法依据。不同的路由协议有不同的路由选择算法,通常,评价一个算法的优劣要考虑以下一些因素:

(1)正确性

沿着路由表所给出的路径,分组一定能够正确无疑地到达目标网络或目标主机。

(2)简单性

在保证正确性的前提下,路由选择算法要尽可能的简单,以减少最佳路径计算的复杂度和相应的资源消耗,包括路由器的 CPU 资源和网络带宽资源等。

(3)健壮性

具备适应网络拓扑和通信量变化的足够能力。当网络中出现路由器或通信线路故障时,算法能及时改变路由以避免数据包通过这些故障路径。当网络中的通信流量发生变化时,如某些路径发生拥塞时,算法能够自动调整路由,以均衡网络链路中的负载。

(4)稳定性

当网络拓扑发生变化时,路由算法能够很快地收敛。即网络中的路由器能够很快地捕捉到网络拓扑的变化,并在最快时间内对到达目标网络的最佳路径有新的一致认识或选择。

(5)最优性

相对于用户所关心的那些开销因素,算法所提供的最佳路径确实是一条开销最小的分组转发路径。但是,由于不同的路由选择算法通常会采用不同的评价因子及权重来进行最佳路径的计算,因此在不同的路由算法之间,事实上并不存在关于最优的严格可比性。

路由选择算法在计算最佳路径时所考虑的因素被称为度量(metric)。常见的度量包括:

a. 带宽(bandwidth)——链路的数据传输能力,即数据传输速率。通常情况下,一条高带宽的通信链路要优于一条低带宽的通信链路;

b. 可靠性(reliability)——是指数据传输过程中的质量,通常用误码率来表示;

c. 延时(delay)——是指一个分组从源主机到达目标主机所需的时间,延时与分组所经过的网络链路的带宽、负载及所经过的路由器性能等都有关系;

d. 跳数(hop count)——是指从源主机到目标主机所需经过的路由器数目;

e. 费用(cost)——指为了传输分组所付出的链路费用,是根据带宽计算的一个值,也可以由管理员指定;

f. 负载(load)——路由器或链路的实际流量。

对于特定的路由协议,计算路由的度量并不一定全部使用这些参数,有些使用一个,有些使用多个。比如,后面要讲的 RIP 协议只使用跳数作为路由的度量,而 IGRP 会用到接口的带宽和延迟。

2. 路由协议的分类

（1）距离—矢量路由协议、链路—状态路由协议和混合型路由协议

按路由选择算法的不同，路由协议被分为距离—矢量（distance vector）路由协议、链路—状态（link state）路由协议和混合型路由协议三大类。距离—矢量路由协议的典型例子为路由消息协议（Routing Information Protocol，RIP）；链路—状态路由协议的典型例子则是开放最短路径优先协议（Open Shortest Path First，OSPF）；混合型路由协议是综合了距离—矢量路由协议和链路—状态路由协议的优点而设计出来的路由协议，如 IS-IS（Intermediate System-Intermediate System）协议就属于混合型路由协议。

（2）内部网关协议和外部网关协议

按照作用范围和目标的不同，路由协议可被分为内部网关协议和外部网关协议。内部网关协议（Interior Gateway Protocols，IGP）是指作用于自治系统以内的路由协议；外部网关协议（Exterior Gateway Protocols，EGP）是指作用于不同自治系统之间的路由协议。

自治系统（Autonomous System，AS）是指网络中那些由同一个机构操纵或管理、对外表现出相同路由视图的路由器所组成的网络系统，例如一所大学、一家公司的网络都可以构成自己的自治系统。自治系统由一个 16 位长度的自治系统号进行标识，该标识由 Inter NIC 指定并具有唯一性。一个自治系统的最大特点是它有权决定在本系统内所采用的路由协议。

引入自治系统的概念，相当于将复杂的互联网分成了两部分，一是自治系统的内部网络，二是将自治系统互联在一起的骨干网络。通常，自治系统内的路由选择被称为域内路由（inter-domain routing），而自治系统之间的路由选择则称为域间路由（intra-domain routing）。

关于内部网关协议和外部网关协议作用的简单示意图如图 6-50 所示。域内路由采用内部网关协议，域间路由使用外部网关协议。内部网关协议和外部网关协议的主要区别在于其工作目标不同，前者关注于如何在一个自治系统内部提供从源到目标的最佳路径，后者关注于如何在不同自治系统之间进行路由信息的传递或转换，并为不同自治系统之间的通信提供多种路由策略。

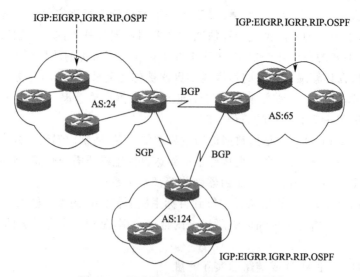

图 6-50　IGP 和 EGP 的作用范围示意图

前面所提到的 RIP 和 OSPF 属于内部网关协议，目前在 Internet 上广为使用的边界网关协议（Border Gateway Protocol，BGP）则属于典型的外部网关协议。

3. 距离—矢量算法与 RIP

距离—矢量路由选择算法,也称为 Bellman-Ford 算法。其基本思想是路由器周期性地向其相邻路由器广播自己知道的路由信息,用于通知相邻路由器自己可以到达的网络以及到达该网络的距离(通常用"跳数"表示),相邻路由器可以根据收到的路由信息修改和刷新自己的路由表。运行距离—矢量型路由协议的路由器向它的邻居通告路由信息时包含两项内容,一个是距离(跳数);一个是方向,它的出口方向。

RIP 为路由消息协议(Routing Information Protocol)的英文简称,属于距离—矢量路由协议,协议实现非常简单。它使用跳数作为路径选择的基本评价因子,跳数可理解为从当前节点到达目标网络所需经过的路由器数目。例如,若一个由 RIP 产生的路由表表项给出到达某目标网络的跳数为 4,则说明从当前节点到达该目标网络需要经过 4 个路由器的转发。

(1)构建路由表

基于距离—矢量的路由算法在路由器之间传送路由表的完整拷贝,如图 6-51 所示。而且这种传送是周期性的,路由器之间通过这样的机制对网络的拓扑变化进行定期更新。但是,即使没有网络的拓扑变化,这种更新依然定期发生。

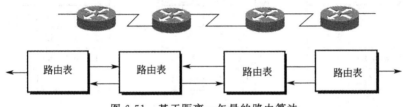

图 6-51　基于距离—矢量的路由算法

每个路由器都从与其直接相邻的路由器接收路由表。路由器根据从临近路由器接收的信息确定到达目的网络的最佳路径。但是距离—矢量法无法使路由器了解网络的确切拓扑信息。一台路由器所了解的路由信息都是它的邻居通告的。而邻居的路由表又是从它的邻居那里获得的,并不一定可靠,所以距离—矢量路由协议有"谣传协议"之称。这样一台一台地告诉过去,最终所有的路由器都知道了整个网络中的路由情况。

IP 路由功能默认是开启的,当路由器的接口配置了 IP 地址并"up"起来后,它们首先把自己直连的网络写入路由表,代表它已经识别的路由。如图 6-52 所示,路由表中有三项内容,第一项是网络号(也可以是子网),比如 10.0.0.0,表示目标路由,意思是它知道如何到达网络10.0.0.0;第二项是接口号,代表到达该网络的出口,即方向;第三项是距离,因为是直连的,没有跨越任何路由器,所以是 0 跳。

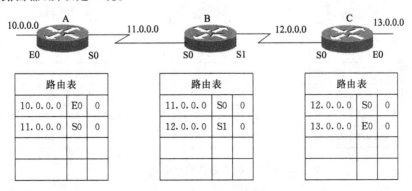

图 6-52　路由表的形成过程

在图 6-52 中，当 A、B、C 运行了 RIP 后，它们分别向邻居通告它们的路由表。A、C 向 B 通告，B 向 A、C 通告。A 通告两条路由，分别是到达网络 10.0.0.0 和 11.0.0.0 的路由，距离为在当前距离的基础上加 1，因为路由器 B 要想通过 A 到达上述两个网络，至少还要跨越 A，所以在原来的基础上再加 1。路由器 B 收到 A 的路由信息后更新自己的路由表。B 没有到达 10.0.0.0 的路由，因此要写入路由表，并标明距离是 1 跳，是从它的 S0 接口学习到的，即如果要到达 10.0.0.0 应该把数据从它的 S0 接口发出。到达 11.0.0.0 的路由 B 本身就有，而且距离为 0，因此当收到距离为 1 的路由更新信息时，由于没有自己已经识别的路由近，所以不采纳。同理，路由器 C 通告过来的两条路由中路由器 B 只采纳到达 13.0.0.0 这条路由。在 B 通告给 A 和 C 的路由信息中，A 只采纳到达 12.0.0.0 的路由，C 只采纳到达 11.0.0.0 的路由。这次更新过后的路由表如图 6-53 所示。

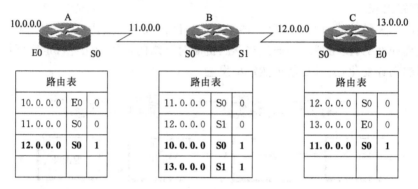

图 6-53　更新过后的路由表

当 B 的下一个更新周期到达时，B 把自己的路由表通告给 A 和 C，这 4 条路由分别是：11.0.0.0　hop=1；12.0.0.0　hop=1；10.0.0.0　hop=2；13.0.0.0　hop=2。

A 对照自己的路由表与这些路由进行比较：到达 10.0.0.0 和 11.0.0.0 的路由没有自己所知道的优，不采纳；到达 12.0.0.0 的和现有的路由相等，并且同是从 B 处通告来的，A 对该路由条目的老化时间进行刷新，重新计算老化时间；因为没有到达 13.0.0.0 的路由，所以采纳了到 13.0.0.0 的路由。

C 对照自己的路由表做同样的比较，最后采纳到达 10.0.0.0 的路由。此时的路由表如图 6-54 所示。

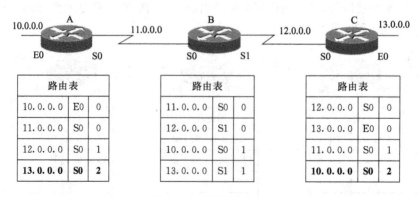

图 6-54　最终的路由表

至此，三台路由器对网络上所有应该了解的路由都学习到了，这种状态称为路由收敛，达到路由收敛状态所花费的时间叫做收敛时间(convergence time)。从上述过程可以看出,这种协议不适合运行在大型网络中,因为网络越大收敛越慢。在路由器的路由表没有收敛时是不能转发某些数据的,因为没有路由。所以快速收敛是人们的期望,它可以减少路由器不正确的路由选择。

(2)RIP 的特点

RIP 是距离—矢量路由选择算法在局域网上的直接实现。它规定了路由器之间交换路由信息的时间、交换信息的格式、错误的处理等内容。

在通常情况下,RIP 规定路由器每 30 s 与其相邻的路由器交换一次路由信息,该信息来源于本地的路由表,其中,路由器到达目的网络的距离以"跳数"计算。最大跳数限制为 15 跳。

RIP 除严格遵守距离—矢量路由选择算法进行路由广播与刷新外,在具体实现过程中还做了某些改进,主要包括:

a. 对相同开销路由的处理

在具体应用中,可能会出现有若干条距离相同的路径可以到达同一网络的情况。对于这种情况,通常按照先入为主的原则解决。如图 6-55 所示,由于路由器 R1 和 R2 都与网络 1 直接相连,所以它们都向相邻路由器 R3 发送到达网络 1 距离为 0 的路由信息。R3 按照先入为主的原则,先收到哪个路由器的路由信息报文,就将去往网络 1 的路径定为哪个路由器,直到该路径失效或被新的更短的路径代替。

b. 对过时路由的处理

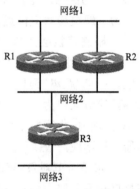

图 6-55　对相同开销路由的处理

根据距离—矢量路由选择算法,路由表中的一条路径被刷新是因为出现了一条开销更小的路径,否则该路径会在路由表中保持下去。按照这种思想,一旦某条路径发生故障,过时的路由表项会在互联网中长期存在下去。在图 6-55 中,假如 R3 到达网络 1 经过 R1,如果 R1 发生故障后不能向 R3 发送路由刷新报文,那么,R3 关于到达网络 1 需要经过 R1 的路由信息将永远保持下去,尽管这是一条坏路由。为了解决这个问题,RIP 规定,参与 RIP 选路的所有机器要为其路由表的每个表目增加一个定时器,在收到相邻路由器发送的路由刷新报文中如果包含关于此路径的表目,则将定时器清零,重新开始计时。如果在规定时间内一直没有再收到关于该路径的刷新信息,定时器溢出,说明该路径已经崩溃,需要将它从路由表中删除。RIP 规定路径的超时时间为 180 s,相当于 6 个 RIP 刷新周期。

(3)慢收敛问题及对策

慢收敛问题是 RIP 的一个严重缺陷。那么,慢收敛问题是怎么产生的呢? 下面以图 6-56 为例进行说明。

图 6-56(a)是一个正常的互联网拓扑结构,从 R1 可直接到达网络 1,从 R2 经 R1(距离为 1)可到达网络 1。正常情况下,R2 收到 R1 广播的刷新报文后,会建立一条距离为 1 经 R1 到达网络 1 的路由。现在,假设从 R1 到网络 1 的路径因故障而崩溃,但 R1 仍然可以正常工作。当然,R1 一旦检测到网络 1 不可到达,会立即将去往网络 1 的路由废除。然后会出现两种可能:

a. 在收到来自 R2 的路由刷新报文之前,R1 将修改后的路由信息广播给相邻的路由器 R2,于是 R2 修改自己的路由表,将原来经 R1 去往网络 1 的路由删除。这没有什么问题。

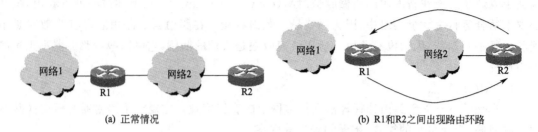

(a) 正常情况　　　　　　　　　　　　　　　　(b) R1和R2之间出现路由环路

图 6-56　慢收敛问题产生的原因

b. R2 赶在 R1 发送新的路由刷新报文之前，广播自己的路由刷新报文。该报文中必然包含一条说明 R2 经过一个路由器可以到达网络 1 的路由。由于 R1 已经删除了到达网络 1 的路由，按照距离—矢量路由选择算法，R1 会增加通过 R2 到达网络 1 的新路径，不过路径的距离变成了 2。这样，在路由器 R1 和 R2 之间就形成了路由环，R2 认为通过 R1 可以到达网络 1，R1 则认为通过 R2 可以到达网络 1。尽管路径的"距离"会越来越大，但该路由信息不会从 R1 和 R2 的路由表中消失。这就是慢收敛问题的产生原因。

为了解决慢收敛问题，RIP 协议采用了以下解决对策：

a. 限制路径最大"距离"对策：产生路由环以后，尽管无效的路由不会从路由表中消失，但是其路径的"距离"会变得越来越大。为此，可以通过限制路径的最大"距离"来加速路由表的收敛。一旦"距离"到达某一最大值，就说明该路由不可达，需要从路由表中删除。RIP 规定"距离"的最大值为 16，距离超过或等于 16 的路由为不可达路由。当然，在限制路径最大距离为 16 的同时，也限制了应用 RIP 的互联网规模。在使用 RIP 的互联网中，每条路径经过的路由器数目不应超过 15 个。

b. 水平分割对策：当路由器从某个网络接口发送 RIP 路由刷新报文时，其中不能包含从该接口获取的路由信息，这就是水平分割（split horizon）对策的基本原理。在图 6-56 中，如果 R2 不把从 R1 获得的路由信息再广播给 R1，R1 和 R2 之间就不可能出现路由环，这样就可避免慢收敛问题的发生。

c. 保持对策：仔细分析慢收敛的原因，会发现崩溃路由的信息传播比正常路由的信息传播慢了许多。针对这种现象，RIP 的保持（hold down）对策规定在得知目的网络不可到达后的一定时间内（RIP 规定为 60 s），路由器不接收关于此网络的任何可到达性信息。这样，可以给路由崩溃信息以充分的传播时间，使它尽可能赶在路由环形成之前传出去，防止慢收敛问题的出现。

d. 带触发刷新的毒性逆转对策：毒性逆转（poison reverse）对策的基本原理是当某路径崩溃后，最早广播此路由的路由器将原路由继续保留在若干路由刷新报文中，但指明该路由的距离为无限长（距离为 16）。与此同时，还可以使用触发刷新（trigged update）技术，一旦检测到路由崩溃，立即广播路由刷新报文，而不必等待下一刷新周期。

（4）RIP 与子网路由

RIP 的最大优点是配置和部署相当简单。早在 RIP 的第一个版本被 RFC 正式颁布之前，它已经被写成各种程序并被广泛使用。但是，RIP 的第一个版本是以标准的 IP 互联网为基础的，它使用标准的 IP 地址，并不支持子网路由。直到第二个版本的出现，才结束了 RIP 不能为子网选路的历史。与此同时，RIP 的第二个版本还具有身份验证、支持多播等特性。

4. 链路—状态算法与 OSPF 协议

在互联网中,OSPF 协议是另一种经常被使用的路由选择协议。OSPF 使用链路—状态路由选择算法,可以在大规模的互联网环境下使用。需要注意的是,与 RIP 相比,OSPF 协议要复杂得多。这里,仅对 OSPF 协议和链路—状态路由选择算法进行简单介绍。

链路—状态(L-S,Link Status)路由选择算法,也称为最短路径优先(SPF,Shortest Path First)算法。其基本思想是互联网上的每个路由器周期性地向其他路由器广播自己与相邻路由器的连接关系,例如链路类型、IP 地址和子网掩码、带宽、延迟、可靠度等,从而使网络中的各路由器能获取远方网络的链路状态信息,以使各个路由器都可以画出一张互联网拓扑结构图。利用这张图和最短路径优先算法,路由器就可以计算出自己到达各个网络的最短路径。

如图 6-57 所示,路由器 R1、R2 和 R3 首先向互联网上的其他路由器(R1 向 R2 和 R3,R2 向 R1 和 R3,R3 向 R1 和 R2)广播报文,通知其他路由器自己与相邻路由器的关系(例如,R3 向 R1 和 R2 广播自己通过网络 1 和网络 3 与路由器 R1 相连)。利用其他路由器广播的信息,互联网上的每个路由器都可以形成一张由点和线相互连接而成的抽象拓扑结构

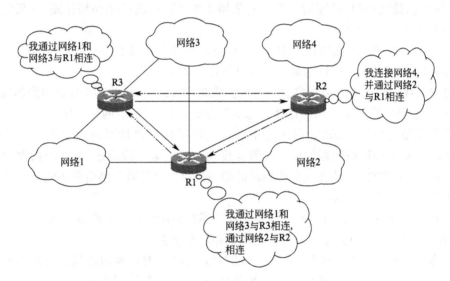

(a)　互联网上每个路由器向其他路由器广播自己与相邻路由器的关系

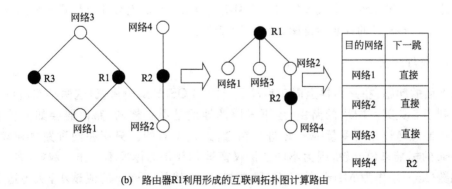

(b)　路由器R1利用形成的互联网拓扑图计算路由

图 6-57　链路—状态路由选择算法的基本思想

图,图 6-57(b)给出了路由器 R1 形成的抽象拓扑结构图。一旦得到了这张图,路由器就可以按照最短路径优先算法计算出以本路由器为根的 SPF 树,图 6-57(b)显示了以 R1 为根的 SPF 树。

SPF 算法有时也被称为 Dijkstra 算法,这是因为最短路径优先算法 SPF 是 Dijkstra 发明的。在 OSPF 路由协议中,最短路径树的树干长度,即 OSPF 路由器至每一个目的地路由器的距离,称为 OSPF 的 Cost,其算法为:Cost=10^8/链路带宽。

在这里,链路带宽以 bit/s 来表示。也就是说,OSPF 的 Cost 与链路的带宽成反比,带宽越高,Cost 越小,表示 OSPF 到目的地的距离越近。举例来说,FDDI 或快速以太网的 Cost 为 $1 \times [10^8/(100 \times 1\,024 \times 1\,024)]$,2M 串行链路的 Cost 为 $48 \times [10^8/(2 \times 1\,024 \times 1\,024)]$,10M 以太网的 Cost 为 10 等。

从以上介绍可以看到,链路—状态路由选择算法与距离—矢量路由选择算法有很大的不同,运行距离—矢量型路由协议的路由器依靠它的邻居获取远程网络和路由器的信息,不需要路由器了解整个互联网的拓扑结构,实际上它对远方的网络状况一无所知,仅是"听说"而已。链路—状态型协议则不同,它通过相邻路由器获取远方网络的链路状态信息,它对整个网络或既定区域的认识是直接的、完整的。并且它依赖于整个互联网的拓扑结构图,利用该图得到 SPF 树,再由 SPF 树生成路由表。

与 RIP 相比,OSPF 的优越性非常突出,并在越来越多的网络中开始取代 RIP 而成为首选的路由协议。OSPF 的优越性主要表现在以下几方面。

(1)协议的收敛时间短。当网络状态发生变化时,执行 OSPF 的路由器之间能够很快地重新建立起一个全网一致的关于网络链路状态的数据库,能快速适应网络变化。

(2)不存在路由环回。OSPF 路由器中的最佳路径信息通过对路由器中的拓扑数据库(topological database)运用最短路径优先算法得到。通过运用该算法,会在路由器上得到一个没有环路的 SPF 树的图,从该图中所提取的最佳路径信息可避免路由环回问题。

(3)支持 VLSM 和 CIDR。

(4)节省网络链路带宽。OSPF 不像 RIP 操作那样使用广播发送路由更新,而是使用组播技术发布路由更新,并且也只是发送有变化的链路状态更新。

(5)网络的可扩展性强。首先,在 OSPF 的网络环境中,对数据包所经过的路由器数目即跳数没有进行限制。其次,OSPF 为不同规模的网络分别提供了单域(single area)和多域(multiple area)两种配置模式,前者适用于小型网络。而在中到大型网络中,网络管理员可以通过良好的层次化设计将一个较大的 OSPF 网络划分成多个相对较小且较易管理的区域。单域 OSPF 与多域 OSPF 的简单示意图如图 6-58 所示。

6.5.4　管理距离

考虑下面的问题:在路由器上同时启动了 RIP 和 OSPF 路由协议,这两种路由协议都通过更新得到了有关某一网络的路由,但下一跳的地址是不一样的,路由器会如何转发数据包?大家可能想通过路由度量 Metric 进行衡量,这是不对的。只有在同种路由协议下,才能用 Metric 的标准来做比较,因为不同的协议衡量 Metric 的标准不一样。例如,在 RIP 中,只通过跳数(hop)来作为 Metric 的标准,跳数越少,也就是 Metric 的值越小,认为这条路径越好。而在 IGRP 中,就不是简单用跳数衡量的,而是用了带宽、延时等多种因素来计算 Metric 的值,所以不同协议的 Metric 值没有可比性。就如同我们要问 1 kg 和 13 cm 哪个大

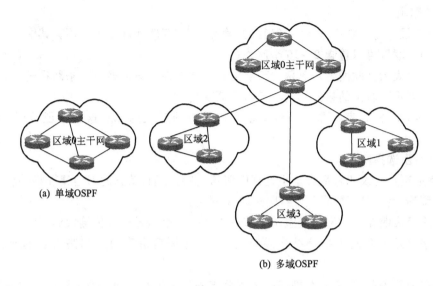

图 6-58　单域 OSPF 与多域 OSPF 的简单示意图

一样。

管理距离(administrative distance)是路由器用来评价路由信息可信度(最可信也意味着最优)的一个指标,又称路由的优先级。每种路由协议都有一个默认的管理距离。管理距离值越小,协议的可信度越高,也就等于这种路由协议学习到的路由最优秀。为了使人工配置的路由(静态路由)和动态路由协议发现的路由处在同等的可比原则下,静态路由也有默认管理距离,如表 6-9 所示。默认管理距离的设置原则是:人工配置的路由优于路由协议动态学习到的路由;算法复杂的路由协议优于算法简单的路由协议。从表中可以看到,路由协议 RIP 和 IGRP 的管理距离分别是 120 和 100。如果在路由器上同时运行这两个协议的话,路由表中只会出现 IGRP 协议的路由条目。因为 IGRP 的管理距离比 RIP 的小,因此 IGRP 协议发现的路由更可信。路由器只使用最可靠协议的最佳路由。虽然路由表中没有出现 RIP 协议的路由,但这不意味着 RIP 协议没有运行,它仍然在运行,只是它发现的路由在和 IGRP 协议发现的路由比较时落选了。

表 6-9　静态路由的默认管理距离

路由来源	管理距离	路由来源	管理距离
直连路由	0	OSPF	110
以一个接口为出口的静态路由	0	IS-IS	115
以下一跳为出口的静态路由	1	RIP	120
内部 EIGRP	90	外部 EIGRP	170
IGRP	100	未知(不可信路由)	255(不被用来传输数据流)

6.5.5　部署和选择路由协议

静态路由、RIP 路由选择协议、OSPF 路由选择协议都有其各自的特点,可以适应不同的互联网环境。

1. 静态路由

静态路由最适合于在小型的、单路径的、静态的 IP 互联网环境下使用。其中：

(1)小型互联网可以包含 2~10 个网络；

(2)单路径表示互联网上任意两个节点之间的数据传输只能通过一条路径进行；

(3)静态表示互联网的拓扑结构不随时间而变化。

一般来说，小公司、家庭办公室等小型机构建设的互联网具有这些特征，可以采用静态路由。

2. RIP 路由选择协议

RIP 路由选择协议比较适合于小型到中型的、多路径的、动态的 IP 互联网环境。其中：

(1)小型到中型互联网可以包含 10~50 个网络；

(2)多路径表明在互联网的任意两个节点之间有多个路径可以传输数据；

(3)动态表示互联网的拓扑结构随时会更改(通常是由于网络和路由器的改变而造成的)。

通常，在中型企业、具有多个网络的大型分支办公室等互联网环境中可以考虑使用 RIP。

3. OSPF 路由选择协议

OSPF 路由选择协议最适合较大型到特大型、多路径的、动态的 IP 互联网环境。其中：

(1)大型到特大型互联网应该包含 50 个以上的网络；

(2)多路径表明在互联网的任意两个节点之间有多个路径可以传播数据；

(3)动态表示互联网的拓扑结构随时会更改(通常是由于网络和路由器的改变而造成的)。

OSPF 路由选择协议通常在企业、校园、部队、机关等大型机构的互联网上使用。

6.5.6 实践：配置路由

路由的配置和维护是网络管理员的一项重要任务，路由的正确配置是保证互联网畅通的首要条件。掌握路由的配置过程和方法对理解互联网的工作机理非常有益。

1. 实践方案的选择

为了实践所学的内容，可以采用以下任意一种方案：

(1)路由器方案

互联网是将多个网络通过路由器相互连接而成的，因此，利用路由器组建互联网是天经地义的。而路由器的主要任务之一就是路由选择，用实际的路由器实践配置路由的方法和过程是最好的一种解决方案。

路由器通常具有两个或多个网络接口，可以同时连接不同的网络。路由器的型号不同，对 IP 数据报的转发速度也不同。不同品牌路由器的配置过程和方法存在很大的差异，有的采用命令行方式，有的采用图形界面方式，甚至有的采用基于 Web 的浏览器方式。因此，如果需要配置一个路由器的路由，就需要学习这种品牌路由器的专用配置方法。有关内容我们将在后续课程中重点学习。

(2)单网卡多 IP 地址方案

多数的网络操作系统(如 Windows 2000 Server、Unix、Linux、Netware 等)都可以将两个(或多个)IP 地址绑定到一块网卡。如果这两个(或多个)IP 地址分别属于不同的网络，那么，这些网络也可以相互连接而构成逻辑上的互联网。利用网络操作系统的这种特性和路由软件,可以组建更加廉价的实验性互联网。

　　将两个或多个 IP 地址绑定到一块网卡,构成一台具有单网卡多 IP 地址的计算机,这台计算机就可以在两个(或多个)逻辑网络之间转发数据报,实现路由功能。

　　图 6-59 给出了利用单网卡双 IP 计算机组建的互联网实践方案。从图 6-59 中可以看出,尽管从逻辑上这是 3 个网络通过两个路由设备相互连接而形成的互联网,如图 6-59(a)所示;但在物理上各个网络设备仍然连接到同一个以太网交换机或集线器,如图 6-59(b)所示。

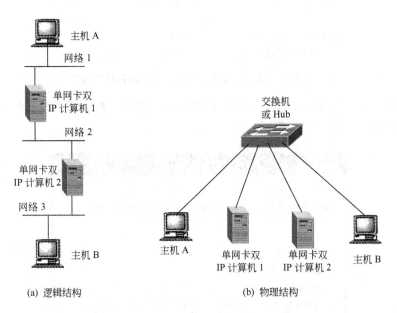

(a) 逻辑结构　　　　　　　　　　　(b) 物理结构

图 6-59　利用单网卡双 IP 计算机组建实验性互联网

2. 静态路由的配置过程

　　Windows 2000 Server 网络操作系统提供了很强的路由功能,而且可以将多个 IP 地址绑定到一块网卡上。下面以该实践方案为例,介绍静态和动态路由的配置过程。

　　不管是实际应用的互联网还是实验性的互联网,在进行路由配置之前都应该绘制一张互联网的拓扑结构图,用于显示网络、路由器以及主机的布局。与此同时,这张图还应反映每个网络的网络号、每条连接的 IP 地址以及每台路由器使用的路由协议。

　　图 6-60 给出了本次实践需要配置静态路由的互联网拓扑结构图。该互联网由 10.1.0.0、10.2.0.0 和 10.3.0.0 三个子网通过 R1、R2 两个路由设备相互连接而成。尽管图 6-60 中的 R1 和 R2 是由两台具有单网卡双 IP 地址的普通计算机组成,但由于它们需要完成路由选择和数据报转发等工作,因此,仍以路由器符号 ![路由器符号] 表示。

　　(1)配置主机 A 和主机 B 的 IP 地址和默认路由

　　配置主机 A 的 IP 地址与默认路由的方法如下:

　　第一步:启动计算机 A,在 Windows 2000 Server 桌面中通过"开始"→"设置"→"网络和拨号连接"→"本地连接"→"属性"进入"本地连接属性"窗口。

　　第二步:选中"此连接使用下列选定的组件"列表框中的"Internet 协议(TCP/IP)",单击"属性"按钮,系统将进入"Internet 协议(TCP/IP)属性"对话框。

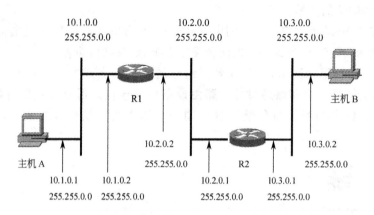

图 6-60　需要配置静态路由的互联网拓扑结构

第三步：在"Internet 协议(TCP/IP)属性"对话框中键入主机 A 的 IP 地址 10.1.0.1 和子网掩码 255.255.0.0，如图 6-61 所示。

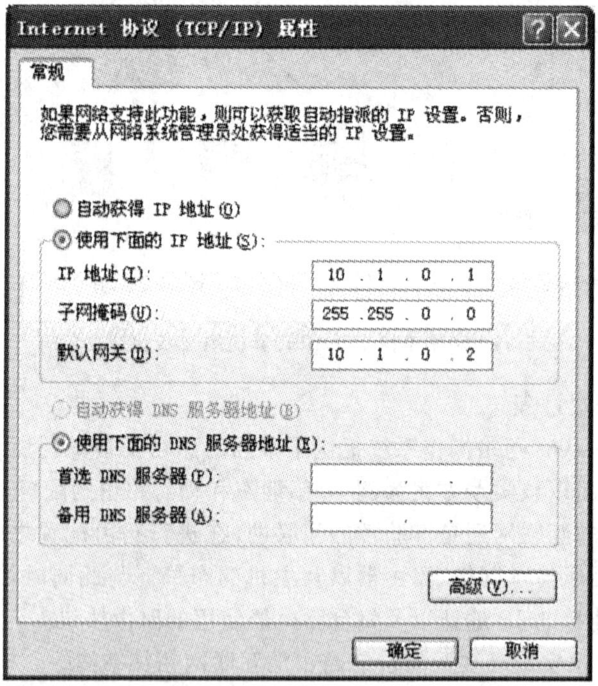

图 6-61　主机 A 的"Internet 协议(TCP/IP)属性"对话框

第四步：由于主机 A 将通过 R1 访问整个互联网，因此，把主机 A 的"默认网关"设为 R1 的 IP 地址 10.1.0.2，如图 6-61 所示。需要注意的是，一个主机默认路由的 IP 地址应与该主机的 IP 地址处于同一网络或子网(例如，主机 A 的默认路由应该为 10.1.0.2 而不是 10.2.0.2)。

第五步：单击"确定"按钮，从"Internet 协议(TCP/IP)属性"对话框返回"本地连接属性"窗口。然后，利用"本地连接属性"窗口中的"确定"按钮完成主机 A 的 IP 地址与默认路由的设置。

主机 B 的配置过程与主机 A 相同，只是主机 B 的 IP 地址为 10.3.0.2，默认路由为 10.3.0.1。

(2)配置路由设备 R1 和 R2 的 IP 地址

路由设备 R1 和 R2 通过将两个属于不同子网的 IP 地址绑定到一块网卡实现两个子网的互联。R1 把两个 IP 地址绑定到一块网卡的配置过程如下:

第一步:启动 R1,在 Windows 2000 Server 桌面中通过"开始"→"设置"→"网络和拨号连接"→"本地连接"→"属性"进入"本地连接属性"窗口。

第二步:选中"此连接使用下列选定的组件"列表框中的"Internet 协议(TCP/IP)",单击"属性"按钮,系统将进入"Internet 协议(TCP/IP)属性"对话框。

第三步:在"Internet 协议(TCP/IP)属性"对话框中单击"高级"按钮,将出现"高级 TCP/IP 设置"对话框,如图 6-62 所示。

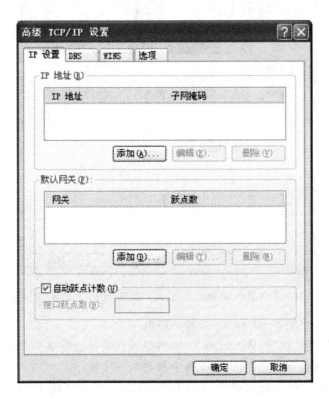

图 6-62 R1 的"高级 TCP/IP 设置"对话框

第四步:利用 IP 地址的"添加"按钮,就可以依次将 R1 的两个 IP 地址添加到"IP 地址"列表框,如图 6-63 所示。

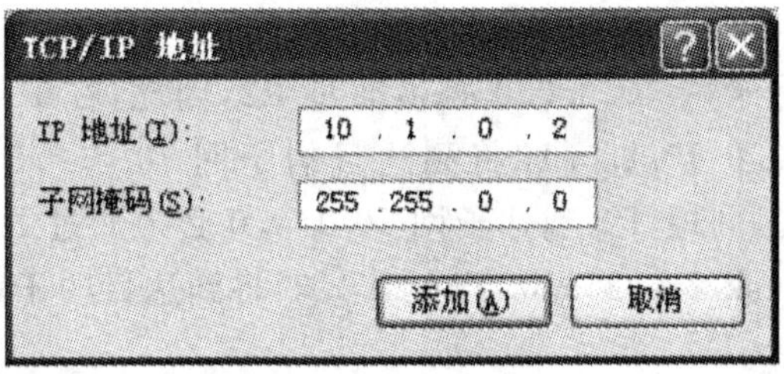

图 6-63 R1 的"TCP/IP 地址"添加对话框

第五步：完成两个 IP 地址添加后，如图6-64所示，单击"确定"按钮返回"Internet 协议（TCP/IP）属性"对话框。然后，通过单击"Internet 协议（TCP/IP）属性"对话框中的"确定"按钮和"本地连接属性"窗口中的"确定"按钮，结束 R1 的 IP 地址配置过程。

路由选择设备 R2 的 IP 地址配置过程与 R1 的配置过程完全相同，这里不再赘述。

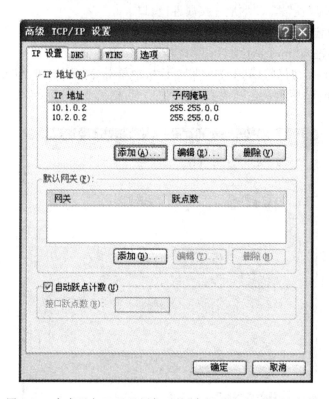

图 6-64　完成两个 IP 地址添加后的"高级 TCP/IP 设置"对话框

（3）利用命令行程序配置 R1 和 R2 的静态路由

与其他网络操作系统相同，Windows 2000 网络操作系统也提供一个叫做 route 的命令行程序，用于显示和配置机器的路由。route 命令具有如下功能。

a. 显示路由信息：route print 命令可用于显示和查看机器当前使用的路由表。如图 6-65 所示。

b. 加路由表项：在机器中增加一个路由表项，可以使用 route add 命令。

c. 删除路由：如果希望将路由表中的某个路由删除，可以使用 route delete 命令。

下面利用 route 命令配置图 6-60 中路由设备 R1 和 R2 的静态路由，其具体配置过程如下：

第一步：由于 R1 到达子网 10.3.0.0 必须通过 R2，因此，在 R1 上可以使用"route add 10.3.0.0 mask 255.255.0.0 10.2.0.1"将到达目的子网 10.3.0.0 的下一站指向 IP 地址 10.2.0.1，如图 6-66 所示。同理，R2 到达子网 10.1.0.0 必须通过 R1，因此，在 R2 上可以利用"route add 10.1.0.0 mask 255.255.0.0 10.2.0.2"将到达目的子网 10.1.0.0 的下一站指向 IP 地址 10.2.0.2。

第二步：虽然 R1 和 R2 已经配置了到达其他网络的路由，但是，在默认状态下，Windows 2000 Server 并不允许 IP 数据报转发。为了启动数据报转发，需要修改 Windows 2000 Server

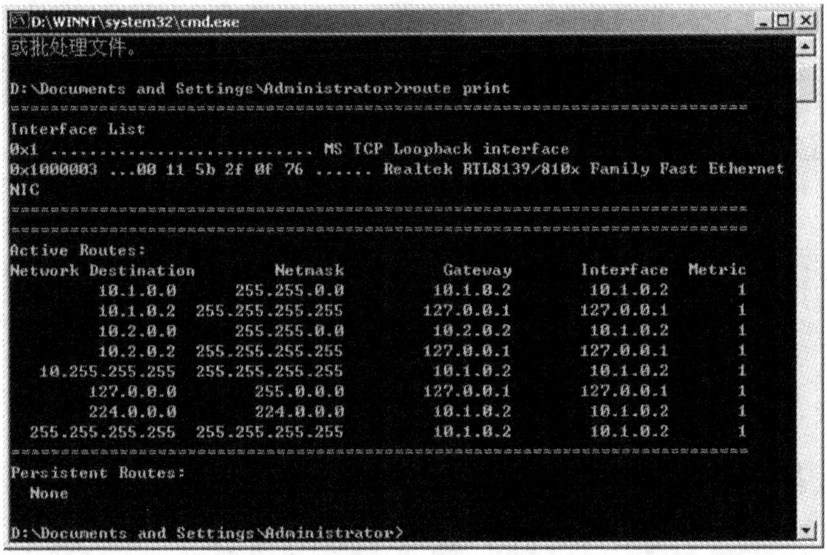

```
D:\WINNT\system32\cmd.exe
或批处理文件。

D:\Documents and Settings\Administrator>route print
===========================================================================
Interface List
0x1 ........................... MS TCP Loopback interface
0x1000003 ...00 11 5b 2f 0f 76 ...... Realtek RTL8139/810x Family Fast Ethernet
NIC
===========================================================================
===========================================================================
Active Routes:
Network Destination        Netmask          Gateway       Interface  Metric
         10.1.0.0      255.255.0.0         10.1.0.2        10.1.0.2       1
         10.1.0.2  255.255.255.255        127.0.0.1       127.0.0.1       1
         10.2.0.0      255.255.0.0         10.2.0.2        10.1.0.2       1
         10.2.0.2  255.255.255.255        127.0.0.1       127.0.0.1       1
   10.255.255.255  255.255.255.255         10.1.0.2        10.1.0.2       1
        127.0.0.0        255.0.0.0        127.0.0.1       127.0.0.1       1
        224.0.0.0        224.0.0.0         10.1.0.2        10.1.0.2       1
  255.255.255.255  255.255.255.255         10.1.0.2        10.1.0.2       1
===========================================================================
Persistent Routes:
  None

D:\Documents and Settings\Administrator>
```

图 6-65　使用 router print 显示的路由表

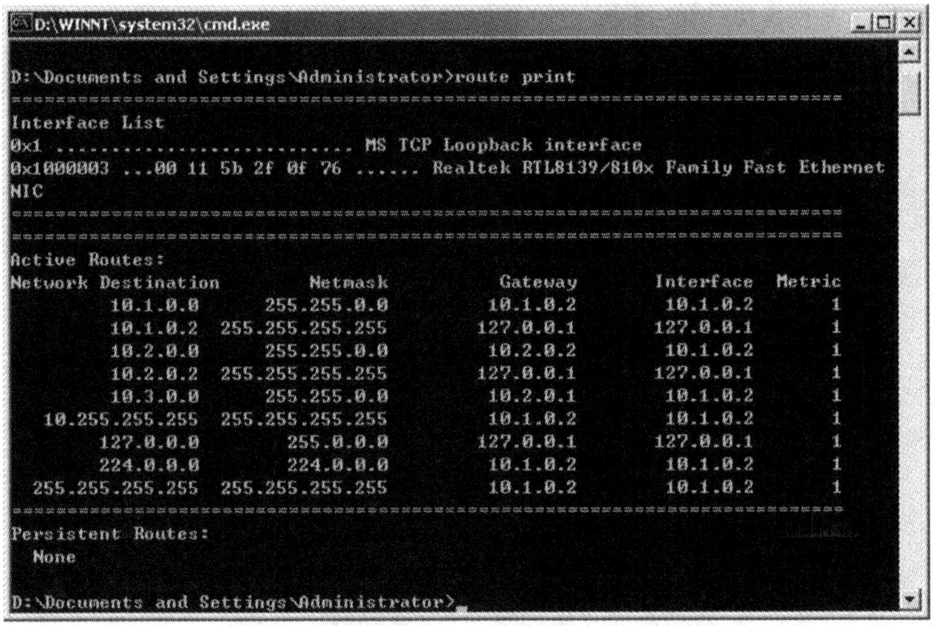

```
D:\WINNT\system32\cmd.exe

D:\Documents and Settings\Administrator>route print
===========================================================================
Interface List
0x1 ........................... MS TCP Loopback interface
0x1000003 ...00 11 5b 2f 0f 76 ...... Realtek RTL8139/810x Family Fast Ethernet
NIC
===========================================================================
===========================================================================
Active Routes:
Network Destination        Netmask          Gateway       Interface  Metric
         10.1.0.0      255.255.0.0         10.1.0.2        10.1.0.2       1
         10.1.0.2  255.255.255.255        127.0.0.1       127.0.0.1       1
         10.2.0.0      255.255.0.0         10.2.0.2        10.1.0.2       1
         10.2.0.2  255.255.255.255        127.0.0.1       127.0.0.1       1
         10.3.0.0      255.255.0.0         10.2.0.1        10.1.0.2       1
   10.255.255.255  255.255.255.255         10.1.0.2        10.1.0.2       1
        127.0.0.0        255.0.0.0        127.0.0.1       127.0.0.1       1
        224.0.0.0        224.0.0.0         10.1.0.2        10.1.0.2       1
  255.255.255.255  255.255.255.255         10.1.0.2        10.1.0.2       1
===========================================================================
Persistent Routes:
  None

D:\Documents and Settings\Administrator>
```

图 6-66　R1 增加到达子网 10.3.0.0 的路由

的注册表。在命令行中键入“regedt32”启动注册表编辑器，在注册表编辑器中定位“HKEY_LOCAL_MACHINE\SYSTEM\CurrentControlSet\Services\Tcpip\Parameters”表项，如图 6-67 所示，其中 IPEnableRouter 参数控制 IP 数据报的转发。如果 IPEnableRouter 为“REG_DWORD:0x0”，则不允许本机转发数据报；如果 IPEnableRouter 为“REG_DWORD:0x1”，则允许转发数据报。双击 IPEnableRouter，系统将弹出参数编辑对话框，可以修改 IPEnableRouter 的值。作为路由设备，R1 和 R2 应具有 IP 数据报的转发功能，因此，R1 和 R2 上的

IPEnableRouter 都必须修改为"REG_DWORD：0x1"。一旦修改完毕,退出注册表编辑程序,
R1 和 R2 即可正常工作,主机 A 与主机 B 也应能正常通信。

图 6-67　Windows 2000 Server 注册编辑器

(4)利用图形界面配置 R1 和 R2 的静态路由

除了可以利用命令行配置路由外,Windows 2000 Server 还可以通过图形界面配置路由。
R1 利用图形界面配置路由的过程如下所示。

第一步:启动 R1 上的 Windows 2000 Server,通过"开始"→"程序"→"管理工具"→"路由
和远程访问"进入"路由和远程访问"程序。如果这是第一次使用该程序,路由和远程访问将处
于禁止状态,程序的界面将如图 6-68 所示。

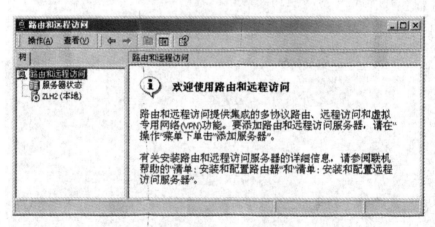

图 6-68　处于禁止状态时的路由和远程访问窗口

第二步:如果路由和远程访问处于禁止状态,首先需要启动和配置路由和远程访问。
右击需要配置的服务器,执行"配置并启用路由和远程访问"命令,系统将显示"路由和远程
访问服务器安装向导",如图 6-69 所示。安装向导是一种用户界面良好的应用程序,它可
以一步一步地引导用户完成安装和配置任务。在使用向导安装和配置路由和远程访问
服务器时,除了在"公共设置"页面中需要选择"网络路由器"之外,其他选项都可以使用
默认值。

在路由和远程访问启动后,程序的界面如图 6-70 所示。

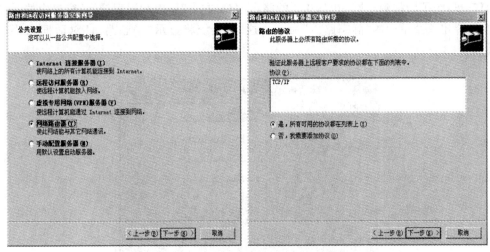

(a) 界面 (一)

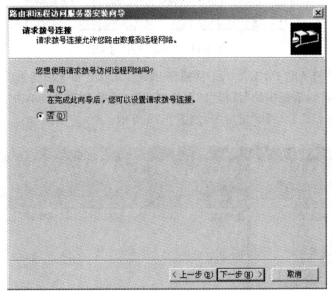

(b) 界面 (二)

图 6-69　"路由和远程访问服务器安装向导"界面

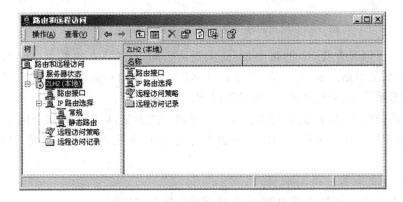

图 6-70　路由和远程访问启动后的程序窗口

第三步：为了增加到子网 10.3.0.0 的路由，需要右击"路由和远程访问"窗口中的"静态路由"，执行弹出式菜单中的"静态路由"命令。这时，系统将显示"静态路由"对话框，如图 6-71 所示。

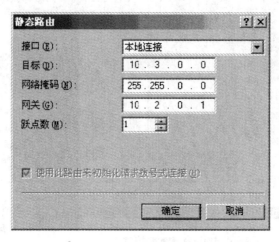

图 6-71 "静态路由"对话框

第四步：将目的子网 10.3.0.0、子网掩码 255.255.0.0 和下一路由器 IP 地址 10.2.0.1 分别填入"静态路由"对话框中的"目标"、"网络掩码"、"网关"文本框，单击"确定"按钮，增加的路由将显示在"路由和远程访问"窗口中，如图 6-72 所示。

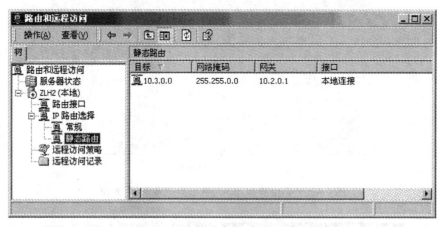

图 6-72 增加的路由显示在"路由和远程访问"窗口中

第五步：可以通过查看 R1 的路由表，证实到达子网 10.3.0.0 的路由已经加入。如果希望利用图形界面显示路由表，可以右击"路由和远程访问"窗口中的"静态路由"，然后执行弹出式菜单中的"显示 IP 路由选择表"命令即可，如图 6-73 所示。

至此，已经完成了 R1 的路由配置任务。按照同样的方法，可以将到达子网 10.1.0.0 的路由加到 R2 的路由表中。当 R1 和 R2 的路由配置完成后，主机 A 和主机 B 就可以相互交换数据了。

3. 动态路由的配置过程

下面，以 RIP 路由选择协议为例，介绍动态路由的配置过程。

我们知道，利用 RIP 作为路由选择协议的互联网直径不能超过 16 个路由器。如果一条

ZLH2 - IP 路由表

目标	网络掩码	网关	接口	跃点数	通讯协议
10.1...	255.255.0.0	10....	本...	1	本地
10.1...	255.255.255...	127...	环回	1	本地
10.2...	255.255.0.0	10....	本...	1	本地
10.2...	255.255.255...	127...	环回	1	本地
10.3...	255.255.0.0	10....	本...	1	静态（非请...
10.2...	255.255.255...	10....	本...	1	本地
10.2...	255.255.255...	10....	本...	1	本地
127....	255.0.0.0	127...	环回	1	本地
127....	255.255.255...	127...	环回	1	本地
224....	240.0.0.0	10....	本...	1	本地
224....	240.0.0.0	10....	本...	1	本地
255....	255.255.255...	10....	本...	1	本地
255....	255.255.255...	10....	本...	1	本地

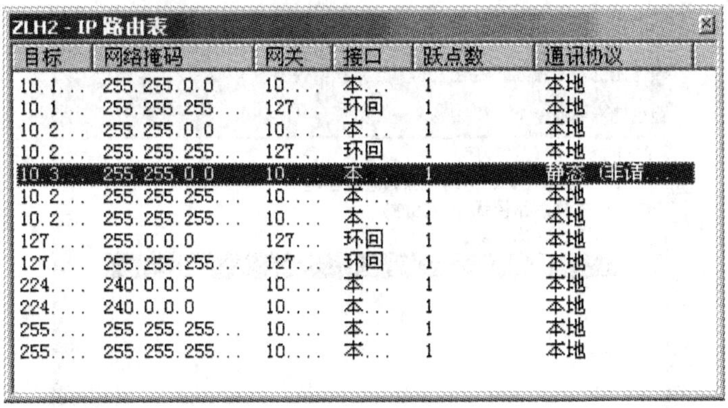

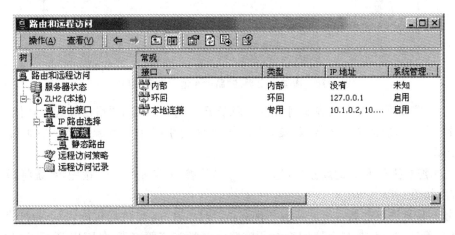

图 6-73 R1 的路由表

路由的“距离”值大于或等于 16，RIP 会认为这是一条无限长的路径，目的地不可达。但是，Windows 2000 路由软件认为，所有从非 RIP 协议获知的路由都有固定跳数 2。静态路由，甚至是直接连接到网络的静态路由，都被认为是非 RIP 路由。当 Windows 2000 的 RIP 路由软件公布其直接连接的网络时，即使只越过一个路由器，也会公布其距离为 2。因此，利用 Windows 2000 路由软件组建基于 RIP 协议的互联网，其最大直径为 14 个路由器。

与配置静态路由相同，在配置动态路由之前，也需要绘制一张用于显示网络、路由器以及主机布局的互联网拓扑结构图，本次动态路由配置实践和静态路由配置实践使用相同的互联网拓扑结构图，如图 6-60 所示。

在 Windows 2000 Server 中，配置 RIP 路由选择协议的过程非常简单。R1 和 R2 的 RIP 配置过程如下所示。

(1)启动 R1 上的 Windows 2000 Server，通过“开始”→“程序”→“管理工具”→“路由和远程访问”进入“路由和远程访问”程序，如图 6-74 所示。

图 6-74 “路由和远程访问”程序窗口

(2)右击“常规”选项，在弹出的菜单中执行“新路由选择协议”命令，系统则弹出“新路由选择协议”对话框，如图 6-75 所示。在这里，选中需要使用的路由协议“用于 Internet 协议的 RIP 版本 2”，单击“确定”按钮，“路由和远程访问”窗口将增加一个新的条目“RIP”，如图 6-76 所示。

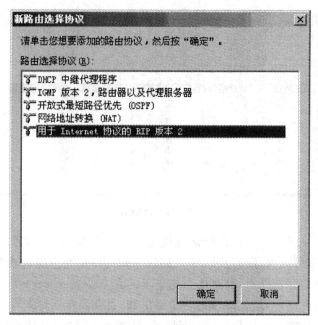

图 6-75　"新路由选择协议"对话框

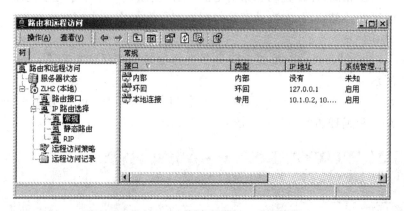

图 6-76　增加 RIP 后的"路由和远程访问"窗口

（3）现在,需要通知系统让哪个网络接口用于 RIP 协议。右击"路由和远程访问"窗口的"RIP"条目,在弹出的菜单中执行"新接口"命令,系统将引导用户将新的接口添加到 RIP,如图 6-77 所示。

（4）选择需要执行 RIP 的新接口（这里是"本地连接"）,单击"确定"按钮,系统将弹出"RIP 属性"窗口,如图 6-78 所示。

（5）由于 RIP 协议的版本 2 才支持子网路由,因此,在"传出数据包协议"下拉列表中选择"RIP 2 版广播"。当然,如果互联网上的所有路由器都支持第二版的 RIP,还可以在"传入数据包协议"下拉列表中选择"只是 RIP 2 版"。

（6）你还可以通过单击图 6-78 中的"高级"标签,进行"水平分割"、"毒性反转"等 RIP 的高级配置,如图 6-79 所示。

（7）单击"确定"按钮,新增加的接口将显示在"路由和远程访问"窗口之中,如图 6-80 所示。

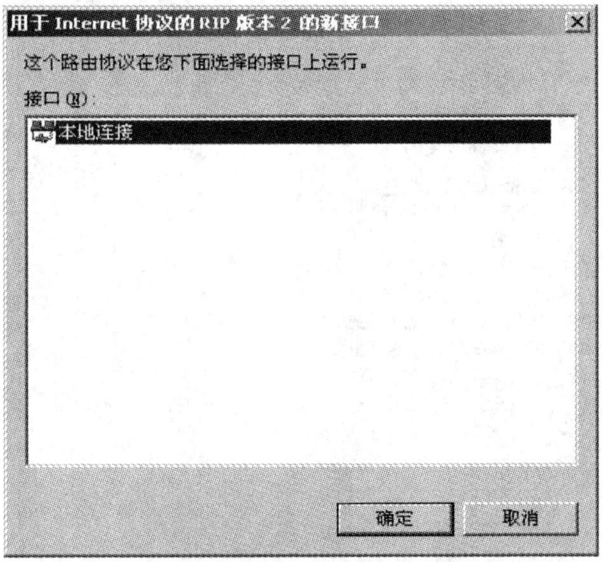

图 6-77 向 RIP 协议添加新接口

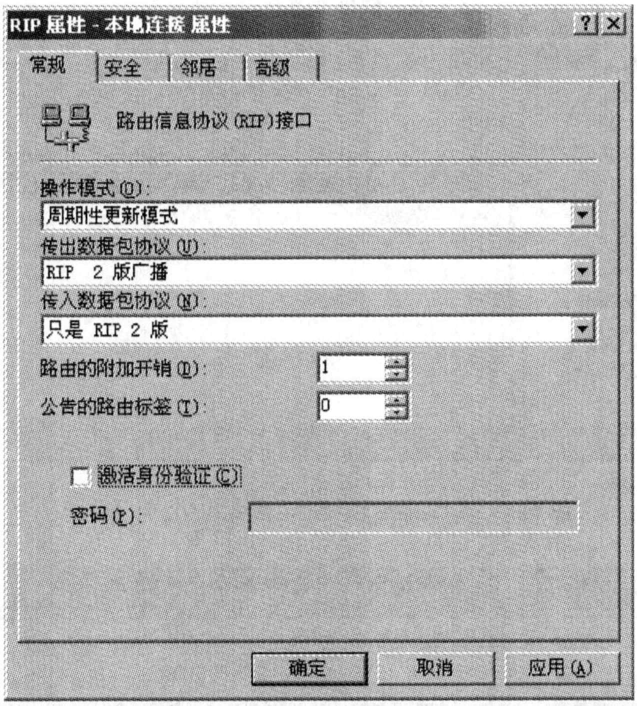

图 6-78 配置 RIP 协议在接口上的属性

至此,完成了 R1 的 RIP 路由协议配置。可以按照相同的步骤,在 R2 上配置 RIP。一旦配置完成,就可以通过右击"静态路由",执行弹出式菜单中的"显示 IP 路由选择表"命令,显示 R1 和 R2 的路由表,如图 6-81 和图 6-82 所示。从表中可以看到,R1 路由表中自动增加了到达子网 10.3.0.0 的路由,R2 路由表中自动增加了到达子网 10.1.0.0 的路由。

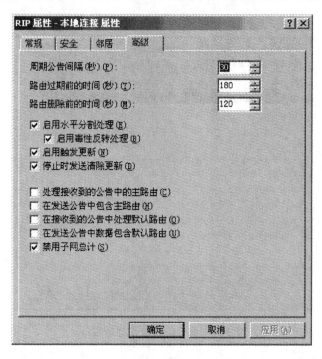

图 6-79 配置 RIP 的高级属性

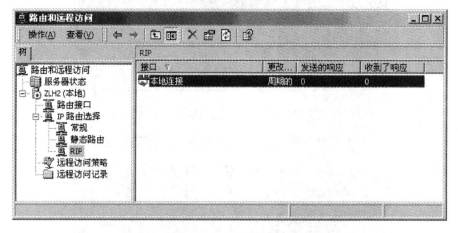

图 6-80 增加新接口后的"路由和远程访问"窗口

目标	网络掩码	网关	接口	跃点数	通讯协议
10.1.0.0	255.255.0.0	10.1.0.2	本地连接	1	本地
10.1.0.2	255.255.255.255	127.0.0.1	环回	1	本地
10.2.0.0	255.255.0.0	10.2.0.2	本地连接	1	本地
10.2.0.2	255.255.255.255	127.0.0.1	环回	1	本地
10.3.0.0	255.255.0.0	10.2.0.1	本地连接	3	RIP
10.255.255.255	255.255.255.255	10.2.0.2	本地连接	1	本地
10.255.255.255	255.255.255.255	10.1.0.2	本地连接	1	本地
127.0.0.0	255.0.0.0	127.0.0.1	环回	1	本地
127.0.0.1	255.255.255.255	127.0.0.1	环回	1	本地
224.0.0.0	240.0.0.0	10.2.0.2	本地连接	1	本地
224.0.0.0	240.0.0.0	10.1.0.2	本地连接	1	本地
255.255.255.255	255.255.255.255	10.2.0.2	本地连接	1	本地
255.255.255.255	255.255.255.255	10.1.0.2	本地连接	1	本地

图 6-81 运行 RIP 后 R1 的路由表

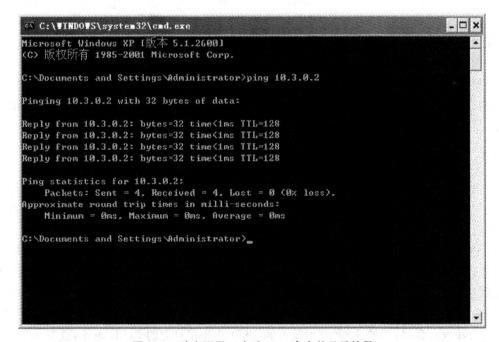

图 6-82　运行 RIP 后 R2 的路由表

4. 测试配置的路由

不论是静态路由还是动态路由，不论是实际应用中的路由还是实验性路由，在配置完成后都需要进行测试。

路由测试最常使用的命令就是 ping 命令，如果需要测试实践时配置的路由是否正确，可以在主机 A 上通过"ping 10.3.0.2"测试 IP 数据报是否能顺利通过配置的路由器到达目的主机 B。图 6-83 给出了路由配置正确后，ping 命令的显示结果。

```
C:\WINDOWS\system32\cmd.exe

Microsoft Windows XP [版本 5.1.2600]
(C) 版权所有 1985-2001 Microsoft Corp.

C:\Documents and Settings\Administrator>ping 10.3.0.2

Pinging 10.3.0.2 with 32 bytes of data:

Reply from 10.3.0.2: bytes=32 time<1ms TTL=128
Reply from 10.3.0.2: bytes=32 time<1ms TTL=128
Reply from 10.3.0.2: bytes=32 time<1ms TTL=128
Reply from 10.3.0.2: bytes=32 time<1ms TTL=128

Ping statistics for 10.3.0.2:
    Packets: Sent = 4, Received = 4, Lost = 0 (0% loss),
Approximate round trip times in milli-seconds:
    Minimum = 0ms, Maximum = 0ms, Average = 0ms

C:\Documents and Settings\Administrator>_
```

图 6-83　路由配置正确后，ping 命令的显示结果

但是，ping 命令仅仅可以显示 IP 数据报可以从一台主机顺利到达另一台主机，并不能显示 IP 数据报到底沿着哪条路径转发和前进。为了能够显示 IP 数据报所走过的路径，可以使用 Windows 2000 网络操作系统提供的 tracert 命令（有的网络操作系统写为 traceroute）。tracert 命令不但可以给出数据报是否能够顺利到达目的节点，而且可以显示数据报在前进过程中所经过的路由器。图 6-84 显示的是主机 A(10.1.0.1)发送给主机 B(10.3.0.2)的 IP 数据报所走过的路径。从图 6-84 中可以看出，IP 数据报经过 10.1.0.2(R1)和 10.2.0.1(R2)最终到达目的地

10.3.0.2(主机 B)。如果 IP 数据报不能到达目的地,tracert 命令会告诉你哪个路由器终止了 IP 数据报的转发。在这种情况下,通常可以断定该路由器到达这个目的地的路由发生了故障。

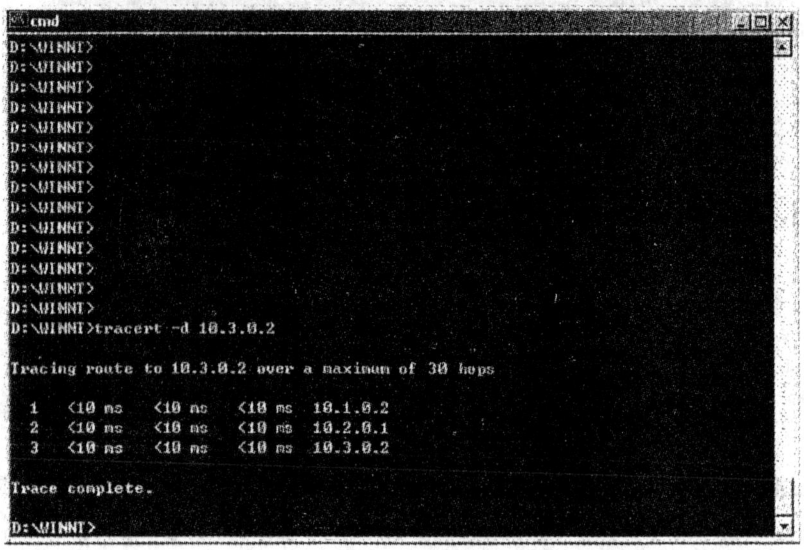

图 6-84　tracert 命令可以显示数据报转发所经过的路径

6.6　路由器及其在网络互联中的作用

根据前面所学的知识,我们已经了解到,路由器是一个工作在 OSI 参考模型第三层(网络层)的网络设备,其主要功能是检查数据包中与网络层相关的信息,然后根据某些规则转发数据包。所以路由器要比交换机有更高的处理能力才能转发数据包。

6.6.1　路由器的工作原理

下面我们结合前面所学的知识,用一个例子来说明路由器的功能和工作原理。我们可以把互联网上数据传输过程分为三个步骤:源主机发送数据包、路由器转发数据包、目的主机接收数据包,如图 6-85 所示。

当 PC1 主机的 IP 层接收到要发送一个数据包到 10.0.2.2 的请求后,就用该数据构造 IP 报文,并计算 10.0.2.2 是否和自己的以太网接口 10.0.0.1/24 处于同一网段,计算后发现不是,它就准备把这个报文发给它的默认网关 10.0.0.2 去处理。由于 10.0.0.2 和 10.0.0.1/24 在同一个网段,于是将构造好的 IP 报文封装为目的 MAC 地址为 10.0.0.2 的以太网帧,向 10.0.0.2 转发。当然,如果 ARP 表中没有和 10.0.0.2 相对应的 MAC 地址,就发 ARP 请求得到这个 MAC 地址。

下面我们来描述路由器对于接收到的包的转发过程:

(1)Router1 从以太口收到 PC1 发给它(从目的 MAC 地址知道)的数据后,去掉链路层封装后将报文交给 IP 路由模块。

(2)然后 Router1 对 IP 包进行校验和检查,如果校验和检查失败,这个 IP 包将会被丢弃,同时会向源 10.0.0.1 发送一个参数错误的 CMP 报文。

(3)否则,IP 路由模块检查目的 IP 地址,并根据目的 IP 地址查找自己的路由表,见图 6-85。

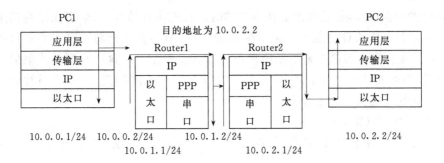

Router1 的路由表

目的网络	下一跳	发送接口
10.0.2.0/24	10.0.1.2	S0
10.0.0.0/24	10.0.0.2	E0
10.0.1.0/24	10.0.1.1	S0

Router2 的路由表

目的网络	下一跳	发送接口
10.0.2.0/24	10.0.2.1	E0
10.0.0.0/24	10.0.1.1	S0
10.0.1.0/24	10.0.1.2	S0

图 6-85 路由器的工作流程

路由器决定这个报文的下一跳为 10.0.1.2,发送接口为 S0。如果未能查找到关于这个目的地址的匹配项,则这个报文将会被丢弃,并向源 10.0.0.1 发送 ICMP 目的不可达报文。

(4)否则 Router1 将这个报文 TTL 减 1,并进行合法性检查。如果报文 TTL 为 0,则丢弃该报文,并向源 10.0.0.1 发送一个 ICMP 超时报文。

(5)否则 Router1 根据发送接口的最大传输单元(MTU)决定是否需要进行分片处理。如果报文需要分片但是报文的 DF 标志被置位,则丢弃该报文,并向源 10.0.0.1 发送一个 ICMP 的不可达报文。

(6)最后 Router1 将这个报文进行链路层封装为 PPP 帧,并将其从 S0 发送出去。

然后,Router2 基本重复与 Router1 同样的动作,最终报文将被传送到 PC2。目的主机接收数据的过程,我们就不再讨论了。从这个处理过程来看:路由器是 IP 网络中事实上的核心设备;路由表是路由器转发过程的核心结构。

6.6.2 路由器的结构

路由器是组建互联网的重要设备,它和 PC 机非常相似,由硬件部分和软件部分组成,只不过它没有键盘、鼠标、显示器等外设。目前市场上路由器的种类很多,尽管不同类型的路由器在处理能力和所支持的接口数上有所不同,但它们的核心部件是一样的,都有 CPU、ROM、RAM、I/O 等硬件。

1. 路由器的硬件组成

(1)中央处理器(CPU)

和计算机一样,路由器也包含"中央处理器"(CPU)。不同系列和型号的路由器,CPU 也不尽相同。路由器的处理器负责许多运算工作,比如维护路由所需的各种表项以及做出路由选择等。路由器处理数据包的速度在很大程度上取决于处理器的类型。某些高端的路由器上会拥有多个 CPU 并行工作。

(2)内存

a. 只读内存(ROM)

ROM 中的映象(image)是路由器在启动的时候首先执行的部分,负责让路由器进入正常工作状态,例如路由器的自检程序就存储在 ROM 中。有些路由器将一套小型的操作系统存于 ROM 中,以便在完整版操作系统不能使用时作为备份使用。这个小型的映象通常是操作系统的一个较旧的或较小的版本,它并不具有完整的操作系统功能。ROM 通常做在一个或多个芯片上,焊接在路由器的主板上。

b. 随机访问内存(RAM)

存储正在运行的配置文件、路由表、ARP 表和作为数据包的缓冲区。操作系统也在 RAM 中运行。

c. 闪存(FLASH)

闪存是一种可擦写、可编程类型 ROM,闪存的主要作用是存储 OS 软件,维持路由器的正常工作。如果在路由器中安装了容量足够大的闪存,便可以保存多个 OS 的映象文件,以提供多重启动功能。默认情况下,路由器用闪存中的 OS 映象来启动路由器

d. 非易失性内存(NVRAM)

非易失性内存是一种特殊的内存,在路由器电源被切断的时候,它保存的信息也不会丢失。主要用于存储系统的配置文件,当路由器启动时,就从其中读取该配置文件。所以它的名称为"Startup-config",启动时就要加载的意思。如果非易失性内存中没有存储该文件,比如一台新的路由器或管理员没有保存配置,路由器在启动过程结束后就会提示用户是否进入初始化会话模式,也叫"setup"模式。

(3)接口(Interface)

路由器的主要作用就是从一个网络向另一个网络传递数据包,路由器的每一个接口连接一个或多个网络,所以路由器的接口是配置路由器时主要考虑的对象之一,同一台路由器上不同接口的地址应属于不同的网络。路由器通过接口在物理上把处于不同逻辑地址的网络连接起来。这些网络的类型可以相同,也可以不同。

路由器的接口主要有局域网接口、广域网接口和路由器配置接口三种。

a. 局域网接口

主要用于路由器与局域网的连接。由于局域网的类型较多,所以路由器的局域网接口有多种,常见的接口有 AUI、BNC、RJ-45、FDDI、光纤接口等。

AUI 接口用于连接粗同轴电缆,是一种"D"状 15 针接口,在令牌环网或总线网络中常用。RJ-45 接口是常见的双绞线以太网接口,可分为 10 BASE-T(Ethernet)网"ETH"接口,100 BASE-TX 网"10/100bTX"接口,100 BASE-TX(Fast Ethernet)网"FAST ETH"接口,千兆位以太网接口"1000bTX"等。SC 接口是常见的光纤接口,用于与光纤连接,分百兆位光纤接口"100bFX"和千兆位光纤接口"1000bFX"。

b. 广域网接口

在网络互联中,路由器主要用于局域网与广域网、广域网与广域网之间的互联。路由器的广域网接口主要有高速同步串口、异步串口、ISDN BRI 接口等。应用最多的是高速同步串口(Serial),最高速率可达 2.048 Mbit/s,主要用于 DDN、帧中继、X.25、PSTN 等网络连接模式。异步串口(ASYNC)主要用于 Modem 或 Modem 池的连接,实现远程计算机通过公用电话网拨入网络,最高速率可达 115.2 kbit/s。ISDN BRI 接口用于 ISDN 线路与 Internet 或其他远程网络的连接。骨干层路由器(高端路由器)则提供了 ATM、POS(IP Over SDH)以及支持万兆位以太网的 OC-192(10 Gbit/s)速率的骨干网络接口,一般服务于电信运营商。

c. 路由器配置接口

路由器配置接口主要有 CONSOLE 和 AUX 两个。CONSOLE 接口使用配置专用连线连接计算机串口,利用终端仿真程序进行路由器本地配置。AUX 接口为异步接口,用于路由器的远程配置。

2. 路由器的软件

如 PC 机一样,路由器也需要操作系统才能运行。如思科路由器的操作系统叫做 IOS(Internetwork Operating System)。路由器的平台(platform)不同、功能不同,运行的 IOS 也不尽相同。IOS 是一个特殊格式的文件,对于 IOS 文件的命名,Cisco 采用了一套独特的规则。根据这套规则,我们只需要检查一下映象(image)文件的名字,就可以判断出它适用的路由器平台、它的特性集(features)、它的版本号、在哪里运行和是否有压缩等。

6.6.3 路由器在网络互联中的作用

路由与交换是路由器的两大基本功能。作为网络层的网络互联设备,路由器尤其在网络互联中起到了不可缺的作用。与物理层或数据链路层的网络互联设备相比,路由器具有物理层或数据链路层的网络互联设备所没有的一些重要功能,下面介绍其中的主要功能。

1. 提供异构网络的互联

从网络互联设备的基本功能来看,路由器具备了非常强的在物理上扩展网络的能力。由于一个路由器在物理上可以提供与多种网络的接口,从而可以支持各种异构网络的互联,包括 LAN—LAN、LAN—MAN、LAN—WAN、MAN—MAN 和 WAN—WAN 等多种互联方式。事实上,正是路由器这种强大的支持异构网络互联的能力才使其成为 Internet 上的核心设备。图 6-86 所示为一个采用路由器互联的网络实例。

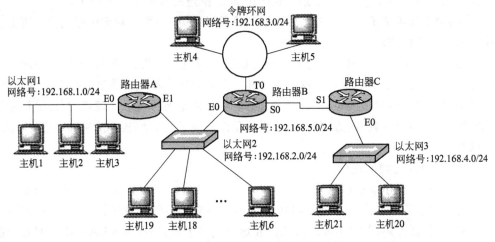

图 6-86 采用路由器互联的网络实例

路由器之所以能支持异构网络的互联,关键还在于其在网络层能够实现基于 IP 协议的分组转发。只要所有互联的网络、主机及路由器能够支持 IP 协议,那么位于不同 LAN、MAN 和 WAN 中的主机之间就都能以统一的 IP 数据报形式实现相互通信。以图 6-86 中的主机 1 和主机 5 为例,一个位于以太网 1 中,一个位于令牌环网中,中间还隔着以太网 2。假定主机 1 要给主机 5 发送数据,则主机 1 将以主机 5 的 IP 地址为目标 IP 地址,以自己的 IP 地址为源 IP 地址启动 IP 分组的发送。由于目标主机和源主机不在同一网络中,为了发送该 IP 分组,主机 1 需要以自己的 MAC 地址为源 MAC 地址,以路由器 A 的 E0 MAC 地址为目标 MAC 地址将该分组封装成以太网的帧发送给默认网关,即路由器 A 的 E0 端口。E0 端口收到该以太网帧后进行帧的拆封并分离出 IP 分组,通过将 IP 分组中的目标网络号与自己的路由表进行匹配,路由器 A 决定将该分组由自己的 E1 口送出。但在送出之前,必须首先将该 IP 分组重新按以太网帧的帧格式进行封装,其次要以自己的 E1 口的 MAC 地址为源 MAC 地址、路由器 B 的 E0 口 MAC 地址为目标 MAC 地址进行帧的封装,然后将帧发送出去。路由器 B 收到该以太网帧之后,通过帧的拆封,再次得到原来的 IP 分组,并通过查找自己的 IP 路由表,决定将该分组从自己的令牌环网口 T0 送出去,即以主机 5 的 MAC 地址为目标 MAC 地址,以自己的 T0 口的 MAC 地址为源 MAC 地址进行 802.5 令牌环网帧的封装,然后启动该帧的发送。最后,该帧到达主机 5,主机 5 进行帧的拆封,并将所得到 IP 分组送到自己的上层即传输层去处理。

2. 实现网络的逻辑划分

除了在物理上扩展网络,路由器还提供了在逻辑上划分网络的强大功能。如图 6-86 所示,当网段 1 中的主机 1 给主机 2 发送 IP 分组 1 的同时,网段 2 中的主机 5 可以给主机 6 发送 IP 分组 2,网段 3 中的主机 17 也可以向主机 18 发送 IP 分组 3,它们互不矛盾,因为路由器是基于第三层 IP 地址来决定是否进行分组转发的,因此这 3 个分组由于各自的源和目标 IP 地址在同一网络中都不会被路由器转发。这个例子说明,路由器不同接口所连的网络属于不同的冲突域。即从划分冲突域的能力来看,路由器具有和第二层交换机相同的功能。

不仅如此,路由器还具有不转发第二层广播和多播、隔离广播流量的功能。仍以图 6-86 为例,假定主机 1 以目标地址 255.255.255.255 向本网中的所有主机发送一个广播分组,则路由器 A 通过判断该目标 IP 地址就知道这是一个本地广播,自己不必转发该 IP 分组,从而广播最终被局限于以太网 1 中,而不会渗漏到路由器 A 所连的其他网段即以太网 2 中。这个例子说明,由路由器相连的不同网段除了可以隔离网络冲突外,还可以隔离广播流量。即路由器每个接口所连的网段均属于不同的广播域。

根据前面几章所学的知识并结合上面的讨论还可以进一步看出,网络互联设备所关联的 OSI 层次越高,它的网络互联能力就越强。物理层设备只能简单地提供物理扩展网络的能力;数据链路层设备在提供物理上扩展网络能力的同时,还能进行冲突域的逻辑划分;而网络层设备则在提供物理上扩展网络能力的同时,还提供了逻辑划分冲突域和广播域的功能,有效地防止广播风暴。

3. 实现 VLAN 之间的通信

在第 4 章中,介绍了基于以太网交换机的 VLAN 技术。尽管 VLAN 限制了网络之间的不必要的通信,但 VLAN 之间的一些必要通信还是需要提供的。在任何一个实施 VLAN 的网络环境中,不仅要为不同 VLAN 之间的必要通信提供手段,还要为 VLAN 访问网络中的其他共享资源提供途径。

第三层的网络设备可以基于第三层的协议或逻辑地址进行数据包的路由与转发。从而可提供在不同 VLAN 之间以及 VLAN 与传统 LAN 之间进行通信的功能,同时也为 VLAN 提供访问网络中的共享资源提供途径。根据第三层功能实现方式的不同,VLAN 之间的通信可分为两种方式:

(1)外部路由器

在交换机设备之外,提供独立路由器用以实现不同 VLAN 之间的通信。图 6-87 所示为一个外部路由器实现不同 VLAN 之间通信的示例。

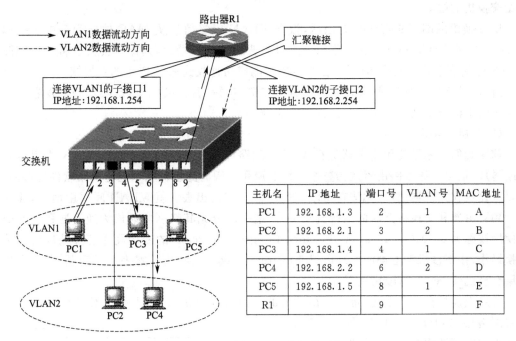

图 6-87　不同 VLAN 之间的通信

首先来分析如图 6-87 所示的 VLAN1 中的 PC1 与 PC3 之间的通信。交换机收到 PC1 数据帧后,查找 MAC 地址列表中与接收端口同属一个 VLAN 的表项。结果发现,PC3 连接在端口 4 上,于是交换机将数据帧转发给端口 4,最终 PC3 收到该帧。PC1 与 PC3 的通信属于一个 VLAN 之内的通信,在交换机内即可完成,不需要经过路由器 R1。

再来分析如图 6-87 所示 VLAN1 中的 PC1 与 VLAN2 中的 PC4 间的通信。PC1 从通信目的 IP 地址 192.168.2.2 得出 PC4 与本机不属于同一个网段。因此,PC1 会向设定的默认网关(Default Gateway,GW)192.168.1.254 转发数据帧。在发送数据帧之前,需要先用 ARP 获取路由器 R1 的 MAC 地址。PC1 得到路由器 R1 的 MAC 地址 F 后,接下来按如下步骤发送数据帧给 PC4:

a. PC1 发送目的 MAC 地址为 F(R1 的 MAC 地址)的数据帧给交换机端口 2,但目的 IP 地址是 PC4 的 IP 地址 192.168.2.2。

b. 交换机在端口 2(接入端口)上收到 PC1 的数据帧后加上 VLAN1 标签。

c. 交换机从标签中获知该帧属于 VLAN1,从而查找 MAC 地址列表中 VLAN1 的表项。由于 TRUNK 链路会被看做属于所有的 VLAN,因此这时交换机就知道往 MAC 地址 F 发送数据帧需要经过端口 9 转发。

d. 从端口 9 转发出数据帧时,由于它是骨干端口,因此附加的 VLAN1 标签没有去除,直接转发给了路由器 R1 的端口。

e. 路由器 R1 收到从交换机端口 9 转发的数据帧后,确认其 VLAN 标签信息,知道它是属于 VLAN1 的数据帧,因此交由负责 VLAN1 的子接口 1 接收。根据路由器内部的路由表得知目的网络 192.168.2.0/24 是 VLAN2,且该网络通过子接口 2 与路由器直连,因此只要从 VLAN2 的子接口 2 转发就可以了。这时,数据帧的目的 MAC 地址被改写为 PC4 的 MAC

地址 D。由于需要经过 TRUNK 链路转发,因此被附加了属于 VLAN2 的标签信息,最后又转发给交换机的端口 9。

f. 交换机的端口 9 收到数据帧后,根据 VLAN 标签信息从 MAC 地址列表中查找属于 VLAN2 的表项得知 PC4 连接在端口 6 上且为普通的接入端口,因此交换机会将数据帧除去 VLAN 标签信息后转发给端口 6,最终 PC4 才能成功地收到来自 PC1 的数据帧。

进行 VLAN 间通信时,即使通信双方都连接在同一台交换机上,也必须经过发送方→交换机→路由器→交换机→接收方这样一个流程。

(2)三层交换机

前面我们介绍了使用路由器进行 VLAN 间路由的技术。但是,随着 VLAN 之间流量的不断增加,很可能导致路由器成为整个网络的瓶颈。因为路由器基本上是基于软件处理的,即使以线速接收到数据包,也无法在不限速的条件下转发出去。就 VLAN 间路由而言,流量会集中到路由器和交换机互联的汇聚链路部分,这一部分尤其特别容易成为速度瓶颈。而交换机使用被称为 ASIC(Application Specified Integrated Circuit)的专用硬件芯片处理数据帧的交换操作,在很多机型上都能实现以线速(wired speed)交换,为了解决上述问题,人们提出了三层交换机(layer 3 switch)的技术。

三层交换机在本质上是“带有路由功能的(二层)交换机”。路由属于 OSI 参照模型中第三层网络层的功能。图 6-88 所示是三层交换机的内部结构图。在三层交换机内分别设置了交换机模块和路由器模块,内置的路由器模块与交换机模块相同,使用 ASIC 硬件处理路由。因此,与传统的路由器相比,可以实现高速路由,并且路由器模块与交换机模块是汇聚链接的,由于是内部连接,可以确保相当大的带宽。

使用三层交换机如何进行 VLAN 间路由,即在三层交换机内部数据究竟是怎样传播的呢?基本上,它和使用汇聚链路

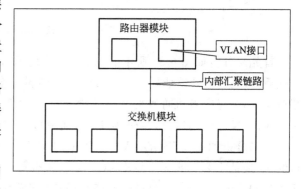

图 6-88　三层交换机的内部结构图

连接路由器与交换机时的情形大致相同。只是原来路由器中用于和 VLAN 相连的子接口现在放在三层交换机内部的路由模块中,并称为“VLAN 接口”。VLAN 接口是用于各 VLAN 收发数据的接口。

下面我们来看一下其数据传播的过程:

假设有如图 6-89 所示的 4 台计算机与三层交换机互联,让我们考虑一下计算机 A 与计算机 B 之间通信时的情况。首先是目标地址为 B 的数据帧被发到交换机;通过检索同一 VLAN 的 MAC 地址列表发现计算机 B 连在交换机的端口 2 上;因此将数据帧转发给端口 2。

接下来设想一下计算机 A 与计算机 C 间通信时的情形。如图 6-90 所示,针对目标 IP 地址,计算机 A 可以判断出通信对象不属于同一个网络,因此向默认网关发送数据(Frame 1)。

交换机通过检索 MAC 地址列表后,经由内部汇聚链接,将数据帧转发给路由模块。在通过内部汇聚链路时,数据帧被附加了属于 VLAN1 的 VLAN 识别信息(Frame 2)。

路由模块在收到数据帧时,先由数据帧附加的 VLAN 识别信息分辨出它属于 VLAN1,据此判断由 VLAN1 接口负责接收并进行路由处理。因为目标网络 192.168.2.0/24 是直连路由器

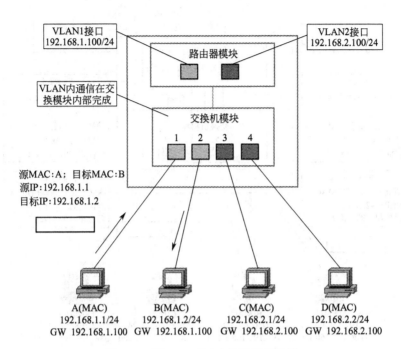

图 6-89　同一 VLAN 内的通信示意图

的网络,且对应 VLAN2;因此,接下来就会从 VLAN2 接口经由内部汇聚链路转发回交换模块。在通过汇聚链路时,这次数据帧被附加上属于 VLAN2 的识别信息(Frame 3)。

交换机收到这个帧后,检索 VLAN2 的 MAC 地址列表,确认需要将它转发给端口 3。由于端口 3 是通常的访问链接,因此转发前会先将 VLAN 识别信息除去(Frame 4)。最终,计算机 C 成功地收到交换机转发来的数据帧。

整体的流程,与使用外部路由器时的情况十分相似:都需要经过发送方→交换模块→路由模块→交换模块→接收方。

从三层交换的原理从硬件的实现上看,目前,第二层交换机的接口模块都是通过高速背板/总线交换数据的。在第三层交换机中,与路由器有关的第三层路由硬件模块也插接在高速背板/总线上,这种方式使得路由模块可以与需要路由的其他模块间高速地交换数据,从而突破了传统的外接路由器接口速率的限制(10～100 Mbit/s)。在软件方面,第三层交换机将传统的基于软件的路由器重新进行了界定,数据封包的转发,如 IP/IPX 封包的转发,这些有规律的过程通过硬件高速实现;第三层路由软件,如路由信息的更新、路由表维护、路由计算、路由的确定等功能,用优化、高效的软件实现。

第三层交换突出的特点如下:

(1)有机的硬件结合使得数据交换加速;

(2)优化的路由软件使得路由过程效率提高;

(3)除了必要的路由决定过程外,大部分数据转发过程由第二层交换处理;

(4)多个子网互联时,只是与第三层交换模块的逻辑连接,不像传统的外接路由器那样需增加端口,保护了用户的投资。

第三层交换的目标是,只要在源地址和目的地址之间有一条更为直接的第二层通路,就没有必要经过路由器转发数据包。第三层交换使用第三层路由协议确定传送路径,此路径可以

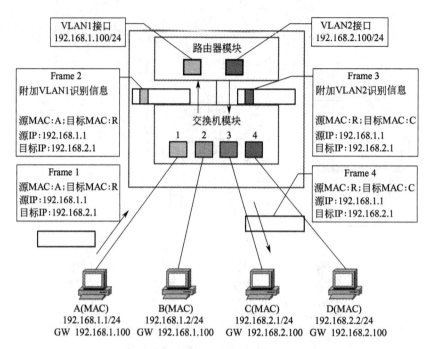

图 6-90　不同 VLAN 内通信示意

只用一次，也可以存储起来，供以后使用。之后数据包通过一条虚电路绕过路由器快速发送。第三层交换技术的出现，解决了局域网中网段划分之后，网段中子网必须依赖路由器进行管理的局面，解决了传统路由器低速、复杂所造成的网络瓶颈问题。当然，三层交换技术并不是网络交换机与路由器的简单叠加，而是二者的有机结合，形成一个集成的、完整的解决方案。

　　因此第三层交换机的主要用途是代替传统路由器作为网络的核心，凡是没有广域连接需求，同时又需要路由器的地方，都可以用第三层交换机来代替。在企业网和校园网中，一般会将第三层交换机用在网络的核心层，用第三层交换机上的千兆端口或百兆端口连接不同的子网或 VLAN。利用三层交换机在局域网中划分 VLAN，可以满足用户端多种灵活的逻辑组合，防止了广播风暴的产生，对不同 VLAN 之间可以根据需要设定不同的访问权限，以此增加网络的整体安全性，极大地提高网络管理员的工作效率。而且第三层交换机可以合理配置信息资源，降低网络配置成本，使得交换机之间的连接变得灵活。

　　事实上，路由器在计算机网络中除了上面所介绍的作用外，还可以实现其他一些重要的网络功能，如提供访问控制（基于访问控制列表）、负载平衡、基于第三层的优先级服务等。总之，路由器是一种功能非常强大的计算机网络互联设备。

6.6.4　实践：路由器的配置

1. 路由器的基本配置

下面我们以 Cisco 2500 系列路由器为例，介绍路由器的一些基本配置。

（1）连接拓扑结构

根据如图 6-91 所示网络拓扑结构连接设备，并用 Console 电缆将 PC 机串口与路由器的 Console 端口相连。

（2）在 PC 机上启动超级终端程序

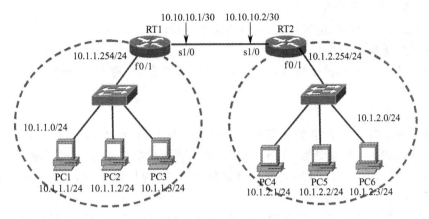

图 6-91　网络拓扑结构图

在与路由器的 Console 端口相连的 PC 机上，单击 Windows 系统的"开始"，选择"程序"→"附件"→"通信"→"超级终端"，选择连接时使用的串口名称，如 COM1。

由于 Cisco 2500 系列路由器的 Console 端口的默认设置如下：

端口速率：9 600 bit/s；

数据位：8；

奇偶校验：无；

停止位：1；

流控：无。

因此，需把 PC 机超级终端程序中串行端口的属性设置成与上述参数一致。这样，就完成了超级终端的启动和配置。

（3）启动路由器，进入路由器配置界面

路由器的配置界面如图 6-92 所示。

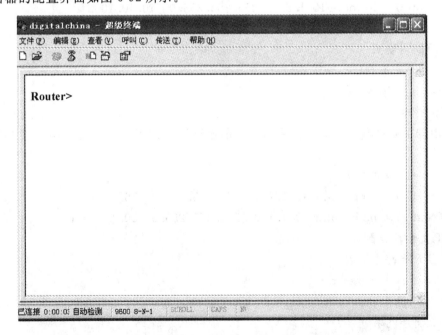

图 6-92　路由器的配置界面

(4)进行路由器基本配置

①用户模式、特权模式、配置模式、端口模式之间的切换。

②查看路由器基本信息。

③在用户模式/特权模式下输入，可显示当前可用的命令，输入"show?"可查看可显示的信息种类。

④设置路由器名。

⑤配置路由器端口：在配置模式下输入"interface fast ethernet0/1"，进入 fast ethernet0/1 端口的配置模式，提示符将变为"RT1（config-if）♯"。在端口配置模式下输入"ip address 10.1.1.254　255.255.255.0"，则将路由器该端口的 IP 地址设为 10.1.1.254，子网掩码为 255.255.255.0。

⑥开启路由器端口：在端口配置模式下输入"no shutdown"，则将路由器该端口开启。

2. 路由协议的配置

(1)配置 IP 地址

如图 6-89 所示，配置 RT1、RT2 所连端口 f0/1、s1/0 的 IP 地址，并开启端口；配置 PC1、PC2、PC3、PC4、PC5、PC6 的 IP 地址。

(2)配置路由协议

有两种方式可用于路由表信息的生成和维护，即静态路由和动态路由。常用的动态路由有 RIP 路由选择协议和 OSPF 路由选择协议两种。

静态路由选择协议适用于小型（2～10 台计算机）、单路径、拓扑结构不随时间变化的网络。RIP 路由选择协议适用于中小型（10～50 台计算机）、多路径、拓扑结构随时变化的网络。OSPF 路由选择协议适用于大型（>50 台计算机）、多路径、动态的 IP 互联环境。

①配置静态路由协议

a. 配置静态路由

RT1(config)♯ ip route 10.1.2.0　255.255.255.0　10.10.10.2

RT2(config)♯ ip route 10.1.1.0　255.255.255.0　10.10.10.1

b. 查看路由协议

RT1♯ show ip route

RT2♯ show ip route

c. 测试路由

在路由器上测试其与所有的路由器端口的连通性，在 PC 上测试与不同网段 PC 的连通性。

d. 取消静态路由协议

RT1(config)♯ no ip route 10.1.2.0　255.255.255.0　10.10.10.2

RT2(config)♯ no ip route 10.1.1.0　255.255.255.0　10.10.10.1

②RIP 路由协议配置

a. 开启 RIP 路由协议

RT1(config)♯ router rip

RT2(config)♯ router rip

b. 定义所连网络

RT1(config-router)♯ network　10.1.1.0

RT1(config-router)♯ network 10.10.10.0

RT2(config-router)♯ network 10.1.2.0

RT2(config-router)♯ network 10.10.10.0

c. 查看路由协议

RT1♯ show ip route

RT2♯ show ip route

d. 测试路由

在路由器上测试其与所有的路由器端口的连通性,在 PC 上测试与不同网段 PC 的连通性。

e. 取消静态路由协议

RT1(config)♯ no　router　rip

RT2(config)♯ no　router　rip

③OSPF 路由协议配置

a. 开启 OSPF 路由协议

RT1(config)♯ router ospf 1

RT2(config)♯ router ospf 1

b. 定义所连网络

RT1(config-router)♯ network 10.1.1.0 0.0.0.255 area 0

RT1(config-router)♯ network 10.10.10.0 0.0.0.3 area 0

RT2(config-router)♯ network 10.1.2.0 0.0.0.255 area 0

RT2(config-router)♯ network 10.10.10.0 0.0.0.3 area 0

c. 查看路由协议

RT1♯ show ip route

RT2♯ show ip route

d. 测试路由

在路由器上测试其与所有的路由器端口的连通性,在 PC 上测试与不同网段 PC 的连通性。

e. 取消静态路由协议

RT1(config)♯ no router ospf 1

RT2(config)♯ no router ospf 1

6.7 下一代互联网的网际协议 IPv6

6.7.1 IPv6 的应用背景

IPv4 是目前广泛部署的互联网协议,从 1981 年最初定义(RFC 791)到现在已经有 20 多年的时间,实践证明 IPv4 是一个非常成功的协议,其成功应用导致了互联网的巨大发展。

然而,互联网发展的速度与规模以及新技术应用需求的不断增长,使得互联网开始面临着 IPv4 地址空间不足、网络节点配置困难、网络安全、服务质量、移动性支持有限等一系列问题。在这些问题中,最需要迫切解决的是 IPv4 地址空间不足的问题。

尽管人们先后引入了子网划分、CIDR 和 NAT 等改进技术,但这些方法仍然不能从根本上解决问题。到目前为止,A类和B类地址几近耗尽,只有C类地址还有一定余量,而且据预测,现有的这些地址资源到2012年左右也会消耗殆尽。随着电信网络、电视网络和计算机网络3个独立的网络融合成"下一代网络"工作的展开,越来越多的其他设备也需要IP地址,如具有接入IP网络功能的PDA、汽车、手机和各种智能家用电器等。总之,IPv4已经无法支撑起下一代网络的发展。

为了解决IPv4在互联网发展过程中遇到的问题,IETF于1992年6月提出要制定下一代互联网协议IPng(IP—the next generation),即人们现在所说的IPv6协议。1998年,IETF正式发布了IPv6的系列草案标准。

6.7.2　IPv6的新特性

与IPv4相比,IPv6的主要新特性如下:

1. 巨大的地址空间

有夸张的说法是:可以做到地球上的每一粒沙子都有一个IP地址。我们知道IPv4中,理论上可编址的节点数是 2^{32},按照目前的全世界人口数,大约每3个人有2个IPv4地址。而IPv6地址长度为128位,可用地址数是 3.4×10^{38} 意味着世界上的每个人都可以拥有 5.7×10^{28} 个地址。如此巨大的地址空间使IPv6彻底解决了地址匮乏问题,为互联网的长远良性发展奠定了基础。

2. 全新的报文结构

在IPv6中,报文头包括固定头部和扩展头部,一些非根本性的和可选择的字段被移到了IPv6协议头之后的扩展协议头中。这使得网络中的中间路由器在处理IPv6协议头时,简化和加快了路由选择过程,因为大多数的选项并不需要被路由器检查。

此外,我们要特别注意的是,IPv6头和IPv4头不兼容。

3. 全新的地址配置方式

随着技术的进一步发展,Internet上的节点不再单纯是计算机了,将包括PDA、移动电话、各种各样的终端,甚至包括冰箱、电视等家用电器,这就要求IPv6主机地址配置更加简化。

为了简化主机地址配置,IPv6除了支持手工地址配置和有状态自动地址配置(利用专用的地址分配服务器动态分配地址)外,还支持一种无状态地址配置技术。在无状态地址配置中,网络上的主机能自动给自己配置IPv6地址。

4. 允许对网络资源进行预分配

IPv6在包头中新定义了一个叫做流标签的特殊字段。IPv6的流标签字段使得网络中的路由器可以对属于一个流的数据包进行识别并提供特殊处理。用这个标签,路由器可以不打开传送的内层数据包就可以识别流,为快速处理实时业务提供了可能,有利于低性能的业务终端支持基于IPv6的语音、视频等应用。

5. 内置的安全性

IPv6集成了IPSec以用于网络层的认证与加密,为用户提供端到端的安全特性。这就为网络安全性提供了一种基于标准的解决方案,提高了不同IPv6实现方案之间的互操作性。

6. 全新的邻居发现协议

IPv6中的邻节点发现(neighbor discovery)协议是一系列机制,用来管理相邻节点的交互。该协议用更加有效的单播和组播报文,取代了 IPv4 中的地址解析(ARP)、ICMP 路由器发现、ICMP 路由器重定向,并在无状态地址自动配置中起到不可或缺的作用。

7. 可扩展性

因为 IPv6 报头之后添加了扩展报头,将 IPv4 中的选项功能放在了可选的扩展报头中,可按照不同协议要求增加扩展头的种类,IPv6 可以很方便地实现功能扩展。

8. 移动佳

由于采用了路由扩展报头和目的地址扩展报头,使得 IPv6 提供了内置的移动性。

6.7.3　IPv6 协议基础

1. IPv6 基本术语

为了更好地理解 IPv6 内容,我们先了解一下 IPv6 网络的相关基本概念,有些概念和 IPv4 的概念容易混淆,请注意辨别。

图 6-93 给出了一个最简单的 IPv6 网络。

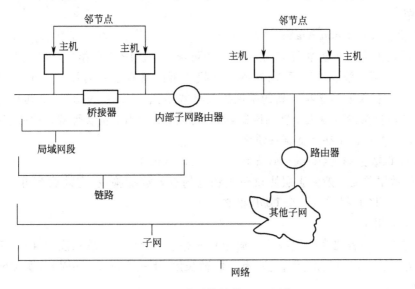

图 6-93　一个最简单的 IPv6 网络

(1)节点

任何运行 IPv6 的设备,包括路由器和主机(甚至还将包括 PDA、冰箱、电视等)。

(2)局域网段

是 IPv6 链路的一部分,由单一介质组成,以二层交换设备为边界。

(3)链路

以路由器为边界的一个或多个局域网段。

(4)子网

使用相同的 64 位 IPv6 地址前缀的一个或多个链路,一个子网可以被内部子网路由器分为几个部分。

(5)网络

由路由器连接起来的两个或多个子网。

(6)邻节点

连接到同一链路上的物理或逻辑节点。这是一个非常重要的概念,因为 IPv6 的邻接点发现具有解析邻接点链路层地址的功能,并可以检测和监视邻接点是否可以到达。

2. IPv6 报文结构

IPv6 报文结构到底是什么样子呢? 我们首先分析一下它的基本构成。

IPv6 分组由一个 IPv6 报头、多个扩展报头和一个上层协议数据单元组成。IPv6 分组的结构如图 6-94 所示。

IPv6 报头	扩展报头	上层协议数据单元

图 6-94 IPv6 数据报结构

从图 6-96 中我们可以看出 IPv6 分组由以下几个部分组成:

(1)IPv6 报头 (IPv6 header)

每一个 IPv6 分组都必须包含报头,其长度固定为 40 字节。IPv6 报头的具体内容将在下面作详细介绍。

(2)扩展报头(extension header)

IPv6 扩展报头是跟在基本 IPv6 报头后面的可选报头。IPv6 分组中可以包含一个或多个扩展报头,当然也可以没有扩展报头,这些扩展报头可以具有不同的长度。IPv6 报头和扩展报头代替了 IPv4 报头及其选项。新的扩展报头格式增强了 IPv6 的功能,使其具有极大的扩展性。IPv6 扩展报头没有最大长度的限制,因此可以容纳 IPv6 通信所需要的所有扩展数据。扩展报头的详细内容也将在下面详细讲解。

(3)上层协议数据单元(upper layer protocol data unit)

上层协议数据单元一般由上层协议包头和它的有效载荷构成,有效载荷可以是一个 ICMPv6 报文、一个 TCP 报文或一个 UDP 报文。

3. IPv6 基本报头

IPv6 基本报头也称之为固定报头。固定报头包含 8 个字段,总长度为 40 个字节。这 8 个字段分别为:版本、流量类别、流标签、有效载荷长度、下一个报头、跳限制、源 IPv6 地址、目的 IPv6 地址。

IPv6 分组的基本头部格式如图 6-95 所示。其中,主要字段的说明如下:

0	4	8	16	31
版本号	流量类别		流标签	
有效载荷长度			下一个报头	跳限制
源地址				
目的地址				

图 6-95 IPv6 的报头格式

(1)版本号(version):长度为 4 位,表示数据报协议的版本。对于 IPv6,该字段为 6。

(2)流量类别(traffic class):长度为 4 位,用以标识 IPv6 分组的类别和优先级。发送节点和转发路由器可以根据该字段的值来决定发生拥塞时如何更好地处理分组。例如,若由于拥塞的原因两个连续的数据报中必须丢弃一个,那么具有较低优先级的数据报将被丢弃。

(3)流标签(flow label):长度为 24 位,用以支持资源预定。这里的"流"是指从特定的源结点到目标节点的单播或组播分组,所有属于同一个流的数据分组都具有相同的流标签。流标签允许路由器将每一个数据分组与一个给定的资源分配相关联,数据分组所经过路径上的每一个路由器都要保证其所指明的服务质量。

在最简单的形式中,流标签可用来加速路由器对分组的处理。当路由器收到一个分组时,它不用查找路由表并用路由选择算法确定下一跳的地址,而是可以很容易地在流标签表中找到下一跳的地址。

在更加复杂的形式中,流标签可用来支持实时音频和视频的传输。特别是数字形式的实时音频或视频,需要如高带宽、大缓存、长处理时间等资源。进程可以事先对这些资源进行预留,以保证实时数据不会因资源不够而被迟延。

(4)有效载荷长度(payload length):长度为 16 位,表示 IPv6 数据报除基本头部以外的字节数。该字段能表示的最大长度为 65535 字节的有效载荷,如果超过这个值,该字段会置零。

(5)下一个报头(next header):长度为 8 位,相当于 IPv4 中的协议字段或可选字段。

(6)跳限制(hop limit):长度为 8 位,该字段用以保证分组不会无限期地在网络中存在,相当于 IPv4 中的生存时间。分组每经过一个路由器,该字段的值递减 1。当跳限制降为 0 时,分组将会被丢弃。

(7)源地址与目的地址:长度分别为 128 位,用以标识发送分组的源主机和接收分组的目标主机。

4. IPv6 扩展报头

IPv6 扩展报头是跟在基本 IPv6 报头后面的可选报头。为什么在 IPv6 中要设计扩展报头这种字段呢? 我们知道在 IPv4 的报头中包含了所有的选项,因此每个中间路由器都必须检查这些选项是否存在,如果存在,就必须处理它们。这种设计方法会降低路由器转发 IPv4 数据包的效率。为了解决这种矛盾,在 IPv6 中,相关选项被移到了扩展报头中。中间路由器就不需要处理每一个可能出现的选项(在 IPv6 中,每一个中间路由器必须处理唯一的扩展报头是逐跳选项扩展报头),这种处理方式提高了路由器处理数据包的速度,也提高了其转发性能。

下面是一些扩展报头:逐跳选项报头(hop-by-hop options header)、目标选项报头(destination options header)、路由报头(routing header)、分段报头(fragment header)、认证报头(authentication header)、封装安全有效载荷报头(encapsulating security payload header)。

在典型的 IPv6 数据包中,并不是每一个数据包都包括所有的扩展报头。在中间路由器或目标需要一些特殊处理时,发送主机才会添加相应扩展报头。

那么基本报头、扩展报头和上层协议的相互关系是什么呢? 我们看一下图 6-96 就会很清楚了。

从图 6-96 我们可以看出,如果数据包中没有扩展报头和上层协议单元,基本报头的下一个报头字段值指明上层协议类型(在上例中,基本报头的下一个报头字段值为 6,说明上层协议为 TCP);如果包括一个扩展报头,则基本报头的下一个报头字段值为扩展报头类型(在上例中,指明紧跟在基本报头后面的扩展报头为 43,也就是路由扩展报头),扩展报头的下一个报头字段指明上层协议类型。以此类推,如果数据包中包括多个扩展报头,则每一个扩展报头的下一个报头指明紧跟着自己的扩展报头的类型,最后一个扩展报头的下一个报头字段指明上层协议。

IPv6 Header Next Header=6 (TCP)	TCP Segment		

IPv6 Header Next Header=43 (Routing)	Routing Header Next Header=6 (TCP)	TCP Segment	

IPv6 Header Next Header=43 (Routing)	Routing Header Next Header=44 (Fragment)	Fragment Header Next Header=6 (TCP)	TCP Segment Fragment

图 6-96　基本报头、扩展报头和上层协议单元的关系

5. ICMPv6

在 TCP/IP 协议族中的版本 6 中被修改的另一个协议是 ICMP(ICMPv6)，这个新版本与版本 4 的策略和目的是一样的，并使它更适合于 IPv6。版本 4 中的 ARP 和 ICMP 协议被并入 ICMPv6。RARP 协议从这个协议族中取消了，因为它很少使用。因此在 IPv6 的网络层只有两个协议，IPv6 和 ICMPv6。

在 IPv4 中，Internet 控制报文协议(ICMP)向源节点报告关于向目的地传输 IP 数据包的错误和信息。它为诊断和管理目的定义了一些消息，如：目的不可达、数据包超长、超时、回应请求和回应应答等。在 IPv6 中，ICMPv6 除了提供 ICMPv4 常用的功能之外，还有其他的一些机制需要 ICMPv6 消息，诸如邻接点发现、无状态地址配置(包括重复地址检测)、路径 MTU 发现等等。

ICMPv6 报文分两类：一类称之为差错报文，另一类为信息报文。差错报文用于报告在转发 IPv6 数据包过程中出现的错误；信息报文提供诊断功能和附加的主机功能，比如组播侦听发现(MLD)和邻接点发现(ND)。常见的 ICMPv6 信息报文主要包括回送请求报文和回送应答报文。

6.7.4　IPv6 的地址

IPv6 的引入，一个很重要的原因在于它解决了 IP 地址缺乏的问题。它有 128 位的地址长度，那么它是如何来表示呢？

1. IPv6 地址的表示

(1)首选格式

其实，IPv6 的 128 位地址是按照每 16 位划分为一段，每段被转换为一个 4 位十六进制数，并用冒号隔开。

下面是一个二进制的 128 位 IPv6 地址：

0010000000000001000010000010000001000000000000000000000000000000001
0000000000000000 00000000000000000000000000001000101111111111

将其划分为每 16 位一段：

0010000000000001 0000010000010000 0000000000000000 0000000000000001
0000000000000000 0000000000000000 0000000000000000 0100010111111111

将每段转换为 16 进制数,并用"："隔开:

2001：0410：0000：0001：0000：0000：0000：45FF

这就是 RFC2373 中定义的首选格式。

(2)压缩表示

我们发现上面这个 IPv6 地址中有好多 0,有的甚至一段中都是 0,表示起来比较麻烦,可以将不必要的 0 去掉。上述地址可以表示为:

2001：410：0：1：0：0：0：45FF

这仍然比较麻烦,为了更方便书写,RFC2373 中规定:当一个或多个连续的 16 比特为 0 字符时,为了缩短地址长度,用"::"表示,但一个 IPv6 地址中只允许一个::。

上述地址又可以表示为:

2001：410：0：1::45FF

根据这个规则下列地址是非法的(应用了多个::):

::AAAA::1

3FFE::1010：2A2A::1

注意:使用压缩表示时,不能将一个段内的有效的 0 也压缩掉。例如,不能把 FF02：30：0：0：0：0：0：5 压缩表示成 FF02：3::5,而应该表示为 FF02：30::5。

(3)内嵌 IPv4 地址的 IPv6 地址

这其实是过渡机制中使用的一种特殊表示方法。

在这种表示方法中,IPv6 地址的第一部分使用十六进制表示,而 IPv4 地址部分是十进制格式。

下面是这种表示方法的示例:

0：0：0：0：0：0：192.168.1.2 或者::192.168.1.2

0：0：0：0：0：FFFF：192.168.1.2 或者::FFFF：192.168.1.2

2. 地址前缀

在具体介绍这些地址类型之前,先来介绍决定这些 IP 地址类型的"地址前缀"(Format Prefix,FP)。顾名思义,地址前缀就是在地址的最前面那段数字。当然也属于 128 位地址空间范围之中。这部分或者有固定的值,或者是路由或子网的标识。有一个不恰当的比喻,我们可以将其看做是类似于 IPv4 中的网络 ID。其表示方法与 IPv4 中的一样,用"地址/前缀长度"来表示。

如一个前缀表示的示例:

12AB：0：0：CD30::/60

3. IPv6 地址的类型

我们知道 IPv4 地址有单播、组播、广播等几种类型。与 IPv4 中地址分类方法相类似的是,IPv6 地址也有不同种类型,包括:单播、组播和任播(anycast)。IPv6 取消了广播类型。

(1)单播地址

IPv6 中的单播概念和 IPv4 中的单播概念是类似的,即唯一地标识一个接口的地址被称为单播地址。寻址到单播地址的数据包最终会被发送到一个唯一的接口。与 IPv4 单播地址不同的是,IPv6 单播地址又分为链路本地地址(link-local address)、站点本地地址(site-local address)、可聚合全球单播地址(aggregatable global unicast address)等种类的单播地址。

a. 可聚合全球单播地址

可聚合全球单播地址在整个网络中有效且唯一,类似于 IPv4 Internet 上用于通信的单播地址。通俗地说就是 IPv6 公网地址。

可聚合全球单播地址前缀的最高 3 位固定为 001。

每个可聚合全球单播 IPv6 地址有 3 个部分:

(a)Public Topology:提供商分配给组织机构的前缀最少是/48 前缀。/48 前缀表示网络前缀的高 48 位。而且,分配给组织结构的前缀是提供商前缀的一部分。

(b)Site Topology:利用提供商分配给组织机构的一个 48 位前缀,组织机构可以利用所收到的前缀的 49~64 位(一共 16 位)来将网络分成最多 65 535 个子网。

(c)Interface Identifier:IPv6 地址的这部分表示地址的低 64 位。

可聚合全球单播地址的结构如图 6-97 所示。

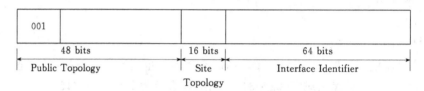

图 6-97　可聚合全球单播地址的结构

b. 链路本地地址

这是 IPv6 中的应用范围受限制的地址类型,只能在连接到同一本地链路的节点之间使用。在几个 IPv6 机制中使用了该地址(如邻居发现等)。

链路本地地址有固定的格式,图 6-98 显示了链路本地地址的结构。

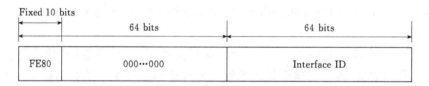

图 6-98　链路本地地址的结构

从图中我们可以看出,本地链路地址由一个特定的前缀和接口 ID 两部分组成,它使用了特定的本地链路前缀 FE80::/64(最高 10 位值为 1111111010),同时将接口 ID 添加在后面作为地址的低 64 比特。

当一个节点启动 IPv6 协议栈时,启动时节点的每个接口会自动配置一个本地链路地址。这种机制使得两个连接到同一链路的 IPv6 节点不需要做任何配置就可以通信。

那么这个链路本地地址怎么自动配置完成的呢? 我们知道链路本地地址有一个固定的前缀 FE80::/64,这解决了前缀部分的问题。但接口 ID 部分呢? 接口 ID 是通过链路层地址(在以太网中就是 MAC 地址)生成的,这就保证了链路本地地址的唯一性。

c. 站点本地地址

站点本地地址是另一种应用范围受限的地址,它仅仅能在一个站点(通常指一个自治域,如一个学校的网络)内使用。这有点像 IPv4 中的私有地址。任何没有申请到提供商分配的可聚合全球单播地址的组织机构都可以使用本地站点地址,如图 6-99 所示。

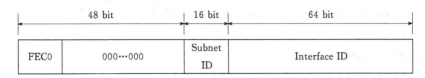

48 bit		16 bit	64 bit
FEC0	000···000	Subnet ID	Interface ID

图 6-99 本地站点地址

对于站点本地地址来说,前 48 位总是固定的,其中前十位固定为 1111111011,紧跟在后面的是连续 38 位 0。在接口 ID 和 48 位特定前缀之间有 16 位子网 ID 字段,供机构在内部构建子网。与链路本地地址不同,站点本地地址不是自动生成的。

(2)任播地址

任播地址(anycast address)用于标识属于不同节点的一组接口。发送给一个任播地址的数据包将会被传送到由该任播地址标识的接口组中距离发送节点最近(根据路由协议计算的距离度量)的一个接口上。

(3)组播地址

组播地址(multicast address)也用于标识属于不同节点的一组接口。但是,发送给一个组播地址的数据包将被传递到由该组播地址所标识的所有接口上。组播地址的最高 8 位为 1,在 IPv6 中没有广播地址。

此外,IPv6 还有两个特殊的地址:128 比特全为 0 的未定地址 0:0:0:0:0:0:0:0 和环回地址 0:0:0:0:0:0:0:1。未定地址(the unspecified address)不能分配给任何一个接口,一般用于 IPv6 数据包的源 IPv6 地址字段,表明发送该数据包的接口还没有分配到 IPv6 地址。与 IPv4 一样,环回地址(the loopback address)只能分配给环回接口。

4. IPv6 地址配置技术

了解了 IPv6 地址结构后,下一个问题就是如何在路由器或主机上配置 IPv6 地址。

对于 IPv4 路由器而言,配置一个接口地址的动作为:配置一个地址,再指定一个掩码即可。IPv6 路由器的地址配置方法基本类似:配置一个 IPv6 地址,并指定一个前缀长度。

基于主机用途的多样性,主机地址希望能够实现自动配置。目前有两种自动配置技术:有状态自动配置与无状态自动配置。无状态是指 IPv6 的邻居发现和无状态自动配置协议,通过 IPv6 节点之间交互邻居请求/邻居宣告消息,IPv6 路由器与 IPv6 终端之间交互路由器请求/路由器宣告消息实现 IPv6 网络的无状态自动配置,省去了在 IPv6 网络中为每个终端配置 IPv6 地址以及默认网关的繁琐工作。有状态配置和 IPv4 协议保持一致,由 DHCPv6 协议来完成。

(1)IPv6 手工地址配置

一个接口的地址配置主要配置如下两个信息:

a. 用于识别接口的 128 位地址;

b. 用于识别接口所属网络的前缀信息。

鉴于此,在路由器接口视图下配置地址命令为:

ipv6 address ipv6-address/prefix-length

在主机上手工配置一个地址的方法取决于具体实现。我们以 Windows XP 为例。主机上是将地址和前缀的配置分开考虑的。前缀对主机而言只有路由作用,所以 XP 上配置前缀事实上仅需配置一条路由即可。例如,可以用如下的配置命令配置主机的 IPv6 地址为 2::2,前缀长度为 64。

C:\Documents and Setting \Administrator ＞netsh

netsh＞interface

netsh interface＞ipv6

netsh interface ipv6 ＞add address int＝4 2∷2

确定

netsh interface ipv6 ＞add route 2∷/64 4

确定

配置完成后可以用 show address 命令和 show routes 命令来查看配置结果。

(2)无状态自动配置

IPv6 的无状态自动配置技术可以让主机几乎不需要任何配置即可获得 IPv6 地址并与外界通信。一个主机的 IPv6 地址是由前缀和接口 ID(典型长度为 64 位)组成。IPv6 前缀的实际作用是标识主机与路由器之间的网络,所以,主机需要的这个前缀就是路由器接口的前缀。为了自动获得这个前缀,主机向与它相连的路由器发出路由器请求 RS(Router Solicitation)消息,路由器收到网络节点的 RS 消息后,向该节点回送路由器宣告 RA(Router Advertisement)消息,以获得路由器宣告的全局地址前缀。接口 ID 由 48 位 MAC 地址转换得到,(IEEE 已经将网卡 MAC 地址由 48 位改为了 64 位。如果主机采用的网卡的 MAC 地址依然是 48 位,那么 IPv6 网卡驱动程序会根据 IEEE 的一个公式将 48 位 MAC 地址转换为 64 位 MAC 地址)。主机用它从路由器得到的全局地址前缀加上自己的接口 ID,自动配置全局地址,然后就可以与 Internet 中的其他主机通信了。

(3)有状态自动配置

在有状态自动配置的方式下,主要采用动态主机配置协议(DHCP),需要配备专门的 DHCP 服务器,网络接口通过客户机/服务器模式从 DHCP 服务器处得到地址配置信息。

状态自动配置的问题在于,用户必须保持和管理特殊的自动配置服务器以便管理所有"状态",即所容许的连接及当前连接的相关信息。对于有足够资源来建立和保持配置服务器的机构,该系统可以接受;但是对于没有这些资源的小型机构,工作情形较差。

6.7.5　IPv4 过渡到 IPv6 的技术

尽管 IPv6 比 IPv4 具有明显的先进性,但要在短时间内将 Internet 和各个企业网络中的所有系统全部从 IPv4 升级到 IPv6 是不可能的,IPv4 的网络将在相当长时间内和 IPv6 的网络共存。为了促进与保证 IPv4 的网络向 IPv6 网络的平滑迁移,IETF 已经设计了三种过渡策略使过渡时期更加平滑,这些不同的过渡机制分别适用于不同的场合。

1. 双协议栈

双协议栈是一种最直接的过渡机制。该机制在网元(注:包括主机和路由器)的网际层同时实现 IPv4 和 IPv6 两种协议。由于同时实现了 IPv4 和 IPv6 协议,因此各网元在通过 IPv4 协议与现有的 IPv4 网络通信的同时,可以通过 IPv6 协议与新建的 IPv6 网络通信。

图 6-100 所示为一个双栈网元中,高层应用使用协议栈的情况。当主机或者路由器提供双栈协议之后,原有的不支持 IPv6 协议的 IPv4 应用可以继续使用 IPv4 协议栈来与其他节点进行通信。而那些支持 IPv6 的新应用一般同时也兼容 IPv4,因此在利用网络层的 IP 协议栈与其他节点通信时,源主机要向 DNS 查询,确定应使用哪个版本,根据 DNS 查询的结果,选择使用 IPv4 或者 IPv6 协议栈。

　　尽管双协议栈是实现 IPv4 和 IPv6 兼容的一种最为直接的方法,但是由于需要同时支持 IPv4 和 IPv6 两种协议,因此整个协议栈的结构比较复杂。特别是对于双栈路由器,不仅需要同时运行 IPv4 下的路由协议和 IPv6 下的路由协议,同时还需要保存两套分别针对 IPv4 和 IPv6 的路由表,从而要求路由器提供较高的 CPU 处理能力和更多的内存资源。如果将双栈过渡机制用于骨干网,则需要对大量的网络设备进行升级,其难度比较大。因此,在现阶段双栈网元一般只用于 IPv4 网络或者 IPv6 网络的边缘,作为隧道过渡机制的隧道端点部署,以解决 IPv4 或者 IPv6 网络的直接互通问题。

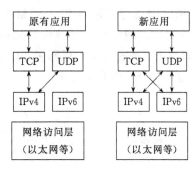

图 6-100　IPv4/IPv6 双协议栈结构与上层应用

2. 隧道技术

　　在 IPv6 开始部署的早期阶段,IPv6 网络相对于已有的 IPv4 互联网就像是海洋中的孤岛,这些没有直接连接的 IPv6 孤岛被 IPv4 海洋分隔开。为了在这些 IPv6 孤岛之间进行通信,就必须保证 IPv6 报文能够从一个 IPv6 网络出发,穿过 IPv4 互联网,到达目的端的 IPv6 网络。隧道机制就是解决该问题的一个比较直接的方法。

　　所谓隧道是指一种协议封装到另外一种协议中以实现互联目的。这里就是指在 IPv6 网络和 IPv4 网络邻接的双栈路由器上,利用 IPv4 报文封装 IPv6 报文,然后完全按照 IPv4 的路由策略将该报文发送到接收端网络中与目的 IPv6 网络邻接的另一个双栈路由器,由该路由器将封装在 IPv4 报文中的 IPv6 报文解封装,然后利用 IPv6 的路由策略完成 IPv6 报文的最终转发和处理过程。IPv4 隧道就是一个虚拟的点到点连接,对于其所连接的 IPv6 网络或者所通过的 IPv4 网络来说都是透明的,只需要对隧道的起点和终点进行升级即可。

　　图 6-101 所示为一个利用 IPv4 隧道实现 IPv6 网络互联的例子。

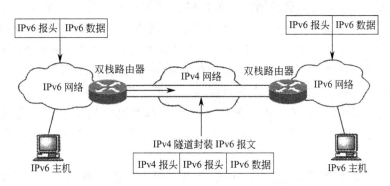

图 6-101　利用 IPv4 隧道实现 IPv6 网络互联

3. 协议转换

　　隧道方式一般用于源与目标均为 IPv6 网络的互联、互通环境,当 IPv6 网络中不支持 IPv4 的节点需要和 IPv4 网络中不支持 IPv6 的节点进行通信时,隧道方式就不再适用,此时需要使用协议转换的方法。

　　网络地址翻译-协议转换(Network Address Translation-Protocol Translation,NAT-PT)技术就是一种利用协议转换来实现纯 IPv6 网络和纯 IPv4 网络之间互通的方法。

　　使用 NAT-PT 进行 IPv6 和 IPv4 网络互通的简单示意图如图 6-102 所示。当右边的

IPv6 网络需要与左边的 IPv4 网络相互通信时。不得不通过位于它们之间的 NAT-PT 转换网关对报文的地址和格式等信息进行必要的转换，以实现两种不同类型 IP 网络的互联。另外，NAT-PT 通过与应用层网关(ALG)相结合，实现了只安装了 IPv6 的主机和只安装 IPv4主机的大部分应用的相互通信。

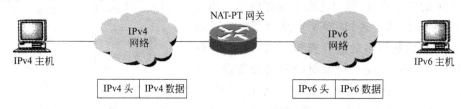

图 6-102   NAT-PT 技术示意图

NAT-PT 较好地解决了纯 IPv6 和纯 IPv4 的互通问题，其优点是不需要改动原有的各种协议。但是，与 IPv4 的 NAT 机制类似，由于 NAT-PT 需要对 IP 地址进行转换，因此不能继续使用那些需要保存地址信息的网络应用，而且这种方式也牺牲了端到端的安全性。

6.8 传输层概述

6.8.1 传输层的作用与地位

对于 OSI 参考模型而言，传输层是建立在网络层和会话层之间的一个层次；对于 TCP/IP模型来说，传输层则是位于网际层和应用层之间的一个层次。之所以在网络层之上再提供一个传输层而不直接面向会话层或应用层的主要原因有两方面。

(1)从网络通信的角度，虽然网络层实现了从源主机到目标主机的数据通信，但是数据通信并不是计算机网络最本质的活动。计算机网络的本质在于实现分布在不同地理位置主机上的进程通信，从而为应用层的网络服务提供支撑与服务。设想一个大家并不陌生的场景：一个同学正在上网，他开了一个浏览器窗口在浏览体育赛事，开了另一个浏览器窗口在下载文件，开了邮件客户软件窗口如 Foxmail 在接收邮件，同时又分别在 MSN 和 QQ 的窗口中与朋友在聊天。此时，与上述这些应用有关的 IP 分组都是通过主机的网络层接收到的，它们都以该同学主机的 IP 地址作为目标地址。而主机要如何区分这些 IP 分组，并将它们正确并有序地分发到上述多个不同的应用进程？ 单有网络层所提供的主机层面的通信是不够的，还必须在应用进程层面提供一种端对端的通信机制，即传输层所提供的网络进程通信功能。

进程(process)是计算机操作系统中的一个基本概念。进程与程序既有联系，又有区别。程序是一个在时间上按照严格次序进行的操作序列，是静态的；进程则是一个程序对于某个数据集的执行过程，是动态的。例如，在 PC 机上安装了浏览器软件如 Internet Explorer，相当于在机器的硬盘里安装了用于实现浏览器功能的一段程序。但是，一旦人们打开 Internet Explorer 开始浏览 Web 页面时，Internet Explorer 就变成了一个进程，它会参与包括 CPU、内存等计算机资源的分配。目前的计算机操作系统都支持多进程通信，即同一计算机上可以并发运行多个进程，它们之间对于 CPU、内存等计算机资源的争用统一由操作系统来进行调度与协调。

(2)从网络传输质量的角度，网络层虽然提供了从源网络到目标网络的通信服务，但是其所提供的服务有可靠与不可靠之分,需要在网络层之上增加一个层次来弥补网络层所提供的服务质量的不足,以便为高层提供可靠的端到端通信。如前面所讲的 TCP/IP 的网际层就是一个典型的提供无连接的不可靠服务的例子。不可靠的 IP 协议提供"尽力而为"的服务,它不保证端到端数据传输的可靠性,IP 分组在传输过程中可能会出现丢包、乱序或重复等问题。也可以这样理解,网络层及以下部分是由通信子网来完成的,通信子网往往是公用数据网,是资源子网中的端用户所不能直接控制的,用户不可能通过更换性能更好的路由器或增强数据链路层的纠错能力来提高网络层的服务质量,因此端用户只能依靠在自己主机上所增加的传输层来检测分组的丢失或数据的残缺,并采取相应的补救措施。

因此,传输层不仅有存在的必要,它还是 OSI 七层模型中非常重要的一层,起到承上启下的不可缺少的作用,并被看成是整个分层体系的核心。但是,只有资源子网中的端设备才会具有传输层,通信子网中的设备一般至多只具备 OSI 下面三层的通信功能,如图 6-103 所示。

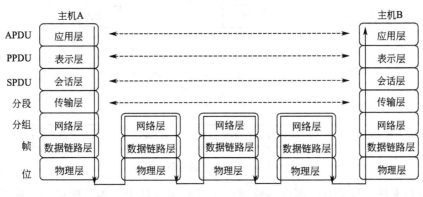

图 6-103 传输层与资源子网中的设备联系在一起

6.8.2 传输层的基本功能

传输层是 OSI 模型中非常重要的一个层,它涉及在源主机与目标主机的进程之间提供端到端的可靠数据传输,并使之与当前使用的通信子网无关。传输层协议通常有如下的几个功能:

(1)创建进程到进程的通信。协议通过使用端口号(即进程标识)来完成这种通信。在单机上,为了区别不同的进程,采用进程标识或进程号(Process ID)来唯一地标识进程。但是在网络环境中,这种由主机各自独立分配的进程号已经不能明确地标识进程。例如,当人们说"进程 3 与进程 8 在进行通信时",它的语义是非常模糊的,会涉及到底是哪台主机的进程 3 与哪台主机的进程 8 在进行通信的问题。此时,需要非常明确地指出是主机 X 的进程 3 与主机 Y 的进程 8 在进行通信。即在网络环境中,完整的进程标识需要这样的一种形式:源主机地址+源进程标识,目标主机地址+目标进程标识。

(2)传输层提供了一系列实现端到端进程之间的可靠数据传输所必需的机制。包括面向连接服务的建立机制,即能够为高层数据的传输建立、维护与拆除传输连接,以实现透明的、可靠的端到端的传输;端到端的错误恢复与流量控制,以能对网络层出现的丢包、乱序或重复等问题做出反应。

(3)当上层的协议数据包的长度超过网络层所能承载的最大数据传输单元时,传输层要提供必要的分段功能,并在接收方的对等层提供合并分段的功能。

总之,传输层通过扩展网络层服务功能,并通过传输层与高层之间的服务接口向高层提供了端到端进程之间的可靠数据传输,从而使系统之间实现高层资源的共享时不必再考虑数据通信方面的问题。

6.8.3　TCP/IP 的传输层

TCP/IP 的传输层提供了两个协议:传输控制协议(Transport Control Protocol,TCP)和用户数据报协议(User Datagram Protocol,UDP),如图 6-104 所示。其中,TCP 是一种面向连接的、可靠的传输层协议,UDP 是一种面向无连接的、不可靠的传输层协议。

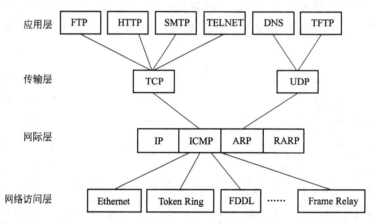

图 6-104　TCP/IP 的传输层协议

传输层与网络层最大的区别是传输层提供进程通信能力。为了标识相互通信的网络进程,IP 网络通信的最终地址不仅要包括主机的 IP 地址,还要包括可描述网络进程的某种标识。因此,无论是 TCP 还是 UDP,都必须首先解决进程的标识问题。

在 TCP/IP 的传输层,用来标识网络进程的标识被称为端口号(port ID)。端口号被定义成一个 16 位长度的整数,其取值范围为 $0 \sim (2^{16} - 1)$ 之间的整数。由于 TCP/IP 传输层的 TCP 和 UDP 两个协议是两个完全独立的协议模块,因此它们的端口号也相互独立,即各自可独立拥有 2^{16} 个端口。

端口号在 TCP/IP 传输层的作用有点类似 IP 地址在网络层的作用或 MAC 地址在数据链路层的作用,只不过 IP 地址是主机的逻辑标识,MAC 地址是主机的物理标识,而端口号是网络应用进程的一种逻辑标识。由于同一时刻一台主机上可以有大量的网络应用进程在运行,因此需要有多个不同的端口号来对进程进行标识。

端口号有两种基本分配方式,即全局分配和本地分配方式。全局分配是指由一个公认权威的机构根据用户需要进行统一分配,并将结果公布于众,因此这是一种集中分配方式。本地分配是指当进程需要访问传输层服务时,向本地系统提出申请,系统返回本地唯一的端口号,进程再通过合适的系统调用,将自己和该端口绑定起来,因此是一种动态连接方式。实际的 TCP/IP 端口号分配综合了以上两种方式,由 Internet 赋号管理局(IANA)将端口号分为著名端口(well-known ports)、注册端口和临时端口 3 个部分:

(1)著名端口:范围从 $0 \sim 1\,023$ 的端口,由 IANA 统一分配和控制,被规定作为公共应用服务的端口,如 WWW、FTP、DNS、NFS 和电子邮件服务等。

(2)注册端口:范围从 1 024～49 151 的端口,这部分端口被保留用作商业性的应用开发,如一些网络设备厂商专用协议的通信端口等。厂商或用户可根据需要向 IANA 进行注册,以防止重复。

(3)临时端口:范围从 49 151～65 535,这部分端口未做限定,由本地主机自行进行分配,因此又被称为自由端口。

6.9 传输控制协议(TCP)

传输控制协议(TCP)是一个面向连接的、可靠的传输层协议,目的是在网络层 IP 协议所提供的不可靠的、无连接的数据报服务基础上,为应用层提供面向连接的端到端的可靠数据传输服务。

TCP 被称为一种端对端(End-to-End)协议,这是因为它提供一个直接从一台计算机上的应用到另一台远程计算机上的应用的连接。应用能请求 TCP 构造一个连接,发送和接收数据,以及关闭连接。由 TCP 提供的连接叫做虚连接(Virtual Connection),这是因为它们是由软件实现的。事实上,底层的互联网系统并不对连接提供硬件或软件支持,只是两台机器上的 TCP 软件模块通过交换消息来实现连接。

为了实现端到端的可靠数据传输,TCP 提供了一系列与之相关的功能或机制,包括:传输层连接的建立与拆除机制、流量控制(TCP 通过使用确认分组、超时和重传来完成)和差错控制(TCP 使用滑动窗口协议完成)功能、数据流传输格式的规定、全双工通信的实现等。显然,实现这一系列与面向连接的可靠传输服务有关的功能,会增加大量的网络开销,包括网络带宽和主机上的计算与存储资源。因此,TCP 主要被用于需要大量传输交互式报文的应用,如文件传输服务(FTP)、虚拟终端服务(Telnet)、邮件传输服务(SMTP)和 Web 服务(HTTP)等。

6.9.1 TCP 分段的格式

与所有网络协议类似,TCP 将自己所要实现的功能集中体现在了 TCP 的协议数据单元中。TCP 的协议数据单元被称为分段(segment)。TCP 通过分段的交互来建立连接、传输数据、发出确认、进行重传、流量控制及关闭连接。TCP 分段分为分段头和数据两部分,分段头是 TCP 为了实现端到端可靠传输所加上的控制信息,数据则是应用层下来的数据。TCP 分段的格式如图 6-105 所示,其中有关字段的说明如下:

(1)源端口:主叫方的 TCP 端口号,长度为 16 位。

(2)目的端口:被叫方的 TCP 端口号,长度为 16 位。

(3)顺序号:分段的序列号,给出该分段数据的第一个字节的顺序号,长度为 32 位,表示该分段在发送方的数据流中的位置。

(4)确认号:表示接收端下一个期望接收的 TCP 分段号,长度也是 32 位。该字段实际上是对发送方所发送的并已被接收方所正确接收的分段的一个确认。顺序号和确认号共同用于 TCP 服务中的确认和差错控制。

(5)报头长度:TCP 分段的头长,长度为 4 位。TCP 分段的头长以 32 位字长为一个单位。该字段实际上相当于给出数据在 TCP 分段中的开始位置。

(6)保留:未用的 6 位,为将来的应用而保留,目前全部置为 0。

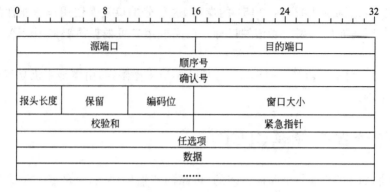

图 6-105 TCP 分段的格式

(7)编码位：长度为 6 位，一共定义了 6 种不同的控制标志，每种 1 位。TCP 分段有多种应用，如建立连接、关闭连接、传输数据、携带确认、流量控制等，这些编码位用于给出与分段的作用及处理有关的控制信息。

(8)窗口大小：长度为 16 位，表示发送方可以接收的数据量，以 8 位字长（相当于一个字节）为计量单位。窗口所对应的最大数据长度为 65 535 Byte。窗口的大小可使用可变长的滑动窗口协议来进行控制。

(9)校验和：长度为 16 位，用于对分段头和数据进行校验。通过将所有 16 位字以补码形式相加，再对相加和取补的方法来进行校验。分段传输正确无误时，该字段的取值应为 0。

(10)紧急指针：长度为 16 位，给出从当前顺序号到紧急数据位置的偏移量。

(11)任选项：提供一种增加额外设置的方法，如最大 TCP 分段长度的约定，至多可以有 40 Byte 长度的可选项。当任选项字段长度不足 32 位字长时，需要加以填充。

(12)数据：来自高层即应用层的协议数据。

6.9.2 端口与套接字

端口的概念已经在前面做了介绍。表 6-10 列举了一些 TCP 著名端口及其用途。其中，表中所列的著名端口号是为运行在远程计算机上的服务器进程所规定的，对于运行在本地主机上的客户进程，它们的端口由本地主机在当前未用的自由端口中随机选取。在此，客户进程是指网络环境中向其他主机提出资源或服务请求的进程，而服务器进程则在网络环境中响应客户请求，提供客户所需要的资源或服务。站在客户的角度，人们通常又将客户进程视为运行在本地主机上的本地进程，而将服务器进程视为运行在远程计算机上的远端进程。

表 6-10 TCP 的著名端口号

TCP 端口号	关键字	描　述
20	FTP-DATA	文件传输协议（数据连接）
21	FTP	文件传输协议（控制连接）
23	TELNET	虚拟终端连接
25	SMTP	简单邮件传输协议
53	DOMAIN	域名服务
80	HTTP	超文本传输协议
110	POP3	邮局协议
119	NNTP	新闻传送协议

　　一旦一个 TCP 应用进程通过全局分配或系统调用与某个 TCP 端口建立绑定（binding）后，操作系统就会为该进程建立一个以其端口值为标识的接收队列和发送队列，相当于在缓存中为该进程开辟一块相应的接收缓冲区和发送缓冲区，从而使所有传给该 TCP 端口的数据都会通过这个接收队列被该进程所接收，同时该应用进程发给传输层的所有数据也都要通过这个发送队列被送达目标进程。从 TCP 面向连接的数据传输服务的角度，相当于在源主机的源端口和目的主机的目标端口之间基于 IP 网络建立了一个数据流传输"管道"或虚电路，以用于从源进程到目标进程的可靠数据传输，如图 6-106 所示。

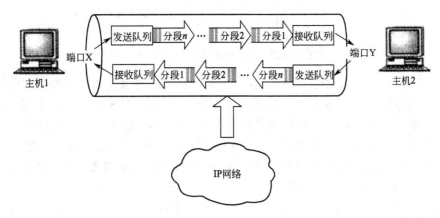

图 6-106　端到端的 TCP 数据流传输通道

　　由于一台主机上的多个应用程序可同时与其他多台主机上的多个对等进程进行通信，因此在网络中有大量的这种端到端的数据传输"管道"存在。为了对这些 TCP"管道"进行标识，人们又引入了套接字（socket）的概念。套接字又称 socket 地址，由主机的 IP 地址与一个 16位的端口号组成，形如（主机 IP 地址，端口号）。源进程和目标进程之间所建立的传输连接需要用一对套接字地址来标识，即（源 socket，目标 socket）或（源主机 IP 地址，源端口号；目标主机 IP 地址，目标端口号）。显然，这与在 6.9.2 节中所给出的"完整的进程标识"的概念是一致的。

6.9.3　TCP 连接的建立与拆除

　　TCP 使用三次握手协议来建立连接。连接可以由任何一方发起，也可以由双方同时发起。一旦一台主机上的 TCP 软件已经主动发起连接请求，运行在另一台主机上的 TCP 软件就会被动地等待握手。图 6-107 所示为三次握手建立 TCP 连接的简单示意图。

　　TCP 连接建立的步骤如下：

　　(1)主机 1 向主机 2 发出连接建立请求报文（第一次握手），该报文中的同步标志位 SYN被置为 1，同时选择发送序号为 x。

　　(2)主机 2 收到主机 1 的连接建立请求报文后，如果它同意与主机 1 建立 TCP 连接，则主机 2 发送一个序号为 y 连接接受的应答分段（第二次握手），在该确认报文中将 SYN 置为 1，SYN=1 表示这是一个与连接有关的分段。确认序号置为 $x+1$，即这是对所收到的第一个分段 x 的确认。

　　(3)主机 1 收到主机 2 发来的表示同意建立连接的分段后，还有再次进行选择的机会，若确实要建立这个连接，则要向主机 2 再次发送一个确认报文，确认序号为 $y+1$（第三次握手）。

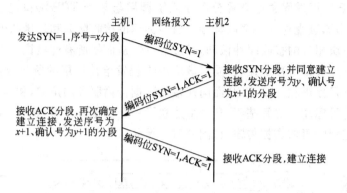

图 6-107　三次握手建立 TCP 连接

　　只有在完成上述三次分段交互之后,主机 1 和主机 2 的传输层才会分别通知各自的应用层传输连接建立成功。不管是哪一方先发起连接请求,一旦建立连接,就可以实现全双向的数据传送,而不存在主从关系。TCP 将数据流看作字节的序列,它将从用户进程所接收任意长的数据,分成不超过 64 kB(包括 TCP 头在内)的分段,以适合 IP 数据包的载荷能力。因此,对于一次传输要交换大量报文的应用如文件传输、远程登录等,经常需要以多个分段进行传输。

　　数据传输完成后,还要进行 TCP 连接的拆除或释放。TCP 协议使用修改的三次握手协议来关闭连接。TCP 连接是全双工的,可以看作两个不同方向的单工数据流传输。因此,一个完整连接的拆除涉及两个单向连接的拆除,需要四个动作:

　　(1)主机 1 发送报文段,宣布它愿意终止连接。

　　(2)主机 2 发送报文段对主机 1 的请求加以确认(证实)。在此之后,一个方向的连接就关闭了,但另一个方向的并没有关闭。主机 2 还能够向主机 1 发送数据。

　　(3)当主机 2 发完它的数据后,就发送报文段,表示愿意关闭此连接。

　　(4)主机 1 确认(证实)主机 2 的请求。

　　这就是连接拆除的四个步骤。我们不能像连接建立时那样,把步骤 2 和 3 合并。步骤 2 和 3 可以同时出现,也可以不同时出现。一旦两个单方向连接都被关闭,两个端节点上的 TCP 软件就要删除与这个连接有关的记录,原来所建立的 TCP 连接才被完全释放。

6.9.4　TCP 可靠数据传输的实现

　　TCP 协议采用了许多机制来保证端到端进程之间的可靠数据传输,如采用序列号、确认、滑动窗口协议等。

　　首先,TCP 要为所发送的每一个分段加上序列号,以保证每一个分段能被接收方接收,并只被正确地接收一次。在传输连接建立时,双方要商定初始的序列号。每个 TCP 分段头部中的序列号字段给出的是该分段数据部分的第一个字节的序列号。

　　其次,TCP 采用具有重传功能的积极确认技术作为可靠数据流传输服务的基础。这里,"确认"是指接收端在正确收到分段之后向发送端回送一个确认信息或在传送数据时捎带一个确认信息。发送方将每个已发送的分段备份在自己的发送缓冲区里,而且在收到相应的确认之前不会丢弃所保存的分段。"积极"是指发送方在每一个分段发送完毕的同时启动一个定时器,假如定时器的定时期满而关于分段的确认信息尚未到达,则发送方认为该分段已丢失并主动重发。图 6-108 所示为 TCP 分段确认的实现示例。

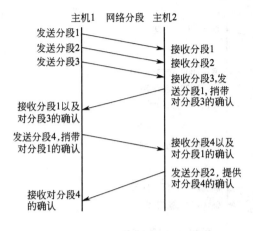

图 6-108 TCP 分段确认

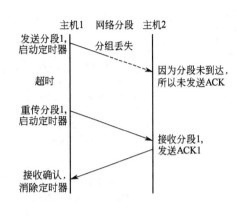

图 6-109 TCP 分段超时重传

图 6-109 所示为因分组丢失引起 TCP 分段超时重传的实例。为了避免由于网络延迟引起迟到的确认和重复的确认,TCP 规定在确认信息中捎带一个分段的序号,使接收方能正确地将分段与确认联系起来。

第三,采用可变长的滑动窗口协议进行流量控制,以防止由于发送端与接收端之间的数据处理能力不匹配而引起数据丢失。滑动窗口的初始大小由连接双方在建立连接的过程中协商确定。在传输连接建立阶段,在分段头部的窗口字段中写入的数值就是一方给另一方所设置的窗口大小。窗口大小的单位是字节。在通信过程中,任何一方都可根据自己的资源使用情况,动态地调整窗口的大小,并将相应的数值写入当前要发送给对方分段的头部窗口字段中。

当一个连接建立时,连接的每一端分配一块缓冲区来存储接收到的数据,并将缓冲区的尺寸发送给另一端。当数据到达时,接收方发送确认,其中包含了自己剩余的缓冲区尺寸。我们将剩余缓冲区空间的数量叫做窗口(window),接收方在发送的每一确认中都含有一个窗口通告。

如果接收方应用程序读取数据的速度与数据到达的速度一样快,接收方将在每一确认中发送一个非零的窗口通告。但是,如果发送方操作的速度快于接收方,接收到的数据最终将充满接收方的缓冲区,导致接收方通告一个零窗口。发送方收到一个零窗口通告时,必须停止发送,直到接收方重新通告一个非零窗口。

图 6-110 揭示了 TCP 利用窗口进行流量控制的过程。假设发送方每次最多可以发送1 000 Byte,并且接收方通告了一个 2 500 Byte 的初始窗口。由于 2 500 Byte 的窗口说明接收方具有 2 500 Byte 的空闲缓冲区,因此,发送方传输了 3 个数据段,其中两个数据段包含 1 000 Byte,一段包含 500 Byte。在每个数据段到达时,接收方就产生一个确认,其中的窗口减去了到达的数据尺寸。

由于前 3 个数据段在接收方应用程序使用数据之前就充满了缓冲区,因此,通告的窗口达到零,发送方不能再传送数据。在接收方应用程序用掉了 2 000 Byte 之后,接收方 TCP 发送一个额外的确认,其中的窗口通告为 2 000 Byte,用于通知发送方可以再传送 2 000 Byte。于是,发送方又发送两个数据段,致使接收方的窗口再一次变为零。

窗口和窗口通告可以有效地控制 TCP 的数据传输流量,使发送方发送的数据永远不会溢出接收方的缓冲空间。

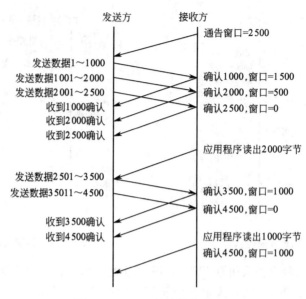

图 6-110　TCP 的流量控制过程

6.10　用户数据报协议(UDP)

与传输控制协议 TCP 相同,用户数据报协议 UDP 也位于传输层。但是,它的可靠性远没有 TCP 高。

从用户的角度看,用户数据报协议 UDP 提供了面向非连接的、不可靠的传输服务。它使用 IP 数据报携带数据,但增加了对给定主机上多个目标进行区分的能力。

由于 UDP 是面向非连接的,因此它可以将数据直接封装在 IP 数据报中进行发送。这与 TCP 发送数据前需要建立连接有很大的区别。UDP 既不使用确认信息对数据的到达进行确认,也不对收到的数据进行排序,只提供有限的差错检验功能。因此,利用 UDP 传送的数据有可能会出现丢失、重复或乱序现象。

由于 UDP 的功能简单,因此协议的设计也相对简单。提供 UDP 这么一个较简单的传输层协议是希望以较小的开销(overhead)来实现网络进程间的通信。对于那些一次性传输数据量较小同时对数据传输可靠性要求又不高的网络应用,例如 SNMP、DNS、TFTP 等数据的传输。近年来,随着 IP 电话、视频会议、流媒体通信、网络多播等实时应用的流行,UDP 也被用来作为这些应用的传输层协议。这类应用有一些共同的特点:要求源主机提供恒定的数据发送速率;在网络出现拥塞时,允许丢失部分数据;网络延迟要尽可能的小。因此,UDP 能够很好地适应它们的应用需求。使用 UDP 为传输层协议的网络应用,其可靠性问题需要由高层的应用程序来解决。

6.10.1　UDP 数据报

UDP 采用的协议数据单元称为用户数据报(user datagram)。由于只需要提供简单的差错检验机制,不需要提供编号、确认、差错控制和流量控制等一系列与可靠传输有关的机制,因此与 TCP 分段相比,UDP 数据报的格式要简单得多。UDP 数据报的格式如图 6-111 所示。

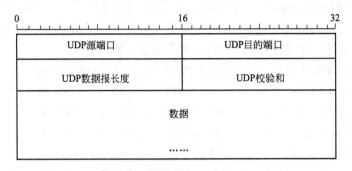

图 6-111　UDP 数据报的格式

　　一个 UDP 数据报由 UDP 报头和 UDP 数据两部分组成。其中,UDP 报头的固定长度为 8 Byte,它们分别为 UDP 源端口、UDP 目的端口、UDP 数据报长度以及 UDP 校检和。源端口字段包含 16 位长度的发送端 UDP 进程端口号,目的端口字段包含 16 位长度的接收端 UDP 进程端口号。长度字段定义了包括报头和用户数据在内的用户数据报的总长度,以 8 字节为长度单位,因此 UDP 数据报的最大长度为 65 535 Byte。校验和字段用于检验 UDP 数据报在传输中是否出现差错。它是可选的,如果该字段为 0,说明不需要进行校验,以尽可能减少开销。

　　UDP 在进程通信中也采用客户端/服务器模式。客户端端口号以本地分配方式实现,由客户端进程自行定义它自己所使用的端口号,并从本机上当前未用的临时端口号中随机选取。服务器端口号则决定于服务的类型。对于公共服务,使用 IANA 所提供的著名端口号。对于厂商专用的协议或应用开发,服务器端使用厂商向 IANA 注册获得的注册端口号。一些常用的 UDP 著名端口号如表 6-11 所示。

表 6-11　UDP 著名端口号

UDP 端口号	关键字	描　　述
53	DOMAIN	域名服务
69	TFTP	简单文件传输协议
111	RPC	远程过程调用
161	SNMP	简单网络管理协议
123	NTP	网络时间协议

6.10.2　UDP 的工作过程

　　UDP 提供无连接的服务,用户数据报在发送之前不需要建立连接。当应用进程有报文需要通过 UDP 发送时,它将此报文直接交给执行 UDP 的传输层实体。报文的长度要足够短,以便能装入到一个 UDP 数据报中,因此只有发送短报文的进程才选用 UDP。UDP 传输层实体在得到应用进程的报文后,为它加上 UDP 报头,变成 UDP 数据报后交给网络层。网络层在 UDP 用户数据报前面加上 IP 报头,形成 IP 分组,再交给数据链路层。数据链路层在 IP 分组上加上帧头和帧尾,变成一个帧,然后通过物理层发送出去。对于目标端,则是一个相反的拆封过程。

　　由于 UDP 提供无连接的服务,因此每个 UDP 用户数据报的传输路径都是独立的。即使那些 UDP 用户数据报的源端口号和目标端口号相同,它们在网络上的传输路径也可能不同,这取决于网络层为每个数据报所进行的路径选择。一个先发送的 UDP 用户数据报因为网络路径的不同,可能会比一个晚发送的 UDP 用户数据报后到。

UDP 是一个不可靠的协议,不提供确认、流量控制等可靠传输机制,因此对于 UDP 的接收端来说,一旦当到来的报文过多时,就会因为溢出而使报文丢失。另外,由于 UDP 只提供简单的校验和,没有确认、重传等差错控制机制,因此当接收进程通过校验和发现传输出错时,只是简单地将该出错的用户数据报丢弃,并不向发送进程提供错误通知。此时,采用 UDP 的应用进程需要在应用层提供必要的差错控制机制。

为了区分同一台主机并发运行的多个 UDP 进程,传输层实体采用了一种与 UDP 端口相关联的用户数据报传输队列机制。图 6-112 所示为一对用户进程通过 UDP 进行数据交换时,用户数据报传输队列工作原理的简单示意图。

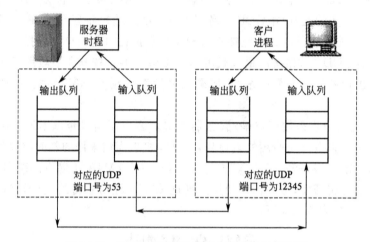

图 6-112　UDP 用户数据报传输队列的工作原理

当客户进程启动时,UDP 为该进程分配一个临时端口号(假定为 12345),并同时创建与该端口号对应的一个输出队列和一个输入队列。所有该客户进程要发送的用户数据报,被写入输出队列;而从服务器端对等进程返回的用户数据报,则放在该客户进程端口号所对应的输入队列中。如果输入队列产生溢出时,客户端将无法接收从服务器端对等进程所返回的数据,此时,客户端会丢弃这些用户数据报,并请求客户机通过 ICMP 协议向服务器端发送"端口不可到达"的出错报文。如果输出队列发生溢出时,操作系统就会要求客户进程降低用户数据报的发送速度。

在服务器端,只要服务器进程开始运行,UDP 进程就会用相应的端口号去创建一个输入队列和一个输出队列。只要服务器进程在运行,这些队列就一直存在,不管是否有客户进程在请求。当客户的 UDP 请求到达时,服务器端的 UDP 要检查对应于该用户数据报目标端口的输入队列是否已经存在,若已经存在,则将收到的客户 UDP 请求放在该输入队列的末尾。否则,就丢弃该用户数据报,并通过 ICMP 向客户端发送"端口不可到达"的报文。对于服务器进程而言,不管 UDP 请求是否来自不同的客户端,都要被放入同一个输入队列。当输入队列发生溢出时,UDP 服务进程就丢弃该用户数据报,并请求通过 ICMP 向客户端发送"端口不可到达"的报文。当服务器进程需要向客户发送用户数据报时,它就将发送报文放到该服务进程端口号所对应的输出队列。若输出队列发生溢出,则操作系统会要求该服务器进程在继续发送报文之前先等待一段时间。

======习　　题======

一、单项选择题

1. 采用虚电路方式的网络层服务,在发送数据之前,需要在源主机与目标主机之间建立跨越_____的端到端连接。

　　A. 因特网　　　　B. 局域网　　　　C. 通信子网　　　　D. 广域网

2. 若一个 IP 分组中的源 IP 地址为 193.1.2.3,目标地址为 0.0.0.9,则该目标地址表示_____。

　　A. 本网中的一个主机　　　　　　B. 直接广播地址

　　C. 组播地址　　　　　　　　　　D. 本网中的广播

3. IP 地址 202.168.1.35/27 表示该主机所在网络的网络号为_____。

　　A. 202.168　　　B. 202.168.1　　　C. 202.168.1.32　　D. 202.168.1.16

4. 网络层可以通过_____标识不同的主机。

　　A. 物理地址　　　B. 端口号　　　　C. IP 地址　　　　D. 逻辑地址

5. 以下源和目标主机的不同 IP 地址组合中,只有_____组合可以不经过路由直接寻址。

　　A. 125.2.5.3/24 和 136.2.2.3/24　　　　B. 125.2.5.3/16 和 125.2.2.3/16

　　C. 126.2.5.3/16 和 136.2.2.3/21　　　　D. 125.2.5.3/24 和 136.2.2.3/24

6. 假设一个主机 IP 地址为 197.168.5.121,而子网掩码为 255.255.255.248,则该主机的网络号(含子网络号)为_____。

　　A. 197.168.5.12　　　　　　　　B. 197.169.5.121

　　C. 197.169.5.120　　　　　　　　D. 197.168.5.120

7. 计算机网络的最本质活动是分布在不同地理位置的主机之间的_____通信。

　　A. 因特网　　　　B. 数据交换　　　C. 网络服务　　　D. 进程

8. 设计传输层的目的是为了弥补通信子网服务质量的不足,提高数据传输服务的可靠性,确保网络_____。

　　A. 安全　　　　　B. 服务质量　　　C. 连通　　　　　D. 带宽

9. 端口号分为三类,分别是著名端口号、自由端口号和_____。

　　A. 注册端口号　　B. 临时端口号　　C. 永久端口号　　D. 全局端口号

10. TCP 协议中,提供 FTP 数据传输的服务器端口号为_____。

　　A. 20　　　　　　B. 21　　　　　　C. 80　　　　　　D. 25

11. TCP 的连接采用_____方式建立。

　　A. 滑动窗口协议　B. 三次握手　　　C. 积极确认　　　D. 端口

12. 使用 UDP 协议的网络应用,其数据传输的可靠性由_____负责。

　　A. 传输层　　　　B. 数据链路层　　C. 应用层　　　　D. 网络层

二、问 答 题

1. IP 地址有什么作用?如何来表示?由哪两部分组成?

2. IP 地址可以分为哪几类? 描述每类的特点。

3. 请列出 3 种 IP 数据报头中重要的信息?

4. 若要将一个 B 类的网络 172.17.0.0 划分为 14 个子网,请计算出每个子网的子网掩码,以及在每个子网中主机 IP 地址的范围是多少?

5. 说明子网掩码的作用,并判断主机 172.24.100.45/16 和主机 172.24.101.46/16 是否位于同一网络中。主机 172.24.100.45/24 和主机 172.24.101.46/24 的情况是否相同?

6. 简述 ICMP 的功能,举例说明操作系统提供给 ICMP 的一些实用程序的应用。

7. 若要将一个 B 类的网络 172.17.0.0 划分子网,其中包括 3 个能容纳 16 000 台主机的子网,7 个能容纳 2 000 台主机的子网,8 个能容纳 254 台主机的子网,请写出每个子网的子网掩码和主机 IP 地址的范围。

8. 对于一个从 192.168.80.0 开始的超网,假设能够容纳 4 000 台主机,请写出该超网的子网掩码以及所需使用的每一个 C 类的网络地址。

9. 现有如题图 6-1 所示的网络,网段 1 和网段 3 通过两个路由器经网段 2 相互连接,已知网段 2 的网络号为 202.22.4.16/28,且网段 1 和网段 3 的主机数均不超过 254 台,试完成以下工作:

(1)使用私有 IP 地址空间并采用子网划分技术,分别为网段 1 和网段 3 分配一个子网络号,并指明其子网掩码的值。

(2)为路由器 A 和路由器 B 的每个接口分配一个 IP 地址。

(3)为位于网段 3 中的主机 B 分配一个 IP 地址,并说明其默认网关的 IP 地址。

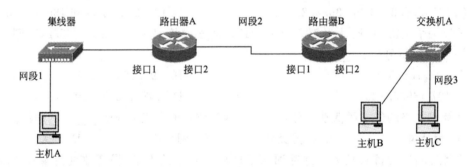

题图 6-1

10. 试根据本章关于 ARP 工作原理的叙述,包括本地 ARP 和代理 ARP 工作过程,画出关于 ARP 工作原理的流程图。

11. 如图 6-86 所示,假定路由器 B 和路由器 C 之间的广域网链路采用的是基于 HDLC 协议的串行传输。试结合路由协议、IP 和 ARP 的作用,说明 IP 分组从主机 1 到主机 21 的传输实现过程,并具体回答以下问题:

(1)从源到目标的数据传输过程中,包含了哪几次帧的封装与拆封过程?

(2)从源到目标的数据传输过程中,帧头中的源地址和目标地址是否发生了变化?

(3)从源到目标的数据传输过程中,IP 分组头中的源地址和目标地址是否发生了变化?

(4)路由协议、IP 和 ARP 在从源到目标的数据传输过程中分别起到了什么作用?

12. 试对物理层、数据链路层和网络层上的各种网络互联设备进行比较。

13. IPv6 的主要特点是什么? IPv6 有哪些地址类型?

14. 从 IPv4 到 IPv6 的过渡技术有哪些? 分析其实现的机制。

15. TCP/IP 的传输层为什么要提供两个不同服务质量的协议？

16. 什么是端口号？它在 TCP/IP 传输层的作用是什么？

17. TCP 采用哪些机制来保证端到端进程之间的可靠传输？

18. 列举 5～10 个著名的 TCP 或 UDP 端口，并说明它们是提供什么网络应用的？

19. 题图 6-2 所示是一个网络的拓扑结构图。如果该网络分配了一个 B 类的地址 130.53.0.0，试完成以下工作：

(1)为图中的主机和路由器分配 IP 地址，写出 IP 地址和子网掩码；

(2)写出路由器 R1、R2、R3 和 R4 的路由表。

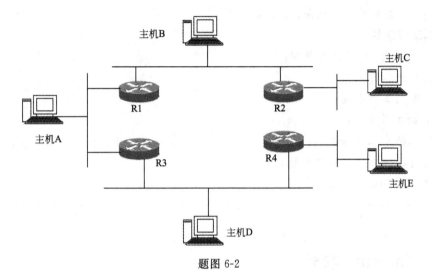

题图 6-2

第7章 Internet 的应用

Internet 作为全球最大的互联网络,其规模和用户数量都是其他任何网络所无法比拟的,Internet 上的丰富资源和服务功能更是具有极大的吸引力。本章将以 Internet 为主线,着重介绍与 Internet 相关的一些概念、服务与应用。

学完本章应掌握:

➢ DNS 结构与 DNS 工作原理;

➢ DHCP 的运作流程;

➢ WWW 的工作原理;

➢ FTP 的工作原理;

➢ Telnet 的基本工作机制;

➢ E-mail 的传输过程与传输协议;

➢ 用户接入 Internet 的方法。

7.1 Internet 概述

Internet 是由成千上万的不同类型、不同规模的计算机网络和计算机主机组成的覆盖世界范围的巨型网络。Internet 的中文名称为"因特网"。

从技术角度来看,Internet 包括了各种计算机网络,从小型的局域网、城市规模的城域网,到大规模的广域网。计算机主机包括了 PC 机、专用工作站、小型机、中型机和大型机。这些网络和计算机通过通信线路(如电话线、高速专用线、微波、卫星、光缆)、路由器连接在一起,在全球范围内构成了一个四通八达的"网间网",图 7-1 显示了 Internet 的用户视图和典型内部结构。其中路由器是 Internet 中最为重要的设备,它借助统一的 IP 协议实现了 Internet 中各种异构网络间的互联,并提供了最佳路径选择、负载平衡和拥塞控制等功能。如果将通信线路比作道路,那么路由器就好比是十字路口的交通指挥警察,指挥和控制车辆的流动,并防止交通阻塞。

Internet 起源于美国,并由美国扩展到世界其他地方。在这个网络中,其核心的几个最大的主干网络组成了 Internet 的骨架,它们主要属于美国的 Internet 服务供应商。通过主干网络之间的相互连接,建立起一个非常快速的通信网络,承担了网络上大部分的通信任务。每个主干网络间都有许多交汇的节点,这些节点将下一级较小的网络和主机连接到主干网络上,这些较小的网络再为其服务区域的公司或个人提供连接服务。

从应用角度来看,Internet 是一个世界规模的巨大的信息和服务资源网络,它能够为每一个 Internet 用户提供有价值的信息和其他相关的服务。也就是说,通过使用 Internet,世界范围的人们既可以互通消息、交流思想,又可以从中获得各方面的知识、经验和信息。

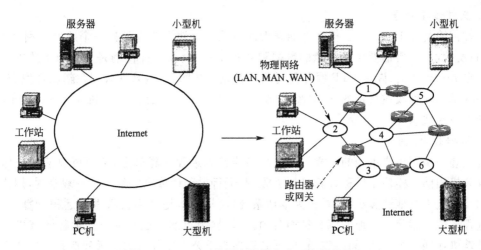

图 7-1 Internet 的用户视图和典型内部结构

7.1.1 Internet 提供的主要服务

Internet 是一个庞大的互联系统,它通过全球的信息资源和入网的 170 多个国家的数百万个网点,向人们提供了包罗万象、瞬息万变的信息。由于 Internet 本身的开放性、广泛性和自发性,可以说,Internet 上的信息资源是无限的。

人们可以在 Internet 上迅速而方便地与远方的朋友交换信息,可以把远在千里之外的一台计算机上的资料瞬间拷贝到自己的计算机上,可以在网上直接访问有关领域的专家,针对感兴趣的问题与他们进行讨论。人们还可以在网上漫游、访问和搜索各种类型的信息库、图书馆甚至实验室。很多人在网上建立自己的主页(homepage),定期发布自己的信息。所有这些都应当归功于 Internet 所提供的各种各样的服务。从数据传输方式的角度来说,Internet 提供的主要服务包括:网络通信、远程登录、文件传送以及网上信息服务等。

1. 网络信息服务

网络信息服务主要指信息查询服务和建立信息资源服务。Internet 上集中了全球的信息资源,是存储和发布信息的地方,也是人们查询信息的场所。信息资源是 Internet 最重要的资源。信息分布在世界各地的计算机上,主要内容有:教育科研、新闻出版、金融证券、医疗卫生、计算机技术、娱乐、贸易、旅游、商业和社会服务等。

Web 是在 Internet 上运行的信息系统,Web 是 WWW(World Wide Web)的简称,译为万维网,又称全球信息网。Web 将世界各地信息资源以超文本或超媒体的形式组织成一个巨大的信息网络,它是一个全球性的分布式信息系统,用户只要使用 Web 浏览器的软件,就可以随心所欲地在万维网中漫游,获取感兴趣的信息。因而,WWW 服务是目前使用最普及、最受欢迎的一种信息服务形式。

2. 电子邮件(E-mail)服务

电子邮件又称电子信箱,它是网上的邮政系统,是一种以计算机网络为载体的信息传输方式。电子邮件与普通邮政邮件的投递方式很类似。在电子邮件系统中,如果你是 Internet 电子邮件用户,在互联网系统中就有一个属于你的电子信箱和电子信箱的地址,当然这些信箱的地址在 Internet 上是唯一的。你可以通过 Internet 收发你的电子邮件。与传统的邮政系统相比,电子邮件具有速度快、信息量大、价格便宜、信息易于再使用等优点。

3. 文件传输服务

文件传输是在 Internet 上把文件准确无误地从一个地方传输到另一个地方。利用 Internet 进行交流时，经常需要传输大量的数据和各种信息，所以文件传输是 Internet 的主要用途之一。在 Internet 上，许多 FTP 服务器对用户都是开放的，有些软件公司在新软件发布时，常常将一些试用软件放在特定的 FTP 服务器上，用户只要把自己的计算机连入 Internet，就可以免费下载这些软件。

4. 远程登录服务

远程登录是将用户本地的计算机通过网络连接到远程计算机上，从而可以使用户像坐在远程计算机面前一样使用远程计算机的资源，并运行远程计算机的程序。一般来说，用户正在使用的计算机为本地计算机，其系统为本地系统，而把非本地计算机看做是远程计算机，其系统为远程系统。远程与本地的概念是相对的，不根据距离的远近来划分。远程计算机可能和本地计算机在同一个房间、同一校园，也可能远在数千公里以外。通过远程登录可以使用户充分利用各方资源。

5. 电子公告牌服务

计算机化的公告系统允许用户上传和下载文件，以及讨论和发布通告等。电子公告牌使网络用户很容易获取和发布各种信息，例如问题征答和发布求助信息等等。

6. 网络新闻服务

在 Internet 上还可以建立各种专题讨论组，趣味相投的人们通过电子邮件讨论共同关心的问题。当你加入一个组后，可以收到组中任何人发出的信件，当然，你也可以把信件发给组中的其他成员。利用 Internet，你还可以收发传真、打电话甚至国际电话，在高速宽带的网络环境下甚至可以收看视频广播节目以及召开远程视频会议等。

7.1.2　Internet 在我国的发展

Internet 在我国的发展起步较晚，但由于起点比较高，因此发展速度也很快。1986 年，北京市计算机应用技术研究所开始与国际联网，建立了中国学术网 CANET（Chinese Academic Network）。1987 年 9 月，CANET 建成中国第一个因特网电子邮件结点，并于 9 月 14 日发出了中国第一封电子邮件，揭开了中国人使用互联网的序幕。

1989 年 10 月，高技术信息基础设施项目（the National Computing and Networking Facility of China，NCFC）正式启动。1993 年 12 月，以高速光缆和路由器实现 NCFC 工程的中科院院网（CASNET）、清华大学校园网（TUNET）和北京大学校园网（PUNET）的主干网互联。1994 年 4 月，NCFC 开通了连入 Internet 的 64 kbit/s 国际专线，实现了与 Internet 的全功能连接。1994 年 5 月，建立了中国国家顶级域名（CN）服务器，并将该服务器放在了国内。1995 年 1 月，NCFC 开始向社会提供 Internet 接入服务。

1994 年以后，国内陆续开始筹建 CERNET、CHINAGBN、CSTNET、CHINANET 四大互联网络，这四大网络分别在经济、文化和科学领域扮演不同的重要角色。

1. 中国教育和科研计算机网

中国教育和科研计算机网（CERNET）于 1994 年 7 月试验开通。1995 年 7 月，CERNET 接通了第一条连接美国的 128 kbit/s 国际专线。中国教育和科研计算机网主要实现校园间的计算机联网和信息资源共享，并与国际学术计算机网络互联。整个网络分主干网、地区网、校园网 3 个层次，网管中心设在清华大学，负责主干网的规划、实施、管理和运行，地区网管中心分别设在北京、上海等 8 个城市,负责为该地区各高校校园网提供接入服务。

2. 中国金桥信息网

1996 年 9 月,中国金桥信息网(CHINAGBN)连入美国的 256 kbit/s 专线正式开通,开始提供 Internet 服务。它充分利用现有资源,以天上卫星网与地面光纤网互联网络为核心骨干层(以卫星通信为主),建成具有一定规模的、覆盖全国的信息通信网络,为国家宏观经济调控和决策服务,并且提供专线集团用户的接入和个人用户的单点上网服务。

3. 中国科学技术计算机网

1995 年 12 月,中国科学技术计算机网(CSTNET)(简称中国科技网)完成建设,实现了国内各学术机构的计算机互联,并和 Internet 相连,主要提供科技信息服务,并承担国家域名服务的功能。

4. 中国公用计算机互联网

1996 年 1 月,中国公用计算机互联网(CHINANET)全国骨干网建成并正式开通,它采用分层体系结构,由核心层、区域层、接入层组成,全国设 8 个大区,共 32 个结点,实现了全国范围的公用计算机的网络互联,主要提供商业服务。1997 年 10 月,CHINANET 实现了与中国其他 3 个互联网络即 CSTNET、CERNET、CHINAGBN 的连通。

进入 2000 年以来,中国互联网的发展更加迅猛,截至 2006 年 12 月 31 日,中国内地网民已经达到 1.37 亿,其中宽带用户已经突破 1 亿,达到 1.04 亿,另外手机上网人数已经达到 1 700 万人。中国国际出口带宽的总容量为 256 696M,增长非常迅速,如图 7-2 所示。

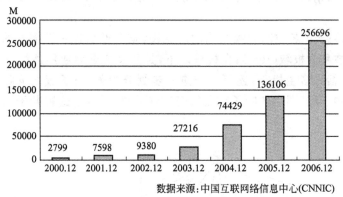

数据来源:中国互联网络信息中心(CNNIC)

图 7-2　历次调查中国国际出口带宽

在 IPv6 领域,我国已经达到国际先进水平。1999 年底,建立了全国性的 IPv6 试验网。2003 年,以国家战略项目——中国下一代互联网示范工程启动为标志,我国 IPv6 商用化进程进入了实质性发展阶段,中国的五大运营商也全面加入 IPv6 规模部署阵营。以 IPv6 为基础核心协议的下一代网络将成为国家信息化的基础设施,并带动基础教育、科研、医疗、能源、交通、金融、环保、工业、家电产业等各行各业的全面发展。

7.2　域名系统(DNS)

在 TCP/IP 互联网中,可以使用 IP 地址的 32 位整数来识别主机。虽然这种地址能方便、紧凑地表示互联网中传递分组的源地址和目的地址。但是,对一般用户而言,IP 地址还是太抽象了,用户更愿意利用好读、易记的 ASCII 字符串为主机指派名字。这种特殊用途的 ASCII 串被称为域名。例如,人们很容易记住代表南京铁道职业技术学院网站的域名 www. njrts. edu. cn,但是如果要求人们记住该院网站的 IP 地址 210.28.168.11 恐怕就会很难。但是,一旦引入了域名,就需要为应用程序提供关于域名和 IP 地址之间的映射服务,否则应用进程就无法借助域名来实现主机的 IP 寻址。早期的 Internet 使用了非等级的名字空间。虽然从理论上讲,可以只使用一个域名服务器,使它装入所有的主机名,并回答所有对 IP 地址的查询,但当 Internet 上用户数急剧增加时,这种用非等级的名字空间来管理一个很大的而且经常会变化的名字集合的做法是非常困难的。为了解决这个问题,提出了域名系统(Domain Name System,DNS),它通过分级的域名服务和管理功能提供了高效的域名解释服务。

实质上,主机名是一种比 IP 更高级的地址形式,主机名的管理、主机名—IP 地址映射等是域名系统要解决的重要问题。

7.2.1　Internet 的域名结构

在 TCP/IP 互联网上我们采用了层次树状结构的命名方法,我们称之为域树结构,其通常的结构是:hostname. domain,即主机名＋它所在域的名字。采用这种命名方法,任何一个连接在 Internet 上的主机或路由器都有唯一的层次结构名字。这里的域(domain)是指由地理位置或业务类型而联系在一起的一组计算机构成的一种集合,一个域内可以容纳多台主机。在域中,所有主机用域名(domain name)来标识,以替代主机的 IP 地址。

域名空间的分级结构有点类似于邮政系统中的分级地址结构,如"中国江苏省南京铁道职业技术学院张三"。

图 7-3 所示为关于域名空间分级结构的示意图,整个形状如一棵倒立的树。根结点不代表任何具体的域,被称为根域(root);在根域之下,是几百个国际通用顶级(top-level)域,每个顶级域除了可以包括许多主机外,还可以被进一步划分为子域;子域之下除了可以有主机之外,也可以有更小的子域;图中的叶子结点代表没有子域的域,但这种叶子域可以包含若干台主机。

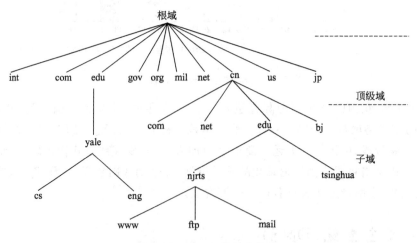

图 7-3　Internet 的域名结构

顶级域的划分采用了两种划分模式,即组织模式和地理模式。组织模式最初只有 6 个,分别是 COM(商业机构)、EDU(教育单位)、GOV(政府部门)、MIL(军事单位)、NET(提供网络服务的系统)和 ORG(非 COM 类的组织),后来又增加了一个为国际组织所使用的 INT;地理域是指代表不同国家或地区的顶级域,如 CN 表示中国、UK 表示英国、PR 表示法国、JP 表示日本、HK 代表中国香港等。

采用分级结构的域名空间后,每个结点就采用从该结点往上到根的路径命名,称之为域名。在域名的书写中,路径名的长度最多达 63 个字符,路径名之间用圆点"."分隔,路径全名则不能超过 255 个字符。例如,在图 7-3 中关于南京铁道职业技术学院 Web 服务器的域名就应表达为 www. njrts. edu. cn。注意,域名对大小写不敏感,因此 edu 和 EDU 的写法是一样的。

7.2.2　Internet 的域名管理

与 Internet 的域名的分级结构相对应,域管理也采用层次化管理。在图 7-4 显示的层次化树型管理机构中,中央管理机构将其管辖下的结点定义为 com、edu、cn、us 等。与此同时,中央管理机构还将其 com、edu、cn、us 的下一级结点的管理分别授权给 com 管理机构、edu管理机构、cn 管理机构和 us 管理机构。同样,cn 管理机构又将 com、edu、bj、tj 等结点分配给它的下述结点,分别交由 com 管理机构、edu 管理机构、bj 管理机构和 tj 管理机构进行管理。只要图 7-4 中的每个管理机构能够保证其管辖的下一层节点不出现重复和冲突,从树叶到树根(或从树根到树叶)路径上各节点的有序序列就不会重复和冲突,由此而产生的互联网中的主机名就是全局唯一的。

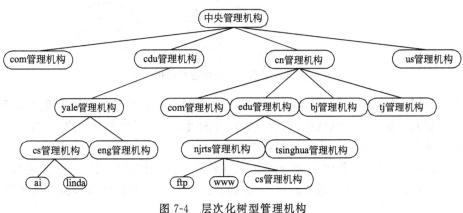

图 7-4　层次化树型管理机构

7.2.3　域名解析

域名系统的提出为 TCP/IP 互联网用户提供了极大的方便。通常构成域名的各个部分(各级域名)都具有一定的含义,相对于主机的 IP 地址来说更容易记忆。但域名只是为用户提供了一种方便记忆的手段,主机之间不能直接使用域名进行通信,仍然要使用 IP 地址来完成数据的传输。所以当应用程序接收到用户输入的域名时,域名系统必须提供一种机制,该机制负责将域名映射为对应的 IP 地址,然后利用该 IP 地址将数据送往目的主机。

1. TCP/IP 域名服务器与解析算法

那么到哪里去寻找一个域名所对应的 IP 地址呢?这就要借助于一组既独立又互相协作的域名服务器完成。这组域名服务器是解析系统的核心。

所谓的域名服务器实际上是一个服务器软件,运行在指定的主机上,完成域名－IP 地址映射。有时候,也把运行域名服务软件的主机叫做域名服务器,该服务器通常保存着它所管辖区域内的域名与 IP 地址的对照表。相应的,请求域名解析服务的软件叫域名解析器。在 TCP/IP 域名系统中,一个域名解析器可以利用一个或多个域名服务器进行域名映射。

在 TCP/IP 互联网中,对应于域名的层次结构,域名服务器也构成一定的层次结构,如图 7-5 所示。这个树型的域名服务器的逻辑结构是域名解析算法赖以实现的基础。总的来说,域名解析采用自顶向下的算法,从根服务器开始直到叶服务器,在其间的某个结点上一定能找到所需的域名－IP 地址映射。

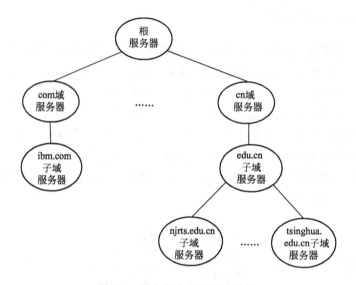

图 7-5　域名服务器的层次结构

然而,如果每一个解析请求都从根服务器开始,那么到达根服务器的信息流量随互联网规模的增大而加大。在大型互联网中,根服务器有可能因负荷太重而超载。因此,每一个解析请求都从根服务器开始并不是一个很好的解决方案。

实际上,在域名解析过程中,只要域名解析器软件知道如何访问任意一个域名服务器,而每一域名服务器都至少知道根服务器的 IP 地址及其父节点服务器的 IP 地址,域名解析就可以顺利地进行。

域名解析有两种方式:第一种叫递归解析(recursive resolution),要求域名服务器系统一次性完成全部域名－地址变换;第二种叫反复解析(iterative resolution),每次请求一个服务器,不行再请求别的服务器。图 7-6 描述了一个简单的域名解析过程。

例如,一位用户希望访问名为 www. njrts. edu. cn 的主机。当应用程序接收到用户输入的 www. njrts. edu. cn,解析器首先向已知的那一台域名服务器发出查询请求。如果使用递归解析方式,该域名服务器将查询 www. njrts. edu. cn 的 IP 地址(如果在本地服务器找不到,本地服务器就向其所知道的其他域名服务器发出请求,要求其他服务器帮助查找),并将查询到的 IP 地址回送给解析器程序,如图 7-6(a)所示。但是,在使用反复解析方式的情况下,如果此域名服务器未能在当地找到 www. njrts. edu. cn 的 IP 地址,那么,它仅仅将有可能找到该 IP 地址的域名服务器地址告诉解析器应用程序,解析器需向被告知的域名服务器再次发起查询请求,如此反复,直到查到为止,如图 7-6(b)所示。

(a) 递归解析　　　　　　　　　　　　　　　(b) 反复解析

图 7-6　递归解析和反复解析示意图

2. 提高域名解析效率的方法

在大型 TCP/IP 互联网中,域名解析请求频繁发生,因此,域名－IP 地址的解析效率是检验域名系统成功与否的关键。尽管 TCP/IP 互联网的域名解析可以沿域名服务器树自顶向下进行,但是严格按照自树根到树叶的搜索方法并不是最有效的。在实际的域名解析系统中,可以采用以下的解决方法来提高解析效率。

(1)解析从本地域名服务器开始

大多数域名解析都是解析本地域名,都可以在本地域名服务器中完成。因此,域名解析器如果首先向本地域名服务器发出请求,那么,多数的请求都可以在本地域名服务器中直接完成,无须从根开始遍历域名服务器树。这样,域名解析既不会占用太多的网络带宽,也不会给根服务器造成太大的处理负荷,因此,可以提高域名的解析效率。当然,如果本地域名服务器不能解析请求的域名,解析只好请其他域名服务器帮忙了(通常是根服务器或本地服务器的上层服务器)。

(2)域名服务器的高速缓冲技术

所谓的高速缓冲技术就是在域名服务器中开辟一个专用内存,存放最近解析过的域名及其相应的 IP 地址。服务器一旦收到域名请求,首先检查该域名与 IP 地址的对应关系是否存储在本地,如果是,就进行本地解析,并将解析的结果报告给解析器;否则,检查域名缓冲区,看是否最近解析过该域名。如果高速缓冲区中保存着该域名与 IP 地址的对应关系,那么,服务器就将这条信息报告给解析器;否则,本地服务器再向其他服务器发出解析请求。

(3)主机上的高速缓冲技术

高速缓冲机制不仅用于域名服务器,在主机上也可以使用。与域名服务器的缓冲机制相同,主机将解析器获得的域名－IP 地址的对应关系也存储在一个高速缓冲区中,当解析器进行域名解析时,它首先在本地主机的高速缓冲区中进行查找,如果找不到,再将请求送往本地域名服务器。当然,主机也必须采用与服务器相同的技术保证高速缓冲区中的域名－IP 地址映射关系的有效性。

3. 域名解析的完整过程

假如一个应用程序需要访问名字为 www.njrts.edu.cn 的主机,其较为完整的解析过程如图 7-7 所示。

(1)域名解析器首先查询本地主机的缓冲区,查看主机是否以前解析过主机名www.njrts.edu.cn。如果在此找到 www.njrts.edu.cn 的 IP 地址,解析器立即用该 IP 地址响应应用程序。如果主机缓冲区中没有 www.njrts.edu.cn 与其 IP 地址的映射关系,解析器将向本地域名服务器发出请求。

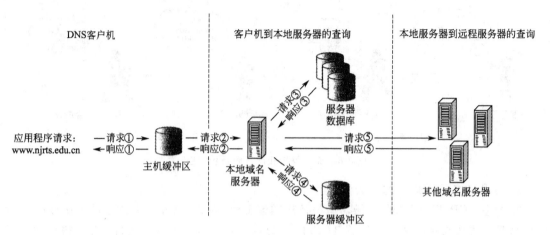

图 7-7　域名解析的完整过程

(2)本地域名服务器首先检查 www. njrts. edu. cn 与其 IP 地址的映射关系是否存储在它的数据库中。如果是,本地服务器将该映射关系传送给请求者;如果不是,本地服务器将查询它的高速缓冲区,检查是否在自己的高速缓冲区中存储有该映射关系。如果在高速缓冲区中发现该映射关系,本地服务器将使用该映射关系进行应答;如果在本地服务器的高速缓冲区中也没有发现 www. njrts. edu. cn 与其 IP 地址的映射关系,那么,只好请其他域名服务器帮忙了。

(3)在其他域名服务器接收到本地服务器的请求后,继续进行域名的查找与解析工作,当发现 www. njrts. edu. cn 与其 IP 地址的对应关系时,就将该映射关系送交给提出请求的本地服务器。进而,本地服务器再使用从其他服务器得到的映射关系响应客户端。

除了将域名解析为 IP 地址外,系统有时候还需要将 IP 地址解析为域名。例如,当一台远程主机以 IP 地址方式连接到本地主机时,本地主机为了确认对方的合法性(如防止对方假冒),就可以通过域名反查的方式来判断对方主机的真实性,这种由 IP 地址解析为域名的过程被称为逆向解析。

域名和 IP 地址的映射关系在 DNS 服务器中以 DNS 数据库的形式存在,该数据库又被称为 DNS 的资源记录(resource record)。DNS 库中的每一条资源记录共有 5 个字段,其数据格式形如"Domain_name Time_to_live Type Class Value",其中:

(1)Domain_name(域名):指出这条记录所指向的域。通常,每个域有许多记录。

(2)Time_to_live(生存时间):指出记录的稳定性。高度稳定的信息被赋予一个很大的值,变化很大的信息被赋予一个较小的值。

(3)Type(类型):指出记录的类型。一些重要的资源记录类型如表 7-1 所示。

表 7-1　资源记录类型

类　　型	意　　义	内　　容
SOA	授权开始	标志一个资源记录集合(称为授权区段)的开始
A	主机地址	32 位二进制值 IP 地址
MX	邮件交换机	邮件服务器名及优先级

类　　型	意　　义	内　　容
NS	域名服务器	域的授权名字服务器
CNAME	别名	别名的规范名字
PTR	指针	对应于 IP 地址的主机名
HINFO	主机描述	ASCⅡ字符串,CPU 和 OS 描述
TXT	文本	ASCⅡ字符串,不解释

(4)Class(类别):对于 Internet 信息,它总是 IN。对于非 Internet 信息,则使用其他代码。

(5)Value(值):这个字段可以是数字、域名或 ASCII 串,其语义基于记录类型。

7.2.4　实践:DNS 安装与使用

为了对域名系统 DNS 有一个直观的了解,下面配置一个 Windows 2000 Server 提供的 DNS 服务器,并用相应的客户程序进行验证。

图 7-8 为一棵假想的名字树,本实践将在 Windows 2000 Server 提供的域名服务器中管理阴影部分所示的子树。

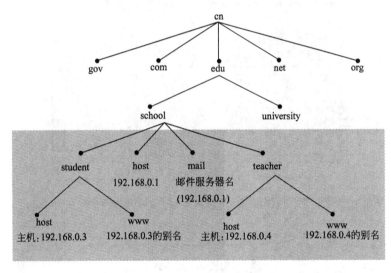

图 7-8　阴影部分为 DNS 服务器需要管理的部分

1. 配置 Windows 2000 Server 服务器

DNS 服务是 Windows 2000 Server 网络操作系统中一个重要的服务,因此,在一般情况下,DNS 服务作为一个默认组件随同 Windows 2000 Server 一起安装。在安装有 DNS 服务的 Windows 2000 服务器中,如果希望管理图 7-8 阴影部分所示的子树,需要经过以下步骤。

(1)启动 Windows 2000 Server 服务器,通过桌面上的"开始"→"程序"→"管理工具" DNS→进入 DNS 管理与配置界面,如图 7-9 所示。

(2)首先,要在 DNS 管理与配置窗口中加入需要管理和配置的域名服务器。用鼠标右击"树"区域的 DNS 项,在弹出的菜单中执行"连接到计算机"命令,系统将进入如图 7-10 所示的"选择目标计算机"对话框。Windows 2000 Server 中的 DNS 管理程序既可以管理和配置本机的域名服务,也可以管理和配置网络中其他主机的 DNS。由于需要管理和配置本机的域名服

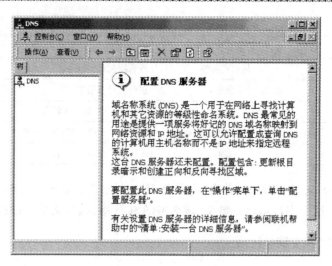

图 7-9　DNS 管理与配置界面

务,因此,在图 7-10 中选择"这台计算机"。单击"确定",系统将把这台计算机(计算机名为ZLH2)加入到 DNS 树中,如图 7-11 所示。

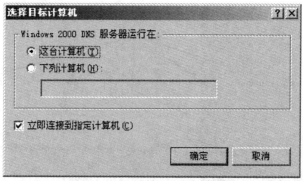

图 7-10　"选择目标计算机"对话框

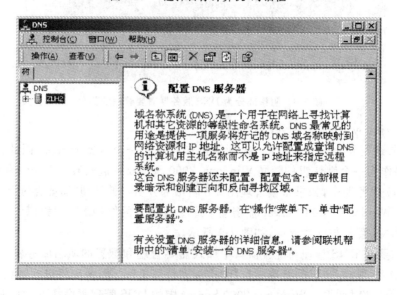

图 7-11　加入本机后的 DNS 管理与配置界面

　　(3)展开 DNS 树,右击"正向搜索区域",在弹出的菜单中执行"新建区域"命令,如图 7-12 所示。"新建区域向导"将逐步引导你完成建立一个新区域的工作,"新建区域向导"界面如图 7-13(a)所示。单击"下一步",选择创建区域的类别,如图 7-13(b)所示。你可以选择"标准主要区域",然后单击"下一步"。按系统提示输入 DNS 服务器需要管理的区域名 "school. edu. cn",如图 7-13(c)所示。

　　单击"下一步"。由于创建的"标准主要区域"的域名信息需要以文本文件的形式进行存储,因此,必须输入保存这些信息的文件名,如图 7-13(d)所示。可以输入自己喜欢的文件名,也可以使用系统默认的文件名"school. edu. cn. dns"。单击"下一步",系统在显示你为创建该区域所选择和输入的所有信息后,将新区域"school. edu. cn"添加到 DNS 管理窗口,如图 7-14 所示。

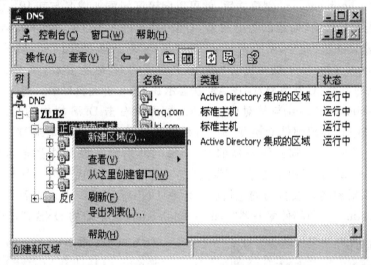

图 7-12　DNS 正向搜索区域

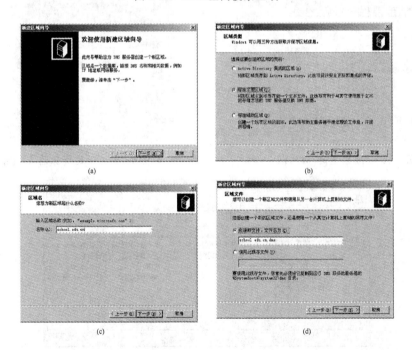

图 7-13　新建区域向导

图 7-14 添加"school. edu. cn"区域后的 DNS 管理窗口

　　(4)在区域"school. edu. cn"创建之后,就可以向该区域添加域名与其 IP 地址的对应关系了。为了添加主机与其 IP 地址的映射关系,右击 DNS 树中的区域"school. edu. cn",在弹出的菜单中执行"新建主机"命令,系统将显示"新建主机"对话框,如图 7-15 所示。在该对话框中,输入位于 school. edu. cn 下的主机名 host 和其对应的 IP 地址 192. 168. 0. 1,单击"添加主机"按钮,该主机的名字、对象类型及 IP 地址就显示在 DNS 管理窗口中。与此类似,在添加邮件服务器 mail. school. edu. cn 与其对应主机时,也可以右击 DNS 树中的"school. edu. cn"。在弹出的菜单中执行"新建邮件交换器"命令,系统将显示"新建资源记录"对话框,如图 7-16 所示。在该对话框中,输入邮件服务器的名字 mail,然后键入该邮件服务器指向的主机名"host. school. edu. cn"(也可以通过单击"浏览"按钮进行选择)和优先级。单击"确定"按钮,邮件服务器的名字、对象类型及指向的主机就显示在 DNS 管理窗口中。图 7-17 显示了添加主机"host. school. edu. cn"和邮件服务器"mail. school. edu. cn"之后的 DNS 管理界面。

图 7-15 "新建主机"对话框

图 7-16 "新建资源记录"对话框

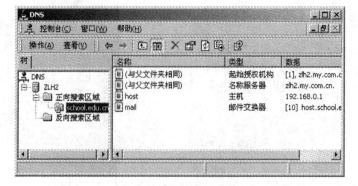

图 7-17 添加主机和邮件服务器后的 DNS 管理界面

（5）为了管理图 7-8 中的 student 节点（注意：student 节点不是叶节点），需要在"school. edu. cn"之下再建立一个域。为此，需要右击 DNS 树中的"school. edu. cn"，在弹出的菜单中执行"新建域"命令。在"新建域"对话框出现后，如图 7-18 所示，键入域名 student，单击"确定"按钮，student 将显示在区域"school. edu. cn"之下，如图 7-19 所示。

图 7-18　"新建域"对话框

图 7-19　添加 student 后 DNS 管理系统界面

（6）为了将 student 下的节点 host（主机名为 host. student. school. edu. cn）添加到域名服务器中，只需右击 DNS 树下的域 student。在弹出的菜单中执行"新建主机"命令即可。当然，也可以按照同样的方式使主机 www. student. school. edu. cn 加入域名服务器。但是，从图 7-8 中可以看到，主机 host. student. school. edu. cn 与主机 www. student. school. edu. cn 指向同一个 IP 地址 192.168.0.3，因此，也可以把 www. student. school. edu. cn 作为主机 host. student. school. edu. cn 的别名。为了建立别名，需要右击 student。在弹出的菜单中执行"新

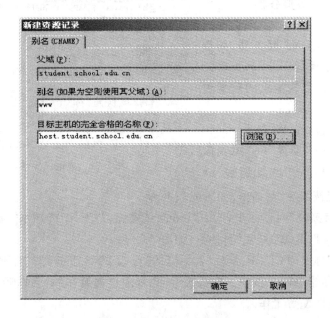

图 7-20　新建别名对话框

建别名"命令,如图 7-20 所示。在"新建资源记录"对话框出现后,输入别名"www"和其对应的完整主机名"host. student. school. edu. cn",单击"确定",类型为"别名"的资源记录将显示在 DNS 管理系统界面上。如图 7-21 显示了添加主机 host. student. school. edu. cn 和别名 www. student. school. edu. cn 后的 DNS 管理系统界面。

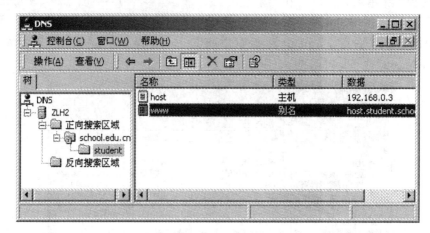

图 7-21　在 student 域下添加主机和别名后的 DNS 管理系统界面

(7)按照加入 student 域完全相同的方法,可以将 teacher 加入到"school. edu. cn"之下,同时,将 "host. teacher. school. edu. cn" 和 "www. teacher. school. edu. cn" 添加到 teacher 域之后。

至此,完成了 Windows 2000 域名服务器的简单配置和管理工作。下面可以在客户机端验证其配置正确性。

2. 测试配置的 DNS 服务器

(1)配置测试主机

为了测试配置的 DNS 服务器,需要使用网络中另一台运行 Windows 2000 的主机作为测试机。测试主机的配置过程如下:

a. 启动测试主机,在 Windows 2000 桌面上通过"开始"→"设置"→"控制面板""网络和拨号连接"→"本地连接"→

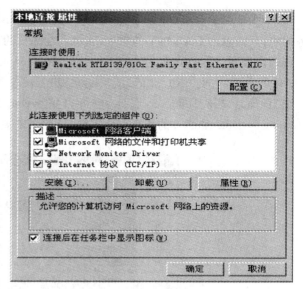

图 7-22　本地连接属性对话框

"属性"进入"本地连按属性"对话框,如图 7-22 所示。

b. 在"本地连接属性"对话框中,选中"Internet 协议(TCP/IP)",单击"属性"按钮,系统将显示"Internet 协议(TCP/IP)属性"对话框,如图 7-23 所示。

c. 在"Internet 协议(TCP/IP)属性"对话框的"首选 DNS 服务器"中,键入刚配置的 DNS 服务器的 IP 地址,单击"确定"按钮。在系统返回"本地连接属住"对话框后,再次单击"确定"按钮,完成测试主机的配置工作。

(2)测试配置的 DNS 服务器

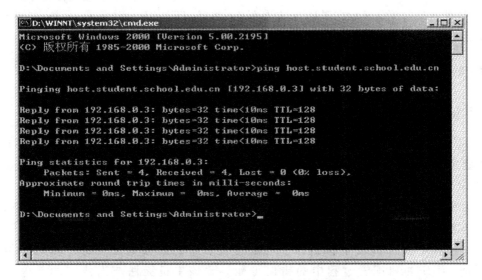

图 7-23　"Internet 协议（TCP/IP）属性"对话框

一旦完成测试主机的配置工作，就可以利用简单的 ping 命令来测试配置的 DNS 服务器是否可以正确工作。例如，可以使用"ping www. student. school. edu. cn"检查配置的 DNS 域名服务器是否能够将 www. student. school. edu. cn 对应的 IP 地址 192. 168. 0. 3 返回至客户端。如果 DNS 服务器配置正确，同时主机 192. 168. 0. 3 可以正确地收发报文，其结果将如图 7-24 所示。

```
D:\WINNT\system32\cmd.exe                                        _□×
Microsoft Windows 2000 [Version 5.00.2195]
<C> 版权所有 1985-2000 Microsoft Corp.

D:\Documents and Settings\Administrator>ping host.student.school.edu.cn

Pinging host.student.school.edu.cn [192.168.0.3] with 32 bytes of data:

Reply from 192.168.0.3: bytes=32 time<10ms TTL=128
Reply from 192.168.0.3: bytes=32 time<10ms TTL=128
Reply from 192.168.0.3: bytes=32 time<10ms TTL=128
Reply from 192.168.0.3: bytes=32 time<10ms TTL=128

Ping statistics for 192.168.0.3:
    Packets: Sent = 4, Received = 4, Lost = 0 <0% loss>,
Approximate round trip times in milli-seconds:
    Minimum = 0ms, Maximum = 0ms, Average = 0ms

D:\Documents and Settings\Administrator>
```

图 7-24　用 ping 命令测试配置的域名服务器

另一种测试 DNS 服务器有效性的方法是利用 nslookup 命令。nslookup 命令是一个比较复杂的命令，最简单的命令形式为"nslookup host server"，其中 host 是需要查找其 IP 地址的主机名，而 server 则是查找使用的域名服务器。在使用 nslookup 过程中，server 参数可以省略。如果省略 server 参数，系统将使用默认的域名服务器。例如，可以使用"nslookup www. teacher. school. edu. cn"请求所配置的服务器返回 www. teacher. school. edu. cn 的 IP 地址，如图 7-25 所示。如果 nslookup 正确返回到 www. teacher. school. edu. cn 与其 IP 地址的对应

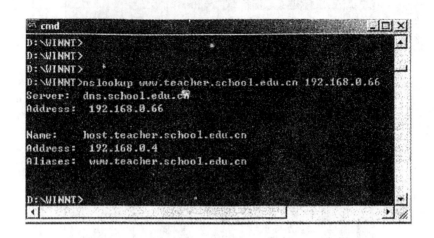

图 7-25　利用 nslookup 命令测试配置的 DNS 服务器

关系,则说明域名服务器的配置是正确的。

3. 查看主机的域名高速缓冲区

为了提高域名的解析效率,主机常常采用高速缓冲区来存储检索过的域名与其 IP 地址的映射关系。Unix、Linux 以及 Windows 2000 等网络操作系统都提供命令,允许用户查看域名高速缓冲区中的内容。在 Windows 2000 中,"ipconfig/displaydns"命令可以将缓冲区中域名与其 IP 地址的映射关系显示在屏幕上(包括域名、类型、TTL、IP 地址等)。另外,如果希望清除主机高速域名缓冲区中的内容,可以使用"ipconfig/flushdns"。

7.3　动态主机配置协议(DHCP)

7.3.1　采用 DHCP 的必要性

在 TCP/IP 网络上,每台工作站在访问网络及其资源之前,都必须进行基本的网络配置,一些主要参数诸如 IP 地址、子网掩码、默认网关、DNS 等是必不可少,还可能需要一些附加的信息如 IP 管理策略之类。

在大型网络中,确保所有主机都拥有正确的配置是一件相当困难的管理任务,尤其对于含有漫游用户和笔记本电脑的动态网络更是如此。经常有计算机从一个子网移到另一个子网以及从网络中移出。手动配置或重新配置数量巨大的计算机可能要花很长时间,而 IP 主机配置过程中的错误可能导致该主机无法与网络中的其他主机通信。

因此需要一种机制来简化 IP 地址的配置,实现 IP 地址的集中式管理。而 IETF(Internet 网络工程师任务小组)设计的动态主机配置协议(DHCP,Dynamic Host Configuration Protocol)正是这样一种机制。

DHCP 是一种客户机/服务器协议,该协议简化了客户机 IP 地址的配置和管理工作以及其他 TCP/IP 参数的分配。基本上不需要网络管理人员的人为干预。网络中的 DHCP 服务器给运行 DHCP 的客户机自动分配 IP 地址和相关的 TCP/IP 的配置信息。

　　DHCP 服务器拥有一个 IP 地址池,当任何启用 DHCP 的客户机登录到网络时,可从它那里租借一个 IP 地址。因为 IP 地址是动态的(租借)而不是静态的(永久分配),不使用的 IP 地址就自动返回地址池,供再分配,从而大大节省了 IP 地址空间。

7.3.2　DHCP 运作流程

1. DHCP 租借 IP 地址的过程

　　从 DHCP 客户端向 DHCP 服务器要求租用 IP 开始,直到完成客户端的 TCP/IP 设置,简单来说由四个阶段组成。

　　(1)请求租用 IP 地址

　　当我们刚为计算机安装好 TCP/IP 协议,并设置成 DHCP 客户端后,第一次启动计算机时即会进入此阶段。首先由 DHCP 客户端广播一个 DHCP Discover 信息包,请求任一部 DHCP 服务器提供 IP 租约。

　　(2)提供可租用的 IP 地址

　　因为 DHCP Discover 是以广播方式送出,所以网络上所有的 DHCP 服务器都会收到此信息包,而每一台 DHCP 服务器收到此信息包时,都会从本身的地址池中,找出一个可用的 IP 地址,设置租约期限后记录在 DHCP Offer 信息包中,再以广播方式送给客户端。

　　(3)选择 IP 地址

　　因为每一台 DHCP 服务器都会送出 DHCP Offer 信息包,因此 DHCP 客户端会收到多个 DHCP Offer 信息包,按照默认值,客户端会接收最先收到的 DHCP Offer 信息包,其他陆续收到的 DHCP Offer 信息包则不予理会。

　　客户端接着以广播方式送出 DHCP Request(请求)信息包,除了向选定的服务器申请租用 IP 地址,也让其他曾送出 DHCP Offer 信息包,但未被选定的服务器知道:"你们所提供的 IP 地址落选了。不必为我保留,可以租用给其他的客户端啦!"

　　不过,如果 DHCP 客户端不接受 DHCP 服务器所提供的参数,就会广播一个 DHCP Decline(拒绝)信息包,告知服务器:"我不接受你建议的 IP 地址(或租用期限等)。"然后回到第一阶段,再度广播 DHCP Discover 信息包,重新执行整个取得租约的流程。

　　客户端为何会不同意呢?最常见的原因是 IP 地址重复。因为客户端收到服务器建议的 IP 地址时,通常会以 ARP 协议检查该地址是否已被使用,倘若有其他粗心的用户,手动设置 IP 地址时也占用了相同的地址,客户端当然就要拒绝租用此 IP 地址。

　　(4)IP 地址使用确认

　　当被选中的 DHCP 服务器收到 DHCP Request 信息包时,假如同意客户端的租用要求,便会广播 DHCP Ack(承认)信息包给 DHCP 客户端,告知可以将设置值写入 TCP/IP 并开始计算租用的时间。

　　当然,可能也会有不同意的状况出现,倘若 DHCP 服务器不能给予 DHCP 客户端所请求的信息,则会发出 DHCP Nack(拒绝承认)信息包。当客户端收到 DHCP Nack 信息包时,便直接回到第一阶段,重新执行整个流程。

　　图 7-26 图所示为 DHCP 的整个运作流程。

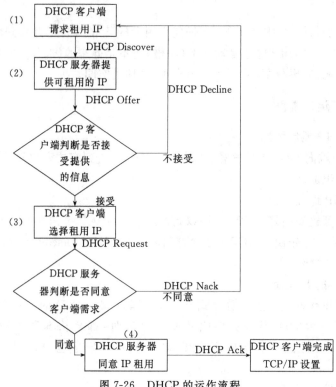

图 7-26　DHCP 的运作流程

2. DHCP 续订租约

取得 IP 租约后，DHCP 客户端必须定期更新（renew）租约，否则当租约到期，就不能再使用此 IP 地址。按照 RFC 的默认值，每当租用时间超过租约期限的 1/2（50％）及 7/8（87.5％）时，客户端就必须发出 DHCP Request 信息包，向 DHCP 服务器请求更新租约。

特别注意一点，更新租约时是以单点传送（unicast）方式发出 DHCP Request 信息包，也就是会指定哪一台 DHCP 服务器应该要处理此信息包，和前面确认 IP 租约阶段中，使用广播发送 DHCP Request 信息包是不同的。

以 Windows 2000 DHCP 服务器为例，默认的租约期限为 8 天，当租用时间超过 4 天时，DHCP 客户端会向 DHCP 服务器请求续约，将租约期限再延长为原本的期限（也就是 8 天）。若不幸在重试 3 次之后，依然无法取得 DHCP 服务器的响应（也就是无法和 DHCP 服务器取得联系），则 DHCP 客户端将会继续使用此租约，并且直到租用时间超过 7 天时，会再度向 DHCP 服务器请求续约，若仍然无法取得续约的信息（一样会重试 3 次），则 DHCP 客户端改以广播方式送出 DHCP Request 信息包，要求 DHCP 的服务。

当然，我们也可以在租约期限内，手动更新租约。在 Windows NT/2000 中，手动更新租约的方式是在命令提示符方式下，执行 ipconfig/renew 命令即可进行更新。

3. 撤销租约

在 Windows 2000 的命令提示符方式下，执行 ipconfig/release 命令，即可撤销租约。

但如果我们的 Windows 2000 安装有多张网卡，当我们直接执行 ipconfig/release 命令时，默认是会撤销所有网卡的 IP 租约。若只想撤销特定网卡的 IP 租约，则请执行 ipconfig/release 连接名称命令。连接名称指的是我们在网络和拨号连接窗口中看到的连接名称，例如：本地连接 1、本地连接 2 等名称。

　4. 跨子网的 DHCP 服务器的部署

DHCP 的客户端是通过广播的方式和 DHCP 服务器取得联系的。当 DHCP 的客户端和 DHCP 的服务器之间，不在同一个子网内时，DHCP 的服务器上虽然会为不同的子网创建不同的地址数据库，但由于 DHCP 的客户端无法使用广播找到 DHCP 服务器，DHCP 的客户端依然无法获得相应的 IP 地址。这时我们可以使用两种方法解决：

　一种方法是在连接不同子网的路由器上允许 DHCP 广播数据报通过，这种方法需要路由器的支持，同时也可能造成广播流量的增加。

　另一种方法是使用 DHCP 的中继代理服务器。DHCP 中继代理程序和 DHCP 的客户端位于同一个子网，它会侦听广播的 DHCP Discover 和 DHCP Request 消息。然后 DHCP 中继代理程序会等待一段时间，若没有检测到 DHCP 服务器的响应，则通过单播方式发送此消息给其指定的 DHCP 服务器。然后该服务器响应该消息，并选择合适的地址，发送给 DHCP 中继代理程序。接着中继代理程序在 DHCP 客户机所在的子网上广播此消息。DHCP 客户端收到广播后，就获得了相应的 IP 地址。

7.3.3　实践：DHCP 服务器配置与管理

　1. 安装与配置 DHCP 服务器

在安装 DHCP 服务器之前，必须注意以下两点：

(1)DHCP 服务器本身的 IP 地址必须是固定的，也就是其 IP 地址、子网掩码、默认网关等数据必须是静态分配的。

(2)事先规划好可提供给 DHCP 客户端使用的 IP 地址范围，也就是所建立的 IP 作用域。

DHCP 服务器的安装过程如下：

(1)首先在"管理您的服务器"窗口里，单击"添加或删除角色"。接着在"服务器角色"对话框中选择安装"DHCP 服务器"，然后按照陆续弹出窗口的提示进行安装。安装 DHCP 服务器完成后，系统弹出一个"新建作用域向导"对话框，利用它可以创建一个作用域。这时系统会弹出一个"作用域名"的对话框，让用户输入新作用域的名和对名称的描述，如图 7-27 所示。

(2)单击"下一步"按钮，弹出"IP 地址范围"对话框，让用户输入作用域分配的地址范围，并且可以通过长度或 IP 地址来指定子网掩码，如图 7-28 所示。

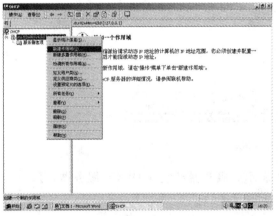
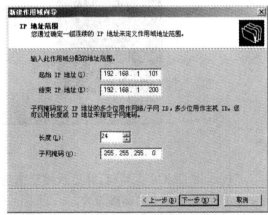

　　　图 7-27　新建作用域　　　　　　　　　　　　图 7-28　作用域范围

(3)单击"下一步"按钮,弹出"添加排除"对话框,输入服务器不分配的地址或地址范围。如果只想单独排除一个单独地址,只需要在"起始 IP 地址"输入地址,如图 7-29 所示。

(4)单击"下一步"按钮,弹出"租约期限"对话框,指定域使用 IP 地址的时间长短,如图 7-30 所示。

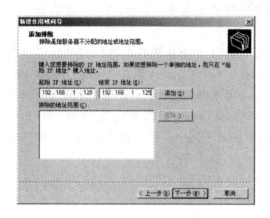 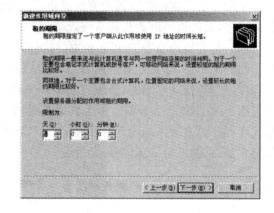

图 7-29　添加排除地址段　　　　　　　　图 7-30　设置 IP 地址租期

(5)单击"下一步"按钮,弹出"配置 DHCP 选项"对话框,询问用户是否现在配置 DHCP 选项。这里选择"否,我想稍后配置这些选项"。

这时系统弹出"正在完成新建作用域向导"对话框,表示正在完成新建作用域,单击"完成"按钮退出该向导,完成安装,如图 7-31 所示。

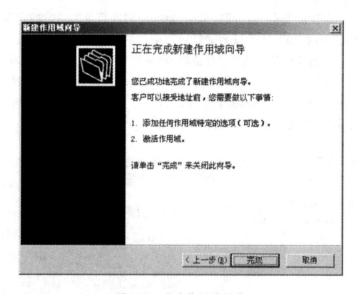

图 7-31　完成作用域创建

系统返回 DHCP 主界面,并显示提示信息,表示此服务器已经是 DHCP 服务器,可以进行一些 DHCP 服务器的高级设置。

2. 配置 DHCP 的选项

在配置好的 DHCP 服务器上设置服务器选项中的 DNS 为 192.168.1.21,作用域选项中的 DNS 为 192.168.1.31,保留客户端选项中的 DNS 为 192.168.1.41,以确保其他客户端和保留客户端均获得正确的选项配置。

下面我们将配置 DHCP 服务器选项、配置作用域选项、创建保留客户端、配置保留客户端选项。

(1)在如图 7-32 所示的窗口中右击"服务器选项",在弹出的快捷菜单中单击"配置选项"。

(2)出现如图 7-33 所示的窗口,将 006 DNS 选项配置为 192.168.1.21。

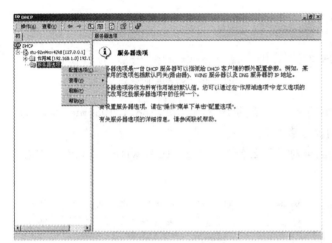

图 7-32　配置服务器选项

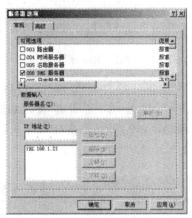

图 7-33　配置 DNS 地址

(3)单击"确定"按钮即完成对服务器选项的设置,返回到 DHCP 控制台下可以看到所设置的内容,如图 7-34 所示。

(4)在配置完 DHCP 服务器选项之后,右击"作用域选项",在弹出的快捷菜单中单击"配置选项",如图 7-35 所示。

图 7-34　查看服务器选项配置

图 7-35　配置作用域选项

(5)将作用域的 006 DNS 选项配置为 192.168.1.31,如图 7-36 所示。

(6)如图 7-37 所示,右击"保留",在弹出的快捷菜单中单击"新建保留"。

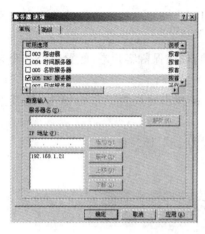

图 7-36　配置 DNS 地址

图 7-37　新建保留客户端

(7)在出现的如图 7-38 所示的窗口中输入要保留的 IP 地址 192.168.1.108，mac 地址为客户端的网卡地址，单击"添加"按钮增加保留客户端。

(8)如图 7-39 所示，右击保留客户端的名称"[192.168.1.108]stu-92wl4mv42k8"，在弹出的快捷菜单中单击"配置选项"。

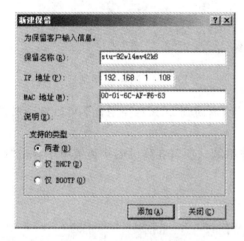

图 7-38　输入详细信息

图 7-39　配置保留选项

(9)出现如图 7-40 所示的窗口，设置 DNS 地址为 192.168.1.41，单击"确定"按钮应用配置。

3. DHCP 客户机的设置

当 DHCP 服务器配置完成后，客户机就可以使用 DHCP 功能，可以通过设置网络属性中的 TCP/IP 通信协议属性，设定采用"DHCP 自动分配"或者"自动获取 IP 地址"方式获取 IP 地址，设定"自动获取 DNS 服务器地址"获取 DNS 服务器地址。而无须为每台客户机设置 IP 地址、网关地址、子网掩码等属性。

以 Windows 2000 的计算机为例设置客户机使用 DHCP，方法如下。

选择"开始"→"设置"→"网络和拨号连接"，打开"网络和拨号连接"窗口。用鼠标右键单击"本地连接"→"属性"→"Internet 协议（TCP/IP）"→"属性"，打开"TCP/IP 属性"对话框，选择"自动获得 IP 地址"，单击"确定"按钮，完成设置。这时如果用 ipconfig 命令查看客户机的

IP 地址,如图 7-41 所示,发现已申请到 IP 地址及保留地址 DNS 为 192.168.1.41,这里也证明了保留选项级别高于作用域选项,同时也高于服务器选项。

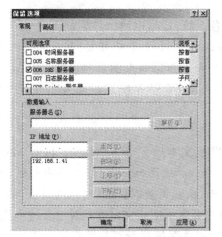

图 7-40　配置 DNS 地址　　　　　　　图 7-41　保留客户端选项配置情况

4.DHCP 数据库的维护

(1)DHCP 数据库

在安装 DHCP 服务时会在%Systemroot%\System32\dhcp 目录下自动创建 DHCP 服务器的数据库文件,其中的 dhcp.mdb 是其存储数据的文件,而其他的文件则是辅助性的文件。

(2)DHCP 数据库备份

DHCP 服务器数据库是一个动态数据库,在向客户端提供租约或客户端释放租约时它会自动更新,在 backup 文件夹中保存着 DHCP 数据库及注册表中相关参数,可供修复时使用。DHCP 服务默认会每隔 60 min 自动将 DHCP 数据库文件备份到此处。如果要想修改这个时间间隔,可以通过修改 BackupInterval 这个注册表参数实现,它位于注册表项 HKEY_LOCAL_MACHINE\SYSTEM\CurrentControlSet\Services\DHCPserver\Parameters 中。

(3)DHCP 数据库的还原

DHCP 服务在启动时,会自动检查 DHCP 数据库是否损坏,并自动恢复故障,还原损坏的数据库。也可以利用手动的方式来还原 DHCP 数据库,其方法是将注册表 HKEY_LOCAL_MACHINE\SYSTEM\CurrentControlSet\Services\DHCPserver\Parameters 下参数 RestoreFlag 设为 1,然后重新启动 DHCP 服务器即可。也可以直接将 backup 文件夹中备份的数据复制到 DHCP 文件夹,不过要先停止 DHCP 服务。

7.4　WWW 服务

WWW(World Wide Web)服务,是目前 TCP/IP 互联网上最方便和最受欢迎的信息服务类型,它可以提供包括文本、图形、声音和视频在内的多媒体信息的浏览。事实上它的影响力已远远超出了专业技术的范畴,并且已经进入了广告、新闻、销售、电子商务与信息服务等诸多领域,它的出现是 TCP/IP 互联网发展中一个革命性的里程碑。

7.4.1 WWW 的基本概念

WWW 是 TCP/IP 互联网上一个完全分布的信息系统,最早由欧洲核物理研究中心(European Center for Nuclear Research,ECNR)的 Tim-Berners Lee 主持开发,其目的是为研究中心分布在世界各地的科学家提供一个共享信息的平台。当第一个图形界面的 WWW 浏览器 Mosaic 在美国国家超级计算应用中心 NCSA 诞生后,WWW 系统逐渐成为 TCP/IP 互联网上不可或缺的服务系统。

1. WWW 服务系统

WWW 服务采用客户机/服务器工作模式。它以超文本标记语言(Hyper Text Markup Language,HTML)与超文本传输协议(Hyper Text Transfer Protocol,HTTP)为基础,为用户提供界面一致的信息浏览系统。在 WWW 服务器中,信息资源以页面(也称网页或 Web 页面)的形式存储在服务器(通常称为 Web 站点)中,这些页面采用超文本方式对信息进行组织,通过链接将一页信息接到另一页信息。这些相互链接的页面信息既可放置在同一主机上,也可放置在不同的主机上。页面到页面的链接信息由统一资源定位符(Uniform Resource Locators,URL)维持,用户通过客户端应用程序(即浏览器)向 WWW 服务器发出请求,服务器根据客户端的请求内容将保存在服务器中的某个页面返回给客户端,浏览器接收到页面后对其进行解释,最终将图、文、声并茂的画面呈现给用户。

2. WWW 服务器

WWW 服务器可以分布在互联网的各个位置,每个 WWW 服务器都保存着可以被 WWW 客户共享的信息。WWW 服务器上的信息通常以页面(也称为 Web 页面)的方式进行组织。页面一般都是超文本文档,也就是说,除了普通文本外,它还包含指向其他页面的指针(通常称这个指针为超链接)。利用 Web 页面上的超链接,可以将 WWW 服务器上的一个页面与互联网上其他服务器的任意页面及图形图像、音频、视频等多媒体进行关联,使用户在检索一个页面时,可以方便地查看其他相关页面和信息。

WWW 服务器不但需要保存大量的 Web 页面,而且需要接收和处理浏览器的请求,实现 HTTP 服务器功能。通常,WWW 服务器在 TCP 的著名端口 80 侦听来自 WWW 浏览器的连接请求。当 WWW 服务器接收到浏览器对某一页面的请求信息时,服务器搜索该页面,并将该页面返回给浏览器。

3. WWW 浏览器

WWW 的客户程序称为 WWW 浏览器(browser),它是用来浏览服务器中 Web 页面的软件。

在 WWW 服务系统中,WWW 浏览器负责接收用户的请求(例如,用户的键盘输入或鼠标输入),并利用 HTTP 协议将用户的请求传送给 WWW 服务器。在服务器请求的页面送回到浏览器后,浏览器再将页面进行解释,显示在用户的屏幕上。

通常,利用 WWW 浏览器,用户不仅可以浏览 WWW 服务器上的 Web 页面,而且可以访问互联网中其他服务器和资源(例如 FTP 服务器、Gopher 服务器等)。

4. 页面地址

互联网中存在着众多的 WWW 服务器,而每台 WWW 服务器中又包含有很多页面,那么用户如何指明要请求和获得的页面呢?这就要求助于统一资源定位符 URL 了。利用 URL,

用户可以指定要访问什么协议类型的服务器,互联网上的哪台服务器,以及服务器中的哪个文件。URL 一般由四部分组成:协议类型、主机名、路径及文件名和端口号。例如,南京铁道职业技术学院网络实验室 WWW 服务器中一个页面的 URL 如图 7-42 所示。

图 7-42　URL 格式

其中,"http"指明要访问的服务器为 WWW 服务器;"netlab. njrts. edu. cn"指明要访问的服务器的主机名,主机名可以是该主机的 IP 地址,也可以是该主机的域名;"/student/net-work. html"指明要访问页面的路径及文件名。http 协议默认的 TCP 协议端口号为 80,可省略不写。

实际上,URL 是一种较为通用的网络资源定位方法。除了指定 http 访问 WWW 服务器之外,URL 还可以通过指定其他协议类至访问其他类型的服务器。例如,可以通过指定 ftp 访问 FTP 文件服务器,通过指定 gopher 访问 Gopher 服务器等。表 7-2 给出了 URL 可以指定的主要协议类型。

表 7-2　URL 可以指定的主要协议类型

协议类型	描　　　述
http	通过 http 协议访问 WWW 服务器
ftp	通过 ftp 协议访问 FTP 服务器
gopher	通过 gopher 协议访问 gopher 服务器
telnet	通过 telnet 协议进行远程登陆
file	在所连的计算机上获取文件

5. 超文本标记语言

超文本标记语言(HTML)是 ISO 标准 8879—标准通用标识语言(Standard Generalized Markup Language,SGML)在万维网上的应用。所谓标识语言就是格式化的语言,它使用一些约定的标记对 WWW 上各种信息(包括文字、声音、图形、图像、视频等)、格式以及超级链接进行描述。当用户浏览 WWW 上的信息时,浏览器会自动解释这些标记的含义,并将其显示为用户在屏幕上所看到的网页。

6. 超文本传输协议

超文本传输协议(Hyper Text Transfer Protocol,HTTP)是主要用在万维网(WWW)上存取数据的协议,这个协议传送数据的形式可以是普通正文、超文本、音频、视频等。它之所以被称为超文本传送协议是因为它能够有效地用于从一个文档迅速跳到另一个文档的超文本环境。HTTP 是 TCP/IP 协议栈中的应用层协议,建立在 TCP 之上。HTTP 会话过程包括 4个步骤:

(1)使用浏览器的客户机与服务器建立连接。

(2)客户机向服务器提交请求,在请求中指明所要求的特定文件。

(3)如果请求被接受,那么服务器便发回一个应答,在应答中包括该文件内容。

(4)客户机与服务器断开连接。

7.4.2　WWW 服务的实现过程

WWW 以客户机/服务器(client/server)的模式进行工作,运行 WWW 服务器程序并提供 WWW 服务的机器为 WWW 服务器。在客户端,用户通过一个浏览器(browser)的交互式程序来获得 WWW 服务。常用的浏览器有 Mosaic、Netscape 和 Internet explorer 等。

在服务器端,对于每个 WWW 服务器站点,都有一个关于 TCP 的 80 端口的监听(注:80 为 HTTP 默认的 TCP 端口),看是否有从客户端(通常是浏览器)过来的连接。在客户端,当浏览器在其地址栏中输入一个 URL 或者单击 Web 页上的一个超链接时,Web 浏览器就要通过解析器对域名进行解析以获得相应的 IP 地址。然后,以该 IP 地址为目标地址,以 HTTP 所对应的 TCP 端口为源端口与服务器建立一个 TCP 连接。连接建立之后,客户端的浏览器使用 HTTP 协议中的 GET 功能向 WWW 服务器发出指定的 WWW 页面请求,服务器收到该请求后将根据客户端所要求的路径和文件名使用 HTTP 协议中的 PUT 功能将相应 HT-ML 文档回送到客户端,如果客户端没有指明相应的文件名,则由服务器返回一个默认的 HT-ML 页面。页面传送完毕后,中止相应的 TCP 连接。

下面以一个具体的例子来说明 Web 服务的实现过程。假设有用户要访问南京铁道职业技术学院主页 http://www.njrts.edu.cn,则浏览器与服务器的信息交互过程如下:

(1)浏览器确定 URL。

(2)浏览器向 DNS 获取 Web 服务器 www.njrts.edu.cn 的 IP 地址。

(3)DNS 服务器以相应的 IP 地址 210.28.168.11 应答。

(4)浏览器和 IP 地址为 210.28.168.11 的主机的 80 端口建立一条 TCP 连接。

(5)浏览器执行 HTTP 协议,发送 GET"/index.html"命令,请求读取该文件。

(6)www.njrts.edu.cn 服务器返回"/index.html"文件到客户端。

(7)释放 TCP 连接。

(8)浏览器显示所有正文和图像。

自 WWW 服务问世以来,它已取代电子邮件服务成为 Internet 上最为广泛的服务。除了普通的页面浏览外,WWW 服务中的浏览器/服务器(Browser/Server,B/S)模式还取代了传统的 C/S 模式,被广泛用于网络数据库应用开发中。

7.4.3　实践:配置管理 Web 服务器

Internet Information Server(简称 IIS)是 Microsoft 公司的 WWW 服务器软件。Microsoft Windows 2000 集成了 IIS 版本 5.0。IIS 5.0 既可以在安装 Windows 2000 Server 过程中安装,也可以在安装 Windows 2000 Server 以后单独安装。

1. Web 服务器的配置

(1)打开"Internet 信息服务"窗口

打开"开始"→"程序"→"管理工具"→"Internet 服务",打开"Internet 信息服务"窗口,窗口显示此计算机上已经安装好的 Internet 服务,而且都已经自动启动运行,其中 Web 站点有两个,分别是默认 Web 站点及管理 Web 站点,如图 7-43 所示。

(2)添加新的 Web 站点

打开"Internet 信息服务"窗口,鼠标右键单击要创建新站点的计算机,在弹出菜单中选择

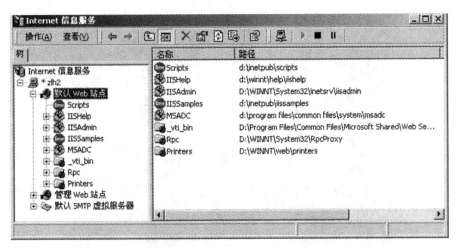

图 7-43　管理控制台窗口

"新建"→"Web 站点",出现"Web 站点创建向导"对话框,单击"下一步"继续。

在"描述"文本框中输入说明文字。

单击"下一步"继续,出现如图 7-44 所示"IP 地址和端口设置"对话框。输入新建 Web 站点的 IP 地址和 TCP 端口地址。如果通过主机头文件将其他站点添加到单一 IP 地址,必须指定主机头文件名称。

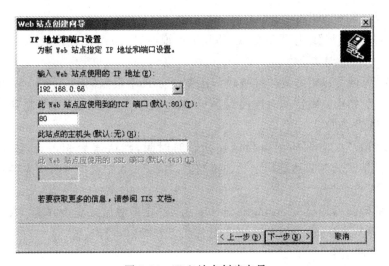

图 7-44　Web 站点创建向导

单击"下一步",出现"Web 站点主目录"对话框。输入站点的主目录路径,然后单击"下一步",选择 Web 站点的访问权限,单击"下一步"完成设置。

2. Web 站点的管理

Web 站点建立好之后,可以通过"Microsoft 管理控制台"进一步来管理及设置 Web 站点,站点管理工作既可以在本地进行,也可以远程管理。步骤如下:

选择"开始"→"程序"→"管理工具"→"Internet 服务管理器",打开"Internet 信息服务"窗口,在所管理的站点上,用鼠标右键单击"属性",进入该站点的属性对话框。如图 7-45 所示。

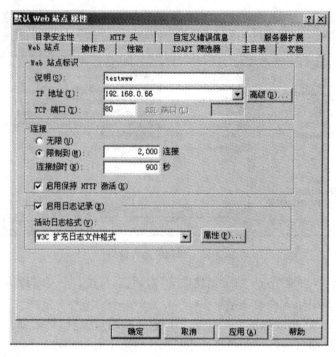

图 7-45　新建 Web 站点属性

（1）"Web 站点"选项卡

①在"Web 站点标识"区域可以修改 Web 站点说明、Web 站点使用的 IP 地址、TCP 端口等内容。

②在"连接"区域可以对并发连接数进行限制。如果不限制同时连接到 Web 站点的用户数，则选择"无限"；如果要限制同时连接到 Web 站点的用户数目，选择"限制到"，并指定连接数，默认的连接数为 1 000。

③在"连接超时"文本框中可以指定连接超时时间，默认值为 900 s。如果一个连接与 Web 站点未交换信息的时间达到指定的连接超时时间，Web 站点将中断该连接。

（2）"操作员"选项卡

Web 站点的默认操作员为 Administrators 组，如果要增加或减少作为 Web 站点操作员的人数，可以利用 Windows 2000 Server 的计算机管理功能进行设置。

（3）"主目录"选项卡

主目录是 Web 站点中发布和共享文档存放的中心位置。"默认 Web 站点"的主目录可以在安装时指定，默认为\wwwroot。对于新建的其他 Web 站点，主目录是在建立过程中指定的。可以按照下面的方法更改 Web 站点的主目录。

①在图 7-45 所示的"默认 Web 站点属性"对话框中单击"主目录"标签，则出现图 7-46 所示的"主目录"选项卡。

②主目录可以来自 3 种位置：此计算机上的目录、另一计算机上的共享位置、重定向到 URL。用户选择一种位置，并在下面的"本地路径"文本框中输入本地主机的目录路径、远程主机的共享目录路径或完整的目标 URL。

（4）"文档"选项卡

　　在通过浏览器访问 Web 站点时,用户通常只在浏览器的"地址"栏输入 Web 站点的地址,而不指定具体的文件名,这时被访问的 Web 站点将其默认的文档返回给浏览器。

　　在 IIS 5.0 中,Web 站点的操作员可以指定是否启用默认文档,改变默认文档的名称,以及增加和删除默认文档等。其设置方法如下:

　　①如果要启用默认文档,标记"启用默认文档"复选框。

　　②如果要增加默认文档,单击"添加"按钮,在出现的对话框中输入文档名称。IIS 5.0 中的 Web 站点支持多个默认文档,当接收到来自浏览器的请求时,Web 站点将按列表中显示的顺序搜索默认文档。

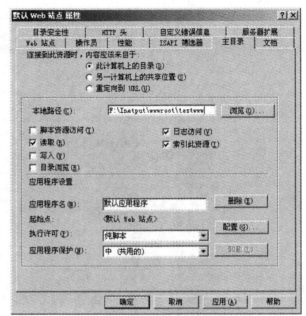

图 7-46　Web 主目录

　　③如果要改变默认文档的搜索顺序,可选择要调整位置的文档,然后单击左侧的向上或向下箭头。

　　(5)"目录安全性"选项卡

　　①匿名访问和验证控制

　　IIS 5.0 为 Web 站点提供了 3 种用户验证方法:匿名访问、基本验证和集成 Windows 验证。

　　a. 匿名访问:用户访问 Web 站点时不需要提供账号和密码,Web 服务器用一个特殊的账号作为注册账号,并以该账号为连接的用户打开资源。Web 站点默认允许匿名访问,用户通常情况下使用匿名账号与 Web 服务器建立连接。用户通过匿名方式与 Web 服务器建立连接后,只能访问到允许匿名账号访问的资源。

　　b. 基本验证:用户在访问 Web 站点时要求向 Web 服务器提供有效的账号和密码。该方法是在 HTTP 规范中定义的标准方法,大多数浏览器都支持该方法。在该方法中用户提供的账号和密码通过浏览器以明文(未加密)传递给 Web 服务器。

　　c. 集成 Windows 验证:该方法使用 Windows 2000 账号与密码验证方式,利用加密的办法传输用户提供的账号和密码,比基本验证更安全。但这种方法是 Windows 系统特有的,只有 IE 浏览器支持。

　　如果要改变匿名访问和验证控制中的设置,可通过单击"匿名访问和验证控制"区域中的"编辑"按钮加以设置,如图 7-47 所示。

　　②IP 地址及域名限制

　　单击"IP 地址与域名限制"区域中的"编辑"按钮,显示图 7-48 所示对话框。

　　a. 如果选择"授权访问",则默认地允许所有的计算机访问该 Web 站点。如果要限制某些计算机访问该 Web 站点,通过单击"添加"按钮,在"例外以下所列除外"列表中加入所限制访问的计算机。

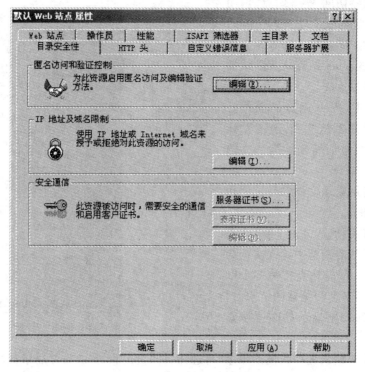

图 7-47 "目录安全性"选项卡

b. 如果选择"拒绝访问",则默认限制所有的计算机访问该 Web 站点。如果要允许某些计算机访问该 Web 站点,通过单击"添加"按钮,在"例外以下所列除外"列表中加入所允许访问的计算机。

3. 测试和使用 Web 服务器

完成上述设置后,打开本机或客户机浏览器,在地址栏中输入此计算机 IP 地址或主机的域名(前提是在 DNS 服务器中有该主机的记录)来浏览站点,

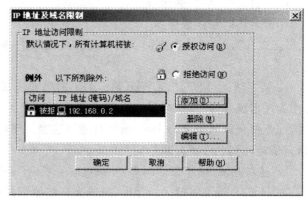

图 7-48 "IP 地址及域名限制"对话框

测试 Web 服务器是否安装成功,WWW 服务是否运行正常。

7.5 FTP 服务

7.5.1 文件传输的概念

在 Internet 中,文件传输服务提供了任意两台计算机之间相互传输文件的机制,它是广大用户获得丰富的 Internet 资源的重要方法之一。在 UNIX 系统中,最基本的应用层服务之一就是文件传输服务,它是由 TCP/IP 的文件传输协议 FTP(File Transfer Protocol)支持的。文件传输协议负责将文件从一台计算机传输到另一台计算机上,并且保证其传输的可靠性。因此,人们将这一类服务称为 FTP 服务。通常,人们也把 FTP 看做是用户执行文件传输协议

所使用的应用程序。

　　Internet 由于采用了 TCP/IP 协议作为它的基本协议,所以两台与 Internet 连接的计算机无论地理位置上相距多远,只要它们都支持 FTP 协议,它们之间就可以随时随地地相互传送文件。更为重要的是,Internet 上许多公司、大学的主机上都存储有数量众多的公开发行的各种程序与文件,这是 Internet 上巨大和宝贵的信息资源。利用 FTP 服务,用户就可以方便地访问这些信息资源。

7.5.2　文件传输协议(FTP)

　　文件传输协议是用于在 TCP/IP 网络上两台计算机间进行文件传输的协议,它位于TCP/IP 协议栈的应用层,也是最早用于 Internet 上的协议之一。FTP 允许在两个异构体系之间进行 ASCII 码或 EBCDIC 码(扩充的二进制码十进制转换)字符集的传输,这里的异构体系是指采用不同操作系统的两台计算机。

　　与大多数的 Internet 服务一样,FTP 也使用客户机—服务器模式,即由一台计算机作为FTP 服务器提供文件传输服务,而由另一台计算机作为 FTP 客户端提出文件服务请求并得到授权的服务。FTP 服务器与客户机之间使用 TCP 作为实现数据通信与交换的协议。然而,与其他客户/服务器模式不同的是,FTP 客户端与服务器之间建立的是双重连接,一个是控制连接(control connection),另一个是数据传送连接(data transfer connection)。控制连接主要用于传输 FTP 控制命令,告诉服务器将传送哪个文件。数据传送连接主要用于数据传送,完成文件内容的传输。图 7-49 给出了 FTP 的工作模式。

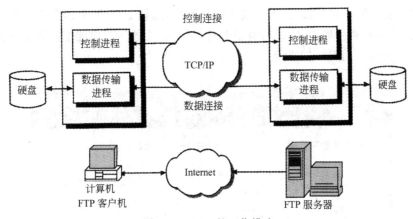

图 7-49　FTP 的工作模式

　　在 FTP 的服务器上,只要启动了 FTP 服务,则总会有一个 FTP 的守护进程在后台运行以随时准备对客户端的请求做出响应。当客户端需要文件传输服务时,它将首先设法打开一个与 FTP 服务器之间的控制连接,在连接过程中服务器会要求客户端提供合法的登录名和口令。一旦该连接被允许建立,就相当于在客户机与 FTP 服务器之间打开了一个命令传输的通信连接,所有与文件管理有关的命令将通过该连接被发送至服务器端执行。该连接在服务器端使用 TCP 端口号的默认值为 21,并且该连接在整个 FTP 会话期间一直存在。每当请求文件传输即要求从服务器复制文件到客户机时,服务器将再形成另一个独立的通信连接。该连接与控制连接使用不同的协议端口号,默认情况下在服务器端使用 20 号 TCP 端口,所有文件可以以 ASCII 模式或二进制模式通过该数据通道传输。一旦客户请求的一次文件传输完毕,则该连接就要被拆除，而新一次的文件传输需要重新建立一条数据连接。此时，前面所建立的控制连接被保留，直至全部的文件传输完毕，客户端请求退出时才会被关闭。

用户可以使用 FTP 命令来进行文件传输，这种方式称为交互模式。当用户交互使用 FTP 时，FTP 会发出一个提示，用户输入一条命令后，FTP 执行该命令并发出下一个提示。FTP 允许文件沿任意方向传输，即文件可以上传与下载。在交互方式下，还提供了相应文件的上传与下载命令。图 7-50 所示为利用 Windows XP 命令字符界面使用 FTP 的例子。

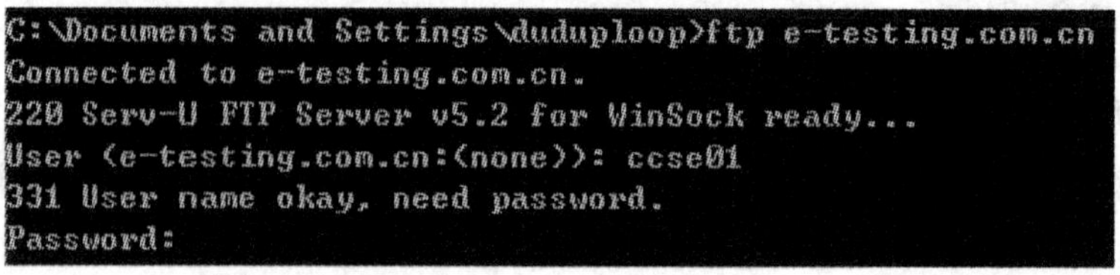
C:\Documents and Settings\duduploop>ftp e-testing.com.cn
Connected to e-testing.com.cn.
220 Serv-U FTP Server v5.2 for WinSock ready...
User (e-testing.com.cn:(none)): ccse01
331 User name okay, need password.
Password:

图 7-50　利用命令字符界面使用 FTP 的例子

除交互式命令方式外，还有许多 FTP 工具软件被开发出来用于实现 FTP 客户端功能。如 WS-FTP、Cute FTP 等。另外，Internet Explorer 和 Netscape Navigator 也提供了 FTP 客户软件的功能。这些软件的共同特点是采用直观的图形界面，且实现了文件传输过程中的断点再续和多路传输功能。

7.5.3　匿名 FTP 服务

使用 FTP 进行文件传输时，要求通信双方必须都支持 TCP/IP 协议。当一台本地计算机要与远程 FTP 服务器建立连接时，出于安全性的考虑，远程 FTP 服务器会要求客户端的用户出示一个合法的用户账号和口令，进行身份验证，只有合法的用户才能使用该服务器所提供的资源，否则拒绝访问。如图 7-51 所示。

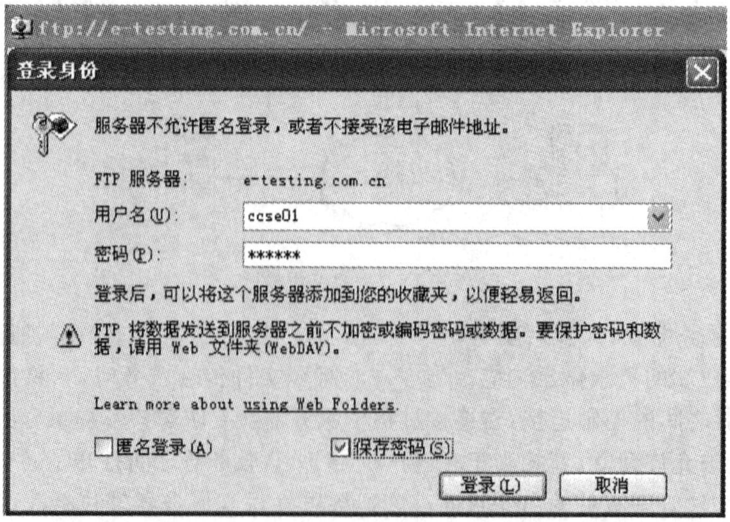
ftp://e-testing.com.cn/ - Microsoft Internet Explorer
登录身份
服务器不允许匿名登录，或者不接受该电子邮件地址。
FTP 服务器:　e-testing.com.cn
用户名(U):　ccse01
密码(P):　******
登录后，可以将这个服务器添加到您的收藏夹，以便轻易返回。
FTP 将数据发送到服务器之前不加密或编码密码或数据。要保护密码和数据，请用 Web 文件夹(WebDAV)。
Learn more about using Web Folders.
匿名登录(A)
保存密码(S)
登录(L)
取消

图 7-51　客户端以用户名和口令方式登陆 FTP 服务器

实际上，Internet 上有很多的公共 FTP 服务器，也称为匿名 FTP 服务器，它们提供了匿名 FTP 服务。匿名 FTP 服务的实质是，提供服务的机构在它的 FTP 服务器上建立一个公共账户,并赋予该账户访问公共目录的权限。若用户要登录到匿名 FTP 服务器上时,无须事先申请用户账户,可以使用"anonymous"作为用户名,并用自己的电子邮件地址作为用户密码,匿名 FTP 服务器便可以允许这些用户登录,并提供文件传输服务。

7.5.4　实践:使用 IIS 构建 FTP 服务器

1. 配置管理 FTP 服务器

在组建 Intranet 时,如果打算提供文件传输功能,即网络用户可以从特定的服务器上下载文件或向服务器上传数据,就需要配置支持文件传输的 FTP 服务器。IIS 提供了构架 FTP 服务器的功能,因此在 Windows 2000 Server 中配置 FTP 服务器需先安装 IIS 组件。FTP 服务器安装好后,在服务器上有专门的目录供网络客户机用户访问、存储下载文件、接收上传文件,合理设置站点有利于提供安全、方便的服务。

(1)安装并启动 IIS

通过选择"开始"→"程序"→"管理工具"→"Internet 服务管理器",打开"Internet 信息服务"窗口,如图 7-52 所示,显示此计算机上已经安装好的 Internet 服务,而且都已经自动启动运行,其中有一个默认 FTP 站点。

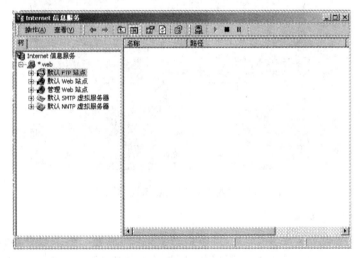

图 7-52　管理控制台窗口

(2)设置 FTP 站点

建立 FTP 站点最快的方法,就是直接利用 IIS 默认建立的 FTP 站点。把可供下载的相关文件分门别类地放在该站点默认 FTP 根目录\Interpub\ftproot 下。当然如果在安装时将 FTP 的发送目录设置成其他的目录,需要将这些文件放到所设置的目录中。

完成操作后,打开本机或客户机浏览器,在地址栏中输入 FTP 服务器的 IP 地址或主机域名(前提是 DNS 服务器中有该主机的记录),就会以匿名的方式登录到 FTP 服务器,根据权限的设置就可以进行文件的上传和下载。

(3)添加及删除站点

IIS 允许在同一部计算机上同时构架多个 FTP 站点,但前提是本地计算机具有多个 IP 地址。添加站点时,先在树状目录中选择计算机名称,再选择"操作"→"新建"→"FTP 站点",便会运行 FTP 安装向导,向导会要求输入新站点的 IP 地址、TCP 端口、存放文件的主目录路径

（即站点的根目录）及设置访问权限。除了主目录路径一定要指定外，其余设置可保持默认设置。

删除 FTP 站点，先选取要删除的站点，再执行"删除"命令即可。一个站点若被删除，只是该站点的设置被删除，而该站点下的文件还是存放在原先的目录，并不会被删除。

（4）FTP 站点的管理

FTP 站点建立好之后，可以通过"Microsoft 管理控制台"进一步来管理及设置 FTP 站点，站点管理工作既可以在本地进行，也可以远程管理。

选择"开始"→"程序"→"管理工具"→"Internet 服务管理器"，打开"Internet 信息服务"窗口，鼠标右键单击要管理的 FTP 站点，在出现的快捷菜单中选择"属性"命令，出现如图 7-53 所示对话框。

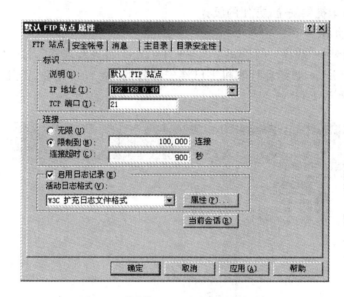

图 7-53 "默认 FTP 站点属性"对话框

a."FTP 站点"选项设置

"IP 地址"指设置此站点的 IP 地址，即本服务器的 IP 地址。如果服务器设置了两个以上的 IP 站点，可以任选一个。FTP 站点可以与 Web 站点共用 IP 地址及 DNS 名称，但不能设置使用相同的 TCP 端口。

在"TCP 端口"文本框中，FTP 服务器默认使用 TCP 协议的 21 端口，若更改此端口，则用户在连接到此站点时，必须输入站点所使用端口，例如使用命令"ftp 210.202.101.3:8021"，表示连接 FTP 服务器的 TCP 端口为 8021。

b."安全账号"选项设置

选择"安全账号"标签，打开如图 7-54 所示的"安全账号"选项卡。

主要选项如下：

"允许匿名连接"：FTP 站点一般都设置为允许用户匿名登录，在安装时系统自动建立一个默认匿名用户账号"IUSR_COMPUTERNAME"。注意用户在客户机登录 FTP 服务器的匿名用户名为"anonymous"，并不是上面给出的名字。

"只允许匿名连接"：选择此项，表示用户不能用私人的账号登录，只能用匿名来登录 FTP 站点，可以用来防止具有管理权限的账号通过 FTP 访问或更改文件。

图 7-54　"安全账号"选项卡

c."主目录"选项设置

该选项卡用于设置供网络用户下载文件的站点是来自于本地计算机还是来自于其他计算机共享的文件夹。

选择此计算机上的目录，还需指定 FTP 站点目录，即站点的根目录所在的路径。选择另一计算机上的共享位置，需指定来自于其他计算机的目录，单击"连接为"按钮设置一个有权访问该目录的域用户账号。

对于站点的访问权限可进行以下几种复选设置。

"读取"：即用户拥有读取或下载此站点下的文件或目录的权限。

"写入"：即允许用户将文件上传至此 FTP 站点目录中。

"日志访问"：如果此站点已经启用了日志访问功能，选择此项，则用户访问此站点文件的行为就会以记录的形式被记载到日志文件中。

d."目录安全性"选项设置

设定客户访问 FTP 站点的范围，其方式为授权访问和拒绝访问。

"授权访问"：开放访问此站点的权限给所有用户，并可以在"下列地址例外"列表中加入不受欢迎的用户 IP 地址。

"拒绝访问"：不开放访问此站点的权限，默认所有人不能访问该 FTP 站点，在"下列地址例外"列表中加入允许访问站点的用户 IP 地址，使它们具有访问权限。

2. 测试 FTP 服务器

为了测试 FTP 服务器是否正常工作，可选择一台客户机登录 FTP 服务器进行测试，首先保证 FTP 服务器的 FTP 发布目录下存放有文件，可供下载。在这里选择使用 Web 浏览器作为 FTP 客户程序。

可以使用 IE 连接到 FTP 站点。输入协议和域名，例如"ftp：//zyj. zzpi. edu. cn/"，就可以连接到 FTP 站点，如图 7-55 所示。对用户来讲，这与访问本地计算机磁盘上文件夹一样。

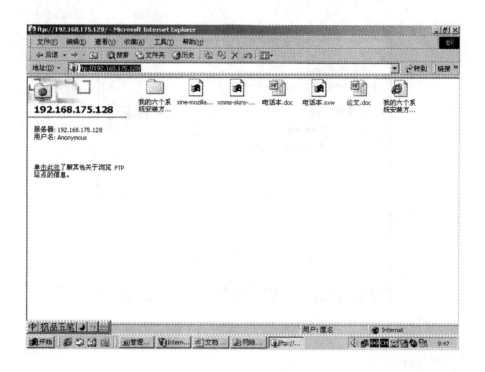

图 7-55　使用 IE 连接到 FTP 站点

7.6　Telnet 服务

7.6.1　Telnet 的概念

在分布式计算环境中,我们常常需要调用远程计算机的资源同本地计算机协同工作,这样就可以用多台计算机来共同完成一个较大的任务。这种协同操作的工作方式就要求用户能够登录到远程计算机中去启动某个进程,并使进程之间能够相互通信。为了达到这个目的,人们开发了远程终端协议,即 Telnet 协议。Telnet 协议是 TPC/IP 协议的一部分,它精确地定义了远程登录客户机与远程登录服务器之间的交互过程。

远程登录也是 Internet 最早提供的基本服务功能之一。Internet 中的用户远程登录是指用户使用 Telnet 命令,使自己的计算机暂时成为远程计算机的一个仿真终端的过程。一旦用户成功地实现了远程登录,用户使用的计算机就可以像一台与对方计算机直接连接的本地终端一样对远程的计算机进行操纵,并像使用本地主机一样使用远程主机的资源。即使在本地终端与远程主机具有异构性时,也不影响它们之间的相互操作。人们又将这种远程操作方式叫做远程登录(Telnet)。

本地终端与主机之间的异构性首先表现在对键盘字符的解释不同。例如 PC 键盘与 IBM 大型机的键盘可能差异很大,它们使用不同的回车换行符、不同的中断键等。为了使异构性的机器之间能够互操作,Telnet 定义了网络虚拟终端(Network Virtual Terminal,NVT)的概念。网络虚拟终端提供了一种专门的键盘定义,用来屏蔽不同计算机系统对键盘输入的差异性。其代码包括标准的 7 单位 ASCII 字符集和 Telnet 命令集,这些字符和命令提供了本地终端和远程主机之间的网络(应用)接口。

7.6.2　Telnet 的工作原理

Telnet 采用客户机/服务器的工作方式。当人们用 Telnet 登录进入远程计算机系统时,相当于启动了两个网络进程。一个是在本地终端上运行的 Telnet 客户机进程,它负责发出 Telnet 连接的建立与拆除请求,并完成作为一个仿真终端的输入输出功能,如从键盘上接收所输入的字符,将输入的字符串变成标准格式并送给远程服务器,同时接收从远程服务器来的信息并将信息显示在屏幕上等。另一个是在远程主机上运行的 Telnet 服务器进程,该进程以后台进程的方式守候在远程计算机上,一旦接到客户端的连接请求,就马上活跃起来以完成连接建立的有关工作;建立连接之后,该进程等候客户端的输入命令,并把执行客户端命令的结果送回给客户端。

在远程登录过程中,用户的终端采用用户终端的格式与本地 Telnet 客户机程序通信;远程主机采用远程系统的格式与远程 Telnet 服务器程序通信。通过 TCP 连接,Telnet 客户机程序与 Telnet 服务器程序之间采用了网络虚拟终端 NVT 标准来进行通信。网络虚拟终端 NVT 格式将不同的用户本地终端格式统一起来,使得各个不同的用户终端格式只与标准的网络虚拟终端 NVT 格式打交道,而与各种不同的本地终端格式无关。Telnet 客户机程序与 Telnet 服务器程序一起完成用户终端格式、远程主机系统格式与标准网络虚拟终端 NVT 格式的转换,如图 7-56 所示。

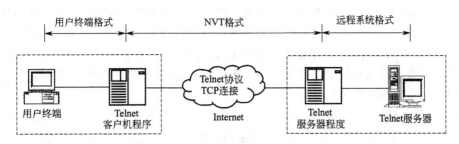

图 7-56　Telnet 的工作模式

7.6.3　Telnet 的使用

为了防止非授权用户或恶意用户访问或破坏远程计算机上的资源,在建立 Telnet 连接时会要求提供合法的登录账号,只有通过身份验证的登录请求才可能被远程计算机所接受。

因此用户进行远程登录时有两个条件:

(1)用户在远程计算机上应该具有自己的用户账户,包括用户名与用户密码。

(2)远程计算机提供公开的用户账户,供没有账户的用户使用。

用户在使用 Telnet 命令进行远程登录时,首先应在 Telnet 命令中给出对方计算机的主机名或 IP 地址,然后根据对方系统的询问正确键入自己的用户名与用户密码。有时还要根据对方的要求回答自己所使用的仿真终端的类型。

Internet 有很多信息服务机构提供开放式的远程登录服务,登录到这样的计算机时,不需要事先设置用户账户,使用公开的用户名就可以进入系统。这样,用户就可以使用 Telnet 命令,使自己的计算机暂时成为远程计算机的一个仿真终端。一旦用户成功地实现了远程登录,用户就可以像远程主机的本地终端一样进行工作,并可使用远程主机对外开放的全部资源,如硬件、程序、操作系统、应用软件及信息、资源等。

Telnet 也经常用于公共服务或商业目的。用户可以使用 Telnet 远程检索大型数据库、公众图书馆的信息资源库或其他信息。

7.7 E-mail 服务

电子邮件(Electronic mail,E-mail)是 Internet 上最受欢迎、最为广泛的应用之一。E-mail 服务是一种通过计算机网络与其他用户进行联系的快速、简便、高效、廉价的现代化通信手段。电子邮件之所以受到广大用户的喜爱,是因为与传统通信方式相比,具有以下明显的优点:

(1)电子邮件比传统邮件传递迅速快,可达到的范围广,且比较可靠。

(2)电子邮件可以实现一对多的邮件传送,这样可以使得一位用户向多人发出通知的过程变得很容易。

(3)电子邮件与电话系统相比,它不要求通信双方都在现场,而且不需要知道通信对象在网络中的具体位置。

(4)电子邮件可以将文字、图像、语音等多种类型的信息集成在一个邮件中传送,因此,它已成为多媒体信息传送的重要手段。

7.7.1 电子邮件系统

电子邮件系统采用客户/服务器工作模式。电子邮件服务器(有时简称为邮件服务器)是邮件服务系统的核心,它的作用与人工邮递系统中邮局的作用非常相似。邮件服务器一方面负责接收用户送来的邮件,并根据邮件所要发送的目的地址,将其传送到对方的邮件服务器中;另一方面则负责接收从其他邮件服务器发来的邮件,并根据收件人的不同将邮件分发到各自的电子邮箱(有时简称为邮箱)中。

邮箱是在邮件服务器中为每个合法用户开辟的一个存储用户邮件的空间,类似人工邮递系统中的信箱。电子邮箱是私人的,拥有账号和密码属性,只有合法用户才能阅读邮箱中的邮件。

在电子邮件系统中,用户发送和接收邮件需要借助于装载在客户机中的电子邮件应用程序来完成。电子邮件应用程序一方面负责将用户要发送的邮件送到邮件服务器,另一方面负责检查用户邮箱,读取邮件。因而电子邮件应用程序的两项最基本功能为:

(1)创建和发送邮件;

(2)接收、阅读和管理邮件。

7.7.2 电子邮件的传送过程

在 TCP/IP 互联网中,邮件服务器之间使用简单邮件传输协议(Simple Mail Transfer Protocol,SMTP)相互传递电子邮件。而电子邮件应用程序使用 SMTP 向邮件服务器发送邮件,使用第 3 代邮局协议(Post Office Protocol,POP3)或交互式电子邮件存取协议(Interactive Mail Access Protocol,IMAP)从邮件服务器的邮箱中读取邮件,如图 7-57 所示。目前,尽管 IMAP 是一种比较新的协议,但支持 IMAP 协议的邮件服务器并不多,大量的服务器仍然使用 POP3 协议。TCP/IP 互联网上邮件的处理和传递过程如图 7-58 所示。

(1)用户需要发送电子邮件时,可以按照一定的格式起草、编辑一封邮件。在注明收件人的邮箱后提交给本机 SMTP 客户进程,由本机 SMTP 客户进程负责邮件的发送工作。

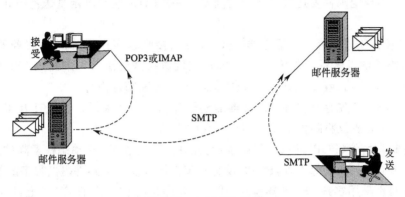

图 7-57　电子邮件系统

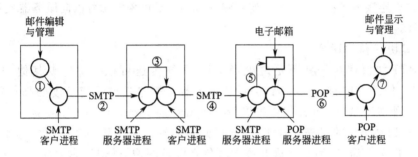

图 7-58　TCP/IP 互联网上电子邮件传输过程

(2)本机 SMTP 客户进程与本地邮件服务器的 SMTP 服务器进程建立连接,并按照 SMTP 协议将邮件传递到该服务器。

(3)邮件服务器检查收到邮件的收件人邮箱是否处于本服务器中,如果是,就将该邮件保存在这个邮箱中,否则将该邮件交由本地邮件服务器的 SMTP 客户进程处理。

(4)本地服务器的 SMTP 客户程序直接向拥有收件人邮箱的远程邮件服务器发出请求,远程 SMTP 服务器进程响应,并按照 SMTP 协议传递邮件。

(5)由于远程服务器拥有收件人的信箱。因此,邮件服务器将邮件保存在该信箱中。

(6)当用户需要查看自己的邮件时,首先利用电子邮件应用程序的 POP 客户进程向邮件服务器的 POP3 服务进程发出请求。POP 服务进程检查用户的电子信箱,并按照 POP3 协议将信箱中的邮件传递给 POP 客户进程。

(7)POP 客户进程将收到的邮件提交给电子邮件应用程序的显示和管理模块,以便用户查看和处理。

从邮件在 TCP/IP 互联网中的传递和处理过程可以看出,利用 TCP 连接,用户发送的电子邮件可以直接由源邮件服务器传递到目的邮件服务器,因此,基于 TCP/IP 互联网的电子邮件系统具有很高的可靠性和传递效率。

7.7.3　电子邮件的相关协议

1. SMTP 和 POP3

简单邮件传输协议(SMTP)是电子邮件系统中的一个重要协议,它负责将邮件从一个"邮局"传送给另一个"邮局"。SMTP 的最大特点就是简单和直观,它不规定邮件的接收程序如何存储邮件,也不规定邮件发送程序多长时间发送一次邮件,它只规定发送程序和接收程序之间的命令和应答。

SMTP 邮件传输采用客户—服务器模式,邮件的接收程序作为 SMTP 服务器在 TCP 的 25 端口守候,邮件的发送程序作为 SMTP 客户在发送前需要请求一条到 SMTP 服务器的连接。一旦连接建立成功,收发双方就可以传递命令、响应和邮件内容。

当邮件到来后,首先存储在邮件服务器的电子邮箱中。如果用户希望查看和管理这些邮件,可以通过 POP3 协议将邮件下载到用户所在的主机。

POP3 是邮局协议(POP)的第 3 代版本,它允许用户通过 PC 机动态检索邮件服务器上的邮件。但是,除了下载和删除之外,POP3 没有对邮件服务器上的邮件提供很多的管理操作。

POP3 本身也采用客户—服务器模式,其客户程序运行在用户的 PC 机上,服务器程序运行在邮件服务器上。当用户需要下载邮件时,POP3 客户首先向 POP3 服务器的 TCP 守候端口 110 发送建立连接请求。一旦 TCP 连接建立成功,POP 客户就可以向服务器发送命令,下载和删除邮件。

2. MIME 协议和 IMAP

由于 SMTP 协议存在一些不足之处:SMTP 不能传送可执行文件或其他的二进制对象,SMTP 限于传送 7 位的 ASCII 码,SMTP 服务器会拒绝超过一定长度的邮件等。所以,人们提出了一种多用途 Internet 邮件扩展(Multipurpose Internet Mail Extensions,MIME)协议。作为对 SMTP 协议的扩充,MIME 使电子邮件能够传输多媒体等二进制数据。它不仅允许 7 位 ASCII 文本消息,而且允许 8 位文本信息以及图像、语音等非文本的二进制信息的传送。

MIME 所规定的信息格式可以表示各种类型的消息(如汉字、多媒体等),并且可以对各种消息进行格式转换,所以 MIME 的应用很广泛。只要通信双方都使用支持 MIME 标准的客户端邮件收发软件,就可以互相收发中文电子邮件、二进制文件以及图像、语音等多媒体邮件。

因特网报文存取协议(Internet Message Access Protocol,IMAP)即从公司的邮件服务器获取 E-mail 有关信息或直接收取邮件的协议,这是与 POP3 不同的一种 E-mail 接收的新协议。

IMAP 可以让用户远程拨号连接邮件服务器,并且可以在下载邮件之前预览信件主题与信件来源。用户在自己的 PC 机上就可以操纵邮件服务器的邮箱,就像在本地操纵一样,因此 IMAP 是一个联机协议。

7.7.4 电子邮件地址

传统的邮政系统要求发信人在信封上写清楚收件人的姓名和地址,这样,邮递员才能投递信件。互联网上的电子邮件系统也要求用户有一个电子邮件地址。TCP/IP 互联网上电子邮件地址的一般形式为:

<用户名>@主机域名

其中,用户名指用户在某个邮件服务器上注册的用户标识,通常由用户自行选定,但在同一个邮件服务器上必须是唯一的;@为分隔符,一般将其读为英文的 at;主机域名是指信箱所在的邮件服务器的域名。例如 wang@sina.com 表示在新浪邮件服务器上的用户名为 wang 的用户邮箱。

7.7.5　实践：学习使用 Outlook Express

用户要通过 TCP/IP 互联网收发电子邮件，必须在自己的计算机中安装电子邮件客户端应用程序。目前电子邮件客户端应用程序种类很多，Microsoft Exchange、Internet Mail、Outlook、Eudora、Netscape Communicator 等都可以完成电子邮件的收发和管理工作。其中 Microsoft Outlook Express 是目前非常流行的一种电子邮件应用程序。

1. 熟悉 Outlook Express 的外观

Microsoft Outlook Express 是 Windows 2000 的标准组件，因此，在安装 Microsoft Windows 2003 Server 后，Outlook Express 的快捷方式图标便会出现在桌面上，用户通过双击该图标便可以启动 Outlook Express。

Outlook Express 的外观较为复杂，由标题栏、菜单栏、工具栏、活动状态指示器、主窗口、Outlook 栏、文件夹列表、联系人栏和状态栏等组成，如图 7-59 所示。但需要注意，Outlook Express 允许用户定制自己喜欢的外观式样，因此，用户看到的实际界面有可能与图 7-59 稍有不同。

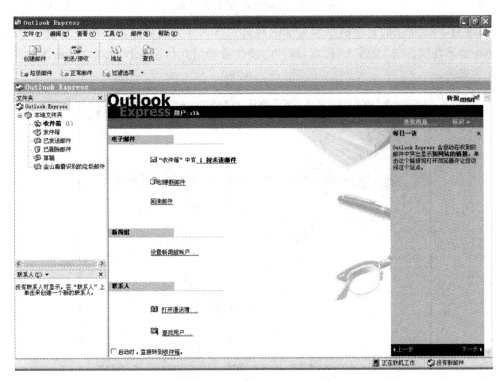

图 7-59　Outlook Express 外观

2. 创建邮件账号

用户要使用 Outlook Express 收发电子邮件必须首先建立自己的邮件账号，即设置从哪个邮件服务器接收邮件、通过哪个服务器发送邮件及接收邮件时的登录账号等。Outlook Express 可以管理多个账号，用户可以设置 Outlook Express 从多个账户接收和发送邮件。

创建新的邮件账号可以通过执行"工具"菜单中的"账号"命令进行，在出现的"Internet 账号"对话框时选择"邮件"选项卡，如图 7-60 所示。这时，就可以创建新的邮件账号了。单击"添加"按钮，选择"邮件"选项。在出现"Internet 连接向导"对话框后，用户可以根据连接向导的提示输入必要的信息,以完成创建邮件的任务。

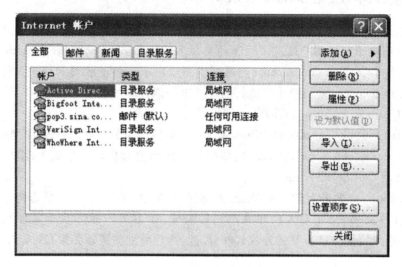

图 7-60 "Internet 账号"对话框

(1)在图 7-61 所示的对话框中输入你的姓名。当其他人收到你用该账号发出的邮件时,此名字将显示在邮件的"发件人"位置,邮件的接收者利用此信息可以直观地判断接收的邮件是何人发来的。

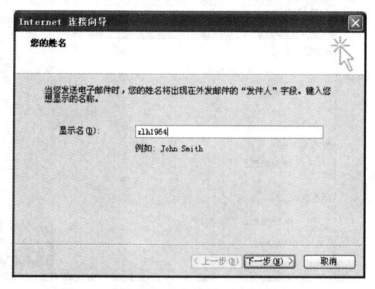

图 7-61 在"Internet 连接向导"对话框中输入姓名

(2)在图 7-62 所示的对话框中输入你的电子邮件地址

(3)在图 7-63 所示的对话框中选择服务器类型(POP3、IMAP 或 HTTP),并输入接收邮件和发送邮件服务器名称,这里使用的接收邮件服务器和发送邮件服务器具有相同的名称,即 pop3.sina.com.cn,如果使用的接收邮件服务器和发送邮件服务器的名称不同,在输入时要注意核对。

(4)在图 7-64 所示的对话框中输入邮箱的账号名和密码。你也可以选择其中"记住密码"复选框,这样计算机将记住邮箱的密码,在访问邮箱时不需要每次都输入密码。

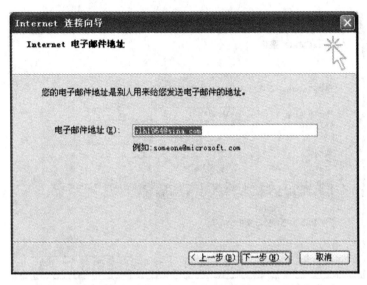

图 7-62 在"Internet 连接向导"对话框中输入电子邮件地址

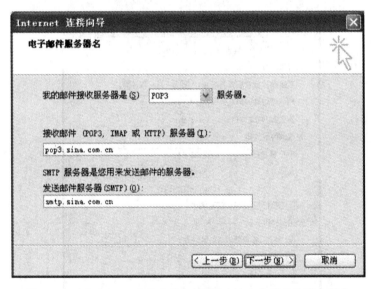

图 7-63 在"Internet 连接向导"对话框中输入电子邮件服务器名

（5）成功地完成上述过程后，单击"完成"按钮，则在图 7-60 所示的对话框中添加一条账户信息。

3. 调整账号的设置

在添加账号之后用户可能需要调整账号中的某些设置，例如，POP3 服务器的域名、SMTP 服务器的域名、用户的账号及密码等。

（1）在图 7-60 中选择要调整其设置的账号，然后单击"属性"按钮，在出现的对话框中选择"服务器"选项卡，则屏幕显示如图 7-65 所示。

（2）用户可以在该对话框中更改接收和发送邮件服务器的主机名、用户的账号名和口令。但在此处无法改变接收邮件服务器的类型，如果用户要修改服务器类型，需要建立一个新的账号。

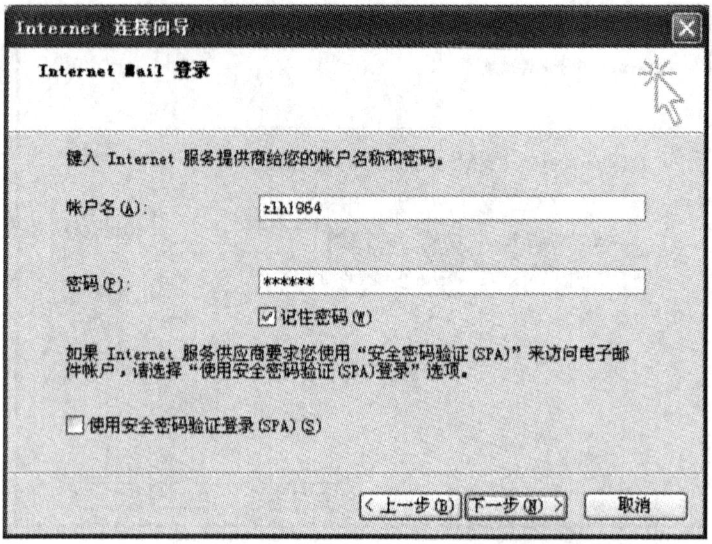

图 7-64　在"Internet 连接向导"对话框中输邮箱登陆账号

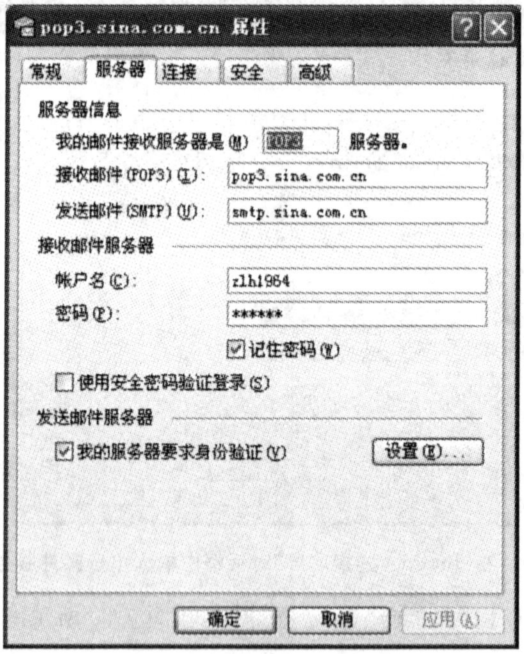

图 7-65　服务器选项卡

　　账号设置完成后,用户就可以通过 Outlook Express 进行邮件的书写、发送、接收、阅读,查看邮件附件及其他项目使用和管理。

7.8　接入互联网

　　要使用 Internet 中的资源,用户必须首先将自己的计算机接入 Internet。只有当用户的计算机接入 Internet,成为 Internet 中的一员,才可以访问 Internet 所提供的各类服务与丰富的信息资源。下面我们简单介绍一下目前流行的各种接入方法。

7.8.1　ISP 与 Internet 接入

首先,解决用户从何处接入的问题。因特网服务提供商(Internet Service Provider,ISP)是用户接入 Internet 的服务代理和用户访问 Internet 的入口点,如图 7-66 所示。ISP 是用户和 Internet 之间的桥梁,它位于 Internet 的边缘,用户首先通过某种通信方式连接到 ISP,然后借助于 ISP 与 Internet 的连接通道接入 Internet。通常,ISP 与互联网络相连的网络称为接入网络,申请 Internet 接入服务的单位或用户称为接入用户。

作为 Internet 接入服务的提供者和管理 Internet 接口的服务机构,ISP 除了为用户提供 Internet 接入服务外,也为用户提供 Internet 的各类信息代理服务,如电子邮件、信息发布等。在我国,具有国际出口路线的几大互联网运营机构如 CHINANET、CHINAGBN、CERNET 和 CASNET 等,它们在全国各地都设置了自己的 ISP 机构,如 CHINANET 的 163 服务等。我们在选择 ISP 时应综合考虑 ISP 的性能、服务质量、所在的位置等因素,以便能选择性价比最高的接入方式。

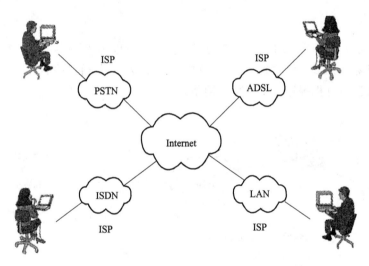

图 7-66　用户通过 ISP 接入 Internet 的示意图

7.8.2　常见的接入方式

在选择了合适的 ISP 以后,下一个要解决的问题就是决定采用哪种接入方式。

1. 通过 PSTN 接入

随着技术的演变,通过 PSTN 接入 Internet 又分成 3 种不同的方式,即 Modem、ISDN 和 XDSL。

(1)Modem 接入

指用户计算机使用调制解调器,以普通电话拨号的方式通过 PSTN 接入 Internet。Modem 可以是外置的,也可以是内置的。外置的 Modem 通过主机箱后背上的 COM 口与用户计算机相连,如图 7-67 所示。用户 PC 机和 ISP 访问服务器之间的连接采用 PPP 协议实现,用户要使用支持 PPP 的通信软件来完成拨号主机与 ISP 服务器之间链路的建立、认证及网络层协议选择等过程,从而成为 Internet 的正式成员。用户认证可以使用向 ISP 所申请的专用账号,也可以直接使用 ISP 所提供的公共上网服务账号,如当地的 163 或 169 电话接入服务。

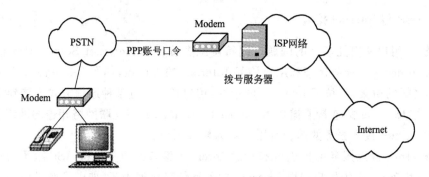

图 7-67   通过 Modem+电话线拨号接入方式

Modem 拨号接入方式成本低、安装简单,但它在稳定性和带宽方面有明显的局限性,最高接入速度仅 56 kbit/s,因此较适合于家庭个人用户或很小的局域网使用,不宜作为中大规模的局域网与 Internet 的接入。而且,随着其他高速接入方式的发展和普及,这种接入方式正在逐渐被淘汰。

(2)ISDN 接入

ISDN 的接入方式如图 7-68 所示。若是个人用户,可以通过一台 ISDN 终端适配器将个人电脑或电话机等连入 ISDN 的网络;如果是中小型企业,可以通过一台 ISDN 路由器将企业的局域网、电话机、传真机等连入 ISDN 的网络。

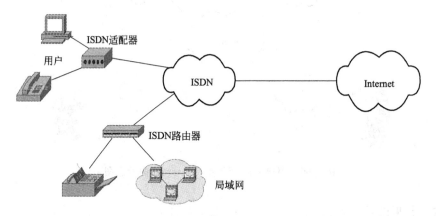

图 7-68   通过 ISDN 接入方式

ISDN 接入使用了 N-ISDN 的基本速率接口(BRI)服务,2 个 B 信道可为用户提供最高达 128 kbit/s 的数据传输速率。用户在上网过程中,一旦有电话拨入时,ISDN 就会自动释放其中的一个 B 信道用来进行电话的接听,因此用户可以在一条普通电话线上实现边上网边打电话或边上网边发传真的应用方式。正是因为这种应用方式,ISDN 又被形象地称为"一线通",并一度得到了广泛认可。

但是,随着 xDSL 宽带接入方式技术发展,ISDN 作为一种窄带接入的过渡方式,正在逐渐退出历史舞台。

(3)xDSL 接入方式

xDSL 代表一组以铜质电话线为传输介质的接入技术,包括了 HDSL、ADSL、SDSL 和 VDSL 等多种组合。其中 HDSL 和 SDSL 为对称 DSL,ADSL 和 VDSL 为非对称 DSL。所谓对称,是指从局端到用户端的下行数据传输速率和从用户端到局端的上行数据传输速率相同;而不对称则指下行方向和上行方向的数据传输速率不同,并且通常上行速率要远小于下行速率。由于大部分 Internet 资源,特别是视频传输需要很大的下传带宽,而用户对上传带宽的需求不是很大,因此,不对称的 ADSL 和 VDSL 得到了大量的应用。下面以 ADSL 为例,介绍其接入方式。

　　如图 7-69 所示,用户端设备 ADSL Modem 和局端设备 DSLAM 在这里主要完成数据调制解调和接口匹配功能,话音分离器则相当于一个低通滤波器,它利用频分复用原理将数据信号和电话音频信号调制于各自频段,实现了数据信号和话音信号的分离,使两者互不干扰。对个人用户来说,只需在 PC 上装上网卡,在普通的现有电话线上加装一台 ADSL Modem 即可上网。目前,ADSL 所能提供的上行最高速率为 2 Mbit/s,下行最高速率为 8 Mbit/s。由于 ADSL 安装简单,不需重新布线就可享受高速的网络服务,因此被用户广为接受。若采用 VD-SL,可以实现比 ADSL 更高速率的数据传输。短距离内,VDSL 的最大下传速率可达 55 Mbit/s,上传速率可达 19.2 Mbit/s 甚至更高。目前作为电信运营业务所提供的典型速率是 10 Mbit/s 上、下行对称速率。

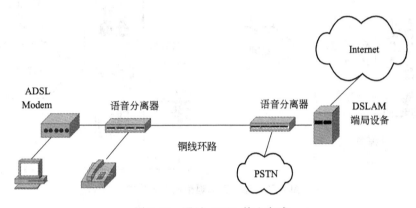

图 7-69　通过 ADSL 接入方式

2. HFC 接入

　　除了电话网之外,另一种被广泛使用和迅速发展的网络是有线电视网(cable TV 或 CATV)。传统的有线电视网使用同轴电缆作为其传输介质,传输质量和传输带宽比电话网使用的 2 对铜线高出很多。目前,大部分的有线电视网都经过了改造和升级,信号首先通过光纤传输到光纤节点(fiber node),再通过同轴电缆传输到有线电视网用户,这就是所谓的混合光纤/同轴电缆网(HFC)。利用 HFC,网络的覆盖面积可以扩大到整个大中型城市,信号的传输质量可以大幅度提高。

　　但是,HFC 的主要目的是传播电视信号,信号的传输是单向。单向的信息传输显然不适合于互联网的接入,必须将 HFC 改造成双向信息传输网络(例如,将同轴电缆上使用的单向放大器更换为双向放大器等),才能使 HFC 成为真正的接入网络。

　　HFC 传输的信号分为上行和下行信号,上行信号通常处于 5~42 MHz 的频带范围内,而下行信号则利用 50~860 MHz 的频带进行传输。与 ADSL 相似,HFC 也采用非对称的数据传输速率。一般的上行传输速率在 10 Mbit/s 左右,下行传输速率在 10~40 Mbit/s 之间。

　　线缆调制解调器(Cable Modem)是 HFC 中非常重要的一个设备,它的主要任务是将从计算机接收到的信号调制成同轴电缆中传输的上行信号。同时,Cable Modem 监听下行信号,并将收到的下行信号转换成计算机可以识别的信号提交给计算机。

由于 Cable Modem 技术是基于现有的有线电视网实现的,因此其市场潜力非常大,以中国有线电视网(CATV)为例,其现有用户已近 1 亿。通过 Cable Modem 和有线电视网访问 Internet 已成为越来越受业界关注的一种高速接入方式。

3. 通过数据网接入

数据通信网是专门为数据信息传输建设的网络,如果需要传输性能更好、传输质量更高的接入方式,可以考虑数据网接入。

数据通信网的种类很多,DDN、ATM、帧中继等网络都属于数据通信网。这些数据通信网由电信部门建设和管理,用户可以租用。

通过数据通信线路接入互联网的示意图如图 7-70 所示。目前,大部分路由器都可以配备和加载各种接口模块(例如,DDN 网接口模块、ATM 网接口模块、帧中继网接口模块等),通过配备有相应接口模块的路由器,用户的局域网和远程互联网就可以与数据通信网相连,并通过数据网交换信息。

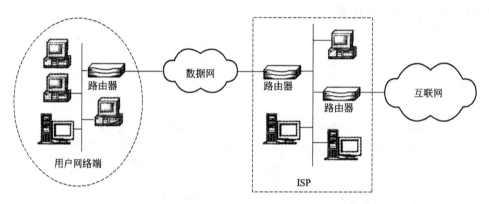

图 7-70   通过数据通信网接入方式

利用数据网接入,用户端的规模既可以小到一台计算机,也可以大到一个企业网或校园网。但是由于用户所租用的数据通信网线路的带宽通常较宽,而租用费和通信费十分昂贵,采用这种方式接入,一般是一定规模的局域网。

4. 以太网接入

以太网技术是目前具有以太网布线的小区、企业和校园用户实现 10 Mbit/s 以上高速接入的首选技术。图 7-71 以一个住宅小区为例,给出了这种接入方式的简单示意图,可采用光

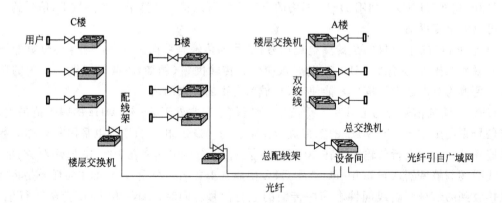

图 7-71   小区以太网接入方式的简单示意图

纤到小区、超五类或六类到户的方式。

　　由于以太网是一种典型的局域网技术,因此它不提供广域网接入所必需的用户认证、鉴权和计费等功能,因此需要采用某种方式对其进行相应的改造。目前采用的主要技术之一是PPPoE 方式。

　　PPPoE 是以太网上的点到点协议的简称,它通过将 PPP 承载到以太网之上,提供了基于以太网的点对点服务。在 PPPoE 接入方式中,由安装在汇聚层三层交换机旁边的宽带接入服务器(Broadband Access Server,BAS)承担用户管理、用户计费和用户数据续传等所有宽带接入功能。BAS 可以与以太网中的多个用户端之间进行 PPP 会话,不同的用户与接入服务器所建立的 PPP 会话以不同的会话标识(Session ID)进行区分。BAS 对不同用户和他们之间所建立的 PPP 逻辑连接进行管理,并通过 PPP 建立连接和释放的会话过程,对用户上网业务进行时长和流量的统计,实现基于用户的计费功能。

　　作为以太网和拨号网络之间的一个中继协议,PPPoE 充分利用了以太网技术的寻址能力和 PPP 在点到点的链路上的身份验证功能,继承了以太网的快速和 PPP 拨号的简单以及用户验证、IP 分配等优势,从而逐渐成为宽带上网的最佳方式。

　　图 7-72 所示为一个简单的小区 PPPoE 接入服务器的例子,接入用户不需要在网卡上设置固定 IP 地址、默认网关和域名服务器,PPP 服务器可以为其动态指定。PPPoE 接入服务器的上行端口可通过光电转换设备与局端设备连接,其他各接入端口与小区或大楼的以太网相连。用户只要在计算机上安装好网卡和专用的虚拟拨号客户端软件后,拨入 PPPoE 接入服务器即可上网。

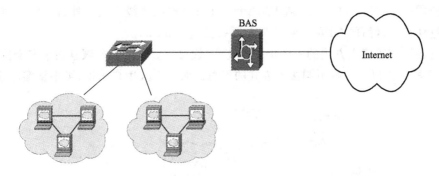

图 7-72　基于 PPPoE 的以太网接入

　　以太网接入具有技术成熟、实现简单、带宽高、用户端设备成本低和网络可扩展性强等多方面的优点,可为用户提供不低于 10 Mbit/s 的共享带宽,并可根据用户的需求升级到 100 Mbit/s 甚至更高的带宽。

　　我们知道,现有的计算机网、电信网和有线电视网将逐渐趋于融合,最终整合成为一个统一的信息网络。对计算机网络,现有的网络模式主要为以太网、快速以太网,基本构架为第二层交换机(或集线器)和网关路由器。网关路由器的出口主要为同 DDN、帧中继或分组交换网等 WAN 相接的串口及通道化的 E1 口。而网络大都处于 WAN 的接入层(access layer)。未来计算机网络的应用范围将由现在 WAN 的接入层扩展进入到整个电信网络的汇接层和骨干核心层。在接入层和汇接层,网络模式将主要为快速以太网和千兆以太网,以第二层高速交换机和用于网络出口的宽带路由器或者直接以第三层高速 IP 交换机为基本构成。网络的网关出口不仅能支持原有的 PRI 口、通道化的 E1 口、还能支持 HSSI 口(高速串口)、快速以太网口及 ATM 等其他高速接口,速率也相应增大为 El、E3、100 Mbit/s 甚至 OC-3(155 Mbit/s)、OC-12(622 Mbit/s)等。从现在来看,在核心层,其网络模式将主要为千兆以太网,以第三层高速 IP 交换机或高速交换路由器等为基本构成,网关出口主要为 ATM 接口(IP over ATM 方式)和 POS 接口(IP over SDH 方式)等,速率主要为 OC-12、OC-48(2.5 Gbit/s)或者更高。而对传统电信网,包括现有的公众电话网、分组交换网、DDN、帧中继等窄带网络,以及 xDSL、HFC 等宽带接入网络都将逐步向统一的 ATM 宽带平台转移,ATM 交换普遍存在于电信网络的骨干核心层及汇接层,网络中继也将由现在常用的以 El、E3 为主发展为 OC-3、OC-12 或更高速率的光纤中继电路。而作为计算机网络应用中最为广泛的以太型网络和 IP 协议,将从电信网络的核心层开始,同 ATM 相融合。另外随着 IP 协议的进一步发展和完善,QoS(服务质量)、安全性以及计费等功能的进一步成熟,IP 极有可能最终取代 ATM 而成为未来信息网络的主流协议,占据未来信息网络的核心层、汇接层(分发层)及接入层。

大中企事业单位,也会根据自己的需要,主要以千兆以太网模式进行 LAN 组网。网关出口则主要通过光纤(即 FTTH/FTTO 方式)或 5 类电缆(即 FTTB+LAN 方式)实现对 WAN 的高速接入。而对于现已使用以太网或快速以太网的中小企业,实现网络宽带化,仅在于按照实际信息需求将原有的窄带网关路由器替换为宽带网关路由器,将以前租用的 DDN 或帧中继专线替换为 HSSI、E3 等接口的高速率传输中继。

5. 无线接入

随着移动用户终端的增多和用户移动性的增加,无线接入方式已越来越被看好。相对其他的接入技术而言,无线接入技术具有初期投资少、开通快、维护简单、灵活性大等优点。

除了使用基于 IEEE 802.11b 或 IEEE 802.11a 标准的无线局域网外,也可以直接利用移动电话通过移动运营商的 GPRS 或 CDMA 网络接入 Internet。

作为对各种有线接入方式的一个重要补充,无线接入方式的主要限制在于安全性和带宽。

图 7-73 所示为以上各种不同接入方式的汇总。对于个人用户来说,可根据实际情况选择

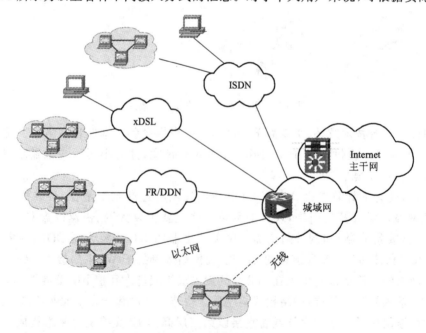

图 7-73　不同的接入方式

Modem、ISDN、ADSL 和以太网接入方式；对于企业用户，可以选择 ADSL、LAN、帧中继、DDN 等接入方式。

7.9　VPN

VPN 即虚拟专用网，是通过一个公用网络（通常是因特网）建立一个临时的、安全的连接，是一条穿过混乱的公用网络的安全、稳定的隧道。通常，VPN 是对企业内部网的扩展，通过它可以帮助远程用户、公司分支机构、商业伙伴及供应商同公司的内部网建立可信的安全连接，并保证数据的安全传输。

VPN 架构中采用了多种安全机制，如隧道技术（tunneling）、加解密技术（encryption）、密钥管理技术、身份认证技术（authentication）等，通过上述的各项网络安全技术，确保资料在公众网络中传输时不被窃取，或是即使被窃取了，对方亦无法读取数据包内所传送的资料。

1. VPN 的定义

利用公共网络来构建的私人专用网络称为虚拟私有网络（VPN，Virtual Private Network）。用于构建 VPN 的公共网络包括 Internet、帧中继、ATM 等。在公共网络上组建的 VPN 像企业现有的私有网络一样提供安全性、可靠性和可管理性等。

"虚拟"的概念是相对传统私有网络的构建方式而言的。对于广域网连接，传统的组网方式是通过远程拨号连接来实现的，而 VPN 是利用服务提供商所提供的公共网络来实现远程的广域连接。通过 VPN，企业可以以更低的成本连接它们的远地办事机构、出差工作人员以及业务合作伙伴，如图 7-74 所示。

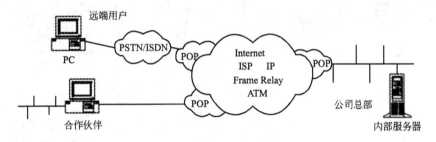

图 7-74　VPN 应用示意图

由图 7-74 可知，企业内部资源享用者只需连入本地 ISP 的 POP（Point Of Presence，接入服务提供点），即可相互通信；而利用传统的 WAN 组建技术，彼此之间要有专线相连才可以达到同样的目的。虚拟网组成后，出差员工和外地客户只需拥有本地 ISP 的上网权限就可以访问企业内部资源；如果接入服务器的用户身份认证服务器支持漫游的话，甚至不必拥有本地 ISP 的上网权限。这对于流动性很大的出差员工和分布广泛的客户与合作伙伴来说是很有意义的。并且企业开设 VPN 服务所需的设备很少，只需在资源共享处放置一台服务器就可以了。

2. VPN 的类型

VPN 分为三种类型：远程访问虚拟网（Access VPN）、企业内部虚拟网（Intranet VPN）和企业扩展虚拟网（Extranet VPN），这三种类型的 VPN 分别与传统的远程访问网络、企业内部的 Intranet 以及企业网和相关合作伙伴的企业网所构成的 Extranet 相对应。

（1）Access VPN

随着当前移动办公的日益增多，远程用户需要及时地访问 Intranct 和 Extranet。对于出差流动员工、远程办公人员和远程小办公室，Access VPN 通过公用网络与企业的 Intranet 和 Extranet 建立私有的网络连接。在 Access VPN 的应用中，利用了二层网络隧道技术在公用网络上建立 VPN 隧道（tunnel）连接来传输私有网络数据。

Access VPN 可使用本地 ISP 所提供的 PSTN、xDSL、移动 IP 和 LAN 等个人接入服务来实现远程或移动接入，但需要在客户机上安装 VPN 客户端软件。

（2）Intranet VPN

用于企业内部组建 Intranet 时实现总部与分支机构、分支机构与分支机构之间的互联。Intranet VPN 通常是使用诸如 X.25、帧中继或 ATM 等技术实现。

（3）Extranet VPN

用于企业组建 Extranet 时提供企业与其合作企业 Intranet 之间的互联。Extranet VPN 采用与 Intranet VPN 类似的技术去实现，但在安全策略上会更加严格。

随着越来越多的企业使用 VPN 技术，在 Internet 上传输的 VPN 数据流已经越来越多。上述 3 种 VPN 的简单示意图如图 7-75 所示。

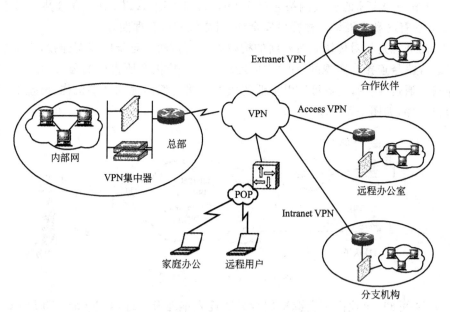

图 7-75　Intranet VPN、Access VPN 和 Extranet VPN

3. VPN 的实现技术

VPN 实现的两个关键技术是隧道技术和加密技术，同时 QoS 技术对 VPN 的实现也至关重要。

（1）隧道技术

隧道技术简单地说就是：原始报文在 A 地进行封装，到达 B 地后把封装去掉还原成原始报文，这样就形成了一条由 A 到 B 的通信隧道。目前实现隧道技术的有一般路由封装 GRE、L2TP 和 PPTP。

a. GRE

GRE（Generic Routing Encapsulation）主要用于源路由和终路由之间所形成的隧道。例如,将通过隧道的报文用一个新的报文头(GRE 报文头)进行封装然后带着隧道终点地址放入隧道中。当报文到达隧道终点时,GRE 报文头被剥掉,继续原始报文的目标地址进行寻址。GRE 隧道通常是点到点的,即隧道只有一个源地址和一个终地址。

GRE 隧道技术是用在路由器中的,可以满足 Extranet VPN 以及 Intranet VPN 的需求。但是在远程访问 VPN 中,多数用户是采用拨号上网。这时可以通过 L2TP 和 PPTP 来加以解决。

b. L2TP 和 PPTP

L2TP 是 L2F(Layer 2 Forwarding)和 PPTP 的结合。但是由于 PC 机的桌面操作系统包含着 PPTP,因此 PPTP 仍比较流行。

L2TP 建立过程如下:

(a)用户通过 Modem 与 NAS 建立连接;

(b)用户通过 NAS 的 L2TP 接入服务器身份认证;

(c)在政策配置文件或 NAS 与政策服务器进行协商的基础上,NAS 和 L2TP 接入服务器动态地建立一条 L2TP 隧道;

(d)用户与 L2TP 接入服务器之间建立一条点到点协议(Point to Point Protocol,PPP)访问服务隧道;

(e)用户通过该隧道获得 VPN 服务。

PPTP 建立过程如下:

(a)用户通过串口以拨号 IP 访问的方式与 NAS 建立连接,取得网络服务;

(b)用户通过路由信息定位 PPTP 接入服务器;

(c)用户形成一个 PPTP 虚拟接口;

(d)用户通过该接口与 PPTP 接入服务器协商、认证,建立一条 PPP 访问服务隧道;

(e)用户通过该隧道获得 VPN 服务。

在 L2TP 中,用户感觉不到 NAS 的存在,仿佛与 PPTP 接入服务器直接建立连接。而在 PPTP 中,PPTP 隧道对 NAS 是透明的;NAS 不需要知道 PPTP 接入服务器的存在,只是简单地把 PPTP 流量作为普通 IP 流量处理。

采用 L2TP 还是 PPTP 实现 VPN 取决于要把控制权放在 NAS 还是用户手中。L2TP 比 PPTP 更安全,因为 L2TP 接入服务器能够确定用户从哪里来的。L2TP 主要用于比较集中的、固定的 VPN 用户,而 PPTP 比较适合移动的用户。

(2)加密技术

数据加密的基本思想是通过变换信息的表示形式来伪装需要保护的敏感信息,使非受权者不能了解被保护信息的内容。加密算法有用于 Windows 95 的 RC4、用于 IPSec 的 DES 和三次 DES。RC4 虽然强度比较弱,但是保护免于非专业人士的攻击已经足够了;DES 和三次 DES 强度比较高,可用于敏感的商业信息。

加密技术可以在协议栈的任意层进行;可以对数据或报文头进行加密。在网络层中的加密标准是 IPSec。网络层加密实现的最安全方法是在主机的端到端进行。另一个选择是"隧道模式":加密只在路由器中进行,而终端与第一跳路由之间不加密。这种方法不太安全,因为数据从终端系统到第一条路由时可能被截取而危及数据安全。在链路层中,目前还没有统一的加密标准,因此所有链路层加密方案基本上是生产厂家自己设计的,需要特别的加密硬件。

（3）QoS 技术

通过隧道技术和加密技术,已经能够建立起一个具有安全性、互操作性的 VPN。但是该 VPN 性能上不稳定,管理上不能满足企业的要求,这就要加入 QoS 技术。实行 QoS 应该在主机网络中,即 VPN 所建立的隧道这一段,这样才能建立一条性能符合用户要求的隧道。

不同的应用对网络通信有不同的要求,这些要求可用如下参数给予体现。

a. 带宽:网络提供给用户的传输率;

b. 反应时间:用户所能容忍的数据报传递延时;

c. 抖动:延时的变化;

d. 丢失率:数据包丢失的比率。

网络资源是有限的,有时用户要求的网络资源得不到满足,通过 QoS 机制对用户的网络资源分配进行控制以满足应用的需求。

基于公共网的 VPN 通过隧道技术、数据加密技术以及 QoS 机制,使得企业能够降低成本、提高效率、增强安全性。VPN 产品从第一代的 VPN 路由器、交换机,发展到第二代的 VPN 集中器,性能不断得到提高。在网络时代,企业发展取决于是否最大限度地利用网络。VPN 将是企业的最终选择。

━━━ 习　　　题 ━━━

一、填空题

1. 在 TCP/IP 互联网上的域名解析有两种方式,一种是_____,另一种是_____。

2. 在 TCP/IP 互联网中,电子邮件客户端程序向邮件服务器发送邮件使用_____协议,电子邮件客户端程序查看邮件服务器中自己的邮箱使用_____或_____协议,邮件服务器之间相互传递邮件使用_____协议。

3. SMTP 服务器通常在_____的_____端口守候,而 POP3 服务器通常在_____的_____端口守候。

4. 在 TCP/IP 互联网中,WWW 服务器与 WWW 浏览器之间的信息传递使用_____协议。

5. URL 一般由 4 部分组成,它们是_____、_____、_____和_____。

6. ADSL 的非对称性是指_____。

二、单项选择题

1. 电子邮件系统的核心是_____。

　　A. 电子邮箱　　　　　B. 邮件服务器　　　　C. 邮件地址　　　　D. 邮件客户机软件

2. ADSL 通常使用。

　　A. 电话线路进行信号传输　　　　　　　　B. ATM 网进行信号传输

　　C. DDN 网进行信号传输　　　　　　　　D. 有线电视网进行信号传输

3. 目前,modem 的传输速率最高为。

　　A. 33.6 kbit/s　　　B. 33.6 Mbit/s　　　C. 56 kbit/s　　　D. 56 Mbit/s

4. WWW 网页文件的编写语言及相应的支持协议分别为。

　　A. HTML,HTPT　　B. HTTL,HTTP　　C. HTML,HTTP　　D. 以上均不对

5. 某用户在域名为 mail. njit. edu. cn 的邮件服务器上申请了一个电子邮箱,邮箱名为 yang,那么_____为其电子邮箱地址。

    A. mail. njit. edu. cn@yang　　　　　　B. yang%mail. njit. edu. cn

    C. mail. njit. edu. cn%yang　　　　　　D. yang@mail. njit. edu. cn

6. 以下命令中,_____命令释放 DHCP 配置。

    A. ipconfig/all　　　　　　B. ipconfig/renew

    C. ipconfig/release　　　　　　D. ipconfig/flushdns

7. 可以在 Internet 的一台计算机上远程登录到另一个计算机系统中,并可以像该计算机系统的本地用户一样使用系统资源,提供这种服务所使用的协议是_____。

    A. FTP　　　　　B. HTTP　　　　　C. SNMP　　　　　D. Telnet

8. DNS 的作用是_____。

    A. 为客户机分配 IP 地址　　　　　　B. 访问 HTTP 的应用程序

    C. 完成域名与 IP 地址之间的转换　　　　D. 将 MAC 地址翻译为 IP 地址

三、问 答 题

1. Internet 提供了哪些基本服务?

2. 简要说明 Internet 域名系统(DNS)的功能。举一个实例解释域名解析的过程。

3. 请使用一个实例解释什么是 URL。

4. 简要说明用户接入 Internet 的方式。

5. 简述 FTP 工作的大致步骤。

6. 什么是网络虚拟终端(Telnet)? 简述其工作原理。

7. 简述 DHCP 的运作流程。

四、实 践 题

1. Windows 2000 Server DNS 服务器将域名与 IP 地址的映射表存储在一个文本文件中(文件名在建立新区域时指定)。打开这个文件,看看是否明白其中的内容。实际上,可以通过直接修改这个文件来建立、删除和修改域名与 IP 地址的对应关系。试着修改这个文件,在保存之后重新启动计算机,验证修改是否已经生效。

2. 一台主机可以拥有多个 IP 地址,而一个 IP 地址又可以与多个域名相对应。在 IIS5.0 中建立的 Web 站点可以和这些 IP(或域名)进行绑定,以便用户在 URL 中通过指定不同的 IP(或域名)访问不同的 Web 站点。例如 Web 站点 1 与 192.168.0.1(或 wl. school. edu. cn)进行绑定,Web 站点 2 与 192.168.0.2(或 w2. school. edu. on)进行绑定。这样,用户通过 http://192.168.0.1/(或 http://wl. school. edu. cn/)就可以访问 Web 站点 1,通过 http://192.168.0.2/(或 http://w2. school. edu. cn/)就可以访问 Web 站点 2。将你的主机配置成多 IP 或多域名的主机,在 IIS 5.0 中建立两个新的 Web 站点,然后对这两个新站点进行配置,看一看是否能够通过指定不同的 IP(或不同的域名)访问不同的站点。

第8章　网络维护与网络安全

能够正确地维护网络,确保在网络出现故障之后能够迅速、准确地定位问题,并排除故障,对网络维护人员和网络管理人员来说是个挑战,这不但要求他们对网络协议和技术有着深入的理解,更重要的是要建立一个系统化的故障排除思想,并合理应用于实践中,以将一个复杂的问题隔离、分解或缩减排错范围,从而及时修复网络故障。

本章前半部分主要介绍网络故障分类、检测和排除等有关网络维护基本知识,后半部分简单叙述网络安全的一些基本概念和技术。对于网络安全的内容,同学们会在后续的课程中重点学习。

学完本章应掌握:

➢ 网络故障及其分类;

➢ 网络故障检测方法;

➢ 简单网络故障的排除;

➢ 网络安全技术。

8.1　网络故障的一般分类

网络中可能出现的故障多种多样,如不能访问网上邻居,不能登录服务器,不能收发电子邮件,不能使用网络打印机,某个网段或某个 VLAN 工作失常或整个网络都不能正常工作等。总结起来,从设备看,就是网络中的某个、某些主机或整个网络都不能正常工作;从功能看,就是网络的部分或全部功能丧失。由于网络故障的多样性和复杂性,对网络故障进行分类有助于快速判断故障性质,找出原因并迅速解决问题,使网络恢复正常运行。

8.1.1　根据网络故障性质分类

根据网络故障的性质把故障分为连通性故障、协议故障与配置故障。

1. 连通性故障

连通性故障是网络中最常见的故障之一,体现为计算机与网络上的其他计算机不能连通,即所谓的"ping 不通"。

导致连通性故障的原因很多,比如:网卡硬件故障、网卡驱动程序未安装正确、网络设备故障等。

由此可见,发生连通性故障的位置可能是主机、网卡、网线、信息插座、集线器、交换机、路由器,而且硬件本身或者软件设置的错误都可能导致网络不能连通。

2. 协议故障

协议故障也是一种配置故障,只是由于协议在网络中的地位十分重要,故专门将这类故障独立出来讨论。

导致协议故障的原因有：

(1)协议未安装。仅实现局域网通信，需安装 NetBEUI 或 IPX/SPX 或 TCP/IP 协议；实现 Internet 通信，需安装 TCP/IP 协议。

(2)协议配置不正确。TCP/IP 协议涉及的基本配置参数有 4 个，即 IP 地址、子网掩码、DNS 和默认网关，任何一个设置错误，都可能导致故障发生。

(3)在同一网络或 VLAN 中有两个或两个以上的计算机使用同一计算机名称或 IP 地址。

3. 配置故障

配置错误引起的故障也在网络故障中占有一定的比重。网络管理员对服务器、交换机、路由器的不当设置，网络使用者对计算机设置的不当修改，都会导致网络故障。

导致配置故障的原因主要有服务器配置错误、代理服务器或路由器的访问列表设置不当、第三层交换机的路由设置不当、用户配置错误等。

由此可见，配置故障较多地表现在不能实现网络所提供的某些服务上，如不能接入 Internet，不能访问某个服务器或不能访问某个数据库等，但能够使用网络所提供的另一些服务。配置故障与硬件连通性故障在表现上有较大差别，硬件连通性故障通常表现为所有的网络服务都不能使用。这是判定为硬件连通性故障还是配置故障的重要依据。

8.1.2　根据 OSI 协议层分类

根据 OSI 七层协议的分层结构把故障分为物理层故障、数据链路层故障、网络层故障、传输层故障、会话层故障、表示层故障和应用层故障。

在 OSI 分层的网络体系结构中，每个层次都可能发生网络故障。据有关资料统计，大约 70% 以上的网络故障发生在 OSI 七层协议的下三层。

引起网络故障的可能原因有：

(1)物理层中物理设备相互连接失败或者硬件及线路本身的问题，如网线、网卡问题。

(2)数据链路层的网络设备的接口配置问题，如封装不一致。

(3)网络层网络协议配置或操作错误，如 IP 地址配置错误或重复。

(4)网络操作系统或网络应用程序错误，如应用层的故障主要是各种应用层服务的设置问题。

8.2　网络故障检测

在分析故障现象，初步推测故障原因之后，就要着手对故障进行具体的检测，以准确判断故障原因并排除故障，使网络运行恢复正常。

工欲善其事，必先利其器。在故障检测时合理利用一些工具，有助于快速准确地判断故障原因。常用的故障检测工具有软件工具和硬件工具两类。

8.2.1　网络故障检测的硬件工具

总的来说，网络测试的硬件工具可分为两大类：一类用做测试传输介质(网线)，一类用做测试网络协议、数据流量。

1. 网络线缆测试仪

最常见的网络线缆测试仪如图 8-1 所示。该系列网络测试仪通过使用附带的远程终结器,无论在电缆安装前后,都能快速测试电缆的线序和定位。通常测试网线是否通信的最基本方法就是用测线仪,测试的方法就是将线的两端直接插入测线仪的端口,按下电源开关,如果指示灯依次闪亮,证明该网线正常通信,如果测线仪的某个指示灯不亮,或指示灯不按循序闪亮,就证明该网线通信有问题。

图 8-1　常见的网络线缆测试仪

2. One-Touch Series Ⅱ 网络分析仪

One-Touch Series Ⅱ 即 Fluke 公司的第二代 One-Touch 系列产品,其特点是:集中多种测试仪功能,能够迅速诊断故障;采用触摸屏操作,十分方便。

One-Touch Series Ⅱ 新增的交换机测试功能扩展了网络元件的检查能力;远程的网页浏览及控制功能,可以使网管人员更直观地浏览、分析远方的测试结果,可缩短网络故障的诊断和排除时间;网络吞吐量测试选件能为网管人员的分析判断提供有力的依据。

One-Touch Series Ⅱ 可以自动识别 Novell、Windows NT 及 NetBIOS 服务器,迅速检查服务器、路由器和交换机的连通性。

One-Totmh Series Ⅱ 可进行电缆和光缆的测试(长度、开路、短路、串扰等),测试网卡集线器的好坏,测试 10 Mbit/s 以太网的利用率、碰撞率及各种错误。还可以将以太网的一些关键参数如碰撞、错误及广播等对流量的影响进行指导性解释。

3. Net Tool 多功能网络测试仪

Fluke 公司的多功能网络测试仪 Net Tool 也称网络万用表,它将电缆测试、网络测试及计算机配置测试集成在一个手掌大小的盒子中,功能完善,携带使用方便,其主要特点是:

(1)简单易用,价格便宜。

(2)在线测试计算机与交换机的通信。Net Tool 具有独特的在线测试功能,当计算机开始访问网络资源时,测试仪就清楚地报告计算机与网络的对话。然后显示计算机中有关网络协议的一切设置,如 MAC 地址和 IP 地址、路由器、服务器(DHCP,E-mail,HTTP 和 DNS)配置和使用的打印机等。

(3)能够正确识别各种类型的插座,能够测试电缆的连通性等。

8.2.2　网络故障检测的软件工具

故障检测的软件工具分成两类,一类是 Windows 自带的网络测试工具,另一类是商品化的测试软件。

1. Windows 自带的测试工具

Windows 自带了一些常用的网络测试命令,可以用于网络的连通性测试、配置参数测试和协议配置、路由跟踪测试等。常用的命令有 ping、ipconfig、tracert、arp、pathping 等几种。

这些命令有两种执行方式,即通过"开始"菜单打开"运行"窗口直接执行;或在命令提示符下执行。如果要查看它们的帮助信息,可以在命令提示符下直接输入"命令符"或"命令符/?"。

(1)ping 命令

ping 命令是在网络中使用最频繁的测试连通性的工具,同时它还可诊断其他一些故障。ping 命令使用 ICMP 协议来发送 ICMP 请求数据包,如果目标主机能够收到这个请求,则发回 ICMP 响应。ping 命令便可利用响应数据包记录的信息对每个包的发送和接收时间进行报告,并报告无响应包的百分比,这在确定网络是否正确连接以及网络连接的状况(丢包率)时十分有用。

(2)ipconfig 命令

ipconfig 是在网络中常用的参数测试工具,用于显示本地计算机的 TCP/IP 配置信息。如本机主机名和所有网卡的 IP 地址、子网掩码、MAC 地址、默认网关、DHCP 和 WINS 服务器。当用户的网络中设置的是 DHCP 时,利用 ipconfig 可以让用户很方便地了解到 IP 地址的实际配置情况。

(3)tracert 命令

tracert 命令的作用是显示源主机与目标主机之间数据包走过的路径,可确定数据包在网络上的停止位置,即定位数据包发送路径上出现的网关或者路由器故障。与 ping 命令一样,它也是通过向目标发送不同生存时间(TTL)的 ICMP 数据包,根据接收到的回应数据包的经历信息显示来诊断到达目标的路由是否有问题。数据包所经路径上的每个路由器在转发数据包之前,将数据包上的 TTL 递减 1。当数据包的 TTL 减为 0 时,路由器把 ICMP 数据包已超时的消息发回源系统。

(4)pathping 命令

pathping 命令综合了 ping 命令和 tracert 命令的功能,并且能够计算显示出路径中任意一路由器或节点,以及链接处的数据包丢失的比例信息。由此可找到丢包严重的路由器。屏幕先显示跃点列表,与使用 tracert 命令的显示相同。接着该命令最大花费 125 s 的时间,从路径上的路由器收集信息,进行统计计算,最后将统计信息显示在屏幕上。

(5)netstat 命令

netstat 命令有助于了解网络的整体使用情况。它可以显示当前正在活动的网络连接的详细信息,例如显示网络连接、路由表和网络接口信息,可以让用户得知目前总共有哪些网络连接正在运行。利用该命令提供的参数功能,可以了解该命令的其他功能信息,例如显示以太网的统计信息、显示所有协议的使用状态,这些协议包括 TCP 协议、UDP 协议及 IP 协议等,另外还可以选择特定的协议并查看其具体使用信息,还能显示所有主机的端口号以及当前主机的详细路由信息。

(6)arp 命令

arp 命令用于将 IP 地址与网卡物理地址绑定,可以解决 IP 地址被盗用而导致不能使用网络的问题。但该命令仅对局域网的代理服务器或网关路由器有用,而且只是针对采用静态 IP 地址策略的网络。

2. 商品化的测试软件

商品化测试软件主要是指商品化的网络管理系统,如 Cisco 公司的 Cisco works for Windows 和 Fluke 公司的 Network Inspector 等。这些测试软件的功能、操作,本书不再作具体介绍,感兴趣的同学可查找有关书籍翻阅。

8.2.3　网络监视工具

所谓网络监视就是监视网络数据流并对这些数据进行分析。把专门用于采集网络数据流并提供分析能力的工具称为网络监视器。网络监视器能提供网络利用率和数据流量方面的一般性数据,还能够从网络中捕获数据帧,并能够筛选、解释、分析这些数据的来源、内容等信息。比如我们常用的网络监视工具有 Ethereal、NetXRay 和 Sniffer 等。

1. Ethereal

Ethereal 是一个网络监视工具,它可以用来监视所有网络上被传送的分组,并分析其内容。它通常被用来检查网络运作的状况,或是用来发现网络程序的 bug。目前 Ethereal 提供了对 TCP、UDP、Telnet、Ftp 等常用协议的支持,在很多情况下可以代替 Sniffer。

2. NetXRay

NetXRay 主要是用做以太网的网管软件,对于 IP、NETBEUI、TCP/UDP 等协议都能详细的分析。它的功能主要分成三大类:网络状态监控、接收并分析分组、传送分组和网络管理查看。

3. Sniffer

Sniffer 是一个嗅探器,它既可以是硬件,也可以是软件,可以用来接收在网络传输的信息。Sniffer 的目的是使网络接口处于混杂模式,从而截获网络上的内容。在一般情况下,网络上所有的工作站都可以"听"到通过的流量,但对于不属于自己的报文则不予响应。如果某工作站的网络接口处于杂收模式,那么它就可以捕获网络上所有的报文。

Sniffer 能够"听"到在网上传输的所有的信息,它可以是硬件也可以是软件。从这种意义上讲,每一个机器或者每一个路由器都是一个 Sniffer。

Sniffer 可以捕获用户的口令,可以截获机密的或专有的信息,也可以被用来攻击相邻的网络或者用来获取更高级别的访问权限。

(1)Sniffer 的工作原理

通常在同一个网段的所有网络接口都有访问在物理媒体上传输的所有数据的能力,而每个网络接口都还应有一个硬件地址,该硬件地址不同于网络中存在的其他网络接口的硬件地址;同时,每个网络至少还要一个广播地址。在正常情况下,一个合法的网络接口应该只响应这样的两种数据帧:

a. 帧的目标区域具有和本地网络口相匹配的硬件地址。

b. 帧的目标区域具有"广播地址"。

在接收到上面两种情况的数据包时,网卡通过 CPU 产生一个硬件中断,该中断能引起操作系统注意,然后将帧中所包含的数据传送给系统进一步处理。

而 Sniffer 就是一种能将本地网卡的状态设置成混杂模式的软件,当网卡处于这种"混杂"模式时,该网卡具备"广播地址",它对所有遇到的每一个帧都产生一个硬件中断以提醒操作系统处理流经该物理媒体上的每一个报文包。

可见,Sniffer 工作在网络环境中的底层,它会拦截所有正在网络上传送的数据,并且通过相应的软件处理,可以实时分析这些数据的内容,进而分析所处的网络状态和整体布局。

(2)Sniffer 的工作环境

Sniffer 就是能够捕获网络报文的设备。嗅探器在功能和设计方面有很多不同,有些只能分析一种协议,而另一些可能能够分析几百种协议。一般情况下,大多数的嗅探器至少能够分析下面的协议:标准以太网、TCP/IP、IPX、DECNet。

8.3　网络故障排除

8.3.1　一般网络故障的解决步骤

前面我们基本了解了计算机网络故障的大致种类,那么,如何排除网络故障呢?我们建议采用系统化故障排除思想。故障排除系统化是合理地、一步一步找出故障原因并解决故障的总体原则,它的基本思想是系统地,将可能的故障原因所构成的一个大集合缩减(或隔离)成几个小的子集,从而使问题的复杂度迅速下降。

故障排除时有序的思路有助于解决所遇到的任何困难,图 8-2 给出了一般网络故障排除的处理流程。

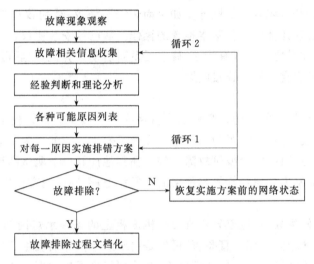

图 8-2　一般网络故障排除流程

需要注意的是,图 8-2 所示的故障排除流程是网络维护人员所能够采用的排错模型中的一种,当然我们可以根据自己的经验和实践总结另外的排错模型。网络故障排除的处理流程是可以变化的,但故障排除有序化的思维模式是不可变化的。

8.3.2　网络故障的分类诊断技术

前面介绍过,按照网络故障的性质,可以将网络故障划分成连通性故障、协议故障和配置故障。那么在网络故障检测和排除过程中,对这种分类方法的三种故障类型也有相应的故障诊断技术。

1. 连通性故障排除步骤

(1)确认连通性故障

当出现一种网络应用故障时,如无法浏览 Internet 的 Web 页面,首先尝试使用其他网络应用,如收发 E-mail,查找 Internet 上的其他站点或使用局域网络中的 Web 浏览等。如果其他一些网络应用可正常使用,如能够在网上邻居中发现其他计算机,或可"ping"其他计算机,那么可以排除内部网连通性有故障。

查看网卡的指示灯是否正常。正常情况下,在不传送数据时,网卡的指示灯闪烁较慢,传送数据时,闪烁较快。无论指示灯是不亮还是不闪,都表明有故障存在。如果网卡不正常,则需更换网卡。

"ping"本地的 IP 地址,检查网卡和 IP 网络协议是否安装完好。如果"ping"得通,说明该计算机的网卡和网络协议设置都没有问题。问题出在计算机与网络的连接上。这时应当检查网线的连通性和交换机及交换机端口的状态。如果"ping"不通,说明 TCP/IP 协议有问题。

在控制面板的"系统"中查看网卡是否已经安装或是否出错。如果在系统中的硬件列表中没有发现网络适配器,或网络适配器前方有一个黄色的"!",说明网卡未安装正确,需将未知设备或带有黄色的"!"网络适配器删除,刷新安装网卡。并为该网卡正确安装和配置网络协议,然后进行应用测试。如果网卡无法正确安装,说明网卡可能损坏,必须换一块网卡重试。

使用"ipconfig/all"命令查看本地计算机是否安装 TCP/IP 协议,是否设置好 IP 地址、子网掩码和默认网关及 DNS 域名解析服务。如果尚未安装协议,或协议尚未设置好,则安装并设置好协议后,重新启动计算机执行基本检查的操作。如已经安装协议,认真查看网络协议的各项设置是否正确。如果协议设置有错误,修改后重新启动计算机,然后再进行应用测试。如果协议设置正确,则可确定是网络连接问题。

(2)故障定位

到连接至同一台交换机的其他计算机上进行网络应用测试。如果仍不正常,在确认网卡和网络协议都正确安装的前提下,可初步认定是交换机发生了故障。为了进一步确认,可再换一台计算机继续测试,进而确定交换机故障。如果在其他计算机上测试结果完全正常,则说明交换机没有问题,故障发生在原计算机与网络的连通性上;否则说明交换机有故障。

(3)故障排除

如果确定交换机发生故障,应首先检查交换机面板上的各指示灯闪烁是否正常。如果所有指示灯都在非常频繁地闪烁或一直亮着,可能是由于网卡损坏而发生广播风暴,关闭再重新打开电源后试试看能否恢复正常。如果恢复正常,找到红灯闪烁的端口,将网线从该端口中拔出。然后找该端口所连接的计算机,测试并更换损坏的网卡。如果面板指示灯一个也不亮,则先检查一下 UPS 是否工作正常,交换机电源是否已经打开,或电源插头是否接触不良。如果电源没有问题,则说明交换机硬件出了故障,更换交换机。如果确定故障发生在某一个连接上,则首先应测试、确认并更换有问题的网卡。若网卡正常,则用线缆测试仪对该连接中涉及的所有网线和跳线进行测试,确认网线的连通性。重新制作网线接头或更换网线。如果网线正常,则检查交换机相应端口的指示灯是否正常,更换一个端口再试。

2. 协议故障排除步骤

当计算机出现协议故障现象时,应当按照以下步骤进行故障的定位。

检查计算机是否安装有 TCP/IP 协议或相关协议,如欲访问 Novell 网络,则还应添加 IPX/SPX 等。

检查计算机的 TCP/IP 属性参数配置是否正确。如果设置有问题,将无法浏览 Web 和收发 E-mail,也无法享受网络提供的其他 Intranet 或 Internet 服务。

使用 ping 命令,测试与其他计算机和服务器的连接状况。

在控制面板的"网络"属性中,单击"文件及打印共享"按钮,在弹出的"文件及打印共享"对话框中检查一下是否已选择"允许其他用户使用我的文件"和"允许其他计算机使用我的打印机"复选框。如果没有,全部选中或选中一个。否则,将无法使用共享文件夹或共享网络打印机。

若某台计算机屏幕提示"名字"或"IP 地址重复",则在"网络"属性的"标识"中重新为该计算机命名或分配 IP 地址,使其在网络中具备唯一性。

至于广域网协议的配置,可参见路由器配置的内容。

3. 配置故障排除步骤

首先检查发生故障计算机的相关配置。如果发现错误,修改后,再测试相应的网络服务能否实现。如果没有发现错误,或相应的网络服务不能实现,则执行下一步骤。

测试同一网络内的其他计算机是否有类似的故障,如果有,说明问题肯定出在服务器或网络设备上;如果没有,也不能排除服务器和网络设备存在配置错误的可能性,都应对服务器或网络设备的各种设置,配置文件进行认真仔细的检查。

8.3.3　网络故障的分层诊断技术

在常见的网络故障中,因为出现在物理层、数据链路层和网络层的问题较多,所以下面就这三层为例作一分析。诊断网络故障的过程应该沿着 OSI 七层模型从物理层开始向上进行。首先检查物理层,然后检查数据链路层,依次类推,设法确定通信失败的故障点,直到系统通信正常为止。

1. 物理层故障诊断

物理层是 OSI 分层结构体系中最基础的一层,它建立在通信媒体的基础上,实现系统和通信媒体的物理接口,为数据链路实体之间进行透明传输,为建立、保持和拆除计算机和网络之间的物理连接提供服务。

物理层的故障主要表现在:设备的物理连接方式是否恰当,连接电缆是否正确,Modem、CSU/DSU 等设备的配置及操作是否正确。确定路由器端口物理连接是否完好的最佳方法是使用 show interface 命令,检查每个端口的状态,解释屏幕输出信息,查看端口状态、协议建立状态。

2. 数据链路层故障诊断

数据链路层的主要任务是使网络层无需了解物理层的特征而获得可靠的传输。数据链路层为通过链路层的数据进行封装和解封装、差错检测和校正,并协调共享介质。在数据链路层交换数据之前,协议关注的是形成帧和同步设备。查找和排除数据链路层的故障,需要查看路由器的配置,检查连接端口的共享同一数据链路层的封装情况。每对接口要和与其通信的其他设备有相同的封装。通过查看路由器的配置检查其封装,或者使用 show 命令查看相应接口的封装情况。

3. 网络层故障诊断

网络层主要负责数据的分段打包与重组以及差错报告,更重要的是它负责信息通过网络的最佳路径。

排除网络层故障的基本方法是:沿着从源到目标的路径,查看路由器路由表,同时检查路由器接口的 IP 地址。如果路由没有在路由表中出现,应该通过检查来确定是否已经输入适当的静态路由、默认路由或者动态路由。然后手工配置一些丢失的路由,或者排除一些动态路由选择过程的故障,包括 RIP 或者 IGRP 路由协议出现的故障。例如,对于 IGRP 路由选择信息只在同一自治系统号的系统之间交换数据,查看路由器配置的自治系统号的匹配情况。

4. 高层故障诊断

高层协议负责端到端数据传输。如果确保网络层以下没有出现问题,高层协议出现问题那么很可能就是网络终端出现故障,这时应该检查你的计算机、服务器等网络终端,确保应用程序正常工作,终端设备软硬件运行良好。

8.3.4　网络设备的诊断技术

其实前面所介绍的各种故障诊断技术,有一个共同点,就是首先要确定故障的位置,然后再对产生故障的设备进行故障分析和排除。如果将每种设备可能的故障、故障产生的原因和故障的解决办法归纳出来,无疑可以大大提高故障排除的效率。在解决网络故障的时候,我们同样先定位产生故障的设备,然后再参照相应设备的故障诊断技术来具体分析解决。

1. 主机故障

(1)协议没有安装。

(2)网络服务没有配置好。

(3)病毒。

(4)安全漏洞,比如主机没有控制 finger、rpc、rlogin 等多余服务,或不当共享本机硬盘等。

2. 网卡故障

(1)网卡物理硬件损坏,可用替换法。

(2)网卡驱动没有正确安装。

(3)系统的网卡记忆功能。

3. 网线和信息模块故障

(1)网线接头接触不良。

(2)网线物理损坏造成连接中断。

(3)网线接头制作没有按照标准。

(4)信息模块制作没有按照标准。

这些故障可以用测线仪很容易检测出来。

4. 集线器故障

(1)集线器与其他设备连接的端口工作方式不同。

(2)集线器级联故障。

(3)集线器电源故障。

可以用更换端口或者更换集线器的方法来检测集线器故障。

5. 交换机故障

(1)交换机 VLAN 配置不正确。

(2)交换机死机。可通过重启交换机的方法来判断故障原因,也可以用替换法检测交换机故障。

6. 路由器故障

(1)串口故障排除

串口出现连通性问题时,为了排除串口故障,一般是从 show interface serial 命令开始,分析它的屏幕输出报告内容,找出问题所在。串口报告的开始提供了该接口状态和线路协议状态。接口和线路协议的可能组合有以下几种。

a. 串口运行、线路协议运行,这是完全的工作条件。该串口和线路协议已经初始化,并正在交换协议的存活信息。

b. 串口运行、线路协议关闭,这个显示说明路由器与提供载波检测信号的设备连接,但没有正确交换连接两端的协议存活信息。可能的故障发生在路由器配置问题、租用线路干扰或远程路由器故障、Modem 的时钟问题,通过链路连接的两个串口不在同一子网上,都会出现这个报告。

c. 串口和线路协议都关闭,可能是电信部门的线路故障、电缆故障或者是 Modem 故障。

d. 串口管理性关闭和线路协议关闭,这种情况是在接口配置中输入了 shutdown 命令。通过输入 no shutdown 命令,打开管理性关闭。接口和线路协议都运行的状况下,虽然串口链路的基本通信建立起来了,但仍然可能由于信息包丢失和信息包错误时会出现许多潜在的故障问题。正常通信时接口输入或输出信息包不应该丢失,或者丢失的量非常小,而且不会增加。如果信息包丢失有规律性增加,表明通过该接口传输的通信量超过接口所能处理的通信量。查找其他原因发生的信息包丢失,查看 show interface serial 命令的输出报告中的输入输出保持队列的状态。当发现保持队列中信息包数量达到了信息的最大允许值,可以增加保持队列设置的大小。

(2)以太接口故障排除

以太接口的典型故障问题是:带宽的过分利用;碰撞冲突次数频繁;使用不兼容的类型。使用 show interface Ethernet 命令可以查看该接口的吞吐量、碰撞冲突、信息包丢失等有关内容等。

如果接口和线路协议报告运行状态,并且结点的物理连接都完好,可是不能通信。引起问题的原因也可能是两个结点使用了不兼容的帧类型。解决问题的办法是重新配置使用相同帧类型。

如果要求使用不同帧类型的同一网络的两个设备互相通信,可以在路由器接口使用子接口,并为每个子接口指定不同的封装类型。

7. ADSL 故障

ADSL 常见的硬件故障大多数是接头松动、网线断开、集线器损坏和计算机系统故障等方面的问题。一般都可以通过观察指示灯来帮助定位。

8.4　常见网络故障与排除实例

8.4.1　常见病毒故障与排除

故障 1

故障现象:操作系统为 Windows XP+SP1,上网时打开 3～5 个 IE 窗口,CPU 占用率就上升到 100% 并经常出错。

原因及解决方法:导致 CPU 占用率过高的原因,很可能是计算机中感染病毒,特别是各种蠕虫病毒。建议安装病毒查杀软件,并启用病毒防火墙,彻底查杀系统中所有的病毒。除此之外,还应当及时在线升级病毒库和 Windows 安全补丁。系统中的 IE 文件遭到破坏,也会导致该现象。可以使用 SFC 命令来检查是否有系统文件损坏。计算机本身开启的服务太多,消耗了太多系统资源也是原因之一。请关掉不需要的系统服务。

故障 2

故障现象:防火墙冲突导致无法上网。局域网采用 Windows XP 的 ICS 共享 Internet 连接。主机装有瑞星杀毒软件 2006 版及瑞星防火墙,Internet 连接防火墙也开启。网内计算机通过主机共享上网,操作系统为 Windows 98/2000/XP,装有瑞星杀毒软件 2006 版及瑞星防火墙,并开启了系统 Internet 防火墙。主机 IP 为 192.168.0.1,其余机器为 192.168.0.x,工作组相同为 MSHOME,子网掩码也相同为 255.255.255.0。虽然 ICS 主机能正常访问 Web 网站,但局域网中的其他计算机却不行。

原因及解决方法:

第一,在 Windows XP ICS 主机上,只能启用一款网络防火墙,不能同时启用瑞星防火墙和 Internet 连接防火墙。试着关闭 Internet 连接防火墙。

第二,局域网客户端不能启用防火墙,无论是瑞星防火墙还是 Internet 连接防火墙,否则,将导致资源共享和 Internet 连接共享失败。试着关闭所有的防火墙。

故障 3

故障现象:网上邻居中找不到服务器。单位网络一直使用正常,但某天早上开机,大部分的计算机都上不了网(计算机提示通信失败),从网络邻居里找不到服务器。查毒没有查到任何病毒。以为是交换机的部分端口坏了,于是将不能上网的计算机的端口换到可以上网的计算机交换端口上,仍然不行。

原因及解决方法:从以上情况来看,估计网络上有"冲击波"等病毒。查不到病毒,建议在查病毒时,关闭交换机,查网络中的每一台计算机。另外,在关闭交换机之前,请查看交换机上的状态指示灯,如果指示灯一直在"狂闪",说明网络负载比较重,是"冲击波"病毒的典型表现。请用最新的杀毒软件检查网络中的每一台计算机,并安装 Windows 2000/XP 系统的冲击波补丁。

8.4.2　常见主机故障与排除

故障 1

故障现象:在"网上邻居"中可以看到自己,却看不到其他联网计算机。

原因及解决方法:这可能是"网上邻居"最常见的故障之一。不过这个故障比较复杂,属于网络互联问题,涉及许多因素,有常见的软件配置因素,也可能有硬件故障因素。

既然在网上邻居中能够看到自己的计算机,说明本机上的网卡和软件安装均没有问题,但因为所有其他计算机都没有在"网上邻居"中出现,其他计算机同时出现问题的可能性不大,所以出现这种问题的可能性通常是计算机自身和线路故障(包括硬件设备)造成的。可以试着从以下几个方面寻找原因:

(1)检查是否只有一台计算机存在这种问题,还是所有其他计算机都存在这种问题,如果只有个别计算机存在这种问题,则可以肯定的是故障原因基本上与其他计算机无关,只与本机软件配置和相连接的网卡、网线、集线器等设备端口有关。

(2)确定属于本机或有关的硬件故障有关后,则应分别进行进一步的检测。先排除自身的软件配置问题:查看所有计算机的 IP 地址是否都配置在同一网段上;是否还应安装"网络客户"选项;最重要的是要检查在计算机上是否已正确安装启动了"计算机浏览器服务"。

(3)如果软件配置没有问题,则需要进一步确认硬件部分有无问题。对于这类由硬件造成的故障,要借助于网络软件工具进行测试,以进一步确定是否真的由硬件引起。

故障 2

故障现象:开启 Guest 账号也无法共享资源。办公室的计算机是 Windows XP 操作系统,以前开启过 Guest 账号,局域网中的其他计算机就可以访问其中的共享文件夹。不知道是什么原因,现在再在"网上邻居"中单击该计算机时,会出现无权访问的提示。

原因及解决方法:确认当前用户(如登录的用户名和以前的不一样)的设置中,Guest 账号是否也处于启用状态;确认连接至局域网的连接没有启用"Internet 连接防火墙";重新运行"设置家庭或小型办公网络",将该计算机重新添加至网络;重新设置共享文件夹;检查 IP 地址信息是否正确。

故障 3

故障现象:局域网内用户访问外网不畅。办公室内有 20 台计算机和 5 台笔记本电脑上网,网络已经配置完毕。服务器运行 Windows 2000,启用 DHCP、DNS、IIS、SQL Server 2000 服务,运行有 Web 服务器,安装双网卡。因公司暂时没采用静态 IP 地址,而使用 ADSL + Windows 2000 的 ICS 共享 Internet 连接。局域网访问互联网的速度奇慢,有时需要刷新好几次才能打开网页。ping 局域网均正常,局域网 ping 网站有时正常地返回 Times 和 TTL 值,但是网页打不开。

原因及解决方法:

(1)如果将 DHCP 等网络服务及 SQL 数据库服务全部集中在代理服务器一台机器上,将造成系统负担过大,而使 Internet 连接共享服务的效率大打折扣,从而导致 Internet 连接速率大幅下降。建议关闭不必要的服务,或者将对系统资源要求高的服务配置到其他机器上。另外也应检查机器是否感染了蠕虫病毒。

(2)Windows 2000 自带的 Internet 连接共享效率并不是很高,只适应于小范围的场合,如果机器数量比较多,推荐使用 Windows 2000 中自带的 NAT 或者使用 ISA Server 做代理服务器,使用 Wingate、Sygate 之类的代理软件效果也不错。这是使用 Windows 2000 的 Internet 连接共享的常见问题。

(3)试着从代理服务器上测试 Internet 连接速度。如果代理服务器上连接速度也非常慢,应当与 ISP 联络,更换 ADSL 链路或 ADSL Modem。

(4)检查局域网的集线设备工作是否正常,并重新启动交换机。

8.4.3 常见网卡故障与排除

故障现象:启动 Windows XP,通过"网上邻居"查看网络连接情况,发现"本地连接"已经正常启用,用鼠标右键单击"本地连接",在弹出的快捷菜单中选择"属性",在 TCP/IP 中添加 ISP 分配的固定 IP 地址及相关数据,当单击"确定"时却出现提示"您为这个网络适配器输入的 IP 地址 61.182.39.54 已经分配给另一个适配器 Realtek RTL8139 Family PCI Fast Ethernet NIC"。

原因及解决方法:原来在取掉老网卡的时候,并没有把这块网卡从"设备管理器"中"卸载",而是直接换掉了旧的网卡,并且还是占用原来的 PCI 槽。系统在发现新网卡后,把原来的网卡当作一个活动网卡,并保留其 TCP/IP 设置,以备再次启用。重新插入被更换的网卡,在进入系统桌面时没有"发现新硬件"的提示,查看"本地连接"属性,在 TCP/IP 设置中还是原来已经设置好的固定 IP 及相关参数。依次选择"控制面板"→"系统"→"硬件"→"硬件向导"→"卸载/拔掉设备"→"卸载设备",再选择"显示隐藏设备"复选框,在硬件列表中找到自己的网卡设备,选择并卸载该设备即可。卸载完成之后,再重新启动,系统会自动扫描到新硬件并进行安装。

8.4.4 常见交换机故障与排除

故障 1

故障现象:将某工作站连接到交换机上的几个端口后,无法 ping 通局域网内其他计算机,但桌面上"本地连接"图标仍然显示网络连通。

原因及解决方法:先检查这些被 ping 的计算机是否安装有防火墙。三层交换机可以设置 VLAN,不同 VLAN 内的工作站在没有设置路由的情况下无法 ping 通,因此要修改 VLAN 的设置,使它们在一个 VLAN 中,或设置路由使 VLAN 之间可以通信。

故障 2

故障现象:将某工作站连接到交换机上后,无法 ping 通其他计算机,看桌面上"本地连接"图标显示网络不通。或者是在某个端口上连接的时间超过了 10 s,超过了交换机端口的正常反应时间。

原因及解决方法:采用重新启动交换机的方法,一般能解决这种端口无响应的问题。但端口故障则需要更换接端口。

故障 3

故障现象:有网管功能的交换机的某个端口变得非常缓慢,最后导致整台交换机或整个堆叠都慢下来。通过控制台检查交换机的状态,发现交换机的缓冲池增长得非常快,达到 90% 或更多。

原因及解决方法:首先应该使用其他计算机更换这个端口上原来的连接,看是否由这个端口连接的那台计算机的网络故障导致,也可以重新设置出错的端口并重新启动交换机。个别情况,可能是这个端口已损坏。

8.4.5 常见路由器故障与排除

故障 1

故障现象:无法登录至宽带路由器设置页面。

原因及解决方法:首先确认路由器与计算机已经正确连接。检查网卡端口和路由器 LAN 端口对应的指示灯是否正常。如果指示灯不正常,重新插好网线或者替换双绞线。

然后在计算机中检查网络连接:先将计算机的 IP 地址设置成自动获取 IP 地址。

查看网卡的连接是否正确获得 IP 地址和网关信息,如果没有请手动设置,如果这些信息已经正确获得。注意是否开启防火墙服务,如开启请将它禁用。

比较新的路由器(尤其是家用的)多采用 IE 登录路由器的方式进行维护,因此可以在 IE 的连接设置中选择"从不进行拨号连接",再单击"局域网设置",清空所有选项。然后在浏览器地址栏中输入宽带路由器的 IP 地址,按 Enter 键即可进入设置页面。如还不能登录,请尝试将网关设置为路由器的 IP 地址,本机 IP 地址设为与路由器同网段的 IP 地址再进行连接。如果用上面的方法还不能解决所遇到的问题,检查网卡是否与系统的其他硬件有冲突。

故障 2

故障现象:路由器无法获取广域网地址。

原因及解决方法:首先检查路由器的 WAN 口指示灯是否已经亮起,如果没亮则网线或者网线接头有问题。然后检查路由器是否已经正确配置并保存重启,否则设置不能生效。有时候还可能需要克隆网卡的 MAC 地址到路由器的广域网接口,具体设置参考路由器手册。

8.5　网络安全基本知识

安全问题是计算机网络的一个主要薄弱环节,安全性正在成为影响网络可用性的主要因素之一,如何有效确保计算机网络的安全已经成了网络设计者、网络管理者以及网络用户所共同关注的问题。

8.5.1　网络存在的威胁

一般认为,目前网络存在的威胁主要表现在以下几点:

(1)非授权访问:指没有预先经过同意就使用网络或计算机资源,如有意避开系统访问控制机制,对网络设备及资源进行非正常使用或擅自扩大权限,越权访问信息等。它主要有假冒、身份攻击、非法用户进入网络系统进行违法操作、合法用户以未授权方式进行操作等形式。

(2)信息泄漏或丢失:指敏感数据在有意或无意中被泄漏出去或丢失。它通常包括信息在传输中丢失或泄漏(如"黑客"们利用网络监听、电磁泄漏或搭线窃听等方式可截获机密信息,如用户口令、账号等重要信息,或通过对信息流向、流量、通信频度和长度等参数的分析,推测出有用信息)、信息在存储介质中丢失或泄漏、通过建立隐蔽隧道等窃取敏感信息等。

(3)破坏数据完整性:指以非法手段窃得对数据的使用权,删除、修改、插入或重发某些重要信息,以取得有益于攻击者的响应;恶意添加、修改数据,以干扰用户的正常使用。

(4)拒绝服务攻击:指它不断对网络服务系统进行干扰,改变其正常的作业流程,执行无关程序,使系统响应减慢甚至瘫痪,影响正常用户的使用,甚至使合法用户被排斥而不能进入计算机网络系统或不能得到相应的服务。

(5)利用网络传播病毒:指通过网络传播计算机病毒,其破坏性大大高于单机系统,而且用户很难防范。

8.5.2　网络安全技术简介

1. 入侵检测技术

入侵检测技术(IDS)可以被定义为对计算机和网络资源的恶意使用行为进行识别和相应处理的系统,包括系统外部的入侵和内部用户的非授权行为,是为保证计算机系统的安全而设计与配置的一种能够及时发现并报告系统中未授权或异常现象的技术,是一种用于检测计算机网络中违反安全策略行为的技术。它通过对计算机网络或计算机系统中的若干关键点收集信息并对其进行分析,从中发现网络或系统中是否有违反安全策略的行为和被攻击的迹象,并提供实时报警。

进行入侵检测的软件与硬件的组合便是入侵检测系统(Intrusion Detection System, IDS)。与其他安全产品不同的是,入侵检测系统需要更多的智能。它不仅要实时扫描和检测有关的网络活动,监视和记录相应的网络流量,还要提供关于网络流量的详尽分析,并得出有用的结果。一个合格的入侵检测系统可以大幅度简化管理员的工作,保证网络安全地运行。通常,入侵检测系统处于防火墙之后,被认为是防火墙之后的第二道安全闸门,它与防火墙配合工作,可以有效地提供对内部攻击、外部攻击和误操作的实时保护,并在网络系统受到危害之前拦截和响应入侵。

2. 防火墙技术

防火墙技术是一种用来加强网络之间访问控制，防止外部网络用户以非法手段进入内部网络访问网络资源，以保护内部网络操作环境的特殊网络互联技术。它对两个或多个网络之间传输的数据包和链接方式按照一定的安全策略实施检查，以决定网络之间的通信是否被允许，并监视网络运行状态。防火墙是目前保护内部网络和服务免遭黑客袭击的有效手段之一。

由于防火墙技术是一种被动技术，它假设了网络边界和服务，它对内部的非法访问难以有效地控制。因此，防火墙适合于相对独立的网络。

3. 网络加密和认证技术

网络信息加密的目的是保护网内的数据、文件、口令和控制信息，保护网上传输的数据。网络加密常用的方法有链路加密、端点加密和节点加密三种。链路加密的目的是保护网络节点之间的链路信息安全，端点加密的目的是对源端用户到目的端用户的数据提供加密保护，节点加密的目的是对源节点到目的节点之间的传输链路提供加密保护。

4. 网络防病毒技术

在网络环境下，计算机病毒具有不可估量的威胁性和破坏力。CIH 病毒及冲击波病毒就足以证明如果不重视计算机网络防病毒，那可能给社会造成灾难性的后果，因此计算机病毒的防范也是网络安全技术中重要的一环。

网络防病毒技术的具体实现方法包括预防病毒、检测病毒和消除病毒三种技术。

网络防病毒的具体实现方法包括对网络服务器中的文件进行频繁地扫描和监测、工作站上采用防病毒芯片和对网络目录及文件设置访问权限等。防病毒必须从网络整体考虑，从方便管理人员的工作着手，通过网络环境管理网络上的所有机器。如利用网络唤醒功能，在夜间对全网络的客户机进行扫描，检查病毒情况；利用在线报警功能，网络上每一台机器出现故障、病毒入侵时，网络管理人员能及时知道，从而从管理中心处予以解决。

5. 网络备份技术

备份系统存在的目的是：尽可能快地全面恢复运行计算机系统所需的数据和系统信息。根据系统安全需求可选择的备份机制有：场地内高速度、大容量自动的数据存储、备份与恢复，场地外的数据存储、备份和恢复，对系统设备的备份。备份不仅在网络系统硬件故障或人为失误时起到保护作用，也在入侵者非授权访问或对网络攻击及破坏数据完整性时起到保护作用，同时也是系统灾难恢复的前提之一。

综上所述，网络必须拥有足够的安全措施。无论是局域网还是广域网，网络的安全措施应该能全方位地针对各种不同的威胁和网络本身的脆弱性，只有这样才能确保网络信息的保密性、完整性和可用性，维护网络的正常运行。下面我们重点介绍防火墙技术。

8.6　防火墙基础与配置

8.6.1　防火墙基础

安全技术上的防火墙是指在两个网络之间加强访问控制的一整套装置，通常是软件或硬件的组合体，它实际上是一种隔离技术。防火墙是用来在一个可信网络（如内部网）与一个不可信网络（如外部网）间起保护作用的一整套装置，在内部网（可信的）和外部网（不可信的，如Internet）之间的界面上构造一个保护层。它强制所有的访问或连接都必须经过这一保护层，在此进行检查和连接。只有被授权的通信才能通过此保护层，从而保护内部网资源免遭非法入侵。在物理上,防火墙表现为一个或一组带特殊功能的网络设备。但防火墙并不仅仅是指用来提供一个网络安全保障的主机、路由器或多机系统,而是一整套保障网络安全的手段。它的目的是建立一个网络安全协议和机制,并通过网络配置、主机系统、路由器以及诸如身份认证等手段来实现该安全协议和机制。从广义上说,还包括各种加密技术的应用。防火墙的基本模型如图 8-3 所示。

通常防火墙具有以下 3 个功能:

(1)数据包过滤

数据包过滤是一种在内部网络与外部主机之间进行有选择的数据包转发机制,它按照一种被称为访问控制列表(Access Control List,ACL)的安全策略来决定是允许还是阻止某些类型的数据包通过。ACL 可以被配置为根据数据包报头的任何部分进行接收或拒绝数据包,目前,这种过滤主要是针对数据包的协议地址(包括源地址和目的地址)、协议类型和 TCP/IP 端口(包括源端口和目的端口)来进行的。

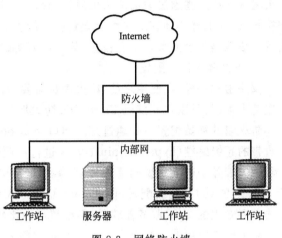

图 8-3 网络防火墙

因此,数据包过滤服务被认为是工作在网络层与传输层的边界安全机制。

(2)网络地址翻译

前面章节曾提及,网络地址翻译(Network Address Translation,NAT)是一种用来让使用私有地址的主机访问 Internet 的技术。提供 NAT 功能的设备,一般运行在末节(stub)区域的边界上,于是位于网络边界的防火墙设备就成了一种理想的 NAT 设备。提供了 NAT 功能的防火墙设备不仅可以将私有地址转换为可在公网上被路由的公有 IP 地址,也通过隐藏内部网络的地址结构而增强了网络的安全性。因为涉及地址及端口之间的转换,网络地址翻译也是一种工作在网络层与传输层的边界安全机制。

(3)代理服务

代理(proxy)服务是运行在防火墙主机上的专门应用程序。防火墙主机可以是一个同时拥有内部网络接口和外部网络接口的双重宿主主机,也可以是一些内部网络中唯一可以与Internet 通信的堡垒主机。代理服务程序接受内部网用户对 Internet 服务的请求,按照相应的安全策略转发它们的请求,并返回 Internet 网上主机的响应。实际上,代理就是一个在应用层提供替代连接并充当服务的网关。由于这个原因,代理也被称为应用级网关。代理具有应用相关性,即要按照应用服务类型的不同,选择相应的代理服务。

8.6.2 实践:防火墙基本配置

对防火墙的有关知识和技术作了一个了解后,要为大家介绍一些实用的知识,那就是如何配置防火中的安全策略。但要注意的是,防火墙的具体配置方法也不是千篇一律的,不要说不同品牌,就是同一品牌的不同型号也不完全一样,所以在此也只能对一些通用防火墙配置方法作一基本介绍。同时,具体的防火墙策略配置会因具体的应用环境不同而有较大区别。

默认情况下,所有的防火墙都是按以下两种情况配置的:

(1)拒绝所有的流量。这需要在你的网络中特别指定能够进入和出去的流量的类型。此类配置是先排除可以通过的流量,然后拒绝其他所有的流量,配置方式是先设置允许可通过的所有流量,然后再对不允许通过的流量进行禁止。这种配置方式的安全性不高。

(2)允许所有的流量。这种情况需要你特别指定要拒绝的流量的类型,大多数防火墙默认都是拒绝所有的流量作为安全选项。一旦你安装防火墙后,你需要打开一些必要的端口来使防火墙内的用户在通过验证之后可以访问系统。换句话说,如果你想让你的员工们能够发送和接收 E-mail,你必须在防火墙上设置相应的规则或开启允许 POP3 和 SMTP 的进程。这种配置方法就是先全面禁止所有流量,然后对需要的某种应用进行单独设置。

1. 防火墙的初始配置

像路由器一样,在使用之前,防火墙也需要经过基本的初始配置。但因各种防火墙的初始配置基本类似,所以在此仅以 Cisco PIX 防火墙为例进行介绍。

防火墙的初始配置也是通过控制端口(console)与 PC 机的串口连接,再通过 Windows 系统自带的超级终端(hyper terminal)程序进行选项配置。

防火墙除了以上所说的通过控制端口(console)进行初始配置外,也可以通过 Telnet 和 Tffp 配置方式进行高级配置,但 Telnet 配置方式都是在命令方式中配置,难度较大,而 Tffp 方式需要专用的 Tffp 服务器软件,但配置界面比较友好。

防火墙与路由器一样也有四种用户配置模式,即:普通模式(unprivileged mode)、特权模式(privileged mode)、全局配置模式(configuration mode)和端口模式(interface mode),进入这四种用户模式的命令也与路由器一样。

防火墙的具体配置步骤如下:

(1)将防火墙的 Console 端口用一条防火墙自带的串行电缆连接到电脑的一个空余串口上。

(2)打开 PIX 防火电源,让系统加电初始化,然后开启与防火墙连接的主机。

(3)运行 Windows 系统中的超级终端(hyper terminal)程序(通常在"附件"程序组中)。对超级终端的配置与交换机或路由器的配置一样。

(4)当 PIX 防火墙进入系统后即显示"pixfirewall>"的提示符,这就证明防火墙已启动成功,所进入的是防火墙用户模式,可以进行进一步的配置了。

(5)输入命令"enable",进入特权用户模式,此时系统提示为:pixfirewall#。

(6)输入命令"configure terminal",进入全局配置模式,对系统进行初始化设置。在全局配置模式中,主要配置以下几个方面:

a. 首先配置防火墙的网卡参数(以只有 1 个 LAN 和 1 个 WAN 接口的防火墙配置为例)

Interface ethernet0 auto　#0 号网卡系统自动分配为 WAN 网卡,"auto"选项为系统自适应网卡类型

Interface ethernet1 auto

b. 配置防火墙内、外部网卡的 IP 地址

IP address inside ip_address netmask　#inside 代表内部网卡

IP address outside ip_address netmask　#outside 代表外部网卡

c. 指定外部网卡的 IP 地址范围

global 1 ip_address-ip_address

d. 指定要进行转换的内部地址

nat 1 ip_address netmask

e. 配置某些控制选项：

conduit global_ip port[-port]protocol foreign_ip[netmask]

其中，global_ip 指的是要控制的地址；port 指的是所作用的端口，0 代表所有端口；protocol 指的是连接协议，比如 TCP、UDP 等；foreign_ip 表示可访问的 global_ip 外部 IP 地址；netmask 为可选项，代表要控制的子网掩码。

(7)配置保存：wr mem。

(8)退出当前模式。

(9)查看当前用户模式下的所有可用命令"show"，在相应用户模式下键入这个命令后，即显示出当前所有可用的命令及简单功能描述。

(10)查看端口状态"show interface"，这个命令需在特权用户模式下执行，执行后即显示出防火墙所有接口配置情况。

2. Cisco PIX 防火墙的基本配置

(1)同样是用一条串行电缆从计算机的 COM 口连到 Cisco PIX 525 防火墙的 Console 口；

(2)开启所连计算机和防火墙的电源，进入 Windows 系统自带的"超级终端"，通信参数可按系统默认值。进入防火墙初始化配置，在其中主要设置有：Date(日期)、time(时间)、hostname (主机名称)、inside ip address(内部网卡 IP 地址)、domain(主域)等，完成后也就建立了一个初始化设置了。此时的提示符为：pix255＞。

(3)输入 enable 命令，进入 Pix 525 特权用户模式，默认密码为空。

如果要修改此特权用户模式密码，则可用 enable password 命令，命令格式为：enable password password[encrypted]，这个密码必须大于 16 位。encrypted 选项是确定所加密码是否需要加密。

(4)定义以太端口：先必须用 enable 命令进入特权用户模式，然后输入"configure terminal"，进入全局配置模式。具体配置为：

pix525＞enable

Password：

pix525♯config t

pix525 (config)♯interface ethernet0 auto

pix525 (config)♯interface ethernet1 auto

在默认情况下 ethernet0 是属外部网卡 outside，ethernet1 是属内部网卡 inside。inside 在初始化配置成功的情况下已经被激活生效了，但是 outside 必须命令配置激活。

(5)clock

配置时钟，这也非常重要，如果日志记录时间和日期都不准确，也就无法正确分析记录中的信息。这须在全局配置模式下进行。

时钟设置命令格式有两种，主要是日期格式不同，分别为：clock set hh:mm:ss month day year 和 clock set hh:mm:ss day month year。

前一种格式为：小时:分钟:秒月日年；而后一种格式为：小时:分钟:秒日月年，主要在日、月份的前后顺序不同。

(6)指定接口的安全级别

指定接口安全级别的命令为 nameif，分别为内、外部网络接口指定一个适当的安全级别。在此要注意，防火墙是用来保护内部网络的，外部网络是通过外部接口对内部网络构成威胁的,所以要从根本上保障内部网络的安全,需要对外部网络接口指定较高的安全级别,而内部网络接口的安全级别稍低,这主要是因为内部网络通信频繁、可信度高。在 Cisco PIX 系列防火墙中,安全级别的定义是由 security()这个参数决定的,数字越小,安全级别越高,所以 security0 是最高的,随后通常是以 10 的倍数递增,安全级别也相应降低。如下例:

pix525(config)♯nameif ethernet0 outside security0　♯outside 是指外部接口

pix525(config)♯nameif ethernet1 inside security100　♯inside 是指内部接口

(7)配置以太网接口 IP 地址

所用命令为:ip address,如要配置防火墙上的内部网接口 IP 地址为:192.168.1.0 255.255.255.0;外部网接口 IP 地址为:220.154.20.0 255.255.255.0。配置方法如下:

pix525(config)♯ip address inside 192.168.1.0　255.255.255.0

pix525(config)♯ip address outside 220.154.20.0　255.255.255.0

防火墙还可以配置访问控制列表组、访问控制列表、地址转换(NAT)等,在此不再作详细介绍,大家可以参考其他防火墙书籍。

习　　题

一、术语解释

1. 数据包过滤;

2. IDS;

3. 代理服务。

二、简答题

1. 网络故障根据其性质一般分为哪几类?它们是如何产生的?

2. 简述网络故障的分层诊断技术?

3. 常用的网络安全技术有哪些?

4. 网络防火墙的主要功能是什么?

参 考 文 献

[1] 王达. 网管员必读:网络基础. 北京:电子工业出版社,2006.
[2] 王达. 网管员必读:网络组建. 北京:电子工业出版社,2006.
[3] David Bames 等. Cisco 局域网交换基础. 北京:人民邮电出版社,2005.
[4] 施晓秋. 计算机网络技术. 北京:高等教育出版社,2006.
[5] 王振川. CCNA 实验手册. 北京:人民邮电出版社,2004.
[6] 谭浩强. 组建网络技术. 北京:人民邮电出版社,2003.
[7] 杨富国. 网络设备安全与防火墙. 北京:清华大学出版社,2005.
[8] 徐健东等. 计算机网络. 北京:清华大学出版社,2002.
[9] Behrouz A. Foruzan 等. TCP/IP 协议族. 第 2 版. 北京:清华大学出版社,2003.
[10] 吴卫祖等. 计算机网络技术基础. 北京:清华大学出版社,2006.
[11] 杜煜等. 计算机网络基础. 北京:人民邮电出版社 2005.
[12] 肖金立. 现代计算机网络技术. 北京:电子工业出版社,2002.
[13] 王树森. 计算机网络与 Internet 应用. 北京:中国水利水电出版社,2006.
[14] 尚晓航. 计算机网络技术教程. 北京:人民邮电出版社,2002.
[15] Vito. Amato. 思科网络技术学院教程(1、2、3、4 学期). 北京:人民邮电出版社,2003.
[16] 刘晓辉. 以太网组网技术大全. 北京:清华大学出版社,2002.
[17] 彭澎. 计算机网络基础. 北京:机械工业出版社,2002.
[18] William A. Shay. 数据通信与网络教程. 北京:机械工业出版社,2000.
[19] 李刚. 最新网络组建、布线和调试实务. 北京:电子工业出版社,2004.
[20] 黎连业等. 路由器及其应用技术. 北京:清华大学出版社,2005.
[21] CCNA 自学指南:Cisco 网络设备互联. 北京:人民邮电出版社,2004.